T0222652

Springer
Berlin
Heidelberg
New York
Hongkong
London
Mailand
Paris
Tokio

Physics and Astronomy ONLINE LIBRARY

http://www.springer.de/phys-de/

Springer-Lehrbuch

Planck- und de-Broglie-Relationen

$$E = \hbar\omega; \quad \vec{p} = \hbar\vec{k} \quad \text{mit} \quad |\vec{k}| = \frac{2\pi}{\lambda}$$

Wellenfunktion in Orts- und Impulsdarstellung

$$\psi(\vec{r}, t) = \frac{1}{\sqrt{(2\pi)^3}} \int e^{\frac{i}{\hbar}\vec{p}\cdot\vec{r}} \widetilde{\psi}(\vec{p}, t)\, \mathrm{d}^3 p$$

Operatoren für Impuls und Ort:

$$\vec{P}\psi(\vec{r}, t) = \frac{\hbar}{i}\vec{\nabla}\psi(\vec{r}, t); \quad \vec{Q}\psi(\vec{r}, t) = \vec{r}\psi(\vec{r}, t)$$

Wechselwirkungsfreie Schrödingergleichung

$$i\frac{\partial}{\partial t}\psi(\vec{r}, t) = -\frac{\hbar^2}{2\,m}\Delta\psi(\vec{r}, t)$$

Elektromagnetische Wechselwirkung durch minimale Ankopplung

$$i\hbar\frac{\partial}{\partial t} \longrightarrow i\hbar D_t = i\hbar\frac{\partial}{\partial t} - e\,\Phi(\vec{r}, t)$$

$$\frac{\hbar}{i}\vec{\nabla} \longrightarrow \frac{\hbar}{i}\vec{D} = \frac{1}{i}\vec{\nabla} - \frac{e}{c}\vec{A}(\vec{r}, t)$$

Asymptotische Form der Wellenfunktionen

$$\text{Gebundene Zustände:} \quad \psi_n(\vec{r}) \rightsquigarrow \frac{1}{r}e^{-\kappa_n r}; \frac{\hbar^2\kappa_n^2}{2m} = -E_n$$

$$\text{Streuzustände:} \quad \psi_{\vec{p}}(\vec{r}) \rightsquigarrow e^{\frac{i}{\hbar}\vec{p}\cdot\vec{r}} + f(\vec{p}, \vec{p}')\frac{1}{r}e^{\frac{i}{\hbar}p r}$$

$$\text{Differentieller Wirkungsquerschnitt:} \quad \frac{d\sigma}{d\Omega} = |f(\vec{p}, \vec{p}')|^2$$

$$\text{Bornsche Näherung:} \quad f_B(\vec{p}, \vec{p}') = -(2\pi)^2\hbar\, m\, \langle\vec{p}'|V|\vec{p}\rangle$$

$$= -\frac{m}{2\pi\hbar^2}\int e^{\frac{i}{\hbar}\vec{q}\cdot\vec{r}}V(\vec{r}, t)\, \mathrm{d}^3 r \,;$$

$$\vec{q} = \vec{p} - \vec{p}'$$

Fortsetzung auf hinterer Umschlag-Innenseite

Horst Rollnik

Quantentheorie 1

Grundlagen
Wellenmechanik
Axiomatik

Zweite Auflage
Mit 92 Abbildungen

 Springer

Professor Dr. Dr. h.c. Horst Rollnik
Universität Bonn
Physikalisches Institut
Nußallee 12
53115 Bonn, Deutschland

Die erste Auflage erschien in der Reihe:
Vieweg Studium – Aufbaukurs Physik, herausgegeben von Hanns Ruder, bei Friedr. Vieweg & Sohn
Verlagsgesellschaft mbH

Die Deutsche Bibliothek – CIP-Einheitsaufnahme:
Rollnik, Horst: Quantentheorie / Horst Rollnik. –
Berlin ; Heidelberg ; New York ; Hongkong ; London ; Mailand ; Paris ; Tokio : Springer
(Springer-Lehrbuch)
1. Grundlagen – Wellenmechanik – Axiomatik. - 2. Aufl. – 2003
ISBN 3-540-43788-6

ISBN 3-540-43788-6   2. Auflage   Springer-Verlag Berlin Heidelberg New York

Springer-Verlag Berlin Heidelberg New York
ein Unternehmen der BertelsmannSpringer Science+Business Media GmbH

http://www.springer.de

© Springer-Verlag Berlin Heidelberg 2003
Printed in Germany

Satz durch den Autor
Einbandgestaltung: *design & production* GmbH, Heidelberg

Gedruckt auf säurefreiem Papier   SPIN: 10882048   56/3141/ba - 5 4 3 2 1 0

Vorwort

Es gibt viele – vielleicht zu viele – Lehrbücher über Quantenmechnanik in englischer und auch deutscher Sprache. Daher habe ich lange gezögert, meine Vorlesungen über Quantenmechanik in Buchform einem größeren Leserkreis vorzustellen. Dazu wurde ich vor allem durch die sich über Jahrzehnte haltende Nachfrage nach dem Skriptum ermutigt, das diesem Buch zugrunde liegt. Auch wenn ich den entsprechenden Kurs nicht zu geben hatte, haben viele Studierende an meiner Universität die Grundlagen der Quantenmechanik, ihre Grundideen und die Basis ihres Formalismus nach diesem Skriptum gelernt. Daher mag dieses Buch auch für andere nützlich sein, die einen Zugang zu diesem wohl wichtigsten Gebiet der heutigen theoretischen Physik suchen.

Dieses Buch ist kein Lehrbuch mit Anspruch auf wenigstens teilweise Vollständigkeit. Sein Hauptanliegen ist es vielmehr, die innere Logik der Quantenmechanik so deutlich wie möglich darzustellen. Auch bei der Darstellung von mathematischen oder physikalischen Details ist dies sein Schwerpunkt. Diese Absicht kommt am deutlichsten in der „Axiomatik der Quantenmechnik" zum Ausdruck, die im Kapitel 3 entwickelt wird. Dennoch habe ich es nach meinen Vorlesungserfahrungen nicht gewagt, sofort mit der abstrakten Welt der „kets" und „bras" zu beginnen, wie es P.A.M. Dirac in seinem klassischen Buch „Quantum Mechanics" getan hat, obwohl meine Darstellung diesem Buch – oft explizit, aber meist unbewußt – sehr viel verdankt. Die zweite Quelle meines Weges, in die Quantenmechanik einzuführen, sind Feyman's Lectures, wie der erfahrene Leser leicht feststellen wird. Mein Bemühen war es aber, mathematisch nicht zwingende Gedankensprünge zu vermeiden.

Daher beginnt das Buch im 1. Kapitel mit einer Skizze der philosophischen Motivation und der physikalischen Grundlagen der Quantentheorie, die auf der Dualität von Punktteilchen und Feld beruhen und über Schrödingers Materiewelle zur statistischen Deutung der φ-Funktion führen. Die δ-Funktion, das Wellenpaket und die Fouriertransformation sind die mathematischen Werkzeuge, die dieses Kapitel kennzeichnen.

Das 2. Kapitel entwickelt die „Wellenmechanik" in einer Weise und einem Umfang, die für eine erste Einführung vielleicht als „mutig" angesehen werden kann. Ohne der „eindimensionalen" Wellengleichung ernsthaft Raum zu geben, behandle ich von Beginn an realistische Probleme, die sich in einem 3-dimensionalen Raum abspielen, aber drehsymmetrisch sind und entwickle die Theorie so weit, daß nicht nur gebundene Zustände, sondern auch die Streutheorie ausführlich zu ihrem Recht kommt. Der Leser erfährt von den Knotensätzen bis zur Bornschen Näherung und den Formfaktoren hin und macht auch eine erste Bekanntschaft mit den Feynman-Graphen. Dieses Kapitel endet mit einer breiteren Erläuterung der Ideen der „Eichtheorien", die heute die Basis zum Verständnis des Großteils der fundamentalen physikalischen Wechselwirkungen sind.

Dem 3. Kapitel habe ich den Titel „Axiomatischer Aufbau" gegeben, da dort entwickelt wird, wie nach der Konzeption des Hilbertraumes der physikalischen Zustände sämtliche Quantisierungsregeln aus einer Wurzel, nämlich den Heisenbergschen „Vertauschungsrelationen" folgen. Abgeschlossen wird dieses – den Schwerpunkt des ersten Bandes darstellende Kapitel – mit einer Diskussion der Möglichkeiten und Schwierigkeiten, den so erfolgreichen Formalismus der Quantenmechanik physikalisch und erkenntnistheoretisch zu interpretieren.

Um diesen Band handlich und lesbar zu halten, mußten wichtige Teile der Quantenmechanik – wie der algebraische Weg zur Quantisierung des harmonischen Oszillators und die Quantentheorie des Drehimpulses – auf den zweiten Band verschoben werden. Dort wird auch die quantenmechanische Beschreibung von Mehrteilchen-Systemen, die relativisische Quantenmechanik und eine Einführung in die „Pfadintegral-Quantisierung" enthalten sein.

Dieses Buch wäre ohne die begeisternde Ermutigung von Herrn Schwarz, dem Lektor des Vieweg-Verlages, nicht erschienen. Seinem fachkundigen sympathischen Rat habe ich sehr zu danken. Viele Studierende haben mitgewirkt: Frau G. Anton und die Herren R. Blankert, B. Bock, Th. Filk, W. König, L. Köpke, J. Plingen, E. Rathske und W. Ruhm haben 1975 – noch als Studenten das ursprüngliche Skriptum erstellt, die Herren G. Giese, V. Schwarz und D. Wagner haben vor einem Jahr den „gescannten" Text des Skriptums mit TEX-Formeln versehen. Ein Buch haben daraus Herr Schwarz und meine Sekretärin Frau Faßbender erstellt, mit meiner stärkeren Mitwirkung in der letzten Phase.

Gelitten hat dabei vor allem meine Frau, die noch mehr als sonst nur meinen Rücken sah, während der Rest von mir mit dem Notebook verheiratet schien.

Allen habe ich sehr zu danken und hoffe auf wohlwollende Akzeptanz des Lesers.

Bonn, im August 1995   Horst Rollnik

Vorwort zur 2. Auflage

Es ist ein Ausdruck der tiefgreifenden Veränderungen im heutigen Verlagssystem, daß diese 2. Auflage meiner Vorlesungen über die Quantentheorie unter einem anderen Verleger und in einer geänderten äußeren Form erscheint. Das Buch mag so einen erweiterten Leserkreis finden. Sein Inhalt unterscheidet sich nicht von der ersten Auflage; nur eine Liste mit notwendigen Ergänzungen und Korrekturen (s. S. 377) ist hinzugefügt worden.

Seit dem Erscheinen der 1. Auflage haben sich die dargestellten Grundlagen der Quantenmechanik natürlich nicht geändert. Die Bemerkungen und Erläuterungen im damaligen Vorwort bleiben voll gültig.

Aufgrund von neuen und verfeinerten experimentellen Methoden wurde es jedoch möglich, ungewöhnliche Aussagen der Quantentheorie, wie sie etwa durch das Einstein-Rosen-Podolsky Paradoxon illustriert werden, in verschiedenartigen, genial ersonnenen Experimenten zu prüfen. Dieser Problemkreis ist im Abschnitt 3.16 grundsätzlich behandelt worden, und die dortigen Aussagen haben sich voll bestätigt. Während diese Fragen lange Zeit vor allem in einem kleinen Kreis von „Interpreten der Quantenmechanik" diskutiert worden, haben sie inzwischen nicht nur die Aufmerksamkeit eines großen Kreises von Physikern gefunden, sondern darüber hinaus Mathematiker, Informatiker und Ingenieurwissenschaftler in ihren Bann gezogen. Neue Begriffe wie „Quantum Computing" und „Quantum Information" kennzeichnen diese Entwicklung, durch die insbesondere eine Öffnung zur Informationstheorie geschaffen wurde. In diesem Kontext wurde auch außerhalb der Fachphysik eine breitere Öffentlichkeit durch eine Reihe von exzellenten Büchern informiert, in denen auch das entfernte Ziel der Realisierung von „Quantencomputern" dargestellt wird.

Leider kann ich diese Entwicklungen in diesem Buch nicht kommentieren; ich muß mich auf Hinweise auf die inzwischen immens angewachsene Literatur beschränken, die sich im Korrekturblatt zum Abschnitt 3.16 befinden.

Schließlich möchte ich darauf hinweisen, daß das vorliegende Buch die Grundlage für den gleichzeitig erscheinenden 2. Band der Quantentheorie darstellt.

Bonn, im Herbst 2002   Horst Rollnik

Inhaltsverzeichnis

1 Physikalische Grundlagen der Quantentheorie

1.1 Das „Neue" der Quantentheorie, begriffliche und pädagogische Schwierigkeiten

Die Entwicklung der Atomphysik zu Beginn dieses Jahrhunderts hat eine für die gesamte Naturwissenschaft fundamentale Erkenntnis gebracht. Die Analyse der in ihr gewonnenen experimentellen Ergebnisse zeigte nämlich, daß die physikalische Beschreibung atomarer Phänomene nicht mit Hilfe der aus der Alltagserfahrung abgeleiteten Begriffe und Theorien der klassischen Physik möglich ist. Die deswegen notwendigen Änderungen des physikalischen Weltbildes waren wesentlich einschneidender als die Modifizierung der Physik der vorigen Jahrhunderte durch Einsteins Relativitätstheorie. Hier konnten die klassischen Begriffe wie „Ort" und „Geschwindigkeit" von Massenpunkten ungeändert übernommen werden, nur die quantitative Form der sie bestimmenden Gesetze wurde geändert, um sie mit der Invarianz der Lichtgeschwindigkeit in Einklang zu bringen. Die Quantentheorie dagegen hat eine fundamentale Einschränkung der Anwendbarkeit der genannten Begriffe vorgenommen.

Wie jeder Teil einer empirischen Wissenschaft stützt sich auch die Quantenphysik auf experimentelle Ergebnisse und Erfahrungstatsachen. Die besondere Problematik der Quantentheorie besteht darin, daß die Resultate der Experiemente zwar in der Sprache der makroskopischen Physik beschrieben werden, das darauf aufbauende Gedankensystem jedoch die klassische Physik grundsätzlich überschreitet. Diese Tatsache hat zu ausführlichen philosophischen, genauer erkenntnistheoretischen Diskussionen geführt. Auch pädagogische Schwierigkeiten für eine einführende Vorlesung in die Quantentheorie sind hiermit verbunden. Auf dem Weg zum endgültigen physikalischen und mathematischen Begriffsgebäude der Quantenmechanik bleiben manche Fragen und Probleme offen und können erst am Ende nach tieferem Studium diskutiert und wenigstens teilweise beantwortet werden. Der Leser muß daher gelegentlich mutig – oder dem Autor vertrauend – weiterschreiten, auch wenn er den Inhalt gewisser physikalischer Formulierungen noch nicht völlig durchschaut hat. Bezüglich der mathematischen Entwicklung der Theorie sollte dies nicht gelten. Diese kann in einer linear fortschreitenden Weise dargestellt und nachvollzogen werden.

1.2 Philosophische Gründe für die Notwendigkeit neuer Prinzipien in der Atomphysik

Bereits im Altertum, als sich die Naturwissenschaften und speziell die Physik noch nicht von der Philosophie gelöst hatten, wurde die Existenz kleinster (unteilbarer) Einheiten der Materie, der sogenannten Atome, hypothetisch angenommen.

Aber erst mehr als 2000 Jahre nach Demokrit ($\sim$ 460 v. Chr.) wurden im vorigen Jahrhundert, insbesondere durch Fortschritte der Chemie, die Atome zu physikalisch relevanten Objekten. Zwischenzeitlich waren sie Gegenstand zahlreicher Diskussionen. Beachtenswert ist vor allem die Analyse des Atombegriffs durch Immanuel Kant. Er kommt, kurz gefaßt, zu dem Resultat:

Die Atomhypothese enthält innere Widersprüche .

Er formuliert und beweist diese Behauptung in der „Kritik der reinen Vernunft" als ein Beispiel für die „transzendentale Dialektik", die „von den reinen Verstandesbegriffen auch jenseits der Erfahrung Gebrauch macht". Man kann seine darauf gerichtete **2. Antinomie der reinen Vernunft** etwa in folgender Weise formulieren:

Bild 1.1

These	Antithese
Jede zusammengesetzte Substanz besteht aus einfachen Teilen	Keine zusammengesetzte Struktur der Welt besteht aus einfachen Teilen. Es existiert nichts Einfaches.

Dabei benutzt Kant anstelle des Wortes „Atom" die genauere Formulierung:

„einfacher Teil".

Beide Beweise werden indirekt geführt:

Beweis der These	Beweis der Antithese
Angenommen, es gäbe keine einfachen Teile, dann bliebe nach der Aufhebung der Zusammensetzung nichts übrig.	Jede Zusammensetzung von Substanz ist nur im Raum möglich. Ihr Volumen wird durch die Summe der Volumina der Teile gegeben. Angenommen, es gäbe einen einfachen Teil, so müßte auch dieser einen Raum einnehmen. Damit wäre er nicht einfach, sondern aus Teilvolumina zusammengesetzt.

Kant schließt aus dieser und drei anderen Antinomien:

Verstandesbegriffe, die zur Verarbeitung der Erfahrung dienen, dürfen nicht über diese Erfahrung hinaus angewendet werden.

Der moderne Physiker ist geneigt, aus diesem Argument den folgenden Schluß zu ziehen:

> Die Begriffe der klassischen Physik sind anhand der Erfahrungen des All-
> tags entwickelt worden. Beim Versuch, sie auf atomare Größenordnungen zu
> übertragen, muß man damit rechnen, in innere Widersprüche zu gelangen.

Paul A. M. Dirac hat die Argumentation des Beweises der Antithese zu einem positiven Schluß verwandt:[1]

Ein Stück ausgedehnter Materie kann beliebig oft geteilt werden; es sei denn, es gelingt, dem Begriff der „räumlichen Größe" einen „absoluten" Sinn zu geben. Dadurch würde eine natürliche Längeneinheit definiert werden und ein Atom, genauer ein elementares Teilchen, hätte dann gerade eine Ausdehnung von der Größe dieser Einheit. Wenn man annimmt, daß eine prinzipielle Grenze für die Beobachtungsgenauigkeit für Längenmessungen existiert, die in der Natur der Dinge liegt und nicht auf mangelnder Geschicklichkeit des Experimentators beruht, so wäre damit die Möglichkeit gegeben, eine absolute Größenskala einzuführen.

Eine weit führende Analyse von grundlegenden Experimenten der Atomphysik durch Werner Heisenberg hat tatsächlich ergeben, daß eine solche untere Genauigkeitsgrenze existiert, allerdings in einer subtilen Weise: Nicht die räumlichen Messungen sind absolut begrenzt, sondern das Produkt der Genauigkeiten einer gleichzeitigen Orts- und Impulsmessung kann einen Minimalwert nicht unterschreiten:

$$(\Delta x \cdot \Delta p) \geq (\Delta x \cdot \Delta p)_{\min} \,. \tag{1.2.1}$$

Die rechte Seite ist eine universelle Naturkonstante mit der Dimension einer Wirkung

$$\mathrm{m\ kg\frac{m}{s}} = \mathrm{kg}\left(\frac{\mathrm{m}}{\mathrm{s}}\right)^2 \cdot \mathrm{s} = \mathrm{J} \cdot \mathrm{s}$$

$$\text{Energie} \times \text{Zeit} = \text{Wirkung} \,.$$

Sie wird zahlenmäßig durchdas Plancksche Wirkungsquantum $\hbar$ gegeben; der zur Zeit genaueste Wert lautet[2]

$$\hbar = (1.05457266 \pm 0,00000063) \times 10^{-34}\,\mathrm{J\ s} \,. \tag{1.2.2}$$

Für praktische Rechnungen genügt es in der Regel, sich den Wert

$$\hbar = 10^{-34}\,\mathrm{J\ s} \tag{1.2.3}$$

zu merken. Mit dieser fundamentalen Konstanten lautet die Ungleichung

$$\Delta x \cdot \Delta p \geq \hbar \,. \tag{1.2.4}$$

Sie wurde 1927 von Werner Heisenberg entdeckt und ist als „Heisenbergsche Unschärferelation" eine Säule der modernen Physik. Das auftretende Wirkungsquantum $\hbar$ wurde schon 1899 von Max Planck zur Quantelung der Lichtenergie durch die Gleichung

---

[1] Paul Adrienne Maurice Dirac, The Principles of Quantum Mechanics (Clarendon Press, Oxford, 4th edition, 1967)., p. 3,4.

[2] Dieser Wert wurde der „1986 Adjustment of the Fundamental Physical Constants" entnommen, vgl. E. R. Cohen and B. N. Taylor, Rev. Mod. Phys. **59**(1987), 1121.

$$E = h\nu$$

eingeführt. Dirac berücksichtigte den immer wieder auftretenden Faktor $1/2\pi$ durch die Definition

$$h - \text{quer} \equiv \hbar := \frac{h}{2\pi} \; .$$

1.3 Physikalische Gründe für die Existenz eines Wirkungsquantums

In diesem Abschnitt besprechen wir physikalische Argumente, die die Existenz einer fundamentalen Naturkonstante mit der Dimension einer Wirkung nahelegen. Zunächst werden die allgemeinen Überlegungen des letzten Abschnittes fortgeführt und anschließend unabhängige Gründe genannt.

a) Die Größe der Atome

Wir gehen vom Rutherfordschen Atommodell aus, nach dem z. B. ein Wasserstoffatom aus einem schweren positiv geladenen Proton als Atomkern und einem darum kreisenden leichten Elektron besteht, und suchen eine theoretische Erklärung für den schon Ende des letzten Jahrhunderts ermittelten Wert des Atomradius

$$a \simeq 1 = 10^{-10}\text{m} \; .$$

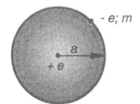

Bild 1.2
Rutherfordsches Atommodell

Das zentrale Proton kann man wegen der sehr viel größeren Masse als ruhend betrachten. Aus dem Gleichgewicht zwischen Coulombanziehung und Zentrifugalkraft ergibt sich für den Bahnradius a des Wasserstoffatoms

$$m_e \frac{v^2}{a} = \frac{e^2}{a^2}$$

$$a = \frac{e^2}{m_e v^2} \; . \tag{1.3.1}$$

Hier wurde die Coulombkraft im Gaußschen Maßsystem formuliert. Die Elementarladung e und die Elektronenmasse m_e sind bekannt; für v bietet sich auf grund ihrer fundamentalen Bedeutung in der Einsteinschen Relativitätstheorie an, die Lichtgeschwindigkeit c zu wählen. Tatsächlich erhält man aus (1.3.1) für $v = c$ einen Radius der Größe

$$r_0 = \frac{e^2}{m_e c^2} \sim 10^{-15} \text{m} \ , \qquad (1.3.2)$$

der um 5 Größenordnungen kleiner als der Atomradius ist.[3] Dieser Fehlschlag ist nicht verwunderlich, denn die Bewegung der Elektronen im Atom ist vermutlich nichtrelativistisch: Die Bindungsenergien im Atom haben die Größenordnung von 1 eV; von der gleichen Größenordnung wird die kinetische Energie T_e der Elektronen sein, die im Vergleich zur Ruheenergie mc^2 des Elektrons sehr klein ist:

$$T_e = \frac{1}{2} m v^2 \sim 1\text{eV} \ll mc^2 = \frac{1}{2}\text{MeV} \ \Rightarrow \ v \ll c \ , \qquad (1.3.3)$$

wobei der Wert der Ruheenergie eines Elektrons von etwa 1/2 MeV benutzt wurde. Daher müssen wir nach einer anderen Geschwindigkeit suchen. Steht uns ein fundamentales Wirkungsquantum $\hbar$ zur Verfügung, so können wir mit Hilfe von Dimensionsbetrachtungen eine geeignete Größe von der Dimension einer Geschwindigkeit v konstruieren. Im verwendeten Gaußschen Maßsystem gilt (Man denke an die Arbeit im elektrischen Feld $A = e \cdot \phi = e^2/r$.)

$$[e^2] = \text{Energie} \times \text{Länge}$$
$$[\hbar] = \text{Energie} \times \text{Zeit} \ . \qquad (1.3.4)$$

Wir setzen

$$v := \frac{e^2}{\hbar} \qquad (1.3.5)$$

und erhalten mit (1.3.1)

$$a = \frac{\hbar^2}{m_e e^2} \ . \qquad (1.3.6)$$

Benutzt man die experimentellen Daten

$$m_e \approx 10^{-30}\text{kg} \ ; \quad e \approx 5 \cdot 10^{-10} \text{e.s.u.} \ ; \quad a \approx 10^{-10}\text{m} \ ,$$

so folgt für die Größenordnung von $\hbar$

$$\hbar \approx 10^{-34}\text{Js} \ : \qquad (1.3.7)$$

Im Rutherfordschen Atommodell kann die gewählte Geschwindigkeit v (1.3.5) als Bahngeschwindigkeit des Elektrons interpretiert werden. Es gilt die leicht merkbare Relation

$$\frac{v}{c} = \frac{e^2}{\hbar c} \equiv \alpha = \frac{1}{137} \ , \qquad (1.3.8)$$

wobei α Feinstrukturkonstante genannt wird.

---

[3] Dies ist der sogenannte klassische Elektronenradius r_0, für den die elektrische Feldenergie e^2/r_0 gleich der Massenenergie mc^2 ist.

Die Theorie der Atome kann also mit Hilfe der Naturkonstanten $\hbar$ die Größe der Atome richtig beschreiben. Sie soll aber wesentlich mehr leisten! Das kreisende Elektron im Rutherfordschen Atommodell führt nach den Gesetzen der klassischen Elektrodynamik in kurzer Zeit zum Kollaps des Atoms. Das Larmorsche Theorem fordert, daß es ständig Energie abstrahlt gemäß

$$\frac{dU}{dt} = -\frac{2}{3}\frac{e^2}{c^3}\dot{v}^2 \qquad (1.3.9)$$

und schließlich in den Kern stürzt. Die Quantentheorie muß erklären, warum dies nicht geschieht und ein Atom jedenfalls im Grundzustand nicht strahlt.

b) Die Farbe glühender fester Körper

Ein anderes Argument für die Existenz von $\hbar$, das historisch eine wichtige Rolle gespielt hat, stützt sich auf die Untersuchung der Strahlung, die von erhitzten festen Körpern ausgesandt wird („Plancksches Strahlungsgesetz"). Beim fortwährenden Erhitzen wechselt die Farbe der Körper von dunkelrot über rot und gelb bis weiß. Die Frequenz $\bar{\omega}$, bei der das Intensitätsmaximum im Emissionsspektrum liegt, nimmt mit der Temperatur zu. („Wiensches Verschiebungsgesetz").

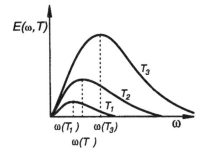

Bild 1.3
Spektrum eines glühenden Körpers als Funktion der Temperatur mit $T_1 < T_2 < T_3$

Die Thermodynamik des Körpers wird mit Hilfe von kT beschrieben, wobei k die Boltzmannkonstante und T die absolute Temperatur ist. Das Verhältnis von kT und und $\bar{\omega}$ hat wieder die Dimension einer Wirkung. Nehmen wir einfache Proportionalität von $\bar{\omega}$ und kT an und setzen

$$kT = \bar{h} \cdot \bar{\omega} \, , \qquad (1.3.10)$$

wobei mit $\bar{h}$ eine zunächst neue Konstante mit der Dimension einer Wirkung eingeführt wurde.

Ein Ofen mit einer Temperatur von etwa 1000 K glüht rot; die Wellenlänge maximaler Intensität wird noch im Infraroten liegen

$$\bar{\lambda} \approx 10^{-6} \, \text{m}$$
$$\bar{\omega} \approx \frac{c}{\lambda} \approx 10^{14} \, \text{Hz} \, .$$

Mit dem experimentellen Wert

$$k = 1,4 \cdot 10^{-23} \, \frac{\text{J}}{\text{K}}$$

folgt für die Größenordnung von $\bar{h}$

$$\bar{h} \approx \frac{10^{-23} \cdot 10^3}{10^{14}} \, \text{J s} = 10^{-34} \, \text{J s} \, .$$

Diese Übereinstimmung mit $\hbar$ ist sicher nicht zufällig; daher setzen wir: $\bar{h} \equiv \hbar$.

c) Das Abfallen der spezifischen Wärme bei tiefen Temperaturen

Die spezifischen Wärmen fester Körper sind bei normalen Temperaturen konstant (Dulong-Petitsche Regel). Unterhalb einer kritischen Temperatur, der sog. Debye-Temperatur θ, fallen sie aber rasch ab. Erfahrungsgemäß ist θ um so größer, je „steifer"der Körper ist, d. h. je höher die Schwingungsfrequenzen ω_{Schw} sind, zu denen die Atome angeregt werden können. Setzt man linear an

$$k \cdot \theta = \bar{\bar{h}} \omega_{\text{Schw}} \, ,$$

so erhält man aus empirischen Werten für θ und ω_{max} wieder die Größenordnung

$$\bar{\bar{h}} \approx 10^{-34} \, \text{J s} \, .$$

d) Der lichtelektrische Effekt

Beim Photoeffekt werden durch eingestrahltes Licht aus einer metallischen Oberfläche Elektronen herausgeschlagen. Klassisch erwartet man, daß die kinetische Energie der herausgeschlagenen Elektronen mit der Intensität der Lichtwelle anwächst, die durch den Poyntingschen Vektor bestimmt wird

$$\vec{S} = \frac{c}{4\pi} \left(\vec{E} \times \vec{B} \right) \, .$$

Tatsächlich fand Lenard 1902 ein Gesetz der Form

$$\frac{m}{2} v^2 = \bar{\bar{h}} \, \omega - A \, , \tag{1.3.11}$$

wobei ω die Frequenz des auffallenden Lichtes bezeichnet; $\bar{\bar{h}}$ und A sind gemessene Konstanten. Während A vom Material der verwendeten Kathode abhängt, ist $\bar{\bar{h}}$ eine universelle Größe, für die wiederum gilt

$$\bar{\bar{h}} \approx \hbar \, .$$

Ein genaues Verständnis von (1.3.11) ist eine wichtige Aufgabe der Quantentheorie. Dafür ist eine quantentheoretische Beschreibung der Wechselwirkung zwischen Elektronen und Licht notwendig, und bringt uns zum Kern des Neuen in der Quantenphysik. Den dafür notwendigen gedanklichen Schritt verdanken wir Albert Einstein, der ihn im Jahre 1905 tat, im selben Jahre, in dem er die spezielle Relativitätstheorie und die moderne Theorie der stochastischen Vorgänge begründete. Einstein stellte fest, daß Gleichung (1.3.11) nichts anderes beschreibt als die Energieerhaltung, wenn man so mutig ist, das Licht als einen Strom von Teilchen, von „Photonen", aufzufassen und jedem Photon die Energie

$$E = \hbar\omega$$

zuzuschreiben. Dann besagt (1.3.11), daß die Energie eines Photons dazu verwendet wird, ein Elektron unter Aufwendung einer „Abtrennarbeit" A aus der Oberfläche herauszuschlagen und ihm eine kinetische Energie $mv^2/2$ zu geben.

Zwar wurde die Gleichung $E = \hbar\omega = h\nu$ schon von Max Planck postuliert, aber er betrachtete sie nur als Ausdruck der Tatsache, daß die Lichtenergie in Portionen von der Größe $\hbar\omega$ bei der Emission und Absorption durch die Atome eines heißen Körpers auftritt. Dagegen nahm Einstein die Teilchennatur des Lichtes ganz ernst: Die Lichtquanten sind Teilchen, deren Energie und Impuls den Erhaltungssätzen der klassischen Mechanik gehorchen.

Andererseits hat der große Erfahrungsschatz der Optik gezeigt, daß das Licht Interferenz- und Beugungsphänomene aufweist und daher Welleneigenschaften hat. Insgesamt wird man damit zum Schluß gezwungen, daß das Licht eine Doppelnatur hat: Unter bestimmten Umständen verhält es sich wie eine räumlich ausgedehnte Welle, unter anderen Umständen wie ein punktförmig lokalisiertes Teilchen.

1.4   Experimente zum Dualismus von Welle und Teilchen

Bei der weiteren Entwicklung der Quantenphysik wurde klar, daß die durch die Einsteinsche Deutung des lichtelektrischen Effekts entdeckte Doppelnatur des Lichtes ein allgemeines Gesetz der Mikrowelt darstellt. Für alle mikroskopischen Objekte gilt ein **Dualismus** von Teilchen und Wellen oder besser von **Teilchen und Feld**: Sie verhalten sich je nach den Versuchsbedingungen entweder als punktförmiges Teilchen oder als weitausgedehnte Welle. Im allgemeinen liegt sogar eine „hybride" Situation vor: die mikroskopischen Objekte zeigen „ein wenig Teilchennatur und ein wenig Feldeigenschaften". Dies gilt als nicht nur für Photonen, sondern auch für Elektronen, Protonen, Mesonen, Quarks etc.

In diesem Abschnitt nennen wir die wichtigsten experimentellen Erfahrungen, die diesen Dualismus für Elektronen und Photonen begründen, wobei für Einzelheiten auf Lehrbücher der Atomphysik verwiesen werden muß.

Der **Teilchencharakter der Elektronen** erscheint fast selbstverständlich. Direkt sichtbar wird er etwa in den Bahnspuren von Elektronen in Blasenkammern. Der **Wellencharakter der Elektronen** wurde durch Beugungssexperimente an Kristallgittern nachgewiesen (Davisson und Germer 1927). Bild 1.4 zeigt das Ergebnis eines solchen Experiments über die Beugung von Elektronenstrahlen. Quantitativ findet man durch solche Messungen, daß für

Bild 1.4
Elektronen-Beugung
von 1,09 MeV-Elektronen

nicht allzu große Geschwindigkeiten die den Elektronen zuzuordnende Wellenlänge λ zu ihrer Geschwindigkeit umgekehrt proportional ist. Unter Verwendung des Wellenzahlvektors $\vec{k}$ mit $|\vec{k}| = 2\pi/\lambda$ und des Impulses $\vec{p} = m\vec{v}$ kann man schreiben

$$\vec{k} \sim \vec{v}$$

oder

$$\vec{p} = \text{const} \cdot \vec{k} \,.$$

Die auftretende Konstante hat wieder (!) die Dimension einer Wirkung und quantitativ findet man eine Übereinstimmung mit dem Zahlenwert von $\hbar$. Es gilt also

$$\boxed{\vec{p} = \hbar\vec{k}} \,. \tag{1.4.1}$$

Diese Relation wurde 1926 von de Broglie entdeckt und trägt seinen Namen. Sie spielt für die Quantenphysik zusammen mit der Planckschen Gleichung

$$\boxed{E = \hbar\omega} \tag{1.4.2}$$

eine fundamentale Rolle. In der Tat hängen beide Gleichungen in der Relativitätstheorie direkt zusammen; sie sind verschiedene Komponenten einer Gleichung zwischen Vierervektoren.

Der **Wellencharakter der Photonen** wird durch die Phänomene der Wellenoptik nachhaltig demonstriert. Der **Teilchencharakter der Photonen** wird in besonders überzeugender Weise in den Ergebnissen über den Comptoneffekt deutlich. Dabei handelt es sich um die Streuung von Licht an freien Elektronen, d. h. an Elektronen, die nicht in einem Atom oder einem Festkörper gebunden sind. Strahlt man Licht auf solche Elektronen, so werden sie nach der klassischen Elektrodynamik durch die Wirkung der elektrischen und magnetischen Felder der Lichtwelle in harmonische Schwingungen versetzt und strahlen Sekundärwellen mit der Frequenz ω der anfallenden Welle ab. 1923 entdeckte jedoch A. H. Compton, daß die Frequenz ω' der gestreuten Lichtwellen tatsächlich kleiner als ω ist:

$$\omega' < \omega \,. \tag{1.4.3}$$

Dies ist eine zwanglose Folge der Erhaltung der Energie, wenn man Elektronen und Photonen als Teilchen auffaßt und die Comptonstreuung als elastischen Stoß beschreibt. Wenn Licht der Frequenz ω auf ein ruhendes Elektron fällt, liegt insgesamt die Energie $\hbar\omega$ vor. Nach dem Stoß hat das Elektron eine nicht verschwindende kinetische Energie $\frac{1}{2}m\vec{v}^2$ und das Photon eine Energie $\hbar\omega'$. Der Energiesatz verlangt

$$\hbar\omega = \hbar\omega' + \frac{1}{2}m\vec{v}^2 \,,$$

woraus sofort (1.4.3) folgt.

1.5 Beschreibung von lokalisierten Zuständen

Einer der wichtigsten Begriffe bei der Beschreibung der Dualität von Teilchen und Welle ist die räumliche Lokalisierung, die Konzentration eines Objektes auf einen i. a. sehr kleinen Raumbereich. In diesem Abschnitt erläutern wir, wie man in der klassischen Physik solche lokalisierten Zustände beschreibt. Dies ist in der Punktmechanik von ihrem Ansatz her selbstverständlich, läßt sich aber auch in der Physik von Feldern durchführen.

1.5.1 Punktmechanik

Die einfachste Methode für die Beschreibung lokalisierter Zustände finden wir in der klassischen Mechanik, denn einer ihrer Grundbegriffe ist gerade der Begriff des Massenpunktes, unter dem man sich einen Körper vorstellt, dessen Ausmaße bei der Beschreibung seiner Bewegung vernachlässigt werden, der aber aufgrund seiner in einem Punkt konzentrierten Masse physikalisch wirksam wird. Der Zustand eines solchen Massenpunktes ist in jedem Zeitpunkt durch die Angabe seiner Lage im Raum und seiner Geschwindigkeit bzw. durch die Angabe seiner generalisierten Koordinaten q_1, q_2, q_3 und deren zeitlicher Ableitungen $\dot{q}_1, \dot{q}_2, \dot{q}_3$ vollständig festgelegt; seine Bewegung kann mit Hilfe des Newtonschen Kraftgesetzes oder der Lagrange-Funktion $L = L(q_1, q_2, q_3, \dot{q}_1, \dot{q}_2, \dot{q}_3, t)$ bestimmt werden. Die Lagrangeschen Gleichungen

$$\frac{\mathrm{d}}{\mathrm{d}t}\frac{\partial L}{\partial \dot{q}_i} - \frac{\partial L}{\partial q_i} = 0 \qquad (i = 1, 2, 3) \tag{1.5.1}$$

stellen die Bewegungsgleichungen des Massenpunktes dar.

Für die Quantenmechanik ist es wesentlich, daß anstelle der generalisierten Geschwindigkeiten $\dot{q}_i$ die Größen $p_i = \partial L/\partial\dot{q}_i$, welche als kanonische oder generalisierte Impulse bezeichnet werden, zur Bestimmung der Bewegung verwendet werden können. Dazu führt man in der theoretischen Mechanik die Hamiltonfunktion

$$H = H(q_1, q_2, q_3, p_1, p_2, p_3, t)$$

$$\text{mit} \qquad H = \sum_{i=1}^{3} \dot{q}_i \frac{\partial L}{\partial q_i} - L = \sum_{i=1}^{3} \dot{q}_i p_i - L \tag{1.5.2}$$

Tabelle 1.1 Grundgleichungen der Maxwell-Lorentz-Theorie

(1)	$\operatorname{div} \vec{E} = 4\pi\rho$	Gaußsches Gesetz
(2)	$\operatorname{rot} \vec{E} = -\dfrac{1}{c}\dot{\vec{B}}$	Induktionsgesetz
(3)	$\operatorname{div} \vec{B} = 0$	Keine magnetischen Monopole
(4)	$\operatorname{rot} \vec{B} - \dfrac{1}{c}\dot{\vec{E}} = \dfrac{4\pi}{c}\vec{j}$	Amperesches Gesetz und Verschiebungsstrom

Aus (1) und (4) folgt die Kontinuitätsgleichung,
die die Erhaltung der elektrischen Ladung garantiert

$$\dot{\rho} + \operatorname{div} \vec{j} = 0$$

Die Kraft auf ein Punktteilchen mit der Ladung q
wird durch die Lorentzkraft gegeben:

$$\vec{F} = q\left(\vec{E} + \frac{1}{c}\vec{v} \times \vec{B}\right)$$

Aus den homogenen Gleichungen (2) und (3)
folgt die Existenz der elektromagnetischen Potentiale:

$$\vec{E} = -\operatorname{grad} \Phi - \frac{1}{c}\dot{\vec{A}} \qquad \vec{B} = \operatorname{rot} \vec{A}$$

Eichtransformationen der Potentiale:

$$\Phi' = \Phi - \frac{1}{c}\dot{\chi} \qquad\qquad \vec{A}' = \vec{A} + \operatorname{grad} \chi$$

Es wurden CGS-Einheiten benutzt

---

ein und zeigt, daß die Bewegungsgleichungen des Massenpunktes in der folgenden kanonischen Form geschrieben werden können

$$\dot{q}_i = \frac{\partial H}{\partial p_i}, \quad \dot{p}_i = -\frac{\partial H}{\partial q_i} \qquad (i = 1, 2, 3) . \tag{1.5.3}$$

In kartesischen Koordinaten erhält man mit $L = L(\vec{r}, \vec{v}, t)$:

$$\vec{p} = \frac{\partial L}{\partial \vec{v}} = \vec{\nabla}_{\vec{v}} L \qquad \text{als kanonischen Impuls} \tag{1.5.4}$$

und

$$H(\vec{r}, \vec{p}, t) = \vec{v} \cdot \vec{p} - L \qquad \text{als Hamilton-Funktion.} \tag{1.5.5}$$

Als wichtiges Beispiel sei die Hamiltonfunktion der nichtrelativistischen Bewegung eines Elektrons in einem elektromagnetischen Feld angeführt. Ein Teilchen mit der Ladung e sei einem elektrischen Feld $\vec{E}$ und einem magnetischen Feld $\vec{B}$ unterworfen.

Die dynamischen Grundgleichungen für die dabei auftretende Wechselwirkung werden durch die Maxwell-Lorentz-Theorie gegeben, die in Tabelle 1.1 zusammengefaßt dargestellt ist. Als für uns wichtige Konsequenz folgt aus den homogenen Maxwell-Gleichungen (2) und (3), daß sich das elektrische Feld $\vec{E}$ und das magnetische Feld $\vec{B}$ durch ein skalares Potential ϕ und ein Vektorpotential $\vec{A}$ darstellen lassen gemäß den Gleichungen

$$\vec{E} = -\vec{\nabla}\phi - \frac{1}{c}\dot{\vec{A}} \qquad \vec{B} = \vec{\nabla} \times \vec{A} \,. \tag{1.5.6}$$

Dann wird die Wirkung der Lorentzkraft

$$\vec{F} = e\left(\vec{E} + \frac{1}{c}\vec{v} \times \vec{B}\right)$$

durch die folgende Hamiltonfunktion beschrieben

$$H = \frac{1}{2m}\left(\vec{p} - \frac{e}{c}\vec{A}(\vec{r},t)\right)^2 + e\,\phi(\vec{r},t) \,. \tag{1.5.7}$$

Für mehrere als Massenpunkte beschriebene Teilchen gelten verallgemeinerte Formeln, in denen die Teilchengrößen nur indiziert zu werden brauchen

$$H\left(\vec{r}_\nu, \vec{p}_\nu, t\right) \quad (\nu = 1, \dots, n \,;\, n = \text{Anzahl der betrachteten Teilchen}) \,.$$

1.5.2   Wellenpakete als lokalisierte Zustände in der klassischen Feldtheorie

Seiner Definition entsprechend nimmt ein Feld grundsätzlich den ganzen dreidimensionalen Raum ein. Besonders deutlich sieht man dies am Beispiel ebener Wellen, die durch die periodischen Funktionen

$$f(\vec{r},t) = \mathrm{e}^{i(\vec{k}\cdot\vec{r}-\omega t)} \quad \text{bzw.} \quad \Re\left(\mathrm{e}^{i(\vec{k}\cdot\vec{r}-\omega t)}\right) = \cos(\vec{k}\cdot\vec{r} - \omega t) \tag{1.5.8}$$

charakterisiert werden. In der rechten Formel haben wir die Notation $\Re$ für den Realteil einer komplexwertigen Größe eingeführt. Eine solche Welle besitzt eine unendliche Ausdehnung, denn für jeden Raumpunkt mit noch so großem Abstand vom Koordinatenursprung gibt es „benachbarte" Punkte, an denen $|f(\vec{r},t)| = 1$ (für alle Zeiten t) gilt.

Man kann aber mit Hilfe von Wellenpaketen, d. h. durch Überlagerung von ebenen Wellen verschiedener Wellenzahlen und Frequenzen, Feldverteilungen aufbauen, die sowohl räumlich als auch zeitlich beliebig konzentriert sind. Um mit derartigen lokalisierten Zuständen vertraut zu werden, studieren wir zunächst

Eindimensionale räumliche Wellenpakete

Überlagert man zwei eindimensionale räumliche (zeitlich konstante!) Wellen $\mathrm{e}^{ik_1 x}$ und $\mathrm{e}^{ik_2 x}$, so erhält man als resultierende Welle, die mit $\psi(x)$ bezeichnet sei

$$\psi(x) = \Re\left(\mathrm{e}^{ik_1 x} + \mathrm{e}^{ik_2 x}\right) = \cos k_1 x + \cos k_2 x \,.$$

Definiert man

$$K := \frac{1}{2}(k_1 + k_2) \quad \text{und} \quad \kappa := \frac{1}{2}(k_1 - k_2) \,,$$

so gilt

$$k_1 = K + \kappa \quad \text{und} \quad k_2 = K - \kappa \,,$$

und aus (1.5.2) erhält man

$$\psi(x) = \Re \left(e^{iKx} \left(e^{i\kappa x} + e^{-i\kappa x} \right) \right)$$
$$= \Re \left(e^{iKx} 2 \cos \kappa x \right) = 2 \cos(Kx) \cos(\kappa x) \,.$$

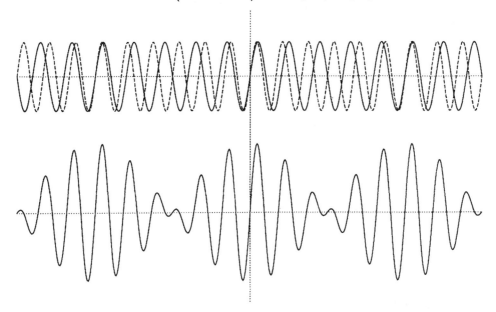

Bild 1.5 Überlagerung zweier harmonischer Wellen mit verschiedenen Wellenlängen

In der oberen Hälfte von Bild 1.5 sind beide Summanden von $\psi(x)$ graphisch darge-stellt, in der unteren Hälfte die resultierende Welle. Man erkennt deutlich die auftretende Schwebung (κ ist die Schwebungs-„Frequenz"). Als wesentliches Ergebnis dieser Betrach-tungen ist festzuhalten, daß die Überlagerung der beiden Wellen bestimmte Raumpunkte durch destruktive Interferenz, andere durch konstruktive Interferenz der Wellen auszeich-net. Man erreicht eine Konzentration der resultierenden Welle $\psi(x)$ in Bereichen, in denen die „modulierende Amplitude" $\cos(\kappa x)$ groß ist.

Es liegt nun die Vermutung nahe, daß durch Überlagerung unendlich vieler geeigneter Wellen eine bessere Konzentration der resultierenden Welle $\psi(x)$ erreicht werden könne. Dies führt zunächst zu einem Ansatz der Form

$$\psi(x) = \sum_{n=1}^{\infty} a_n e^{ik_n x} \,, \tag{1.5.9}$$

in dem die a_n und k_n beliebig vorgegeben werden. Während bei diesem Ansatz nur Wellen mit verschiedenen diskreten Wellenzahlen an der Überlagerung beteiligt sind, wollen wir noch einen Schritt weitergehen und Wellen überlagern, deren Wellenzahlen ein kontinuier-liches Spektrum bilden. Dies führt uns zu einer Integraldarstellung des Feldes $\psi(x)$

$$\psi(x) = \frac{1}{\sqrt{2\pi}} \int\limits_{-\infty}^{+\infty} a(k)\, e^{ikx}\, dk \;. \tag{1.5.10}$$

Dieses Integral wird als **Fourierintegral** bezeichnet. Hierbei ist für $a(k)$ jede Funktion der Wellenzahl k zugelassen, die zu einem „sinnvollen" Feld $\psi(x)$ führt. Dies ist immer dann der Fall, wenn das auftretende uneigentliche Integral konvergiert. Zum Beispiel kann $a(k)$ eine Kastenform wie im Bild 1.6 a) besitzen, da sich in diesem Fall das Fourierintegral nur über ein endliches Intervall erstreckt.

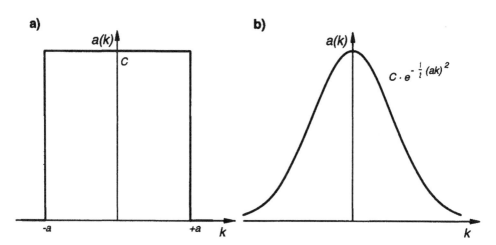

Bild 1.6 Beispiele für k-Verteilungen a) Kastenprofil, b) Gaußprofil

Als ein weiteres wichtiges Beispiel wollen wir das Fourierintegral des Gaußprofils, vgl. Bild 1.6b

$$a(k) = Ce^{-\frac{1}{2}(ak)^2} \tag{1.5.11}$$

berechnen, wobei C eine reelle Konstante bezeichnet und a eine Größe mit der Dimension [Länge] ist.

Als Ergebnis sei vorweggenommen, daß für (1.5.11) das Fourierintegral (1.5.10) existiert, und daß gilt

$$\psi(x) = \frac{1}{\sqrt{2\pi}} \int\limits_{-\infty}^{+\infty} Ce^{-\frac{1}{2}(ak)^2}\, e^{ikx}\, dk = \frac{C}{a} e^{-\frac{1}{2}\left(\frac{x}{a}\right)^2} \;. \tag{1.5.12}$$

Folgende Rechnung führt zu diesem Ergebnis:

1. Schritt: *Quadratische Ergänzung des Exponenten*

$$-\left[\frac{1}{2}(ak)^2 - ikx\right] = -\frac{1}{2}a^2\left[k^2 - 2k\frac{ix}{a^2}\right] =$$

$$-\frac{1}{2}a^2\left[\left(k - \frac{ix}{a^2}\right)^2 - \left(\frac{ix}{a^2}\right)^2\right] = -\frac{1}{2}a^2\left(k - \frac{ix}{a^2}\right)^2 - \frac{1}{2}\left(\frac{x}{a}\right)^2 \;. \tag{1.5.13}$$

Also erhält man

$$\psi(x) = \frac{1}{\sqrt{2\pi}} C \int\limits_{-\infty}^{+\infty} e^{-\frac{1}{2}(ak)^2} dk = \frac{1}{\sqrt{2\pi}} C e^{-\frac{1}{2}(\frac{x}{a})^2} \int\limits_{-\infty}^{+\infty} e^{-\frac{a^2}{2}\left(k-\frac{ix}{a^2}\right)^2} dk \ .$$

2. Schritt: *Auswertung des komplexen Integrals*

$$\int\limits_{-\infty}^{+\infty} e^{-\frac{a^2}{2}\left(k-\frac{ix}{a^2}\right)^2} dk \ .$$

Mit der Substitution $z = a(k - ix/a^2)$ folgt

$$\int\limits_{-\infty}^{+\infty} e^{-\frac{a^2}{2}\left(k-\frac{ix}{a^2}\right)^2} dk = \frac{1}{a} \int\limits_{-\infty-ix/a}^{+\infty-ix/a} e^{-\frac{1}{2}z^2} dz \ ,$$

wobei das Integral, wie in Bild 1.7 gezeigt, längs des Weges K_3 parallel zur reellen Achse von $-\infty - ix/a$ bis $+\infty - ix/a$ ausgeführt werden muß.

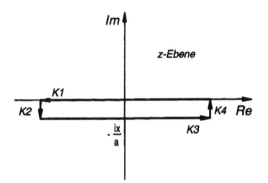

Bild 1.7
Zur komplexen Integration

Da $e^{-z^2/2}$ als Funktion der komplexen Variablen z, holomorph ist, verschwindet nach dem Cauchyschen Integralsatz das folgende Wegintegral über den geschlossenen Weg, der nach Bild 1.7 aus den Wegen K_1^r bis K_4^r zusammengesetzt ist, weil in dessen Innerem der Integrand holomorph ist:

$$\int\limits_{K_1^r \cup K_2^r \cup K_3^r \cup K_4^r} e^{-\frac{1}{2}z^2} dz = 0 \ .$$

Der obere Index r ist dabei zunächst eine endliche Zahl, die angibt, über welches Intervall die Integrale ausgeführt werden sollen. K_1^r soll etwa von $-r$ bis $+r$ erstreckt werden. Für K_2^r soll $\Re z = -r$ und für K_4^r $\Re z = +r$ gesetzt werden.

Da – wie unten noch gezeigt wird – für $r \to \infty$ die Beiträge der Geraden K_2^r und K_4^r zu dem Wegintegral verschwinden, gilt

$$\int\limits_{-\infty-ix/a}^{+\infty-ix/a} e^{-\frac{1}{2}z^2} \, dz = \int\limits_{K_3^\infty} e^{-\frac{1}{2}z^2} \, dz = -\int\limits_{K_1^\infty} e^{-\frac{1}{2}z^2} \, dz = \int\limits_{-\infty}^{+\infty} e^{-\frac{1}{2}z^2} \, dz = \sqrt{2\pi} \; .$$

Der angegebene Wert des letzten Integrals sollte bekannt sein. Andernfalls entnehme man ihn einer Integraltafel oder einem Computeralgebra-Programm. Um zu zeigen, daß der Beitrag von K_2^r für $r \to \infty$ verschwindet, führen wir folgende Parametrisierung ein:

$$K_2^r : z(t) = -r - i\frac{x}{a}t \qquad \text{mit} \quad t \in [0, 1] \; .$$

Dann gilt:

$$\left| \int\limits_{K_2^r} e^{-\frac{1}{2}z^2} dz \right| = \left| \int\limits_0^1 e^{-\frac{1}{2}(-r-i\frac{x}{a}t)^2} (-i\frac{x}{a}) dt \right| \leq \frac{|x|}{a} \int\limits_0^1 e^{-\frac{1}{2}r^2} e^{\frac{x^2}{2a^2}t^2} \left| e^{-ir\frac{x}{a}t} \right| dt$$

$$= \frac{x}{a} e^{-\frac{1}{2}r^2} \int\limits_0^1 e^{\frac{x^2}{2a^2}t^2} dt \leq e^{-\frac{1}{2}r^2} M \; ,$$

wobei M eine reelle Konstante bezeichnet. Daher folgt

$$\lim_{r\to\infty} \left| \int\limits_{K_2^r} e^{-\frac{1}{2}z^2} dz \right| \leq \lim_{r\to\infty} e^{-\frac{1}{2}r^2} M = 0$$

Analog kann man zeigen

$$\lim_{r\to\infty} \left| \int\limits_{K_4^r} e^{-\frac{1}{2}z^2} dz \right| = 0 \; .$$

Damit ist Gl. (1.5.12) bewiesen.

Nach (1.5.12) ist die Fouriertransformierte einer Gaußfunktion wieder eine Gaußfunktion; $a(k)$ und $\psi(x)$ unterscheiden sich aber durch ihre Breite, wie im Bild 1.8 illustriert ist. Als Maß für die Breite der Gaußfunktionen $a(k)$ und $\psi(x)$ wollen wir ihre Streuung Δk bzw. Δx verwenden. Man definiert

$$(\Delta k)^2 := \frac{\int |a(k)|^2 \, k^2 \, dk}{\int |a(k)|^2 \, dk} \tag{1.5.14}$$

und

$$(\Delta x)^2 := \frac{\int |\psi(x)|^2 \, x^2 \, dx}{\int |\psi(x)|^2 \, dx} \; . \tag{1.5.15}$$

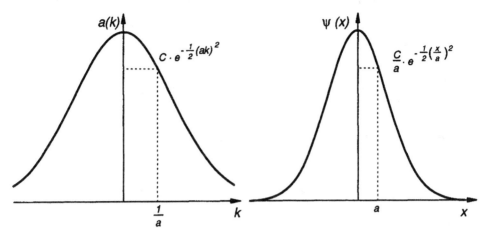

Bild 1.8 Änderung der Breite einer Gaußfunktion bei einer Fouriertransformation

Damit folgt für die Gaußfunktionen $a(k)$ und $\psi(x)$

$$\Delta x \cdot \Delta k = \frac{1}{2} \,, \tag{1.5.16}$$

denn es gilt

$$(\Delta k)^2 = \frac{\displaystyle\int_{-\infty}^{+\infty} C^2 \, e^{-(ak)^2} \, k^2 \, dk}{\displaystyle\int_{-\infty}^{+\infty} C^2 \, e^{-(ak)^2} \, dk} = \frac{1}{2a^2}$$

$$(\Delta x)^2 = \frac{\displaystyle\int_{-\infty}^{+\infty} \left(\frac{C}{a}\right)^2 e^{-\left(\frac{x}{a}\right)^2} x^2 \, dx}{\displaystyle\int_{-\infty}^{+\infty} \left(\frac{C}{a}\right)^2 e^{-\left(\frac{x}{a}\right)^2} \, dx} = \frac{a^2}{2} \,.$$

Diese Formeln kann man z. B. aus (1.5.12) durch Spezialisierung ableiten. Für $x = 0$ folgt

$$\psi(0) = \frac{1}{\sqrt{2\pi}} \int_{-\infty}^{+\infty} C e^{-\frac{1}{2}(ak)^2} \, dk = \frac{C}{a} \,,$$

und wenn man a durch $a\sqrt{2}$ ersetzt:

$$\int_{-\infty}^{+\infty} e^{-a^2 k^2} \, dk = \frac{\sqrt{\pi}}{a} \,.$$

Differenziert man diesen Ausdruck nach a^2, so erhält man

$$\int\limits_{-\infty}^{+\infty} k^2 e^{-a^2 k^2}\, \mathrm{d}k = -\frac{\mathrm{d}}{\mathrm{d}a^2}\left(\frac{\sqrt{\pi}}{a}\right) = \frac{1}{2}\frac{\sqrt{\pi}}{a^3}\ .$$

Das Verhältnis beider Integrale ergibt die Streuung $(\Delta k)^2$. Analog begründet man die Formel für $(\Delta x)^2$.

Das Beispiel hat unsere Erwartungen bestätigt: Durch Überlagerung eines kontinuierlichen „Bandes" von Wellenzahlen kann man eine räumlich lokalisierte Welle erzeugen. Je größer die Bandbreite Δk des „Wellenpakets" ist, um so kleiner ist seine räumliche Ausdehnung Δx.

Wie später noch – mit einem geeigneten Formalismus – gezeigt werden soll, gilt allgemein für die Streuung einer Funktion $a(k)$ und ihrer Fouriertransformierten $\psi(x)$ die folgende Beziehung

$$\Delta x \cdot \Delta k \geq \frac{1}{2}\ . \tag{1.5.17}$$

Die Gaußschen Wellenpakete haben nach (1.5.16) eine Minimaleigenschaft, das Produkt $\Delta x \cdot \Delta k$ erreicht seinen kleinstmöglichen Wert. Daher spielen die Gaußfunktionen als „Normalverteilungen" eine entscheidende Rolle in der Statistik.

In Abschnitt 1.9 werden wir sehen, daß die mathematische Relation (1.5.17) die Basis der Heisenbergschen Unschärferelation ist.

Für spätere Anwendungen – z. B. den weiteren Umgang mit Wellenpaketen – ist das sog. *Fouriersche Umkehrtheorem* von großer Bedeutung. Es stellt fest:

$$\text{Aus}\quad \psi(x) = \frac{1}{\sqrt{2\pi}}\int\limits_{-\infty}^{+\infty} a(k)\, e^{ikx}\, \mathrm{d}k \tag{1.5.18}$$

$$\text{folgt}\quad a(k) = \frac{1}{\sqrt{2\pi}}\int\limits_{-\infty}^{+\infty} \psi(x)\, e^{-ikx}\mathrm{d}x\ . \tag{1.5.19}$$

Es ist lehrreich, sich die Grundzüge des Beweises dieses Theorems vor Augen zu führen: Setzt man (1.5.19) in (1.5.18) ein, so erhält man

$$\psi(x) = \frac{1}{2\pi}\int\limits_{-\infty}^{+\infty}\int\limits_{-\infty}^{+\infty} \psi(x')\, e^{ik(x-x')}\, \mathrm{d}x'\mathrm{d}k\ . \tag{1.5.20}$$

Wir vertauschen „versuchsweise" die Integrationen:

$$\psi(x) = \frac{1}{2\pi}\int\limits_{-\infty}^{+\infty} \psi(x')\,\frac{1}{2\pi}\int\limits_{-\infty}^{+\infty} e^{ik(x-x')}\, \mathrm{d}k\mathrm{d}x'\ . \tag{1.5.21}$$

Schreibt man für das hier auftretende k-Integral

$$\Delta(x) \equiv \frac{1}{2\pi} \int\limits_{-\infty}^{+\infty} e^{ikx} \, dk = \lim_{A \to \infty} \frac{1}{2\pi} \int\limits_{-A}^{+A} e^{ikx} \, dk \, , \tag{1.5.22}$$

so folgt durch explizite Integration:

$$\Delta(x) = \lim_{A \to \infty} \frac{1}{\pi} \frac{\sin Ax}{x} \, . \tag{1.5.23}$$

Wie wir im Anhang (A.2) zeigen werden, bilden die Funktionen $f_n = \sin nx / \pi x$ eine Diracfolge, d. h.

$$\lim_{n \to \infty} \frac{1}{\pi} \frac{\sin nx}{x} = \lim_{A \to \infty} \frac{1}{\pi} \frac{\sin Ax}{x} = \delta(x) \, . \tag{1.5.24}$$

Aus (1.5.22) und (1.5.24) folgt die folgende Gleichung, die wir als wichtiges Zwischenergebnis festhalten

$$\boxed{\frac{1}{2\pi} \int\limits_{-\infty}^{+\infty} e^{ikx} \, dk = \delta(x)} \tag{1.5.25}$$

Bild 1.9 soll die Diracfolge (1.5.24) und ihr Grenzwertverhalten für $n \to \infty$ bzw. $A \to \infty$ veranschaulichen.

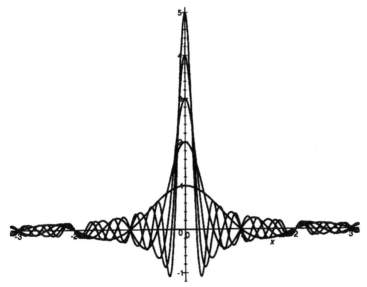

Bild 1.9 Die Diracfolge $\sin nx / \pi x$

Das Zwischenergebnis (1.5.25) kann als Illustration von (1.5.16) angesehen werden: Denn für $a(k) = 1$ ist die Bandbreite unendlich groß, also $\Delta k = \infty$ und nach (1.5.10) und

(1.5.25) folgt $\psi(x) = \sqrt{2\pi}\,\delta(x)$, welche Funktion eine verschwindend kleine Breite in x hat, also $\Delta x = 0$.

Geht man nun mit (1.5.25) in (1.5.21) ein, so folgt die Behauptung des Fourierschen Integraltheorems aufgrund der folgenden Formel, die von Dirac als Definition der δ-Funktion eingeführt wurde – vgl. Anhang A.2:[4]

$$\int\limits_{-\infty}^{+\infty} \psi(x')\delta(x - x')\,\mathrm{d}x' = \psi(x)\,.$$

Dreidimensionale, räumliche Wellenpakete

Die vorstehenden Betrachtungen lassen sich in einfacher Weise auf höhere Dimensionen verallgemeinern. Statt der Gleichungen (1.5.18), (1.5.19) und (1.5.25) gelten:

$$\begin{aligned}
\psi(\vec{r}) &= \frac{1}{(2\pi)^{3/2}} \int a(\vec{k})\,\mathrm{e}^{i\vec{k}\cdot\vec{r}}\mathrm{d}^3k \\
a(\vec{k}) &= \frac{1}{(2\pi)^{3/2}} \int \psi(\vec{r})\,\mathrm{e}^{-i\vec{k}\cdot\vec{r}}\mathrm{d}^3r \\
\delta^3(\vec{r}) &= \frac{1}{(2\pi)^3} \int \mathrm{e}^{i\vec{k}\cdot\vec{r}}\mathrm{d}^3k\,.
\end{aligned}$$
(1.5.26)

1.5.3 Zeitliche Entwicklung der Wellenpakete; Gruppengeschwindigkeit

Nachdem wir uns bisher mit der Wellenfunktion ψ nur als Funktion des Ortes beschäftigt haben, liegt es nahe, auch nach einer Beschreibung ihrer zeitlichen Entwicklung zu fragen. Bei der Darstellung von ψ als Funktion von Ort und Zeit lassen wir uns von der Elektrodynamik leiten.

Jedem Wellenzahlvektor $\vec{k}$ ordnen wir eine Frequenz $\omega(\vec{k})$ zu und betrachten in Verallgemeinerung von (1.5.26) die folgende Überlagerung von ebenen Wellen

$$\psi(\vec{r},t) = \frac{1}{(2\pi)^{3/2}} \int a(\vec{k})\,\mathrm{e}^{i(\vec{k}\cdot\vec{r}-\omega t)}\mathrm{d}^3k\,,$$
(1.5.27)

wobei die Funktion $\omega = \omega(\vec{k})$ als vorgegeben betrachtet wird. Die Beziehung $\omega = \omega(\vec{k})$ gibt indirekt den Zusammenhang zwischen Wellenlänge $\lambda = 2\pi/|\vec{k}|$ und Frequenz ω an und wird als **Dispersionsrelation** bezeichnet.

Für elektromagnetische Wellen im Vakuum gilt z. B.

$$\omega = c\,|\vec{k}|\,.$$
(1.5.28)

---

[4] Eine detailliertere Ausführung der angeführten Beweisskizze wird im Anhang A.3 gegeben.

Für die Lichtausbreitung in einem Medium gilt die modifizierte Dispersionsrelation

$$\frac{\omega}{v} = \frac{\omega}{c/n(\omega)} = |\vec{k}| \quad \text{oder} \quad \omega\, n(\omega) = c\, |\vec{k}| \, ,$$

wobei $n(\omega)$ den Brechungsindex bezeichnet.

Wie im vorangehenden Abschnitt gezeigt worden ist, kann eine Wellenfunktion beliebig stark räumlich konzentriert und als „Teilchen" angesehen werden, das sich am Ort der Konzentration befindet. In Analogie zur klassischen Mechanik wird man naheliegenderweise als Ortsvektor des durch $\psi(\vec{r}, t)$ beschriebenen „Teilchens" folgenden gewichteten Mittelwert definieren

$$\vec{R}(t) \equiv \frac{\displaystyle\int |\psi(\vec{r}, t)|^2\, \vec{r}\, \mathrm{d}^3 r}{\displaystyle\int |\psi(\vec{r}, t)|^2\, \mathrm{d}^3 r} \, . \tag{1.5.29}$$

Bei dieser Definition steht die Deutung im Hintergrund, daß die Intensität der Welle durch das Amplitudenquadrat $|\psi|^2$ gegeben ist und $\vec{R}(t)$ den Ortsvektor des „Intensitätsschwerpunktes" darstellt.

Da $\vec{R}$ eine Funktion der Zeit ist, kann durch zeitliche Differentiation eine Geschwindigkeit definiert werden

$$\vec{v}_{\mathrm{gr}}(t) := \frac{\mathrm{d}\vec{R}}{\mathrm{d}t}(t) \, . \tag{1.5.30}$$

Die so definierte Größe wird *Gruppengeschwindigkeit* genannt.

Benutzt man die Fourierdarstellung von $\psi(\vec{r}, t)$ nach (1.5.27), so kann $\vec{v}_{\mathrm{gr}}$ in der folgenden Weise durch die Fourierkoeffizienten $a(\vec{k})$ ausgedrückt werden[5]

$$\vec{v}_{\mathrm{gr}} = \frac{\displaystyle\int |a(\vec{k})|^2\, (\partial\omega/\partial\vec{k})\, \mathrm{d}^3 k}{\displaystyle\int |a(\vec{k})|^2\, \mathrm{d}^3 k} = \frac{\displaystyle\int |a(\vec{k})|^2\, \vec{\nabla}_{\vec{k}}\omega\, \mathrm{d}^3 k}{\displaystyle\int |a(\vec{k})|^2\, \mathrm{d}^3 k} \, . \tag{1.5.31}$$

Die Gruppengeschwindigkeit wird also durch den Mittelwert der Ableitung nach dem Wellenzahlvektor $\vec{k}$, dem „Gradienten im Wellenzahlraum" $\vec{\nabla}_{\vec{k}}\omega$, gegeben, wobei mit $|a|^2$ gewichtet wird.

Falls $a(\vec{k})$ ein schmales Maximum bei einem Wellenzahlvektor $\vec{k}_0$ besitzt, d. h. wenn

$$|a(\vec{k})|^2 \approx \delta^3(\vec{k} - \vec{k}_0) \tag{1.5.32}$$

gilt, folgt aus (1.5.31) die Näherung[6]

$$\vec{v}_{\mathrm{gr}} \approx \left.\frac{\partial\omega}{\partial\vec{k}}\right|_{\vec{k}_0} \, . \tag{1.5.33}$$

---

[5] Der Beweis hierfür ist im Anhang A.4 zu finden.
[6] Diese Näherung wird in vielen Lehrbüchern als Definition der Gruppengeschwindigkeit verwendet

Wie aus (1.5.31) sofort deutlich wird, ist $\vec{v}_{\mathrm{gr}}$ zeitunabhängig. Die Wellenpakete (1.5.27) können daher nur kräftefreie Teilchen beschreiben. (Später werden wir sehen, daß es möglich ist, den Einfluß von Wechselwirkungen auf Wellenpakete durch eine Zeitabhängigkeit der Fourierkoeffizienten darzustellen.) An dieser Stelle sei daran erinnert, daß die Phasengeschwindigkeit einer Welle durch die Gleichung

$$\vec{v}_{\mathrm{ph}} := \frac{\omega}{|\vec{k}|} \frac{\vec{k}}{|\vec{k}|} \qquad (1.5.34)$$

definiert ist.

Für elektromagnetische Wellen im Vakuum stimmen Gruppen- und Phasengeschwindigkeit überein:

$$\vec{v}_{\mathrm{gr}} = \vec{v}_{\mathrm{ph}} = c\,\frac{\vec{k}}{|\vec{k}|} \;, \qquad (1.5.35)$$

was sofort aus (1.5.28) folgt. Eine solche Gleichheit kann nur dann vorliegen, wenn die Dispersionsgleichung $\omega = \omega(\vec{k})$ linear in $\vec{k}$ ist.

1.6 Wellengleichungen für Materiefelder

Nach den im Abschnitt 1.5 skizzierten experimentellen Ergebnissen haben Elektronen Welleneigenschaften. Daher müssen sie durch ein Materiefeld $\psi(\vec{r}, t)$ beschrieben werden können. In diesem Abschnitt suchen wir nach einer Differentialgleichung für $\psi(\vec{r}, t)$, die die Erfahrungen über die Beugung der Elektronenwellen beschreibt. Dazu gehen wir von der de-Broglie-Beziehung (1.4.1) aus und suchen zunächst nach einer Dispersionsrelation, die ihren physikalischen Inhalt wiedergibt.

1.6.1 Dispersionsrelationen für Elektronenwellen

Die Gleichung (1.4.1) können wir auch als Formel für die Elektronengeschwindigkeit $\vec{v}_{\mathrm{el}}$

$$\vec{v}_{\mathrm{el}} = \frac{\hbar}{m}\,\vec{k} \qquad (1.6.1)$$

schreiben.

Es liegt nahe, die Gruppengeschwindigkeit $\vec{v}_{\mathrm{gr}}$ mit der Teilchengeschwindigkeit $\vec{v}_{\mathrm{el}}$ zu identifizieren. Aus dieser Bedingung können wir die Dispersionsgleichung für Elektronenwellen ableiten. Aus (1.6.1) und (1.5.33) folgt

$$\frac{\partial \omega}{\partial \vec{k}} = \frac{\hbar}{m}\,\vec{k} \;.$$

Durch Integration erhält man:

$$\omega = \omega_0 + \frac{\hbar}{2m}\,\vec{k}^2 \;. \qquad (1.6.2)$$

Die hier auftretende Integrationskonstante ω_0 spielt physikalisch keine Rolle, da sie zur Wellenfunktion nur einen uninteressanten Phasenfaktor beiträgt, und kann gleich Null gesetzt werden. Damit erhalten wir folgende Dispersionsbeziehung für Elektronenwellen

$$\omega = \frac{\hbar}{2m}\vec{k}^2 \; . \tag{1.6.3}$$

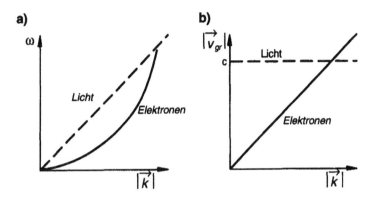

Bild 1.10 Dispersionsrelation (a) und Gruppengeschwindigkeit (b) als Funktion von $|\vec{k}|$ für Licht und Elektronen

Im Bild 1.10 sind die Dispersionsrelationen, d. h. ω als Funktion von $|\vec{k}|$, und die Gruppengeschwindigkeit als Funktion von $|\vec{k}|$ für Licht- und Elektronenwellen noch einmal graphisch dargestellt. Man erkennt, daß die Beziehung $\vec{v}_{el} = \vec{v}_{gr} = \hbar\vec{k}/m$ für sehr große Werte von $\vec{k}$ zu Überlichtgeschwindigkeiten führt. Daher können (1.6.1) und (1.6.2) für den Bereich sehr großer $|\vec{k}|$ nicht mehr gültig sein. Es ist jedoch relativ einfach, eine Dispersionsformel anzugeben, die einerseits für kleine $|\vec{k}|$ in guter Näherung (1.6.2) approximiert, andererseits aber Überlichtgeschwindigkeiten für die Gruppengeschwindigkeit vermeidet:

$$\omega = c\sqrt{k_0^2 + \vec{k}^2} \approx \begin{cases} ck_0 + \dfrac{c}{2k_0}\vec{k}^2 & \text{für} \quad |\vec{k}| \ll k_0 \\[2mm] c|\vec{k}| & \text{für} \quad |\vec{k}| \gg k_0 \end{cases} . \tag{1.6.4}$$

Damit der erste Grenzfall von (1.6.4) mit (1.6.2) übereinstimmt, muß gelten

$$\frac{c}{2k_0} = \frac{\hbar}{2m} \quad \text{und} \quad \omega_0 = ck_0 \; .$$

Die Konstanten k_0 und ω_0 sind also folgendermaßen zu wählen

$$k_0 = \frac{mc}{\hbar}$$

$$\omega_0 = \frac{mc^2}{\hbar} \; .$$

Aus (1.6.4) folgt für die Gruppengeschwindigkeit

$$\vec{v}_{\text{gr}} = \frac{\partial \omega}{\partial \vec{k}} = c \, \frac{\vec{k}}{\sqrt{k_0^2 + \vec{k}^2}} \, .$$

Auch diese Beziehung ist für kleine $|\vec{k}|$ eine gute Approximation von (1.4.1).

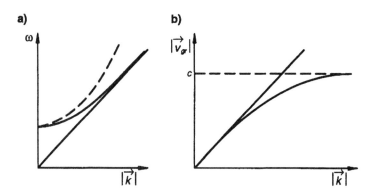

Bild 1.11 Interpolierte Dispersionsrelation und relativistisch korrigierte Gruppengeschwindigkeit

Im Bild 1.11 ist die interpolierte Form der Dispersionsrelation und der Funktion $|\vec{v}_{\text{gr}}| = |\vec{v}_{\text{gr}}(\vec{k})|$ graphisch dargestellt. Die Dispersionsrelationen (1.6.3) und (1.6.4) weisen eine deutliche Analogie zu den entsprechenden Energie-Impuls-Beziehungen der Mechanik auf

$$\begin{array}{cc}
\text{nicht-relativistisch} & \text{relativistisch} \\[2mm]
\omega = \dfrac{\hbar}{2m}\, \vec{k}^2 & \omega = c\,\sqrt{\left(\dfrac{mc}{\hbar}\right)^2 + \vec{k}^2} \\[3mm]
\updownarrow & \updownarrow \\[3mm]
E = \dfrac{\vec{p}^2}{2m} & E = c\,\sqrt{(mc)^2 + \vec{p}^2}
\end{array} \qquad (1.6.5)$$

1.6.2 Die Schrödingergleichung und die Klein-Gordon-Gleichung

Die Dispersionsgleichung für elektromagnetische Wellen wird in der Elektrodynamik aus der Wellengleichung

$$\left(\frac{1}{c^2}\frac{\partial^2}{\partial t^2} - \Delta\right)\psi(\vec{r},t) = 0 \qquad (1.6.6)$$

abgeleitet, deren Gültigkeit aus den freien Maxwellschen Gleichungen folgt. Die Dispersionsgleichung für elektromagnetische Wellen erhält man nämlich, wenn man mit Gleichung (1.5.27), also mit

$$\psi(\vec{r}) = \frac{1}{(2\pi)^{3/2}} \int a(\vec{k}) \, e^{i(\vec{k}\cdot\vec{r}-\omega t)} d^3k$$

in die Wellengleichung (1.6.6) eingeht und folgende Beziehungen benutzt

$$\frac{\partial}{\partial t} e^{i(\vec{k}\cdot\vec{r}-\omega t)} = (-i\omega) \, e^{i(\vec{k}\cdot\vec{r}-\omega t)} \tag{1.6.7}$$

$$\vec{\nabla} \, e^{i(\vec{k}\cdot\vec{r}-\omega t)} = i\vec{k} \, e^{i(\vec{k}\cdot\vec{r}-\omega t)} \tag{1.6.8}$$

$$\Delta \, e^{i(\vec{k}\cdot\vec{r}-\omega t)} = -\vec{k}^2 \, e^{i(\vec{k}\cdot\vec{r}-\omega t)} \, . \tag{1.6.9}$$

Dieses Beispiel soll uns nun als Orientierungshilfe dienen, Wellengleichungen zu finden, aus denen die im letzten Abschnitt angeführten Dispersionsbeziehungen (1.6.3) und (1.6.4) für Elektronenwellen hergeleitet werden können. Aus der Dispersionsbeziehung für nichtrelativistische Elektronen

$$\omega = \frac{\hbar}{2m} \vec{k}^2$$

folgt

$$\frac{1}{(2\pi)^{3/2}} \int \omega \, a(\vec{k}) \, e^{i(\vec{k}\cdot\vec{r}-\omega t)} d^3k = \frac{1}{(2\pi)^{3/2}} \int \frac{\hbar}{2m} \vec{k}^2 \, a(\vec{k}) \, e^{i(\vec{k}\cdot\vec{r}\omega t)} d^3k \, .$$

Diese Beziehung ist aufgrund der Gleichungen (1.6.7), (1.6.8) und (1.6.9) äquivalent zu der folgenden partiellen Differentialgleichung

$$i \frac{\partial}{\partial t} \psi(\vec{r}, t) = -\frac{\hbar}{2m} \Delta \psi(\vec{r}, t) \, , \tag{1.6.10}$$

Durch Multiplikation dieser Differentialgleichung mit $\hbar$ – was zunächst als willkürlich, aber erlaubt aufgefaßt werden mag – erhält man die berühmte **Schrödingergleichung** für die Elektronenwellenfunktionen

$$\boxed{i\hbar \frac{\partial}{\partial t} \psi(\vec{r}, t) = -\frac{\hbar^2}{2m} \Delta \psi(\vec{r}, t)} \, . \tag{1.6.11}$$

Bemerkenswert ist, daß Erwin Schrödinger schon 1926 diese Gleichung aus theoretischen Überlegungen abgeleitet hatte, bevor die Elektronenbeugung experimentell nachgewiesen worden war. Die Gleichung gilt für wechselwirkungfreie Elektronen, die sich so langsam bewegen, daß die nichtrelativistische Kinematik angewendet werden kann. Beschreitet man nun den gleichen Rechenweg wie im Beispiel der elektromagnetischen Wellen, d. h. geht man mit (1.5.27) in (1.6.11) ein, so wird man zu der Dispersionsbeziehung (1.6.3) zurückgeführt.

Nun soll auch die zu der Dispersionsbeziehung für relativistische (freie) Elektronen

$$\omega = c \sqrt{k_0{}^2 + \vec{k}^2} = c \sqrt{\left(\frac{mc}{\hbar}\right)^2 + \vec{k}^2} \tag{1.6.12}$$

gehörige Wellengleichung gefunden werden. Um die Schwierigkeiten zu umgehen, die möglicherweise aus der hier auftretenden Quadratwurzel resultieren können, quadrieren wir Gleichung (1.6.12) und erhalten sie in folgender „geeigneter" Form

$$\left(\frac{\omega}{c}\right)^2 = \left(\frac{mc}{\hbar}\right)^2 + \vec{k}^2 \ . \tag{1.6.13}$$

Diese Beziehung stimmt bis auf den additiven Term $(mc/\hbar)^2$ mit der Dispersionsrelation von elektromagnetischen Wellen (im Vakuum) überein. Unter Benutzung der Beziehungen (1.5.27) und (1.6.7), (1.6.8) und (1.6.9) erhält man aus (1.6.12) die folgende Wellengleichung für relativistische Elektronen

$$\left[\frac{1}{c^2}\frac{\partial^2}{\partial t^2} - \Delta + \left(\frac{mc}{\hbar}\right)^2\right] \psi(\vec{r}, t) = 0$$

oder

$$\left[\Box + \left(\frac{mc}{\hbar}\right)^2\right] \psi(\vec{r}, t) = 0 \ . \tag{1.6.14}$$

Hier wurde der d'Alembert-Operator

$$\Box := \frac{1}{c^2}\frac{\partial^2}{\partial t^2} - \Delta \tag{1.6.15}$$

eingeführt, der auch als Wellenoperator oder „Quabla" bekannt ist. Diese Gleichung, die eine wichtige Rolle in der relativistischen Quanten-Theorie spielt, wurde ebenfalls 1926 in die Physik eingeführt. Schon in der Schrödingerschen Arbeit über seine Gleichung tritt sie auf; sie wurde aber auch von einer Reihe anderer Physiker untersucht, vor allem von Oskar Klein und Walter Gordon, und ist heute als **Klein-Gordon-Gleichung** bekannt. Da Photonen die Masse $m = 0$ besitzen, umfaßt die Klein-Gordon-Gleichung auch die Wellengleichung für elektromagnetische Wellen.

1.6.3   Versuch einer Interpretation von $\psi(\vec{r}, t)$

Was haben wir mit der Schrödingergleichung erreicht? Wir haben eine partielle Differentialgleichung, eine Feldgleichung, gefunden, deren Lösungen den experimentell gefundenen Zusammenhang zwischen Gruppengeschwindigkeit und Wellenzahl richtig wiedergeben. Wir fragen nun nach der physikalischen Bedeutung der Funktion $\psi(\vec{r}, t)$.

Sie ist im allgemeinen komplex, da in (1.6.11) die imaginäre Einheit „i" auftritt – was notwendig ist, um auf der rechten Seite von (1.6.3) das reelle ω zu reproduzieren

$$\omega\, e^{i(\vec{k}\cdot\vec{r}-\omega t)} = \frac{\hbar}{2m}\vec{k}^2\, e^{i(\vec{k}\cdot\vec{r}-\omega t)}$$

$$i\frac{\partial}{\partial t} e^{i(\vec{k}\cdot\vec{r}-\omega t)} = -\frac{\hbar}{2m}\Delta\, e^{i(\vec{k}\cdot\vec{r}-\omega t)} \ .$$

Der Wert von $\psi(\vec{r}, t)$ hat also keine direkte physikalische Bedeutung. Allerdings werden bei Feldern die Intensitäten in der Regel durch die Quadrate der Feldgrößen gegeben. In der Elektrodynamik sind dies die Energiedichte $u = (8\pi)^{-1}(\vec{E}^2 + \vec{B}^2)$ und der Poyntingvektor $\vec{S} = (4\pi)^{-1}c\vec{E} \times \vec{B}$. In unserem Falle liegt es nahe, die Größe

$$\rho(\vec{r}, t) := |\psi(\vec{r}, t)|^2 \tag{1.6.16}$$

als Materiedichte des Elektronenfeldes aufzufassen. Mit dieser *Interpretation* (!) gibt eine lokalisierte ψ-Funktion eine räumlich konzentrierte Materieverteilung wieder, und wir können die Elektronenbahnen in den Blasenkammerbildern als Bewegung von Wellenpaketen in der Materiefeldtheorie deuten.

Die Materie innerhalb eines Volumens V ist dann gegeben durch

$$\int_V \rho \, \mathrm{d}^3 r \; .$$

Der Erhaltungssatz der Materie fordert, daß eine Änderung der Materiemenge in V nur durch einen Materiestrom durch die Oberfläche ∂V hervorgerufen werden kann. Es muß also einen Materie-Strömungsvektor $\vec{j}$ geben, so daß gilt

$$-\frac{\mathrm{d}}{\mathrm{d}t} \int_V \rho \, \mathrm{d}^3 r = \int_{\partial V} \vec{j} \cdot \mathrm{d}\vec{f} \; .$$

Formt man die rechte Seite mit Hilfe des Gaußschen Integraltheorems um, so erhält man

$$-\int \frac{\partial \rho}{\partial t} \mathrm{d}^3 r = \int \mathrm{div}\, \vec{j} \, \mathrm{d}^3 r \; ,$$

woraus man auf die folgende Kontinuitätsgleichung geführt wird

$$\boxed{\dot{\rho} + \mathrm{div}\, \vec{j} = 0} \; . \tag{1.6.17}$$

Diese Gleichung ist eine Formulierung des Erhaltungssatzes der Materie und stimmt mit der Kontinuitätsgleichung für elektrische Ladungen formal überein (mit ρ = elektr. Ladungsdichte, $\vec{j}$ = elektr. Stromdichte). Die Deutung (1.6.16) läßt sich daher nur durchführen, wenn ein Vektor $\vec{j}$ konstruiert werden kann, so daß ρ und $\vec{j}$ die Gleichung (1.6.17) erfüllen. Dies kann in der Tat mit Hilfe der Schrödingergleichung geschehen. Aus (1.6.16) folgt

$$
\begin{aligned}
\dot{\rho} &= \frac{\partial}{\partial t} |\psi(\vec{r}, t)|^2 = \frac{\partial}{\partial t}\left(\psi^* \psi\right) \\
&= \psi^* \dot{\psi} + \dot{\psi}^* \psi \\
&= i\,\frac{\hbar}{2m}\left[\psi^* \Delta \psi - \psi \Delta \psi^*\right] \\
&= -\frac{\hbar}{2mi}\left[\psi^* \Delta \psi - \psi \Delta \psi^*\right] - \frac{\hbar}{2mi}\underbrace{\left[\vec{\nabla}\psi^* \, \vec{\nabla}\psi - \vec{\nabla}\psi \, \vec{\nabla}\psi^*\right]}_{=0} \\
&= -\vec{\nabla}\,\frac{\hbar}{2mi}\left[\psi^* \vec{\nabla}\psi - \psi \vec{\nabla}\psi^*\right] \; .
\end{aligned}
$$

Im 4. Schritt wurde dabei ein identisch verschwindender Term hinzugefügt, der den Übergang zur letzten Zeile mit Hilfe der Produktregel für Differtiationen erlaubt. Damit haben wir die Kontinuitätsgleichung (1.6.17) erreicht, wenn wir setzen

$$\vec{j} = \frac{\hbar}{2mi}\left[\psi^* \vec{\nabla}\psi - \psi \vec{\nabla}\psi^*\right] \; . \tag{1.6.18}$$

Mit der Definition

$$A \stackrel{\leftrightarrow}{\nabla} B := A \stackrel{\rightarrow}{\nabla} B - B \stackrel{\rightarrow}{\nabla} A \tag{1.6.19}$$

läßt sich $\vec{j}$ auch abgekürzt schreiben

$$\vec{j} = \frac{\hbar}{2mi} \left[\psi^* \stackrel{\leftrightarrow}{\nabla} \psi \right] . \tag{1.6.20}$$

Der Faktor $1/i$ in (1.6.20) bewirkt, daß $\vec{j}$ ein reeller Vektor ist, denn

$$\vec{j}^* = -\frac{\hbar}{2mi} \left[\psi \stackrel{\leftrightarrow}{\nabla} \psi^* \right] = -\frac{\hbar}{2mi} \left[-\psi^* \stackrel{\leftrightarrow}{\nabla} \psi \right] = \vec{j} .$$

Offensichtlich verschwindet $\vec{j}$, wenn ψ reell ist, oder auch schon, wenn die komplexe Phase von ψ räumlich konstant ist.

Damit haben wir in der Schrödingergleichung eine Feldgleichung gefunden, die kräftefreie, nichtrelativistische Elektronen physikalisch konsistent beschreibt. Für schnelle Elektronen müßten wir die Klein-Gordon-Gleichung heranziehen. In diesem Falle treten jedoch bei der Kontinuitätsgleichung Schwierigkeiten auf, die zur Erfindung der Dirac-Gleichung geführt haben, vgl. Kapitel 9 im 2. Band.

1.7 Quanteneigenschaften von Elektronen und Photonen

Mit Hilfe der Schrödingergleichung können alle Beugungsphänomene von nicht zu schnellen Elektronen vollständig beschrieben werden. Wir können hierauf nicht im einzelnen eingehen und müssen uns auf folgende Andeutungen beschränken:

Die Beugungsphänomene der Optik können aus der Wellengleichung (1.6.6) der Elektrodynamik abgeleitet werden. Dazu untersucht man ihre zeitlich periodischen Lösungen

$$\psi(\vec{r}, t) = \psi(\vec{r}) \, e^{-i\omega t} .$$

Für den ortsabhängigen Teil der Wellenfunktion folgt die Helmholtzgleichung

$$(\Delta + k^2) \, \psi(\vec{r}) = 0 \tag{1.7.1}$$

$$\text{mit} \quad k^2 = \frac{\omega^2}{c^2} .$$

Man kann aus der Helmholtzgleichung sämtliche Grundgesetze der Wellenoptik wie das Huygenssche Prinzip, die Kirchhoffschen Formeln u. a. ableiten, die ihrerseits eine Deutung aller Beugungsphänomene ermöglichen. Betrachtet man jetzt zeitlich periodische Elektronenwellenfunktionen, so folgt aus der Schrödingergleichung ebenfalls die Helmholtzgleichung, nur daß jetzt k durch

$$k^2 = \frac{1}{\hbar} 2m\omega$$

gegeben wird. Diese Änderung entspricht der anderen Dispersionsbeziehung für Elektronen. Im übrigen kann die Beugungstheorie für Elektronen völlig analog zu der der Optik durchgeführt werden.

Damit können die Elektronenbeugungsphänomene feldtheoretisch beschrieben werden. Berücksichtigt man die Überlegungen des vorangehenden Abschnitts, so scheint sich die Möglichkeit einer vollständigen Feldtheorie der Physik anzubahnen, die für die elektromagnetischen Phänomene auf der Maxwellgleichungen und für die Materie – Elektronen und Protonen – auf der die Schrödingergleichung gründet. Schrödinger verfolgte 1926 genau diese Idee. Im folgenden Abschnitt werden wir zeigen, warum sie nicht durchführbar ist.

1.7.1 Die Quanteneigenschaften des Elektrons, die Unzulänglichkeit des Materiefeldes

Ein Elektronenstrahl ist in zweifacher Weise, bezüglich Masse und Ladung, „gequantelt":

1. Der Millikan-Versuch beweist: Seine Ladung Q ist ein ganzzahliges Vielfaches der Elementarladung $e = 1,6 \cdot 10^{-19}$ C

$$Q = -Ne \qquad N = 0, 1, 2, 3 \dots \qquad (1.7.2)$$

Insbesondere trägt jedes Elektron die Ladung $-e$.[7]

2. Seine Gesamtmasse M ist ein Vielfaches der Elektronenmasse m

$$M = Nm \,, \qquad (1.7.3)$$

wie die e/m-Messungen beweisen.

Die beiden Eigenschaften (1.7.2) und (1.7.3) lassen sich jedoch aus folgenden Gründen nicht in einer Materiefeldtheorie beschreiben.

Da die Schrödingergleichung eine lineare Differentialgleichung ist, kann jede ihrer Lösungen ψ mit einer beliebigen Konstanten a multipliziert werden: Mit ψ löst auch $a\psi$ die Gleichung. Dabei werden M und Q um den Faktor a^2 verändert, können also jeden beliebigen Wert annehmen. Im einzelnen erkennt man dies wie folgt: Die Masse M des Materiefeldes wird durch das Integral über (1.6.16) gegeben:

$$M = \int |\psi|^2 \, \mathrm{d}^3 r$$

$$\text{für } \psi \to a\psi: \qquad M \to \int |a\psi|^2 \, \mathrm{d}^3 r = |a|^2 M \,.$$

Die elektrische Ladungsdichte wird proportional zur Materiedichte angesetzt mit dem Proportionalitätsfaktor e/m:

$$\rho_{\mathrm{el}} = -\frac{e}{m}\rho = -\frac{e}{m}|\psi|^2 \,,$$

---

[7] Für die Quarks muß diese einfache Regel etwas modifiziert werden: Sie tragen drittelzahlige Ladungen. Aber grundsätzlich bleibt die Aussage des Millikan-Versuches richtig: Es sind nur diskrete Werte der elektrischen Ladung in der Natur realisiert.

also

$$Q = -\frac{e}{m} \int \psi^* \psi \, d^3 r \; .$$

Für $\psi \to a\psi$ folgt

$$Q \to -\frac{e}{m} \int |a\psi|^2 \, d^3 r = |a|^2 Q \; .$$

Man könnte zwar als Zusatzbedingung fordern

$$\int |\psi|^2 \, d^3 r = M \tag{1.7.4}$$

und damit M und Q eindeutig festlegen. Für diese Bedingung gibt es jedoch im Rahmen einer Materiefeldtheorie keine zwingende Begründung.

Endgültig wird die Materiedichteinterpretation von ψ durch Analyse von Atomen mit mehreren Elektronen widerlegt. Für ein Helium-Atom mit seinen 2 Elektronen z. B. müßte die Materiefeldtheorie anstelle von (1.7.4)

$$\int |\psi|^2 d^3 r = 2m$$

setzen. Warum kann dann dieses Integral nicht den Wert $1{,}523\ m$ oder π annehmen? Tatsächlich benötigt man zur Beschreibung eines 2-Elektronensystems eine Funktion

$$\psi(\vec{r}_1, \vec{r}_2) \; , \tag{1.7.5}$$

die von zwei Ortskoordinaten abhängt, wie im Kapitel 8 im 2. Band dargestellt werden wird.

1.7.2 Quanteneigenschaften der Lichtwellen: Planck-de-Broglie-Relation und Comptoneffekt

Wir haben bereits erwähnt, daß Max Planck aus der vom ihm entdeckten Beziehung

$$E = \hbar\omega \tag{1.7.6}$$

noch nicht auf eine Teilchennatur des Lichtes geschlossen hat. Dies tat vielmehr erst Albert Einstein bei seiner Deutung des lichtelektrischen Effektes. Er benutzte (1.7.6) für die Energie eines Photons und verwendete den Energiesatz wie in der Teilchenmechanik. Vom Impuls eines Photons war dabei noch nicht die Rede. Diese wichtige Erweiterung geschah erst durch eine Argumentation von de Broglie, der 1925 in seiner Dissertation die Prinzipien der speziellen Relativitätstheorie auf (1.7.6) anwendete. Danach sind Energie E und Frequenz ω jeweils die zeitartigen Komponenten von Vierervektoren, nämlich des Energie-Impuls-Vierervektors (p^μ) bzw. des Wellenzahl-Vierervektors (k^μ)

$$(p^\mu) = \begin{pmatrix} \frac{1}{c} E \\ \vec{p} \end{pmatrix} \quad \text{Energie-Impuls-Vierervektor} \tag{1.7.7}$$

und

$$(k^\mu) = \begin{pmatrix} \frac{1}{c}\,\omega \\ \vec{k} \end{pmatrix} \quad \text{Wellenzahl-Vierervektor}. \qquad (1.7.8)$$

Nach (1.7.6) gilt

$$p^0 = \frac{1}{c}\,E = \frac{1}{c}\,\hbar\omega = \hbar\,k^0 .$$

Da (p^μ) und (k^μ) Vierervektoren sind, muß man daraus auf die kovariante Beziehung schließen

$$p^\mu = \hbar\,k^\mu . \qquad (1.7.9)$$

Der räumliche Anteil dieser Gleichung, nämlich

$$\vec{p} = \hbar\vec{k} \qquad (1.7.10)$$

bedeutet, daß ein Photon den Impuls $\vec{p} = \hbar\vec{k}$ trägt. Dieser Zusammenhang stimmt zwar formal mit Gleichung (1.4.1) überein. Dabei handelte es sich jedoch um Elektronenwellen, während wir mit (1.7.10) diese Beziehung für Lichtwellen hergeleitet haben.

Dieses Ergebnis widerspricht der klassischen Elektrodynamik, nach der eine elektromagnetische Welle einen Impuls besitzt, der durch den Poyintingschen Vektor bestimmt wird

$$\vec{p}_{\text{Feld}} = \frac{1}{4\pi c} \int (\vec{E} \times \vec{B})\,\mathrm{d}^3 r ,$$

Danach ist der Lichtimpuls nicht allein durch den Wellenzahlvektor $\vec{k}$ bestimmt, sondern er kann für festes $\vec{k}$ jeden beliebigen Wert – durch Ändern der Amplitude von $\vec{E}$ und $\vec{B}$ – annehmen.

Daher war es ein wichtiger Schritt in der Entwicklung der Quantentheorie des Lichtes, das (1.7.10) durch die Experimente von Compton bestätigt wurde. Wie im Abschnitt 1.4 erwähnt wurde, wird bei der Streuung von Licht an Elektronen die Frequenz des Lichtes verringert. Qualitativ haben wir diese Tatsache bereits aus der Planckschen Beziehung (1.7.6) und dem Energiesatz abgeleitet. Zur genauen Behandlung benötigt man zusätzlich Gleichung (1.7.10) und den Impulssatz.

Wir wollen die notwendigen Rechnungen im Detail durchführen, um zu demonstrieren, wie die Teilcheneigenschaften des Lichts ausgewertet werden können. Dazu werden wir die Kinematik des Streuprozesses von Photonen an Elektronen in Vierer-Vektornotation behandeln (vgl. dazu Bild 1.12).

Eine Lichtwelle – Energie-Impuls-Vierervektor p^μ – und ein Elektron – Energie-Impuls-Vierervektor q^μ – „stoßen" aufeinander; nach dem Stoß haben die Lichtwelle den Energie-Impuls p'^μ, das Elektron q'^μ. Der Energie- und Impulserhaltungssatz fordert

$$p^\mu + q^\mu = p'^\mu + q'^\mu . \qquad (1.7.11)$$

Aus (1.7.9) folgt, daß die Photonenmasse verschwindet:

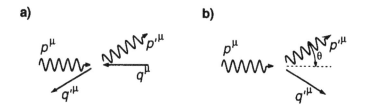

Bild 1.12 Kinematische Bezeichnungen für die Comptonstreuung: a) Schwerpunktsystem, b) Ruhsystem des Elektrons

$$(mc)^2 = p^\mu p_\mu = p^2 = \hbar^2 k^2 = \hbar^2 k^\mu k_\mu = \hbar^2 \left(\frac{\omega^2}{c^2} - \vec{k}^2 \right) = 0 \,,$$

wobei die Dispersionsbeziehung $(\omega/c)^2 = \vec{k}^2$ benutzt wurde. Für Elektronen gilt nach der Relativitätstheorie

$$q^2 = m_e^2 c^2 \quad \text{mit } m_e = \text{Elektronenmasse} \,.$$

Quadrieren von (1.7.11) ergibt

$$(p + q)^2 = (p' + q')^2$$
$$p^2 + q^2 + pq = p'^2 + q'^2 + p'q'$$
$$0 + (m_e c)^2 + 2pq = 0 + (m_e c)^2 + 2p'q'$$
$$pq = p'q' \,.$$

Im Experiment sendet man Lichtwellen auf ein ruhendes Elektron (in einem Kristall) und beobachtet das gestreute Licht, nicht aber das Rückstoßelektron. Daher eleminieren wir q' mit Hilfe des Energiesatzes

$$q' = p + q - p'$$
$$pq = p'q' = p'(p + q - p') = p'p + p'q - p'^2$$
$$pq = p'p + p'q$$
$$(p - p')q = p'p \,.$$

Diese Gleichung enhält die entscheidenden Informationen. Wir werten sie im Ruhesystem des Elektrons vor dem Stoß, d. h. im Laborsystem aus, wo der Vierervektor des Elektrons die einfache Form

$$q = \begin{pmatrix} m_e c \\ \vec{0} \end{pmatrix}$$

hat. Daher kann man die Vierer-Skalarprodukte von (1.7.12) leicht berechnen und findet:

$$\begin{pmatrix} \frac{1}{c}(E-E') \\ \vec{p}-\vec{p}\,' \end{pmatrix} \cdot \begin{pmatrix} m_e c \\ \vec{0} \end{pmatrix} = \begin{pmatrix} \frac{1}{c}E' \\ \vec{p}\,' \end{pmatrix} \cdot \begin{pmatrix} \frac{1}{c}E \\ \vec{p} \end{pmatrix}$$

$$\Longleftrightarrow \qquad (E-E')\,m_e = \frac{1}{c^2}E'E - \vec{p}\,\vec{p}\,'$$

$$= \frac{1}{c^2}E'E\,(1-\cos\theta)\,.$$

Dabei bezeichnet θ den Streuwinkel des Photons im Laborsystem, und es wurde die Beziehung $p^2 = (1/c^2)\cdot E^2 - \vec{p}^{\,2} = 0$ für die Photonen, also

$$|\vec{p}| = \frac{1}{c}E \qquad \text{und} \qquad |\vec{p}\,'| = \frac{1}{c}E'$$

verwendet. Benutzt man noch

$$E = \hbar\omega = \hbar c\,|\vec{k}| = \frac{2\pi hc}{2\pi\lambda} = \frac{hc}{\lambda}\,,$$

so folgt schließlich

$$hc\left(\frac{1}{\lambda} - \frac{1}{\lambda'}\right)m_e = h^2\frac{1}{\lambda\lambda'}\,(1-\cos\theta)$$

$$\lambda' - \lambda = 2\,\frac{h}{m_e c}\sin^2\frac{\theta}{2}$$

$$\Delta\lambda = 2\,\lambda_c\sin^2\frac{\theta}{2} \qquad\qquad (1.7.12)$$

$$\text{mit} \quad \frac{h}{m_e c} =: \lambda_c \quad \text{Comptonwellenlänge des Elektrons}\,. \qquad (1.7.13)$$

Nach (1.7.12) nimmt die Wellenlänge des Lichtes bei der Streuung zu, das Lichtspektrum erfährt eine Rotverschiebung. Die Längenwellenänderung $\Delta\lambda$ hängt nur vom Streuwinkel, aber nicht von der einfallenden Frequenz ab. Genau diese Tatsachen werden beim Compton-Streuexperiment beobachtet. Damit ist (1.7.12) und indirekt die de-Broglie-Relation (1.7.9) verifiziert.

1.8 Deutung der ψ-Funktion als Wahrscheinlichkeitsamplitude

Die Quantenstruktur von Masse und Ladung widerlegt die Deutung von $|\psi|^2$ als Maß der Materiedichte und wir müssen nach einer anderen Interpretation von ψ suchen, die sowohl dem Wellen- wie dem Teilchencharakter der Elektronen und Photonen gerecht wird. Wir geben zunächst eine

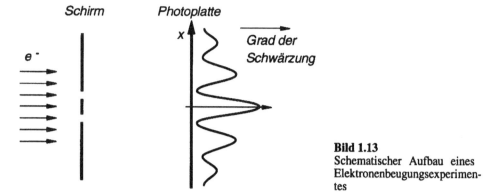

Bild 1.13
Schematischer Aufbau eines
Elektronenbeugungsexperimentes

1.8.1 Genauere Beschreibung der Elektronen-Beugungsexperimente

Beugungsbilder von Elektronen werden üblicherweise durch Bestrahlung einer periodischen Struktur (z. B. eines Kristallgitters) mit einem Elektronenstrahl hergestellt. Das Interferenzmuster erhält man als wechselnden Schwärzungsgrad auf einer Photoplatte. In einem Gedankenexperiment wollen wir die Streuung an zwei Spalten betrachten, wie dies Bild 1.13 schematisch beschreibt. Bei sehr geringer Intensität des Strahles gelangen die Elektronen jeweils einzeln durch den Schirm. Der registrierte Schwärzungspunkt zeigt deutlich die Quanteneigenschaft des Elektrons: In einem lokalisierten Stoß wird ein Atom aktiviert, das dann den Keim zur Schwärzung des Filmmaterials bei der Entwicklung bildet. Notiert man die räumliche Verteilung jeweils nach dem Aufprall von N Elektronen ($N = 1, 2, \ldots, 10, \ldots$) so erhält man z. B. das im Bild 1.14 angegebene Resultat.

Dabei ist das Verhältnis $\Delta N(x)/N$ (die relative Häufigkeit) gegen die Ortskoordinate aufgetragen, wobei $\Delta N(x)$ die Anzahl der im Intervall $[x, x + \Delta x]$ aufgetroffenen Elektronen angibt. Mit N wird die Gesamtzahl der jeweils nachgewiesenen Elektronen bezeichnet. Für kleine N ist noch keine Ähnlichkeit mit einem Beugungsbild zu erkennen. Erst für eine große Zahl beobachteter Elektronen zeigt die Häufigkeitsverteilung der Schwärzungspunkte eine Interferenzstruktur. Damit haben wir als wichtiges Ergebnis:

> Die Beugungsstruktur bezieht sich auf eine Häufigkeitsverteilung der Ortskoordinate der in der Photoplatte nachgewiesenen Elektronen.

Diese Struktur hängt im einzelnen außer von der Versuchsanordnung von der Zahl N ab. In allen Fällen hat sich aber ein statistisches Grundgesetz bewährt:

> Für große N ist die relative Wahrscheinlichkeitsverteilung $\Delta N(x)/N$ stabil; d. h. sie wird in „guter Näherung" durch eine von N unabhängige Funktion $\Delta W(x)$ gegeben.

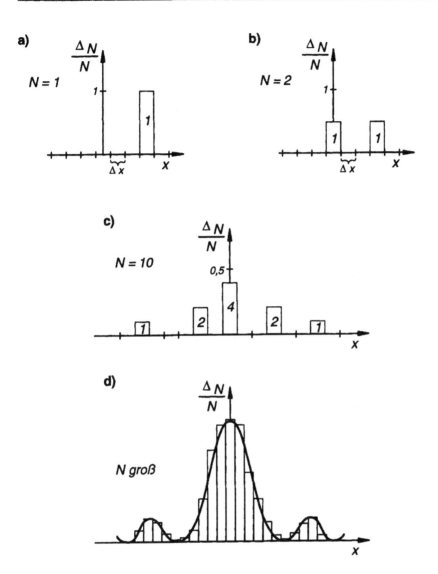

Bild 1.14 Verschiedene Stadien bei der Entwicklung des Elektronenbeugungsbildes

Wir schreiben

$$\frac{\Delta N(x)}{N} \rightsquigarrow \Delta W(x) \tag{1.8.1}$$

und nennen $\Delta W(x)$ die Wahrscheinlichkeit dafür, daß ein bestimmtes Elektron im Intervall $[x, x + \Delta x]$ auftrifft. Ehe wir auf die Problematik des Grenzüberganges (1.8.1) eingehen, sei ergänzt, daß man im Limes für $\Delta x \to 0$ setzen kann:

$$dW(x) = w(x)\,dx \tag{1.8.2}$$

$$\text{mit} \quad \int\limits_{x_1}^{x_2} dW = \int\limits_{x_1}^{x_2} w(x)\,dx$$

als Wahrscheinlichkeit für eine Ortskoordinate zwischen x_1 und x_2. Daher bezeichnet man $w(x)$ als Wahrscheinlichkeitsdichte.

In der Quantenmechanik wird $w(x)$ durch einen Ausdruck bestimmt, der das Quadrat der ψ-Funktion enthält.

1.8.2 Problematik des Wahrscheinlichkeitsbegriffes

Systematisch wurde die Definition der Wahrscheinlichkeit als (relative) Häufigkeitsverteilung 1931 von R. v. Mises in einem Lehrbuch über Wahrscheinlichkeitstheorie eingeführt. Sein Anliegen war, der häufigen Verwendung des Begriffes „Wahrscheinlichkeit" in den empirischen Wissenschaften eine solide mathematische Basis zu geben. Bis zu dieser Zeit benutzte man die Definition von Laplace

$$\text{Wahrscheinlichkeit} = \frac{\text{Zahl der günstigen Fälle}}{\text{Zahl aller möglichen (gleichwahrscheinlichen) Fälle}} \, . \tag{1.8.3}$$

Sie ist nützlich für allgemeine theoretische Überlegungen und kann auch im Rahmen eines Modells angewendet werden, in dem genau festgelegt ist, was die „gleichwahrscheinlichen" Fälle sind (z. B. beim Modell der „fairen" Münze: Hier ergibt der Wurf mit einer Münze mit gleicher Wahrscheinlichkeit „Wappen" oder „Zahl"). Eine Anweisung zur Messung von Wahrscheinlichkeiten enthält (1.8.3) dagegen nicht. Dazu hatte man auch vor 1931 zur Auszählung von Häufigkeitsverteilungen gegriffen.

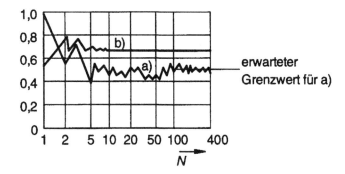

Bild 1.15 Normale und statistische Konvergenz: a) statistisches Verhalten von Münzwürfen b) Konvergenz von $\sum_{k=0}^{N} \left(-\frac{1}{2}\right)^k$

Unglücklicherweise sind mit (1.8.1) schwierige mathematische und begriffliche Probleme verbunden; denn $\Delta N(x)/N$ konvergiert nicht im üblichen Sinn. Dies wird in Bild 1.15 illustriert. Man sieht, daß bei der statistischen Kurve a) für große N fast alle Werte in der näheren Umgebung von 1/2 liegen; dennoch besteht immer die Möglichkeit einer beliebig großen Abweichung von diesem Grenzwert[8]; es treten sogenannte statistische Schwankungen auf. Kurve b) dagegen konvergiert gleichmäßig gegen 2/3.

Für die statistische Konvergenz hat man nur das **Gesetz der großen Zahlen**[9] beweisen können

> Die Wahrscheinlichkeit dafür, daß die relative Häufig- (1.8.4)
> keit $\Delta N(x)/N$ von der Wahrscheinlichkeit $\Delta W(x)$ ab-
> weicht, strebt mit wachsendem N gegen Null.

In der Formulierung von (1.8.4) wird der logische Zirkel, in den man geraten ist, deutlich: Die Wahrscheinlichkeit $\Delta W(x)$ wird mit Hilfe der Wahrscheinlichkeit definiert. Deshalb bevorzugt es die moderne Mathematik, inhaltliche Definitionen der Wahrscheinlichkeit zu vermeiden[10] und im Anschluß an Kolmogoroff ein Axiomensystem zu verwenden.

Zunächst wird die Menge der Ereignisse, für die Wahrscheinlichkeiten definiert werden sollen, mathematisch strukturiert. Man benutzt die Eigenschaften einer „Booleschen Algebra" oder des „Borelschen Mengenkörpers", mit dessen Hilfe sich die sprachlichen Begriffe „sowohl – als auch" und „entweder – oder" formalisieren lassen.

Es folgt eine Skizze der

Axiome der Wahrscheinlichkeitsrechnung

Zunächst wird eine **Boolesche Algebra** definiert: Eine Menge B von Elementen, auf der zwei binäre Verknüpfungen $(+)$ und $(\cdot)$ definiert sind, ist eine Boolesche Algebra genau dann, wenn die folgenden Axiome gelten:

(1) $(+)$ und $(\cdot)$ sind kommutativ.

(2) In B existiert für jede der beiden Verknüpfungen $(+)$ und $(\cdot)$ ein neutrales Element (mit 0 bzw. 1 bezeichnet).　　　　(1.8.5)

(3) Jede Verknüpfung ist distributiv bezüglich der anderen.

(4) Zu jedem $a \in B$ existiert ein Element $a' \in B$, so daß gilt:

$$a + a' = 1 \qquad a \cdot a' = 0 :$$

Für die Menge M der Ereignisse, für die eine Wahrscheinlichkeit definiert werden soll, wird jetzt vorausgesetzt, daß sie mit den Verknüpfungen „sowohl - als auch" $(\cdot)$ und „oder" $(+)$ eine Boolesche Algebra bildet. Die neutralen Elemente sind das „sichere Ereignis S" bzw. das „unmögliche Ereignis $\emptyset$". Die Wahrscheinlichkeit ist definiert als eine reellwertige Funktion $W : M \to R$ mit folgenden Eigenschaften:

---

[8] Ein einfacher Beweis ist zu finden bei R. L. Lindsay and H. Margenau, Foundations of Physics (Dover Publications, New York 1957), Abschnitt 4.2, p.166.

[9] vgl. B. L. van der Waerden, Mathematische Statistik (Springer-Verlag, 1957), S. 25; H. Cramer, Mathematical Methods of Statistics (Princeton University Press, 1961), p. 196

[10] vgl. z. B. Cramer, p. 150, 151

(1) $0 \leq W(E) \leq 1$ für alle $E \in M$

(2) Das sichere Ereignis S hat die Wahrscheinlichkeit $W(S) = 1$

(3) $W(E_1 + E_2) = W(E_1) + W(E_2)$ falls $E_1 \cdot E_2 = 0$, d.h. falls sich E_1 und E_2 gegenseitig ausschließen

(4) $W(E_1 \cdot E_2) = W(E_1) \cdot W(E_2)$ für unabhängige Ereignisse.

Diese Regeln entsprechen denen, die man intuitiv für Wahrscheinlichkeiten verwendet.
In mathematischen Lehrbüchern werden diese Axiome oft auch in abgewandelter Form dargestellt. Aus ihnen läßt sich die gesamte Wahrscheinlichkeitstheorie entwickeln. Wir werden nur von den wichtigsten Ergebnissen Gebrauch machen und diese an geeigneter Stelle einführen.

Wenn damit auch der mathematische Teil der Wahrscheinlichkeitstheorie gut begründet ist, so bleibt jedoch ein begriffliches Problem, das manche Mathematiker (John M. Keynes, Harold Jeffreys) und Physiker (C. F. v. Weizsäcker) sehr ernst genommen und dafür verschiedene Lösungen vorgeschlagen haben:

Die Definition der Wahrscheinlichkeit unter Verwendung des Begriffes „Häufigkeit" ist nur möglich für Ereignisse, die Mitglieder einer wohldefinierten Gesamtheit, eines „Kollektivs" sind (nach R. v. Mises). Auf ihrer Natur nach einmalige Ereignisse kann dieser Wahrscheinlichkeitsbegriff nicht angewandt werden. Für die Richtigkeit der folgenden Aussagen läßt sich nach (1.8.3) zum Beispiel keine Wahrscheinlichkeit angeben

„Es gibt außerirdische intelligente Wesen" oder

„Es existieren Quarks".

Für die Astrophysik ist von Bedeutung, daß eine statistische Theorie keine Aussage über den Kosmos als Ganzes machen kann (dazu wäre eine Statistik mehrerer „Kosmen" notwendig). Deshalb muß die Möglichkeit der Anwendung der Quantentheorie auf die Lösung kosmologischer Fragestellungen im einzelnen sehr genau geprüft werden. Auch bei der Interpretation der Grundlagen der Quantenmechanik spielt dieses Problem eine besondere Rolle.

1.8.3 Analyse des Zweispaltversuchs

Mit den Überlegungen zu Beginn dieses Abschnitts 1.8.1 wurden wir zu einer statistischen Deutung der Wellenfunktion ψ geführt. Die Beugungsbilder wie im Bild 1.13 und Bild 1.14 wurden durch die Intensität $|\psi|^2$ beschrieben. Daher identifizieren wir die Wahrscheinlichkeitsdichte $w(x)$ von (1.8.2) mit diesem Ausdruck und postulieren:

$$|\psi(\vec{r}, t)|^2 = w(\vec{r}, t) = \begin{cases} \text{Wahrscheinlichkeitsdichte, ein Elektron zur Zeit } t \text{ am Ort} \\ \vec{r} \text{ zu finden.} \end{cases}$$

$$(1.8.6)$$

$\psi(\vec{r}, t)$ selbst bezeichnet man auch als **Wahrscheinlichkeitsamplitude**.

Von diesem Ausgangspunkt aus wollen wir jetzt den Zwei-Spalt-Versuch im einzelnen analysieren. Insbesondere wollen wir die Frage klären, ob man die Phänomene der Elektronenbeugung vollständig im Teilchenbild verstehen kann. Für die Wechselwirkung zwischen Elektronen und Atom auf der Photoplatte schien das der Fall zu sein. Da wir jetzt $\psi(\vec{r}, t)$ als Wahrscheinlichkeitsamplitude gedeutet haben, ist zumindest die Möglichkeit offen, die Elektronen als Teilchen im Sinne der klassischen Mechanik zu deuten, wobei deren Bewegung statistischen Gesetzen unterworfen ist. Wir wollen diese Möglichkeit diskutieren und führen – in Gedanken – drei Elektronenbeugungsexperimente durch, die in Bild 1.16 schematisch dargestellt sind.

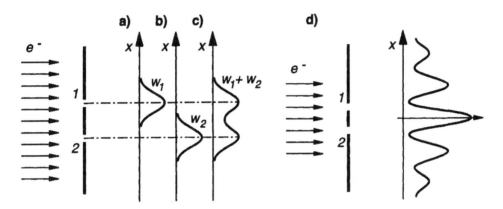

Bild 1.16 Gedankenexperimente mit Elektronenwellen

In allen drei Fällen trifft ein von links einfallender Elektronenstrahl auf einen Schirm, der zwei Spalte besitzt, die mit 1 bzw. 2 bezeichnet seien. In den ersten beiden Experimenten ist nur ein Spalt geöffnet: im Falle a) der obere und im Falle b) der untere Spalt. Die Breite der Spalte sei so klein, daß durch Beugung eine breite Intensitätsverteilung auf dem Nachweis-Schirm entsteht. In den Bildern 1.16 a) bzw. b) sind sie skizziert. Das Bild c) zeigt die Summe der Verteilungen, die man erwartet, wenn die Elektronen entweder durch 1 oder durch 2 geflogen sind.

Der Abstand der beiden Spalten sei genügend groß gegen die Spaltbreite, so daß beim Öffnen beider Spalten ein Beugungsbild mit ausgeprägten Maxima und Minima, vgl. Abbildung d), entsteht. Offenbar ist die so entstehende Wahrscheinlichkeitsverteilung $w_{12}(x)$ klar von der Summe der Wahrscheinlichkeitsdichten $w_1(x)$ und $w_2(x)$ verschieden, die in den ersten beiden Experimenten entstanden sind:

$$w_{12}(x) \neq w_1(x) + w_2(x) \, . \tag{1.8.7}$$

Diese Ungleichung drückt den Wellencharakter der Funktion ψ aus: Nach der statistischen Deutung (1.8.6) beschreiben wir w_1 und w_2 durch Wellenfunktionen ψ_1 bzw. ψ_2 und setzen daher

$$w_1(x) = |\psi_1(x)|^2 \qquad w_2(x) = |\psi_2(x)|^2 \, . \tag{1.8.8}$$

Beim Öffnen beider Spalte überlagern sich beide Wahrscheinlichkeitsamplituden:

$$\psi_{12}(x) = \psi_1(x) + \psi_2(x) \,, \tag{1.8.9}$$

und es folgt

$$
\begin{aligned}
w_{12}(x) &= |\psi_{12}(x)|^2 = \psi_{12}^*(x)\psi_{12}(x) \\
&= (\psi_1 + \psi_2)(\psi_1^* + \psi_2^*) \\
&= |\psi_1(x)|^2 + |\psi_2(x)|^2 + \psi_1^*(x)\psi_2(x) + \psi_2^*(x)\psi_1(x) \,.
\end{aligned}
\tag{1.8.10}
$$

Wir schreiben dafür:

$$w_{12}(x) = w_1(x) + w_2(x) + w_{\mathrm{Int}}(x) \tag{1.8.11}$$

$$\text{mit } w_{\mathrm{Int}}(x) := \psi_1^*(x)\psi_2(x) + \psi_2^*(x)\psi_1(x) \tag{1.8.12}$$

$$= 2\,Re(\psi_1^*(x)\psi_2(x)) \,.$$

Der auftretende Interferenzterm $w_{\mathrm{Int}}(x)$ erklärt das Ergebnis (1.8.7) und unterscheidet die Teilchenphysik von der Wellenphysik. In der klassischen Punktmechanik muß das Elektron entweder durch Spalt 1 oder durch Spalt 2 fliegen, um zur Photoplatte zu gelangen. Daher müssen sich die Wahrscheinlichkeiten gemäß der Regel (3) für die Wahrscheinlichkeitsfunktion $W(E)$ addieren

$$w_{12} = w_1 + w_2 \,.$$

Der Interferenzterm w_{Int} müßte also verschwinden. Die experimentell gesicherte Existenz der Interferenz beweist daher, daß das Teilchenbild für die Ausbreitung der Elektronen nicht anwendbar ist: Ein Elektron fliegt nicht entweder durch Spalt 1 oder durch Spalt 2, sondern wie eine Welle gleichzeitig durch beide. Andererseits ist der Teilchencharakter bei der Wechselwirkung in der Photoplatte offensichtlich. Daher liegt es nahe, experimentell zu überprüfen, ob die Teilchenvorstellung für den Durchtritt der Elektronen durch die Spalte tatsächlich falsch ist.

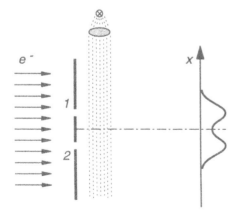

Bild 1.17
Dunkelfeldbeleuchtung zur Beobachtung der Elektronen beim Spaltdurchtritt

Dazu beleuchten wir – wie Bild 1.17 zeigt – das Gebiet hinter dem Doppelspalt, um die Elektronen beim Durchqueren der Spalte zu sehen. In der Tat kann man so feststellen, ob ein

Elektron durch Spalt 1 oder Spalt 2 gekommen ist. Aber unter diesen Versuchsbedingungen erhalten wir ein anderes Schwärzungsmuster auf der Photoplatte. Das Resultat entspricht genau den Erwartungen im klassischen Teilchenbild

$$w'_{12}(x) = w_1(x) + w_2(x) \, , \tag{1.8.13}$$

wie es die Regel (3) für eine „entweder-oder"-Wahrscheinlichkeit verlangt. Denn diese Situation liegt ja vor, da wir genau wissen, durch welchen Spalt das Elektron gegangen ist.

Durch die Beleuchtung der Elektronen während des Fluges haben wir also den Versuchsablauf empfindlich gestört, und wir haben das wichtige Ergebnis:

Eine Beobachtung kann die Wahrscheinlichkeitsverteilung ändern!

In unserem Falle kann man die physikalische Ursache der Störung genau angeben: Bei der Beobachtung des Elektrons „durch Beleuchten" stößt ein Lichtquant der Dunkelfeldbeleuchtung auf das Elektron, überträgt ihm einen Teil seines Impulses

$$|\vec{p}| = \hbar|\vec{k}| = \frac{2\pi\hbar}{\lambda} = \frac{h}{\lambda}$$

und ändert dabei die ursprüngliche Wahrscheinlichkeitsverteilung. Um die Störung zu verringern, muß man λ vergrößern. Dann gelingt es aber nicht mehr, die beiden Spalte 1 und 2 optisch zu trennen, und wir haben wieder die frühere Situation. Die hier nur qualitativ geführte Argumentation kann quantitativ formuliert werden und führt zur Unschärferelation (vgl. den nächsten Abschnitt 1.9).

Vorher ziehen wir aus den bisherigen Überlegungen noch eine wichtige Folgerung. Wir sortieren im Experiment von Bild 1.17 alle Ereignisse aus, bei denen das Elektron durch den Spalt 1 geflogen ist. In diesem Falle liegt die Situation von a) vor, und die resultierende Wahrscheinlichkeitsverteilung wird durch $w_1(x)$ gegeben. Mit anderen Worten: durch die Feststellung, daß das Elektron durch Spalt 1 geflogen ist, wird die Wahrscheinlichkeitsverteilung bzw. die Wahrscheinlichkeitsamplitude

$$\begin{array}{lll} & w_{12}(x) & \text{verändert zu } w_1(x) \\ \text{bzw.} & \psi_{12}(x) = \psi_1(x) + \psi_2(x) & \text{verändert zu } \psi_1(x) \, . \end{array} \tag{1.8.14}$$

Bei einer Messung kann also ein sprunghafter Übergang der Wahrscheinlichkeitsamplituden, wie von ψ_{12} nach ψ_1, auftreten. Da alle Funktionen ψ auch als Wellenpakete aufgefaßt werden können, spricht man von der **Reduktion der Wellenpakete.** Im Laufe der Entwicklung der Quantentheorie wurden immer kompliziertere Beispiele für diese Reduktion diskutiert, um die ungewohnten Schlußfolgerungen der Quantenmechanik zu verdeutlichen oder auch um diese Theorie als unbefriedigend zu erklären und ihre logische Inkonsistenz zu beweisen. Die Versuche, die Quantentheorie zu widerlegen, mußten ohne Erfolg bleiben, da es ein mathematisch einwandfreies System von quantenmechanischen Axiomen gibt, deren Konsequenz sich bei der Beschreibung von atomaren, nuklearen und subnuklearen Prozessen (seit einem dreiviertel Jahrhundert) immer wieder bewährt hat. Dieses eindrucksvolle Gedankengebäude werden wir in den Kapiteln 2 und 3 ausführlich entwickeln.

1.9 Physikalische Ableitung der Unbestimmtheitsrelation, die Existenz der Atome

Im Abschnitt 1.4 haben wir mit der Beziehung $\vec{p} = \hbar \vec{k}$ zwischen Impuls $\vec{p}$ und Wellenzahlvektor $\vec{k}$ einen quantitativen Ausdruck des Welle-Korpuskel-Dualismus gefunden. Verknüpft man nun diese Beziehung mit der Ungleichung (1.5.17), die in jeder Wellentheorie Gültigkeit besitzt, so erhält man als wichtige Konsequenz

$$\Delta p_x \cdot \Delta x \geq \frac{\hbar}{2} \ . \tag{1.9.1}$$

Δp_x bezeichnet die Streuung des Impulses, die analog zur Streuung Δk_x definiert ist, so daß gilt

$$\Delta p_x = \hbar \Delta k_x \ .$$

Für die beiden anderen Raumrichtungen erhält man die entsprechenden Ausdrücke

$$\Delta p_y \cdot \Delta y \geq \frac{\hbar}{2} \ . \tag{1.9.2}$$

$$\Delta p_z \cdot \Delta z \geq \frac{\hbar}{2} \ . \tag{1.9.3}$$

Diese Unbestimmtheitsrelationen oder Unschärferelationen hat Werner Heisenberg 1927 durch die Diskussion verschiedener Meßmethoden von Ort und Impuls physikalisch abgeleitet. Nach der bisher gegebenen Begründung drücken sie im wesentlichen die Tatsache aus, daß die Ausdehnung der Welle

$$\psi(\vec{x}) = \frac{1}{(2\pi\hbar)^{3/2}} \int \phi(\vec{p}) \, \mathrm{e}^{i \vec{k} \vec{x}} \, \mathrm{d}^3 p$$

und die ihrer Fouriertransformierten

$$\phi(\vec{p}) = \frac{1}{(2\pi\hbar)^{3/2}} \int \psi(\vec{x}) \, \mathrm{e}^{-i \vec{k} \vec{x}} \, \mathrm{d}^3 x$$

gleichzeitig nicht beliebig klein gemacht werden können.

Zur Illustration der Heisenbergschen Unbestimmtheitsrelation soll ihre Gültigkeit an einem einfachen Beispiel gezeigt werden. Wie im Bild 1.18 skizziert, falle eine ebene Elektronenwelle senkrecht auf einen Spalt der Breite a. Bevor die ebene Welle den Schirm und den Spalt erreicht, besitzt sie einen scharfen Impuls $\vec{p} = \hbar \vec{k}$ in x-Richtung, d. h. $\Delta p_y = 0$, und hat eine unendliche Ausdehnung in y-Richtung, d. h. die y-Koordinate ist völlig unbestimmt: $\Delta y = \infty$. Dies steht in Einklang mit (1.9.1). Kurz nach dem Durchtritt durch den Spalt ist die Ausdehnung der Welle in y-Richtung durch die Spaltbreite a festgelegt, d. h. $\Delta y = a$. Aufgrund der Beugung am Spalt ist die Größe des Impulses p_y in y-Richtung nach Durchtritt durch den Spalt nicht mehr völlig bestimmt. Die Breite der Impulsverteilung wird größenordnungsmäßig durch das erste Minimum des Beugungsbildes gegeben

$$\Delta p_y \approx |\vec{p}| \sin \theta_{\min} \ ,$$

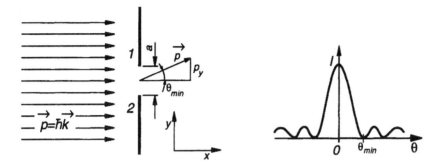

Bild 1.18 Der Einspaltversuch zur Illustration der Heisenbergschen Unbestimmtheitsrelation

wie aus Bild 1.18 abzulesen ist. Da für die Beugung am Spalt die Gleichung

$$a \sin \theta_{\min} \approx \lambda$$

gilt, erhält man die Größenordnungsbeziehung

$$\sin \theta_{\min} \approx \frac{1}{a\,|\vec{k}|} = \frac{1}{\Delta y\,|\vec{k}|} = \frac{\hbar}{\Delta y\,|\vec{p}|}\,,$$

wobei im letzten Schritt wiederum die de-Broglie-Beziehung verwendet wurde. Aus (1.9) und (1.9) folgt schließlich

$$\Delta p_y \cdot \Delta y \approx \hbar\,.$$

Mit diesen einfachen Betrachtungen erhält man also bis auf den Faktor $1/2$ die Unschärferelation (1.9.1). (Da im Ansatz der Rechnung Δp_y und damit auch Δk_y nicht exakt nach ihrer Definition berechnet, sondern nur mit Hilfe des 1. Minimums des Beugungsbildes abgeschätzt worden sind, ist dieser Fehler kein ernster Widerspruch zu (1.9.1)).

Die fundamentalen Heisenbergschen Unschärferelationen (1.9.1) legen nicht nur der Meßgenauigkeit der von Physikern ausgeführten Experiment wohldefinierte Schranken auf, sondern sie müssen auch in der Natur ohne Eingriff des Experimentators erfüllt sein. Betrachtet man z. B. ein mikroskopisches System, in dem eine Kraft dahin wirkt, dieses System möglichst klein zu machen, so kann dies auf Grund der Relationen (1.9.1) nur auf Kosten eines großen Impulses geschehen. Darin liegt der **rationale Grund für die Existenz der Atome.**

Zur Begründung dieser Behauptung betrachten wir das Rutherford-Modell für das Wasserstoffatom. Die Energie des Elektrons ist durch die Beziehung

$$E = \frac{\vec{p}^2}{2m} - \frac{e^2}{r} \tag{1.9.4}$$

gegeben. Die Energie, die das Elektron tatsächlich besitzt, ist durch den kleinstmöglichen Wert dieses Ausdrucks gegeben. Klassisch betrachtet wird diese Bedingung erreicht, wenn $|\vec{r}| = 0$, $|\vec{p}| = 0$ und $E = -\infty$ gilt. Dies bedeutet aber, daß das Elektron auf das Proton stürzt und das Atom kollabiert. Setzt man jedoch die Gültigkeit der Unbestimmtheitsrelationen (1.9.1) voraus, so sind r und p derart miteinander gekoppelt, daß ein solches Zusammenfallen des Atoms unmöglich wird. Nach (1.9.1) muß der Impuls der Ungleichung

$$p \geq \Delta p \geq \frac{\hbar}{\Delta r} \geq \frac{\hbar}{r} \tag{1.9.5}$$

genügen. Wendet man diese Beziehung auf (1.9.4) an, so erhält man:

$$E \geq \frac{\hbar^2}{2mr^2} - \frac{e^2}{r} := E_0(r) . \tag{1.9.6}$$

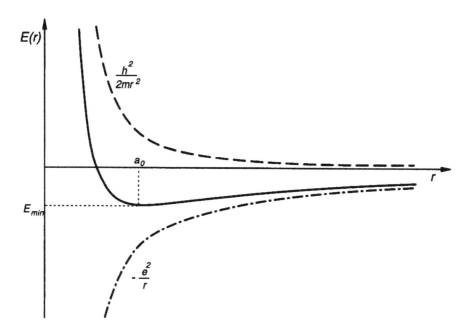

Bild 1.19 Existenzbeweis für Atome mit Hilfe der r-Abhängigkeit der Elektronenenergie

Im Bild 1.19 ist die Funktion $E_0(r)$ zusammen mit der r-Abhängigkeit der potentiellen Energie $-e^2/r$ und der der kinetischen Energie $\hbar^2/(2mr^2)$ graphisch dargestellt. Man sieht, daß für kleine Werte von r der positive Term der kinetischen Energie $\hbar^2/(2mr^2)$, für große Werte von r die negative potentielle Energie überwiegt. Als wichtigstes Resultat soll festgehalten werden, daß $E(r)$ für

$$r = a_0 = \frac{\hbar^2}{me^2} \tag{1.9.7}$$

ein absolutes Minimum mit dem Wert

$$E_{\min} = \frac{-e^2}{2a_0} = -\frac{1}{2}\alpha^2\, mc^2 = -Ry \qquad (1.9.8)$$

annimmt. Dabei wurde die Feinstrukturkonstante

$$\alpha = \frac{e^2}{\hbar c} = \frac{1}{137}$$

und die Rydbergkonstante

$$Ry := +\frac{1}{2}\alpha^2\, mc^2 = \frac{1}{2}\frac{e^4 m}{\hbar^2} = 13,6\,\mathrm{eV} \qquad (1.9.9)$$

eingeführt. Der Radius a_0, den wir mit (1.9.7) erhalten, stimmt mit dem Resultat (1.3.6) überein, das aus Dimensionsbetrachtungen abgeleitet worden war. a_0 wird als Bohrscher Radius bezeichnet und besitzt den Zahlenwert

$$a_0 = 0,592 \cdot 10^{-10}\mathrm{m}\,. \qquad (1.9.10)$$

Die Beziehungen (1.9.7) und (1.9.8) stimmen mit den Ergebnissen einer exakten quantenmechanischen Rechnung überein, was in gewissem Sinne ein Zufall ist, da in der Ungleichung (1.9.5) der Faktor 1/2 durch 1 ersetzt wurde. Bei Verwendung des richtigen Faktors hätte man ein um den Faktor 4 kleineres Ergebnis für a_0 erhalten.

Die Heisenbergschen Unschärferelationen sind das Kernstück der nicht-relativistischen Quantentheorie. Als Ungleichungen sind diese Beziehungen nicht direkt dazu geeignet, als axiomatischer Ausgangspunkt für eine systematische Theorie genommen zu werden. Wir werden jedoch in den kanonischen Vertauschungsrelationen für Ort und Impuls Beziehungen kennen lernen, die diesen Nachteil nicht besitzen und die Basis der Quantenmechanik darstellen.

2 Wellenmechanik

In diesem Kapitel stellen wir wichtige Methoden und Ergebnisse der Quantentheorie in Form der sogenannten „Wellenmechanik" dar. Diese beruht auf der Verallgemeinerung der kräftefreien Schrödingergleichung

$$i\hbar\frac{\partial\psi(\vec{r},t)}{\partial t} = -\frac{\hbar^2}{2m}\Delta\psi(\vec{r},t)\,, \tag{2.0.1}$$

die wir in Kapitel 1 begründet haben. Die Verallgemeinerung von (2.0.1) führt zwar nicht zur allgemeinsten Form der Quantenmechanik, die wir in dem Kapitel 3 entwickeln werden, erlaubt aber, die wichtigsten Probleme der Atom-, Molekül-, Festkörper- und auch der Kernphysik erfolgreich zu behandeln. Mit diesem Ziel vor Augen werden wir in diesem Kapitel zunächst versuchen, die Schrödingergleichung durch Berücksichtigung von Kraftwirkungen zu verallgemeinern. Dabei wird unser Weg mehr durch systematisches Raten als durch exakte Herleitungen bestimmt sein.

2.1 Die Wahrscheinlichkeitsamplituden $\psi(\vec{r},t)$ und $\tilde{\psi}(\vec{p},t)$

Unser Ausgangspunkt ist die Deutung der Wellenfunktion $\psi(\vec{r},t)$ als Wahrscheinlichkeitsamplitude. Nach (1.8.6) gibt

$$|\psi(\vec{r},t)|^2\mathrm{d}^3r = w(\vec{r},t)\mathrm{d}^3r = dW(\vec{r},t) \tag{2.1.1}$$

die Wahrscheinlichkeit dafür an, ein Teilchen zur Zeit t im Raumelement $[\vec{r},\vec{r}+\mathrm{d}\vec{r}]$ zu finden. Die Gesamtwahrscheinlichkeit, irgendwo im Raum das Teilchen zu finden, muß gleich eins sein. Daher fordert man

$$\int_{\mathbb{R}^3} |\psi(\vec{r},t)|^2\mathrm{d}^3r = 1\,. \tag{2.1.2}$$

Diese **Normierungsbedingung** erinnert an Gleichung (1.7.4); ergibt sich aber jetzt – im Gegensatz zur Materiedichteinterpretation – zwanglos aus der statistischen Deutung der Wellenfunktion $\psi(\vec{r},t)$. Wir fragen nun nach der Wahrscheinlichkeitsdichte $|\tilde{\psi}(\vec{p},t)|^2$, mit der ein Teilchen zur Zeit t den Impuls $\vec{p}$ hat, wobei $\tilde{\psi}(\vec{p},t)$ die zugehörige Wahrscheinlichkeitsamplitude ist.

$$\mathrm{d}\widetilde{W}(\vec{p},t) = |\tilde{\psi}(\vec{p},t)|^2\mathrm{d}^3p \tag{2.1.3}$$

soll also die Wahrscheinlichkeit dafür angeben, daß der Teilchenimpuls zur Zeit t im Impulsintervall $[\vec{p}, \vec{p} + d\vec{p}]$ liegt. Aufgrund der Unbestimmtheitsrelationen (1.9.1) wissen wir, daß der lokalisierten Wellenfunktion $\psi(\vec{r}, t)$ kein genauer Impuls zugeordnet sein kann. Wenn andererseits $\psi(\vec{r}, t)$ das Teilchen vollständig beschreibt, also alle dynamischen Informationen über das Teilchen enthält, muß auch $\psi(\vec{r}, t)$ die Wahrscheinlichkeitsdichte für den Impuls eindeutig festlegen.

Die Beziehung

$$\vec{p} = \hbar \vec{k}$$

gibt uns den entscheidenden Hinweis darauf, wo dieser Zusammenhang zu suchen ist, denn die Amplitude $a(\vec{k}, t)$ in (1.5.19) bestimmt den Beitrag des Wellenzahlvektors $\vec{k}$ und damit nach (2.1) des Impulses – zum Wellenpaket $\psi(\vec{r}, t)$. Wir erwarten daher die Proportionalität

$$\widetilde{\psi}(\vec{p}, t) = const \cdot a\left(\frac{\vec{p}}{\hbar}, t\right) .$$

Die auftretende Propotionalitätskonstante bestimmen wir aus der Forderung, daß auch $\widetilde{\psi}(\vec{p}, t)$ analog zu (2.1.2) auf die Gesamtwahrscheinlichkeit 1 normiert ist, daß also gilt

$$\int_{\mathbb{R}^3} |\widetilde{\psi}(\vec{p}, t)|^2 d^3 p = 1 . \tag{2.1.4}$$

Diese Forderung wird erfüllt, wenn man $const = \hbar^{-\frac{3}{2}}$ setzt. Denn mit der aus Kapitel 1 bekannte Fourierdarstellung der Wellenfunktion

$$\psi(\vec{r}, t) = \frac{1}{(2\pi)^{\frac{3}{2}}} \int e^{i\vec{k} \cdot \vec{r}} a(\vec{k}, t) \, d^3 k$$

gelangt man zu

$$\psi(\vec{r}, t) = \frac{1}{(2\pi\hbar)^{\frac{3}{2}}} \int e^{\frac{i}{\hbar}\vec{p} \cdot \vec{r}} \widetilde{\psi}(\vec{p}, t) \, d^3 p . \tag{2.1.5}$$

Wenn man Gleichung (2.1.5) mit Hilfe des Umkehrtheorems für Fouriertransformationen – vgl. (1.5.26) – nach $\widetilde{\psi}(\vec{p}, t)$ auflöst

$$\widetilde{\psi}(\vec{p}, t) = \frac{1}{(2\pi\hbar)^{\frac{3}{2}}} \int e^{-\frac{i}{\hbar}\vec{p} \cdot \vec{r}} \psi(\vec{r}, t) \, d^3 r , \tag{2.1.6}$$

erhält man Darstellungen von $\psi(\vec{r}, t)$ und $\widetilde{\psi}(\vec{p}, t)$, die bis auf das Vorzeichen des Exponenten der e-Funktion vollständig symmetrisch sind. Verwendet man noch die Vollständigkeitsrelation (A.1.8) für die Fouriertransformationen, so ergibt sich die Normierungs-Bedingung

$$\int_{\mathbb{R}^3} |\widetilde{\psi}(\vec{p}, t)|^2 d^3 p = \int_{\mathbb{R}^3} |\psi(\vec{r}, t)|^2 d^3 r = 1 . \tag{2.1.7}$$

Um die Theorie weiter zu entwickeln, benötigen wir den Begriff des **Erwartungswertes**. Um ihn zu definieren, nehmen wir an, daß für die Observable A die Meßwerte

$$a_1, a_2, a_3, \ldots, a_n \qquad (a_i \neq a_k \text{ für } i \neq k)$$

mit den Wahrscheinlichkeiten (= statistischen Häufigkeiten)

$$w_1, w_2, w_3, \ldots, w_n$$

vorliegen. Dann wird der Erwartungswert $\langle A \rangle$ der Observablen durch

$$\langle A \rangle := \sum_{i=1}^{n} w_i a_i \tag{2.1.8}$$

definiert. Hierbei sind wir davon ausgegangen, daß die Meßwerte a_i diskret liegen, d. h. daß ein dem Meßwert a_i direkt benachbarter Meßwert $a_i + da_i$ nicht auftritt. Schon die Meßapparatur läßt wegen ihrer Fehlergrenzen eine solche präzise Aussage nicht zu. Daher verallgemeinern wir w in folgender Weise $w(a) \cdot da$ sei die Wahrscheinlichkeit dafür, für die Observable A einen Meßwert im Intervall $[a, a + da]$ zu erhalten. Dann wird der Erwartungswert $\langle A \rangle$ durch

$$\langle A \rangle = \int\limits_{-\infty}^{\infty} a w(a) da \tag{2.1.9}$$

gegeben. Die Normierung der Wahrscheinlichkeit muß man jetzt in der Form

$$\int\limits_{-\infty}^{\infty} w(a) da = 1 \tag{2.1.10}$$

schreiben. Daher bedeutet bedeutet (2.1.9) eine mit der jeweiligen Wahrscheinlichkeit gewichtete Mittelung der Meßwerte a von A. Wendet man die Definition (2.1.9) auf Ort und Impuls an, so folgt bei Verwendung der Wahrscheinlichkeitsinterpretation von ψ bzw. $\widetilde{\psi}$ für die Erwartungswerte von $\langle \vec{r} \rangle$ bzw. $\langle \vec{p} \rangle$

$$\langle \vec{r} \rangle = \int \vec{r} |\psi(r, t)|^2 d^3 r \tag{2.1.11}$$

$$\langle \vec{p} \rangle = \int \vec{p} |\widetilde{\psi}(p, t)|^2 d^3 p \, . \tag{2.1.12}$$

Diese „Mittelwerte" hängen natürlich von den speziellen Wellenfunktionen $\psi(\vec{r}, t)$ bzw. $\widetilde{\psi}(\vec{p}, t)$ und auch von der Zeit t ab.

2.2 Die Operatoren für Ort und Impuls

Der Erwartungswert für den Impuls kann auch – anstatt aus $\widetilde{\psi}(\vec{p}, t)$ – direkt aus $\psi(\vec{r}, t)$ berechnet werden. Dazu schließen wir aus (2.1.6)

$$\vec{p}\,\tilde{\psi}(\vec{p},t) = \frac{1}{(2\pi\hbar)^{\frac{3}{2}}} \int (\vec{p}\cdot e^{-\frac{i}{\hbar}\vec{p}\cdot\vec{r}})\psi(\vec{r},t)\,d^3r$$

$$= \frac{1}{(2\pi\hbar)^{\frac{3}{2}}} \int \psi(\vec{r},t)(-\frac{\hbar}{i}\vec{\nabla}_r e^{-\frac{i}{\hbar}\vec{p}\cdot\vec{r}})\,d^3r$$

$$= \frac{1}{(2\pi\hbar)^{\frac{3}{2}}} \int e^{-\frac{i}{\hbar}\vec{p}\cdot\vec{r}} \frac{\hbar}{i}\vec{\nabla}_r \psi(\vec{r},t)\,d^3r \ ,$$

wobei im letzten Schritt partiell integriert wurde, unter Beachtung der Tatsache, daß $\psi(\vec{r},t)$ im Unendlichen wegen der Normierungsbedingung (2.1.2) verschwindet. Daraus folgt für den Erwartungswert $\langle p \rangle$ in (2.1.12)

$$\langle p \rangle = \int \tilde{\psi}^*\vec{p}\,\tilde{\psi}\,d^3p \tag{2.2.1}$$

$$= \int \tilde{\psi}^*(\vec{p},t) \frac{1}{(2\pi\hbar)^{\frac{3}{2}}} \int e^{-\frac{i}{\hbar}\vec{p}\cdot\vec{r}} \frac{\hbar}{i}\vec{\nabla}_r \psi(\vec{r},t)\,d^3r\,d^3p$$

$$= \int \left[\frac{1}{(2\pi\hbar)^{\frac{3}{2}}} \int \tilde{\psi}^*(\vec{p},t)e^{-\frac{i}{\hbar}\vec{p}\cdot\vec{r}}d^3p \right] \cdot \frac{\hbar}{i}\vec{\nabla}_r \psi(\vec{r},t)\,d^3r \tag{2.2.2}$$

$$= \int \psi^*(\vec{r},t)\frac{\hbar}{i}\vec{\nabla}_r \psi(\vec{r},t)\,d^3r \ .$$

Die letzte Folgerung in der Gleichungskette ergibt sich aus der zu (2.1.5) konjugiert komplexen Gleichung. Die Darstellung für den Ort hat eine analoge Form

$$\langle\vec{r}\rangle = \int \psi^*\vec{r}\psi d^3r \ . \tag{2.2.3}$$

Damit haben wir in (2.2.1) und (2.2.3) die Erwartungswerte $\langle\vec{p}\rangle$ und $\langle\vec{r}\rangle$ durch die Wellenfunktion im Ortsraum $\psi(\vec{r},t)$ ausgedrückt. Umgekehrt kann man beide Größen durch $\tilde{\psi}(\vec{p},t)$ ausdrücken. Für $\langle\vec{p}\rangle$ ist dies bereits in (2.2.1) geschehen. Für $\langle\vec{r}\rangle$ muß man in (2.2.3) eine Fouriertransformation anwenden und erhält

$$\langle\vec{r}\rangle = \int \tilde{\psi}^* i\hbar\vec{\nabla}_p \tilde{\psi} d^3p \ . \tag{2.2.4}$$

Beide Ausdrücke für $\langle\vec{r}\rangle$ und $\langle\vec{p}\rangle$ können in eine gemeinsame Form gebracht werden, wenn man **Operatoren** $\vec{Q}$ und $\vec{P}$ für Ort und Impuls einführt

Ortsraum ($\psi(\vec{r},t)$)	Impulsraum ($\tilde{\psi}(\vec{p},t)$)
$\vec{Q} = \vec{r}$	$\vec{Q} = i\hbar\vec{\nabla}_p$
$\vec{P} = \dfrac{\hbar}{i}\vec{\nabla}_r$	$\vec{P} = \vec{p}$

Dabei handelt es sich bei den Operatoren $\vec{Q}$ im Ortsraum und bei $\vec{P}$ im Impulsraum um die trivialen Operatoren der Multiplikation mit $\vec{r}$ bzw. $\vec{p}$. Für die Erwartungswerte ist folgende Schreibweise gebräuchlich

$$\langle \vec{Q} \rangle = \langle \psi | \vec{Q} | \psi \rangle := \int \psi^* \vec{Q} \psi \, d^3 r$$
$$\langle \vec{P} \rangle = \langle \psi | \vec{P} | \psi \rangle := \int \psi^* \vec{P} \psi \, d^3 r \, .$$

wobei jeweils $\vec{P}$ und $\vec{Q}$ als entsprechende Operatoren zu wählen sind. Systematisch werden diese Schreibweise und die damit verbundenen Begriffe im Kapitel 3 eingeführt. Die vorausgehenden Überlegungen enthalten jedoch schon die Schlüsselidee für den Aufbau des mathematischen Apparates der Quantentheorie

> Physikalische Observable werden durch Operatoren dargestellt.   (2.2.5)

Da die Wellenfunktion $\psi(\vec{r}, t)$ und $\tilde{\psi}(\vec{p}, t)$ über die Gleichungen (2.1.5) bzw. (2.1.6) eindeutig miteinander verknüpft sind, kann man offensichtlich ausschließlich im Ortsraum, also mit

$$\psi(\vec{r}, t) \quad \text{und} \quad \vec{Q} = \vec{r}, \vec{P} = \frac{\hbar}{i} \vec{\nabla}_r \, ,$$

arbeiten, was wir im folgenden auch tun wollen.

2.3 Observable, Zustände und Meßwerte

Wenn aber Observable durch Operatoren dargestellt werden, müssen wir klären, wie die Quantenmechanik Meßdaten behandelt, die ja durch reelle Zahlen beschrieben werden. Dazu ist es notwendig, eine Präzision der Begriffe vornehmen, die zwar sämtliche Bereiche der Physik, also auch die klassischen Physik, betrifft, die jedoch eine besondere Bedeutung in der Quantenmechanik erhält.

Um eine physikalische Situation genau festzulegen, muß man zunächst das **physikalische System** beschreiben, das man behandeln will. Zum Beispiel kann es sich um ein Atom handeln, das aus einem Kern und Elektronen besteht. Für jedes System gibt es eine Reihe von beobachtbaren Größen, die wir – wie bisher – **Observable** nennen. Dazu gehören im genannten Beispiel die Ladung von Atomkern und Elektronen, die Orts- und Impulskoordinaten dieser Teilchen, ihre Energie, ihre inneren Drehimpulse, ihre magnetischen Momente und ähnliches. Diese Observablen haben jedoch noch keinen bestimmten Wert. Wenn man vom Ort eines Elektrons spricht, hat man nämlich noch nicht im Sinn, daß sich das Elektron an einem ganz bestimmten Ort $\vec{r}_0$ befindet. Dieser liegt erst dann vor, wenn man das System – etwa durch eine entsprechende Messung – in einen bestimmten **physikalischen Zustand** gebracht hat. **Meßwerte** werden erst dadurch festgelegt, daß man das betrachtete System in einen bestimmten Zustand bringt.

Nach dieser begrifflichen Unterscheidung bietet das im letzten Abschnitt eingeführte Axiom keine Schwierigkeiten mehr: Die Observablen werden durch Operatoren beschrieben, z. B. $\vec{P} = \hbar/i \vec{\nabla}$, und haben keinen bestimmten Wert. Wodurch wird aber ein physikalischer Zustand beschrieben? In der klassischen Physik kann man einen Zustand dadurch festlegen, daß man für sämtliche Observable eines Systems ihre Meßwerte fixiert. Die Unschärferelation verbietet dies für die Mikrophysik. Dafür hat man jetzt die Wellenfunktion zur Verfügung und es liegt nahe, zu postulieren

> Ein physikalischer Zustand wird durch eine Wellenfunktion $\psi(\vec{r}, t)$ festgelegt.

In der Tat bestimmt ψ den Wert der Mittelwerte von Ort und Impuls gemäß den Gleichungen (2.1.11) und (2.1.12) fest. Aber die Mittelwerte sind noch nicht die einzelnen Meßwerte. In der Quantenmechanik muß man zunächst die Frage stellen, welche Meßwerte überhaupt auftreten können. Schon die Planksche Formel zeigt, daß die Meßwerte der Energie von Lichtquanten für eine feste Frequenz nur ganzzahlige Vielfache von $\hbar\omega$ annehmen können. Daher stellt die Bestimmung der möglichen Meßwerte einer Observablen ein wichtiges physikalischen Problem dar – sowohl für den Experimentator als auch für den Theoretiker.

In der Theorie benötigen wir dazu als erstes ein genaues **Kriterien für die Meßwerte einer Observablen**. Tatsächlich können wir im Rahmen der bisher eingeführten Ideen ein solches Kriterium begründen, wenn wir noch die Forderung hinzunehmen, daß **Messungen reproduzierbar** sein müssen. Diese Forderung liegt offenbar jeder exakten Naturwissenschaft zugrunde. Für die Frage nach möglichen Meßwerten folgern wir daraus: Wenn eine Messung der Observablen A den Meßwert a ergeben hat, so muß sich der gleiche Wert ergeben, wenn man die Messung anschließend sofort wiederholt.[1] Mit anderen Worten: Durch eine Messung wird das beobachtete System in einen Zustand versetzt, in der die Streuung der Observablen A verschwinden muß

$$\Delta A = 0 \ . \tag{2.3.1}$$

Diesen Zustand beschreiben wir durch die Wellenfunktion $\psi_a(\vec{r}, t)$, und verwenden zur Auswertung von (2.3.1) die folgende Formel für die statistische Streuung

$$(\Delta A)^2 = \int \psi^*(A - \langle A\rangle)^2 \psi \mathrm{d}^3 r \ , \tag{2.3.2}$$

die die allgemeine Form von Gleichung (1.5.15) aus dem ersten Kapitel darstellt.

Wir nehmen an, daß man durch eine Messung den Wert a der Observablen A festgestellt hat.[2] Dann hat der Erwartungswert von A den Wert

$$\langle A\rangle = \int \psi_a^*(\vec{r}, t) A \psi_a(\vec{r}, t)\mathrm{d}^3 r = a \ , \tag{2.3.3}$$

und aus dem Verschwinden der Streuung ΔA folgt

$$0 = \int \psi_a^*(A - a)^2 \psi_a \mathrm{d}^3 r = \int [(A - a)\psi]^* \mathrm{d}^3 r = \int |(A - a)\psi_a|^2 \mathrm{d}^3 r \ . \tag{2.3.4}$$

Beim zweiten Schritt der Umformung haben wir die sog. Hermitizität des Operators A verwendet, nach der gilt

$$\int \psi_a^* A \psi_a \mathrm{d}^3 r = \int (A\psi_a)^* \psi_a \mathrm{d}^3 r \ .$$

---

[1] Mit der Forderung „sofort" schließen wir stetige dynamische Veränderungen eines Zustandes aus.
[2] In der folgenden Diskussion verwenden wir den gleichen Buchstaben A für die Observable und den ihr zugeordneten Operator.

Diese Eigenschaft garantiert die Realität der Meßwerte von A, vgl. dazu Abschnitt 2.5. Da
der Integrand von (2.3.4) positiv definit ist, kann das Integral nur verschwinden, wenn gilt

$$A\psi_a(\vec{r}) = a\psi_a(\vec{r}) \ . \tag{2.3.5}$$

Die so gewonnene Gleichung stellt eine Eigenwertgleichung für den Operator A dar, wobei
a der Eigenwert ist und $\psi_a(\vec{r})$ die Eigenfunktion. Damit haben wir das grundlegende
Resultat gewonnen

> Die möglichen Meßwerte einer Observablen sind die Eigenwerte
> des zugeordneten Operators.

Aufgrund dieser Tatsache stellt die Lösung von Eigenwertproblemen eine der grundlegenden Aufgaben der Quantenmechanik dar. Sie wird in den folgenden Abschnitten ausführlich
behandelt werden.

Hier illustrieren wir das Eigenwertproblem durch die Bestimmung der möglichen Meß-
werte des Impulses. Wegen $\vec{P} = \hbar/i\vec{\nabla}$ muß nach (2.3.5) für einen möglichen Meßwert $\vec{p}_0$
gelten:

$$\vec{P}\psi(\vec{r}) = \frac{\hbar}{i}\vec{\nabla}\psi(\vec{r}) = \vec{p}_0\psi(\vec{r}) \ . \tag{2.3.6}$$

Diese Differentialgleichung 1. Ordnung läßt sich leicht mit einem Exponentialansatz lösen.
Man erhält

$$\psi(\vec{r}) = C\mathrm{e}^{\frac{i}{\hbar}\vec{p}_0\cdot\vec{r}} \ . \tag{2.3.7}$$

Für jeden Wert des Vektors $\vec{p}_0$ stellt diese Funktion eine Lösung von (2.3.5) dar. Daher
hat der Impuls $\vec{P}$ alle Werte $\vec{p}_0$ aus dem Impulsraum als mögliche Meßwerte. Man sagt: $\vec{P}$
hat ein „kontinuierliches Spektrum". Allerdings kann man für (2.3.7) die Normierungsbedingung (2.1.2) nicht erfüllen. Das damit gegebene Problem tritt für alle Observablen mit
kontinuierlichen Eigenwerten auf und wird uns später ausführlich beschäftigen.

2.4 Das Korrespondenzprinzip

In der klassischen Mechanik wird jede Observable als reelle Funktion der Orts- und Impulskoordinaten dargestellt. Betrachten wir, wie bisher, nur ein Teilchen, so wird jede
dynamische Variable durch eine Funktion

$$F(\vec{r},\vec{p}) \tag{2.4.1}$$

gegeben. Nach den Bemerkungen im letzten Abschnitt postulieren wir:

> Jeder Observablen $F(\vec{r},\vec{p})$ eines physikalischen Systems wird in der   (2.4.2)
> Wellenmechanik ein Operator
>
> $$F(\vec{Q},\vec{P}) = F\left(\vec{r}, \frac{\hbar}{i}\vec{\nabla}_r\right)$$
>
> zugeordnet.

Die Regel (2.4.2) wird Korrespondenzprinzip genannt. Sie kann nicht logisch abgeleitet werden, sondern muß sich durch den Erfolg bewähren. Die entscheidende Aussage von (2.4.2) ist, daß auf beiden Seiten die gleiche Funktion F auftritt. Man kann also aus den Formeln der klassischen Mechanik direkt auf die entsprechende Formel der Quantenmechanik schließen. Das Korrespondenzprinzip gibt also eine Übersetzungsregel von der klassischen zur Quantenmechanik[3].

Für den Erwartungswert der dynamischen Variablen $F(\vec{r}, \vec{p})$ fordern wir

$$\langle F \rangle = \int \psi^*(\vec{r}, t) F(\vec{r}, \frac{\hbar}{i} \vec{\nabla}_r) \psi(\vec{r}, t) d^3 r \qquad (2.4.3)$$

wenn $\psi(\vec{r}, t)$ den Zustand des Systems beschreibt. Auch diese Forderung muß sich in der Anwendung bewähren.

2.4.1 Der Energieoperator

Wir wollen nun das Korrespondenzprinzip auf das einfachste Beispiel anwenden: Die **Energie eines freien Teilchens** wird durch die freie Hamiltonfunktion $\vec{p}^2/2m$ gegeben; daher lautet der zugehörige „freie Hamiltonoperator"

$$H_0 = \frac{\vec{P}^2}{2m} = -\frac{\hbar^2}{2m} \Delta \ . \qquad (2.4.4)$$

Dieser Energieoperator tritt auf der rechten Seite der Schrödingergleichung (2.0.1) auf, die wir daher in der Form

$$i\hbar \frac{\partial \psi}{\partial t} = H_0 \psi \qquad (2.4.5)$$

schreiben können. Damit haben wir eine neue, allgemeinere Deutung der Schrödingergleichung erhalten, die weitreichende Konsequenzen nach sich zieht

Die zeitliche Änderung der Wellenfunktion wird durch den Energieoperator bestimmt. $\qquad (2.4.6)$

Folgender Hinweis mag andeuten, daß in (2.4.6) ein tieferliegender Zusammenhang zutage tritt: In der klassischen Mechanik führt die zeitliche Translationsinvarianz der Lagrangefunktion $L(q, \dot{q}, t) = L(q, \dot{q}, t + dt)$ zum Erhaltungssatz der Energie. Eine infinitesimale zeitliche Translation wird durch die zeitliche Ableitung gegeben. Damit ist der infinitesimalen zeitlichen Translation auf der linken Seite der Schrödingergleichung der Energieoperator auf der rechten Seite zugeordnet.

Wir kehren jetzt zur Ausgangsfrage dieses Kapitels zurück, der Einführung von Kraftauswirkungen in der Wellenmechanik. Die Deutung (2.4.5) weist dafür den einfachen Weg: Wir ersetzen in (2.4.4) den freien Hamiltonoperator H_0 durch einen Operator, der auch Kräfte beschreibt. Für eine konservative Kraft $\vec{F}$, d. h. eine Kraft, die aus einem Potential $V(\vec{r})$ folgt: $\vec{F} = -\vec{\nabla} V(\vec{r})$, lautet die klassische Hamiltonfunktion

---

[3] Auf eine charakteristische Schwierigkeit dieser Regel wird im Abschnitt 2.4.2 eingegangen.

$$\frac{\vec{p}^{\,2}}{2m} + V(\vec{r}) \; .$$

Diesen Ausdruck übersetzen wir nach dem Korrespondenzprinzip durch den folgenden Hamiltonoperator:

$$H = \frac{\vec{P}^{\,2}}{2m} + V(\vec{Q}) \tag{2.4.7}$$

$$= -\frac{\hbar^2}{2m}\Delta + V(\vec{r}) \; . \tag{2.4.8}$$

Die zugehörige Schrödingergleichung lautet:

$$i\hbar\frac{\partial\psi(\vec{r},t)}{\partial t} = \left(-\frac{\hbar^2}{2m}\Delta + V(\vec{r},t)\right)\psi(\vec{r},t) \; . \tag{2.4.9}$$

Lösungen dieser partiellen Differentialgleichung werden wir in den folgenden Abschnitten dieses Kapitels im einzelnen erörtern.

2.4.2   Nicht vertauschbare Observable

Bei der Anwendung des Korrespondenzprinzips begegnet man schnell einem charakteristischen Problem: Man muß Produkte der Operatoren $\vec{P}$ und $\vec{Q}$ bilden. Dabei kommt es aber auf die Reihenfolge an, denn

$$\vec{P}\vec{Q} \neq \vec{Q}\vec{P} \; . \tag{2.4.10}$$

Eine solche Nichtvertauschbarkeit ist von der Multiplikation von Matrizen bekannt. Für unsere Operatoren überzeugt man sich davon, wenn man das Produkt $\vec{P}\vec{Q}$ auf eine beliebige Wellenfunktion $\psi(\vec{r})$ anwendet. Zur expliziten Rechnung betrachten wir die x-Komponenten

$$P_x := \frac{\hbar}{i}\frac{\partial}{\partial x} \text{ und } Q_x = x \; .$$

Wendet man das Produkt $P_x Q_x$ auf eine beliebige Wellenfunktion $\psi(\vec{r})$ an, so folgt nach der Produktregel für Differentiationen

$$\begin{aligned} P_x Q_x \psi(\vec{r}) &= \frac{\hbar}{i}\frac{\partial}{\partial x}\left(x\psi(\vec{r})\right) = \\ &= \frac{\hbar}{i}\left[\psi(\vec{r}) + x\frac{\partial\psi(\vec{r})}{\partial x}\right] \; . \end{aligned}$$

Andererseits ergibt sich für $Q_x P_x$

$$Q_x P_x \psi(x) = x\frac{\hbar}{i}\frac{\partial\psi(x)}{\partial x} \; .$$

Die Differenz beider Ausdrücke wird gegeben durch

$$(P_x Q_x - Q_x P_x)\psi(\vec{r}) = \frac{\hbar}{i}\psi(\vec{r}) \; . \tag{2.4.11}$$

Für die linke Seite schreibt man auch

$$[P_x, Q_x]\, \psi(\vec{r})\,,$$

wobei der Kommutator zweier beliebiger Operatoren A und B durch

$$[A, B] := AB - BA \tag{2.4.12}$$

eingeführt wurde. Daher kann man ((2.4.11)) auch in der Form schreiben

$$[P_x, Q_x]\, \psi(\vec{r}) = \frac{\hbar}{i}\, \psi(\vec{r})\,. \tag{2.4.13}$$

Die so erhaltene **Vertauschungsrelation** wird bei der systematischen Begründung der Quantenmechanik im Kapitel 3 eine zentrale Rolle spielen.

An zwei Beispielen, die für die Anwendung der Wellenmechanik wichtig sind, werden wir in den beiden folgenden Abschnitten die Konsequenzen des Korrespondenzprinzips und der Nichtvertauschbarkeit von Ort und Impuls erläutern.

2.4.3 Radial- und Drehimpuls

Bei der Untersuchung von möglichen Bahnkurven in der klassischen Mechanik spielt die Zerlegung des Impulses $\vec{p}$ in seine Komponenten parallel zum Ortsvektor $\vec{r}$ und senkrecht dazu eine hilfreiche Rolle. Bezeichnet man mit θ den Winkel zwischen beiden Vektoren, so werden sie gemäß

Radiale oder longitudinale Komponente von $\vec{p}$: $p_{\parallel} := |\vec{p}| \cos\theta$

Azimutale oder transversale Komponente von $\vec{p}$: $p_{\perp} := |\vec{p}| \sin\theta$

definiert. Dann gilt

$$\vec{p}^{\,2} = p_{\parallel}^2 + p_{\perp}^2\,.$$

Mit Hilfe des Einheitsvektors

$$\vec{e} := \frac{\vec{r}}{r}\,,$$

wobei der Absolutbetrag des Vektors $\vec{r}$ – wie üblich – durch

$$r := |\vec{r}| \tag{2.4.14}$$

definiert ist, lassen sich die Quadrate der beiden Komponenten durch

$$p_{\parallel}^2 = (\vec{e} \cdot \vec{p})^2 = \frac{(\vec{r} \cdot \vec{p})^2}{r^2}$$

und

$$p_{\perp}^2 = (\vec{r} \times \vec{p})^2 = \frac{(\vec{r} \times \vec{p})^2}{r^2}$$

ausdrücken. Also kann man insgesamt schreiben

$$\vec{p}^2 = \frac{1}{r^2} \left[(\vec{r} \cdot \vec{p})^2 + c\vec{r} \times \vec{p})^2 \right] \ . \tag{2.4.15}$$

Diese Formeln wollen wir jetzt in die Quantenmechanik übersetzen!

Schon bei der quantenmechanischen Definition des radialen Impulsoperators $P_\parallel$ ergeben sich Schwierigkeiten. Welcher von den folgenden Ausdrücken ist der Richtige?

$$P_\parallel = \frac{1}{|\vec{Q}|} \vec{Q} \cdot \vec{P} \quad \text{oder} \quad \vec{P} \cdot \vec{Q} \frac{1}{|\vec{Q}|} \quad \text{oder} \quad \cdots ?$$

Zunächst illustriert dieses Problem die Feststellung:

> Das Korrespondenz-Prinzip ist keine starre Vorschrift. Man kann gezwungen sein, mehrere Alternativen zu untersuchen.

In diesem Falle liegt die Antwort in der Mitte

$$P_\parallel = \frac{1}{2} \left(\frac{1}{|\vec{Q}|} \vec{Q} \cdot \vec{P} + \vec{P} \cdot \vec{Q} \frac{1}{|\vec{Q}|} \right) \ . \tag{2.4.16}$$

Zur Begründung:

- $P_\parallel$ ist ein hermitescher Operator, im Gegensatz zu seinen beiden Anteilen. Die Richtigkeit dieser Feststellung kann man mit den Regeln aus den Abschnitten 2.5 und 3.5.2 verifizieren.

- Wenn man weiter rechnet, erhält man das „richtige" Ergebnis.

Um das genannte 2. Argument auszuführen, ist eine längere Rechnung notwendig, die erst nach der Formel (2.4.28) beendet ist. Zunächst berechnen wir $P_\parallel$ in der Ortsdarstellung. Einerseits gilt

$$\frac{1}{|\vec{Q}|} \vec{Q} \cdot \vec{P} = \frac{\hbar}{i} \frac{1}{r} \vec{r} \cdot \frac{\partial}{\partial \vec{r}} \equiv \frac{\hbar}{i} \frac{1}{r} \vec{r} \cdot \text{grad} \ .$$

Der letzte Differentialquotient ist mit der Ableitung nach dem Absolutbetrag r identisch; es gilt also

$$\frac{1}{|\vec{Q}|} \vec{Q} \cdot \vec{P} = \frac{\hbar}{i} \frac{\partial}{\partial r} \ .$$

Für die andere Reihenfolge der Operatoren ergibt sich zunächst

$$\vec{P} \cdot \vec{Q} \frac{1}{|\vec{Q}|} = \frac{\hbar}{i} \frac{\partial}{\partial \vec{r}} \cdot \frac{\vec{r}}{r} = \frac{\hbar}{i} \text{div} \left(\frac{\vec{r}}{r} \cdots \right) \ .$$

Wendet man diesen Operator auf eine Wellenfunktion ψ an, so folgt

$$\vec{P} \cdot \vec{Q} \frac{1}{|\vec{Q}|} \psi = \frac{\hbar}{i} \operatorname{div}\left(\frac{\vec{r}}{r}\psi\right)$$

$$= \frac{\hbar}{i} \left[\frac{1}{r}\vec{r} \cdot \operatorname{grad}\psi + \operatorname{div}\left(\frac{\vec{r}}{r}\right)\psi\right]$$

$$= \frac{\hbar}{i} \left[\frac{1}{r}r\frac{\partial\psi}{\partial r} + \frac{2}{r}\psi\right],$$

wobei $\operatorname{div}(\vec{r}/r) = 2/r$ verwendet wurde. Fassen wir die Ergebnisse zusammen, so folgt

$$P_{\parallel}\psi = \frac{1}{2}\frac{\hbar}{i}\left(\frac{\partial\psi}{\partial r} + \frac{\partial\psi}{\partial r} + \frac{2}{r}\psi\right)$$

$$= \frac{\hbar}{i}\left(\frac{\partial}{\partial r} + \frac{1}{r}\right)\psi$$

$$= \frac{\hbar}{i}\frac{1}{r}\frac{\partial}{\partial r}(r\psi) . \tag{2.4.17}$$

Wir benötigen wir das Quadrat

$$P_{\parallel}^2\psi = -\hbar^2\frac{1}{r}\frac{\partial}{\partial r}r\left(\frac{1}{r}\frac{\partial}{\partial r}(r\psi)\right)$$

$$= -\hbar^2\frac{1}{r}\frac{\partial^2}{\partial r^2}(r\psi) . \tag{2.4.18}$$

Wenden wir uns jetzt der quantenmechanischen Übersetzung der transversalen Impulskomponente $P_{\perp}$ zu. Sie wird durch das Quadrat des Vektorproduktes

$$\vec{r} \times \vec{p}$$

bestimmt, das für sich selbst eine grundlegende Bedeutung hat, da es den Drehimpuls beschreibt. Daher studieren wir im folgenden Unterabschnitt zunächst den **quantenmechanischen Drehimpuls**

Der Drehimpulsoperator

In vielen Gebieten der klassischen und Quantenphysik spielt der Drehimpuls eine wichtige Rolle. Eine systematische Untersuchung seiner quantenmechanischen Eigenschaften führen wir zweckmäßigerweise erst im Kapitel 5 durch, nachdem wir im Kapitel 3 die allgemeine Form der Quantenmechanik dargestellt haben. An dieser Stelle wollen wir aber die wichtigsten Formeln für den Drehimpuls in der Ortsdarstellung angeben.

Nach dem Korrespondenzprinzip schließen wir von dem klassischen Ausdruck $\vec{r} \times \vec{p}$ auf den **Drehimpulsoperator**

$$\vec{Q} \times \vec{P} =: \hbar\vec{L} . \tag{2.4.19}$$

Um nicht immer das Wirkungquantum mit schreiben zu müssen, haben wir hier bei der Definition des Vektoroperators $\vec{L}$ den Faktor $\hbar$ abgespalten. In der Ortsdarstellung gilt

$$\hbar \vec{L} := \vec{Q} \times \vec{P} = \frac{\hbar}{i} \vec{r} \times \vec{\nabla} \,,$$

oder in Komponenten geschrieben,

$$L_x = \frac{1}{i} \left(y \frac{\partial}{\partial z} - z \frac{\partial}{\partial y} \right) \tag{2.4.20a}$$

$$L_y = \frac{1}{i} \left(z \frac{\partial}{\partial x} - x \frac{\partial}{\partial z} \right) \tag{2.4.20b}$$

$$L_z = \frac{1}{i} \left(x \frac{\partial}{\partial y} - y \frac{\partial}{\partial x} \right) \,. \tag{2.4.20c}$$

Wegen

$$y \frac{\partial}{\partial z} = z \frac{\partial}{\partial y} \quad \text{etc.}$$

kommt es auf die Reihenfolge von Orts- und Impulsoperator beim Drehimpuls nicht an. Daher treten die beim longitudinalen Impuls diskutierten Schwierigkeiten nicht auf. Man darf aber den Vorzeichenwechsel bei der Umkehrung der Reihenfolge von $\vec{Q}$ und $\vec{P}$ nicht vergessen

$$\vec{Q} \times \vec{P} = -\vec{P} \times \vec{Q} \,.$$

Es ist sehr nützlich, $\vec{L}$ auf sphärische Polarkoordinaten r, θ, ϕ umzurechnen, die durch

$$\begin{aligned} x &= r \cos\phi \sin\theta \\ y &= r \sin\phi \sin\theta \\ z &= r \cos\theta \end{aligned} \tag{2.4.21}$$

definiert werden. Um den Impulsoperator $\vec{P} = \frac{\hbar}{i} \operatorname{grad}$ auf Polarkoordinaten umzurechnen, müssen wir die Kettenregel in der allgemeinen Form

$$\begin{pmatrix} \dfrac{\partial}{\partial x} \\[2mm] \dfrac{\partial}{\partial y} \\[2mm] \dfrac{\partial}{\partial z} \end{pmatrix} = \left(\dfrac{\partial(r, \theta, \phi)}{\partial(x, y, z)} \right) \begin{pmatrix} \dfrac{\partial}{\partial r} \\[2mm] \dfrac{\partial}{\partial \theta} \\[2mm] \dfrac{\partial}{\partial \phi} \end{pmatrix}$$

anwenden, wo die Jacobische Matrix der partiellen Ableitungen auftritt. Da in der Definition (x, y, z) durch (r, θ, ϕ) ausgedrückt wurde, benutzt man zweckmäßig die Formel

$$\left(\frac{\partial(x, y, z)}{\partial(r, \theta, \phi)} \right) = \left(\frac{\partial(r, \theta, \phi)}{\partial(x, y, z)} \right)^{-1}$$

um direkt zu rechnen und erhält

$$\left(\frac{\partial(r, \theta, \phi)}{\partial(x, y, z)} \right) = \begin{pmatrix} \cos(\phi)\sin(\theta) & \rho\cos(\phi)\cos(\theta) & -\rho\sin(\phi)\sin(\theta) \\ \sin(\phi)\sin(\theta) & \rho\sin(\phi)\cos(\theta) & \rho\cos(\phi)\sin(\theta) \\ \cos(\theta) & -\rho\sin(\theta) & 0 \end{pmatrix} \,.$$

Durch Inversion dieser Matrix findet man[4]

$$\begin{pmatrix} \cos(\phi)\sin(\theta) & \frac{\cos(\phi)\cos(\theta)}{\rho} & -\frac{\sin(\phi)}{\rho\sin(\theta)} \\ \sin(\phi)\sin(\theta) & \frac{\sin(\phi)\cos(\theta)}{\rho} & \frac{\cos(\phi)}{\rho\sin(\theta)} \\ \cos(\theta) & -\frac{\sin(\theta)}{\rho} & 0 \end{pmatrix}.$$

Wertet man mit diesen Matrizen das Kreuzprodukt

$$\frac{1}{i}\vec{r}\times\vec{\nabla}$$

aus, so findet man schließlich

$$L_x = \frac{1}{i}\left(\sin\phi\frac{\partial}{\partial\theta} + \cot\theta\cos\phi\frac{\partial}{\partial\phi}\right) \qquad (2.4.22)$$

$$L_y = \frac{1}{i}\left(\cos\phi\frac{\partial}{\partial\theta} - \cot\theta\sin\phi\frac{\partial}{\partial\phi}\right) \qquad (2.4.23)$$

$$L_z = \frac{1}{i}\frac{\partial}{\partial\phi}. \qquad (2.4.24)$$

Die sehr einfache Darstellung

$$L_z = \frac{1}{i}\frac{\partial}{\partial\phi}$$

sollte man im Gedächtnis behalten. Alle Komponenten von $\vec{L}$ sind dimensionslos und enthalten Differentiationen nur nach den Winkeln und nicht nach r. Es gilt daher für eine drehsymmetrische Wellenfunktion

$$L_x\psi(r) = L_y\psi(r) = L_z\psi(r) = 0. \qquad (2.4.25)$$

Eine drehinvariante Wellenfunktion beschreibt daher einen Zustand, in dem die Eigenwerte aller drei Drehimpulsoperatoren gleich Null sind und die Meßwerte der drei Drehimpulskomponenten verschwinden. Damit verschwinden auch die Erwartungswerte des Drehimpulses

$$\langle L_x \rangle = \langle L_y \rangle = \langle L_z \rangle = 0. \qquad (2.4.26)$$

Umgekehrt: Nur wenn ψ von den Winkeln abhängt, kann der Drehimpuls einen nichtverschwindenden Wert haben. In dieser Tatsache kommt ein tiefliegender Zusammenhang zwischen Drehimpuls und Drehungen zum Ausdruck, den wir im Kapitel 5 im 2. Band darstellen und auswerten werden.

---

[4] Der Autor hat diese und die folgenden Rechnungen mit dem Computeralgebra-Programm „Maple" durchgeführt

$P_\perp^2$ und das Zentrifugal-Potential

Aufgrund der vorstehenden Ergebnisse kann man das Quadrat des tranversalen Impulses direkt aus der klassischen Formel übernehmen

$$P_\perp^2 = \hbar^2 \frac{\vec{L}^2}{\vec{Q}^2} = \hbar^2 \frac{\vec{L}^2}{r^2} \, . \tag{2.4.27}$$

Denn da der Drehimpulsoperator nur auf die Winkelkoordinaten wirkt, vertauscht er mit dem Radius r und allen seinen Funktionen

$$\vec{L} f(r) = f(r)\vec{L} \, ,$$

so daß es nicht auf die Reihenfolge ankommt

$$\frac{\vec{L}^2}{\vec{Q}^2} := \vec{L}^2 \frac{1}{\vec{Q}^2} = \frac{1}{\vec{Q}^2}\vec{L}^2 \, .$$

Insgesamt kann man die Ergebnisse (2.4.18) und (2.4.27) verwenden, um den Hamilton-operator H_0 der kinetischen Energie in der folgenden Form zu schreiben

$$H_0 = \frac{1}{2m}\vec{P}^2 = \frac{1}{2m}\left(P_\parallel^2 + P_\perp^2\right) = -\frac{\hbar^2}{2m}\frac{1}{r}\frac{\partial^2}{\partial r^2}r + \frac{\hbar^2}{2mr^2}\vec{L}^2 \, . \tag{2.4.28}$$

Dieses Resultat kann man auch erhalten, indem man den Laplace-Operator in

$$H_0 = -\frac{\hbar^2}{2m}\Delta$$

von kartesischen Koordinaten

$$\Delta = \frac{\partial^2}{\partial x^2} + \frac{\partial^2}{\partial y^2} + \frac{\partial^2}{\partial z^2}$$

direkt auf Polarkoordinaten umrechnet. Damit haben wir indirekt bestätigt, daß der symmetrischen Ansatz für $P_\parallel$ die richtige Wahl war.

Schließlich merken wir an, daß man den Hamilton-Operator H, der ein Potential V enthält in folgende Form bringen kann

$$H = \frac{1}{2m}\vec{P}^2 + V(\vec{Q}) \tag{2.4.29}$$

$$= -\frac{\hbar^2}{2m}\frac{1}{r}\frac{\partial^2}{\partial r^2}r + V(r) + \frac{\hbar^2}{2mr^2}\vec{L}^2 \, . \tag{2.4.30}$$

Dieses Ergebnis interpretiert man – wie in der klassischen Mechanik – wie folgt: Der Einfluß des Bahndrehimpulses, der bei einer gekrümmten Bewegung eines Teilchens entsteht, kann mit Hilfe eines **effektiven Potentials** beschrieben werden, das durch

$$V_{\text{eff}} := V(r) + \frac{\hbar^2}{2mr^2}\vec{L}^2 \tag{2.4.31}$$

definiert ist und wo der zweite Term auch „Zentrifugal-Potential" genannt wird.

Abschließend geben wir den Ausdruck für $\vec{L}^2$ in Polarkoordinaten an, den man aus (2.4.22) bis (2.4.24) erhält

$$\vec{L}^2 = -\left[\frac{1}{\sin\theta}\frac{\partial}{\partial\theta}\left(\sin\theta\frac{\partial}{\partial\theta}\right) + \frac{1}{\sin^2\theta}\frac{\partial^2}{\partial\phi^2}\right] \, . \tag{2.4.32}$$

2.4.4 Hamiltonoperator für die Bewegung im elektromagnetischen Feld

Die Bewegung eines Elektron in einem vorgegebenen elektromagnetischen Feld spielt in der Atomphysik eine zentrale Rolle, da die Eigenschaften von Atomen, Molekülen aber auch von Festkörpern letzten Endes dadurch bestimmt sind. Wir erinnern zunächst an die klassische Bewegungsgleichung. Sie wird durch

$$\frac{\mathrm{d}(m\vec{v})}{\mathrm{d}t} = e\left(\vec{E} + \frac{\vec{v}}{c} \times \vec{B}\right) \qquad (2.4.33)$$

gegeben, wobei auf der rechten Seite die Lorentzkraft steht – formuliert in CGS-Einheiten.[5] Die auftretenden elektrischen und magnetischen Felder $\vec{E}$ und $\vec{B}$ können durch elektromagnetische Potentiale Φ und $\vec{A}$ ausgedrückt werden

$$\vec{E} = -\vec{\nabla}\Phi - \frac{1}{c}\frac{\partial}{\partial t}\vec{A}; \; \vec{B} = \vec{\nabla} \times \vec{A}.$$

Mit ihrer Hilfe kann der magnetische Term der Lorentzkraft wie folgt umgeschrieben werden

$$e\frac{\vec{v}}{c} \times \vec{B} = e\frac{\vec{v}}{c} \times (\vec{\nabla} \times \vec{A}) = e\vec{\nabla}\left(\frac{\vec{v}}{c} \cdot \vec{A}\right) - e(\frac{\vec{v}}{c} \cdot \vec{\nabla})\vec{A}$$

und damit:

$$\frac{\mathrm{d}}{\mathrm{d}t}m\vec{v} = -e\vec{\nabla}\Phi - \left(\frac{e}{c}\frac{\partial}{\partial t}\vec{A} + e\frac{\vec{v}}{c} \cdot \vec{\nabla}\vec{A}\right) + e\vec{\nabla}\left(\frac{\vec{v}}{c} \cdot \vec{A}\right)$$

$$= \vec{\nabla}\left(-e\Phi + e\frac{\vec{v}}{c} \cdot \vec{A}\right) - \frac{\mathrm{d}}{\mathrm{d}t}(\frac{e}{c}\vec{A})$$

$$\text{da} \quad \frac{\mathrm{d}}{\mathrm{d}t} = \frac{\partial}{\partial t} + \vec{v} \cdot \vec{\nabla}$$

also:

$$\frac{\mathrm{d}}{\mathrm{d}t}\left((m\vec{v}) + \frac{e}{c}\vec{A}\right) = \vec{\nabla}(-e\Phi + e\frac{\vec{v}}{c} \cdot \vec{A}).$$

Diese Gleichung läßt sich in die Form einer Euler-Lagrange-Gleichung schreiben (vgl. dazu Abschnitt 1.5)

$$\frac{\mathrm{d}}{\mathrm{d}t}\frac{\partial L}{\partial \vec{v}} = \frac{\partial L}{\partial \vec{r}},$$

wenn man für die Lagrangefunktion wählt:

$$L = \frac{m}{2}\vec{v}^2 - e(\Phi - \frac{\vec{v}}{c} \cdot \vec{A}). \qquad (2.4.34)$$

Daraus folgt für den kanonischen Impuls

$$\vec{p} := \frac{\partial L}{\partial \vec{v}} = m\vec{v} + \frac{e}{c}\vec{A} \qquad (2.4.35)$$

---

[5] Vergleiche dazu die Zusammenstellung der Grundgleichungen der Maxwell-Lorentz-Theorie Tabelle 1.1

und die Hamiltonfunktion

$$H = \vec{v} \cdot \vec{p} - L = \frac{1}{2m} \left(\vec{p} - \frac{e}{c} \vec{A}(\vec{r}, t) \right)^2 + e\Phi(\vec{r}, t) \,, \qquad (2.4.36)$$

wobei wir die Abhängigkeit der Potentiale von Raum und Zeit explizit ausgeschrieben haben. Damit haben wir den im Abschnitt (1.5) angegebenen Ausdruck für die Hamiltonfunktion begründet. Nach dem Korrespondenzprinzip folgt daraus der folgende Hamiltonoperator

$$H = \frac{1}{2m} \left(\vec{P}^2 - \frac{e}{c} \vec{A}(\vec{Q}, t) \right) + e\Phi(\vec{r}, t) \,. \qquad (2.4.37)$$

Wir wenden $\frac{1}{2m}(\vec{P} - \frac{e}{c}\vec{A})^2$ auf $\psi(\vec{r}, t)$ an und erhalten

$$\frac{1}{2m} \left(\vec{p} - \frac{e}{c} \vec{A} \right)^2 \psi(\vec{r}, t) = \frac{1}{2m} \left(\frac{\hbar}{i} \vec{\nabla}_r - \frac{e}{c} \vec{A} \right) \left(\frac{\hbar}{i} \vec{\nabla}_r - \frac{e}{c} \vec{A} \right) \psi(\vec{r}, t)$$

$$= \left(-\frac{\hbar^2}{2m} \Delta + \frac{e^2}{2mc^2} \vec{A}^2 \right) \psi - \frac{\hbar}{2mi} \left(\vec{\nabla} \cdot \left(\frac{e}{c} \vec{A} \cdot \psi \right) + \frac{e}{c} \left(\vec{A} \cdot \vec{\nabla} \right) \psi \right)$$

$$= \left[-\frac{\hbar^2}{2m} \Delta - \frac{\hbar e}{imc} \vec{A} \cdot \vec{\nabla} + \frac{e\hbar}{i2mc} (\vec{\nabla} \cdot \vec{A}) + \frac{e^2}{2mc^2} \vec{A}^2 \right] \psi(\vec{r}, t) \,. \qquad (2.4.38)$$

Hätten wir die klassische Hamiltonfunktion (2.4.36) zunächst durch Ausquadrieren umgeformt, so wären wir auf

$$\frac{1}{2m} \left(\vec{p} - \frac{e}{c} \vec{A} \right)^2 = \frac{\vec{p}^2}{2m} - \frac{e}{mc} \vec{A} \cdot \vec{p} + \frac{e^2}{2mc^2} \vec{A}^2 \qquad (2.4.39)$$

geführt worden. Daraus folgt nach Übersetzen in die Wellenmechanik

$$\frac{1}{2m} \left(\vec{P} - \frac{e}{c} \vec{A} \right)^2 \psi = \left[-\frac{\hbar^2}{2m} \Delta - \frac{e\hbar}{imc} \vec{A} \cdot \vec{\nabla} + \frac{e^2}{2mc^2} \vec{A}^2 \right] \psi(\vec{r}, t) \,. \qquad (2.4.40)$$

Dieser Ausdruck unterscheidet sich von (2.4.38) durch den Term

$$\frac{e\hbar}{i2mc} (\vec{\nabla} \cdot \vec{A}) \psi \,. \qquad (2.4.41)$$

Damit haben wir erneut eine Mehrdeutigkeit des Korrespondenzprinzips erkannt; es bleibt zu entscheiden, welche der Formeln (2.4.37) bzw. (2.4.40) den richtigen Energieoperator wiedergibt. Es läßt sich zeigen, daß (2.4.37) der „richtige" ist.[6]

---

[6] Vgl. Abschnitt 2.13.

2.5 Allgemeine Eigenschaften der wellenmechanischen Operatoren

Nachdem wir Beispiele für Operatoren kennengelernt haben, wollen wir einige ihrer allgemeinen Eigenschaften beschreiben.

Ein Operator A, der die Bedingung

$$A(a_1\psi_1 + a_2\psi_2) = a_1 A\psi + a_2 A\psi_2 \tag{2.5.1}$$

für beliebige komplexe Zahlen a_1 und a_2 erfüllt, heißt linear. Die Operatoren, die in der Quantenmechanik benutzt werden, sind sämtlich linear, so daß diese Eigenschaft oft als selbstverständlich angesehen und nicht mehr explizit erwähnt wird. Für Operatoren mit direkter physikalischer Bedeutung ist der Begriff **Hermitizität** wichtig: Ein Operator heißt hermitesch, wenn er die Bedingung

$$\int \psi^* A\psi \, \mathrm{d}^3 r = \int (A\psi)^* \psi \, \mathrm{d}^3 r \tag{2.5.2}$$

erfüllt. Für solche Operatoren ist der gemäß (2.4.3) definierte Erwartungswert reell, wie man direkt aus der Definition abliest. Umgekehrt müssen alle Operatoren A, die einer physikalischen Observablen zugeordnet sind, hermitesch sein, da ihre Erwartungswerte als physikalisch meßbare Größen notwendig reelle Werte haben müssen. Wir zeigen nun, daß die Operatoren für Ort, Impuls und Energie hermitesch sind. Zunächst erfüllt der Ortsoperator $\vec{Q}$ trivialer Weise die Definitionsbedingungen (2.5.1) und (2.5.2), da er die Wellenfunktion nur mit dem reellen Vektor $\vec{r}$ multipliziert. Um diese Eigenschaften für den Impulsoperator $\vec{P} = \frac{\hbar}{i}\vec{\nabla}$ und den Hamiltonoperator $H = -\frac{\hbar^2}{2m}\Delta + V(\vec{r})$ zu zeigen, brauchen wir daher nur $i\vec{\nabla}$ und Δ zu betrachten. Dabei setzen wir voraus, daß $V(\vec{r})$ reell ist, was wegen seiner physikalischen Bedeutung als potentielle Energie notwendig ist.

Nun folgen die Beweise:

Die Linearität der Differentialoperatoren ergibt sich aus bekannten Regeln für die Differentiation

$$i\vec{\nabla}(a_1\psi_1 + a_2\psi_2) = a_1 i\vec{\nabla}\psi_1 + a_2 i\vec{\nabla}\psi_2$$

$$\Delta(a_1\psi_1 + a_2\psi_2) = \vec{\nabla}(a_1\vec{\nabla}\psi_1 + a_2\vec{\nabla}\psi_2)$$
$$= a_1\Delta\psi_1 + a_2\Delta\psi_2 \, .$$

Zum Beweis der Hermitizität muß man die Regeln für das partielle Integrieren in der Form anwenden, wie es z. B. in der theoretischen Elektrodynamik verwendet wird. Für $i\vec{\nabla}$ muß man wie folgt rechnen:

$$\int_{\mathbf{R}^3} \psi^* i\vec{\nabla}\psi \, \mathrm{d}^3 r = \underbrace{\int_{\mathbf{R}^3} i\vec{\nabla}(\psi^*\psi)\mathrm{d}^3 r}_{=0} - \int_{\mathbf{R}^3} \psi i\vec{\nabla}\psi^* \, \mathrm{d}^3 r$$

$$= \int_{\mathbf{R}^3} \psi(i\vec{\nabla}\psi)^* \mathrm{d}^3 r \, .$$

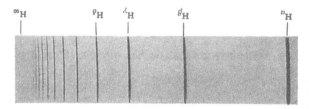

Bild 2.1
Das Wasserstoffspektrum im
sichtbaren und nahen UV-
Frequenzbereich

Beim letzten Schritt wurde verwendet, daß die Wellenfunktion – im Einklang mit der
Normierungsbedingung (2.1.2) im Unendlichen verschwindet. Für Δ findet man analog

$$\int_{\mathbb{R}^3} [\psi^* \Delta \psi - \psi(\Delta \psi)^*] \, \mathrm{d}^3 r = \int_{\partial \mathbb{R}^3} \left(\psi^* \frac{\partial \psi}{\partial \vec{n}} - \psi \frac{\partial \psi^*}{\partial \vec{n}} \right) \cdot \mathrm{d}\vec{f} = 0 \, .$$

Hierbei wurde die Greensche Formel benutzt und wieder beachtet, daß die Wellenfunktion
ψ für $r \to \infty$ verschwindet.

2.6 Exkurs über die wichtigsten physikalischen Potentiale

Im Korrespondenzprinzip werden die kinematischen Größen „Ort" und „Impuls" wellenmechanisch als Operatoren gedeutet. Die Form der Kräfte bleibt dagegen unverändert, wie
es in den Gleichungen (2.4.8) und (2.4.37) für den Hamiltonoperator explizit zum Ausdruck kommt. Umgekehrt muß man die Eigenschaften der Wechselwirkungen aus anderen
Informationen als den Prinzipien der Quantentheorie gewinnen. Für Elektrodynamik und
Mechanik stehen dafür Erfahrungen aus der Makrophysik zur Verfügung. Die Eigenschaften
der kurzreichenden Kräfte können dagegen nur anhand der empirischen Informationen über
mikroskopische Systeme ermittelt werden, wobei zu ihrer Auswertung die Wellenmechanik
zugrundegelegt wird.

In diesem Abschnitt geben wir einen kurzen Überblick über die wichtigsten in der Natur
realisierten Kräfte, um für die künftigen wellenmechanischen Rechnungen eine physikalische Motivation zu haben. Ein solcher Überblick ist naturgemäß verbunden mit einer Skizze
der Struktur der Materie und ihrem Aufbau aus als elementar angesehenen Bausteinen.

2.6.1 Das Atom

Eine zentrale Stellung nimmt dabei das Atom und seine Rutherfordsche Deutung als ge-
bundenes System von Atomkern und Elektronen ein. Dabei werden Kern und Elektronen
zunächst als Punktteilchen angesehen; jedes dieser Teilchen kann wellenmechanisch durch
Orts- und Impulsoperatoren beschrieben werden. Die Wechselwirkung zwischen einem
Atomkern der Ladung Ze und einem Elektron der Ladung $-e$ wird in guter Näherung (!)
durch das Coulombpotential beschrieben:

$$V_C = -\frac{Ze^2}{r} \, . \tag{2.6.1}$$

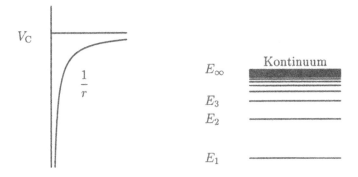

Bild 2.2 Coulombpotential und Coulombspektrum

1926 gelang es Erwin Schrödinger, die Grobstruktur des Spektrums des Wasserstoffatoms aus der Schrödingergleichung abzuleiten, wobei er als Potential das Coulombpotential einsetzte. Bild 2.1 zeigt das Wasserstoffspektrum, das aus einer unendlichen Schar von scharfen Linien besteht, die sich an einem Wert häufen, jenseits dessen ein Kontinuum beginnt. Aus diesem Frequenzspektrum schließt man gemäß

$$\hbar\omega = E_m - E_n \qquad (2.6.2)$$

auf ein Energietermsystem, wie es in 2.2 angegeben ist. Im Abschnitt 2.10 werden wir den Beweis dafür geben, daß dieses Spektrum tatsächlich quantenmechanisch aus dem Coulombpotential folgt.

2.6.2 Aufbau der Materie aus Atomen

Wenn sich zwei Atome einander nähern, überlappen zunächst ihre Elektronenhüllen; bei kleiner werdendem Abstand bilden sie eine gemeinsame Elektronenhülle um die beiden Atomkerne. Insgesamt liegt ein kompliziertes Mehrelektronensystem in einem Zwei-Zentren-Kraftfeld vor. Die Erfahrung lehrt, daß sich Atome zu Molekülen binden können. Diese Tatsache kann man mit Hilfe von effektiven Atom-Atom-Potentialen verstehen, die ein mehr oder minder ausgeprägtes Minimum besitzen; vgl. Bild 2.3. Das Minimum gibt den energetisch günstigsten, den „Gleichgewichtsabstand", der Atomzentren an. Der offensichtliche Unterschied zum Coulombpotential (2.3a) ist die Ursache für die Andersartigkeit der Molekülspektren gegenüber den Atomspektren. Es treten sogenannte Bandenspektren wie in Bild 2.4 auf, die darauf beruhen, daß aufgrund des Potentials von Bild 2.3 die Atome gegeneinander schwingen und um ihren Schwerpunkt rotieren können.

Atome können sich – vorwiegend in festen Körpern – zu größeren Verbänden zusammenschließen. Dabei erzeugen die Atomkerne im Idealfall ein periodisches (Kristall-)Gitter. Ihre Coulombfelder überlagern sich und ergeben qualitativ den im Bild 2.5 aufgetragenen Potentialverlauf. Felix Bloch machte 1928 die für die moderne Festkörperphysik fundamentale Entdeckung, daß das Energiespektrum eines periodischen Potentials (etwa der Form von Bild 2.5) als eine Synthese eines diskreten und kontinuierlichen Spektrums aufgefaßt

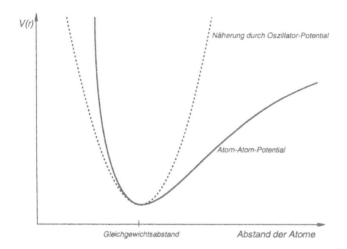

Bild 2.3 Effektives Atom-Atom-Potential

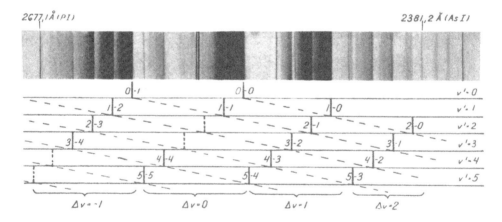

Bild 2.4 Ein typisches Molekülspektrum (Bandenspektrum des PN-Moleküls)

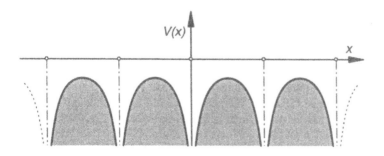

Bild 2.5 Das Potential eines idealen Festkörpers

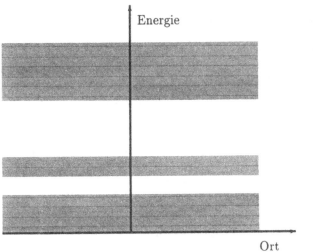

Bild 2.6
Spektrum eines periodischen Potentials

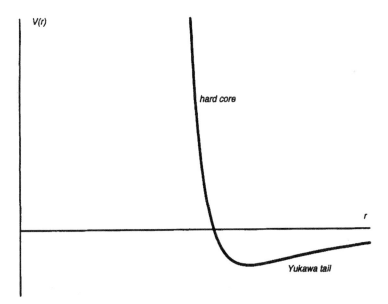

Bild 2.7 Quantitative r-Abhängigkeit des Nukleon-Nukleon-Potentials

werden kann. 2.6 zeigt diese **Bänderstruktur**. Erlaubte Energiebereiche wechseln sich mit verbotenen Zonen („Energielücken", „energy gaps") ab.

2.6.3 Kernkräfte und die subnukleare Struktur

In einer genauen mikroskopischen Theorie der Materie muß auch die Struktur des Atomkerns berücksichtigt werden. Sie wird durch die Verteilung der Nukleonen, d. h. der Protonen und Neutronen im Kern bestimmt, die ihrerseits von den Kernkräften zusammen gehalten werden. Im Gegensatz zum Coulombpotential kann dieses Nukleon-Nukleon-Potential in Abhängigkeit vom Teilchenabstand abstoßend oder anziehend wirken, vgl. Bild 2.7.

Den anziehenden Teil für größere Abstände r gibt die Yukawa-Formel wieder

$$V_{\text{Yukawa}} = -\frac{f^2}{r} e^{-\frac{r}{r_0}} . \qquad (2.6.3)$$

Bei sehr kleinen Abständen $r \leq r_C \leq r_0$ wird die $\frac{1}{r}$-Abhängigkeit in der Yukawa-Formel durch eine Abstoßungskraft kompensiert.

Entscheidende neue Eigenschaften der Kernkräfte sind die große Stärke

$$\frac{f^2}{\hbar c} \approx \frac{1}{10} \gg \frac{e^2}{\hbar c} = \alpha = \frac{1}{137} \qquad (2.6.4)$$

und ihre endliche Reichweite, die sich in der Exponential-Funktion von (2.6.3) ausdrückt. Diese beschränkte Reichweite hat zur Folge, daß in den Atomkernen stets nur endlich viele Energieniveaus auftreten, vgl. Bild 2.8.

Heute hat man viele Gründe für die Annahme, daß auch die Nukleonen selbst aus Teilchen aufgebaut sind, sogenannten „Partonen". Es muß unendlich viele dieser Partonen geben, um den Erfahrungstatsachen über Elektron-Nukleon-Streuung gerecht zu werden. Drei von ihnen, nämlich die „Valenz-Quarks", spielen eine führende Rolle. Diese Teilchen, die nicht direkt beobachtet werden können, tragen die Ladung $2/3e$ oder $-1/3e$. Es spricht vieles für die Hypothese, daß sehr starke Bindungskräfte, deren Potentiale mit dem Abstand linear zunehmen, das „Einsperren der Quarks", das Confinement bewirken; vgl. Bild 2.9. Die zugehörige Kraft hat einen konstanten Absolutwert:

$$\vec{F} = \text{grad}\,(a + br) = -b\frac{\vec{r}}{r} . \qquad (2.6.5)$$

2.6.4 Modellpotentiale

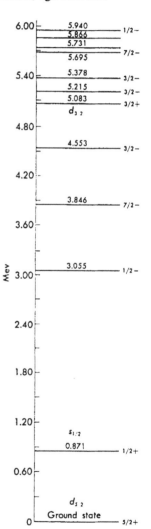

Bild 2.8 Beispiel eines Kernspektrums (O^{17})

Eine wesentliche Aufgabe der Wellenmechanik ist die Lösung der Schrödingergleichung für physikalisch wichtige Potentiale. Für die gerade besprochenen Potentiale führen nur das Coulombpotential und das lineare Potential von Bild 2.9 zu Differentialgleichungen,

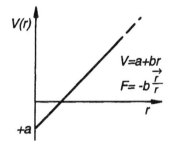

Bild 2.9
Das Quark-Confinement-Potential

die sich mit in der mathematischen Literatur bekannten Funktionen lösen lassen. (Auch in diesen Fällen handelt es sich allerdings meist um kompliziertere „spezielle Funktionen", wie Laguerre-Polynome und Zylinderfunktionen). Um nicht vollständig von numerischen Rechnungen abhängig zu sein, ist es nützlich eine Reihe von Modellpotentialen zu betrachten, deren qualitative Eigenschaften mit denen der Natur übereinstimmen, und die sich mathematisch explizit behandeln lassen. Die beiden wichtigsten Modellpotentiale sind:

$$\text{das Kastenpotential } V(r) = \begin{cases} 0 & \text{für } r > a \\ -V_0 & \text{für } r < a \,. \end{cases} \qquad (2.6.6)$$

und das Harmonische-Oszillator-Potential

$$V(r) = \frac{k}{2}r^2 - V_0 \,. \qquad (2.6.7)$$

Wenn in einem Potential ein Gleichgewichtspunkt vorhanden ist, wie in Bild 2.3, kann das Potential in der Umgebung dieses Punktes durch ein harmonisches Potential approximiert werden. Auch das Kernpotential nach Bild 2.7 läßt sich für Abstände von der Größe r_0 durch (2.6.7) gut approximieren. Wenn auch sehr große $r \gg r_0$ betrachtet werden müssen, benutzt man besser das Kastenpotential (2.6.6), das bei geeigneten Parametern das Kernpotential recht gut wiedergibt. Das Atompotential von Bild 2.3 wird in einer zweiten Näherung durch das **Morsepotential** gegeben, vgl. Bild 2.10a.

$$V(r) = D(\mathrm{e}^{-2\alpha r} - \mathrm{e}^{-\alpha r}); \qquad (2.6.8)$$

In der Kernphysik findet auch das **Hulthén-Potential** Anwendung

$$V(r) = -V_0 \frac{\mathrm{e}^{-\frac{r}{a}}}{1 - \mathrm{e}^{-\frac{r}{a}}} \,, \qquad (2.6.9)$$

das sich für kleine r wie ein Coulomb-Potential verhält, aber für große r exponentiell abklingt, also eine endliche Reichweite wie das Yukawa-Potential besitzt – vgl. Bild 2.10b – und eine analytisch lösbare Schrödingergleichung ergibt.

Für einen periodisch angeordneten Atomverband schließlich können die von den Atomkernen ausgehenden elektrischen Potentiale näherungsweise mit dem „Diracschen Kamm" beschrieben werden.

$$V(x) = g^2 \sum_{n=-\infty}^{\infty} \delta(x - nx_o) \,. \qquad (2.6.10)$$

Mit diesem Potential kann man das Zustandekommen der Bänderstruktur untersuchen.

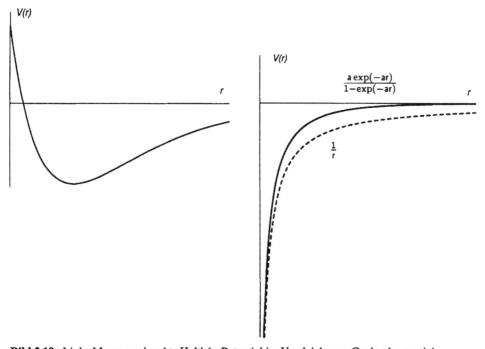

Bild 2.10 Links Morse- und rechts Hulthén-Potential im Vergleich zum Coulombpotential

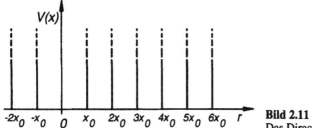

Bild 2.11
Das Diracsche Kamm-Potential

2.7 Das Zweikörperproblem

Die Dynamik von Teilchensystemen kann sehr oft in guter Näherung auf die Wechselwirkung zwischen zwei Teilchen zurückgeführt werden. Auf dieser Möglichkeit beruhen
wichtige Fortschritte der Physik. Denn dadurch kann man die „elementare Dynamik" trennen von den Komplikationen, die durch die Anwesenheit vieler Teilchen bewirkt werden.
Es kommt weiterhin hilfreich hinzu, daß sich das „Zwei-Körper-Problem" – jedenfalls ein
gutes Stück weit – mit explizit-mathematischen Methoden behandeln läßt. Daher kommt
dem Zweiteilchen- oder Zweikörperproblem sowohl in der klassischen als auch in der

Quantenmechanik eine besondere Bedeutung zu, so daß es eine ausführliche Behandlung verdient. Die folgenden Abschnitte dieses Kapitels sind ihm im wesentlichen gewidmet.

Wir betrachten also ein System, das aus zwei Teilchen mit den Massen m_1 und m_2 besteht, die nur einer gegenseitigen Wechselwirkung unterworfen sind. Wichtige physikalische und mathematische Vereinfachungen treten ein, wenn wir uns auf langsame Teilchenbewegungen beschränken, bei denen die Geschwindigkeit sehr viel kleiner als die Lichtgeschwindigkeit ist. Dies trifft für die meisten Probleme auch auf die mikroskopische Physik zu, und wir werden uns erst im 2. Band mit der Quantentheorie für sehr schnell bewegte Teilchen beschäftigen. Unter dieser Voraussetzung läßt sich die Wechselwirkung zwischen zwei Teilchen durch ein zeitunabhängiges statisches Potential V beschreiben, das eine instantane Kraftwirkung zwischen ihnen verursacht. Wir wollen überdies voraussetzen, daß das Potential nur vom Abstand $|\vec{r}| = |\vec{r}_1 - \vec{r}_2|$ der beiden Teilchen abhängt

$$V = V\left(|\vec{r}_1 - \vec{r}_2|\right) \ . \tag{2.7.1}$$

Diese Voraussetzung ist eine direkte Folge der Homogenität und Isotropie des Raumes, nach der kein Raumpunkt und keine Raumrichtung ausgezeichnet ist. Aufgrund von (2.7.1) läßt sich das Zweiteilchenproblem in einfacher Weise auf ein „effektives" Einteilchenproblem zurückführen, mit dessen Lösung auch das ursprüngliche Problem vollständig behandelt wird.

2.7.1 Reduktion auf ein äquivalentes Einkörperproblem

Zur Begründung dieser Behauptung gehen wir von der klassischen Hamiltonfunktion für das Zweiteilchenproblem aus, die in der Form

$$H_G(\vec{r}_1, \vec{r}_2; \vec{p}_1, \vec{p}_2) = \frac{\vec{p}_1{}^2}{2m_1} + \frac{\vec{p}_2{}^2}{2m_2} + V(|\vec{r}_1 - \vec{r}_2|) \tag{2.7.2}$$

geschrieben werden kann.

Da die Impulse in einer quadratischen Weise eingehen, lassen sich die Schwerpunkt- und die Relativbewegung durch Übergang zu Schwerpunkts- und Relativkoordinaten trennen

$$\vec{R} := \frac{m_1\vec{r}_1 + m_2\vec{r}_2}{m_1 + m_2} \qquad \vec{p}_S := \vec{p}_1 + \vec{p}_2 \tag{2.7.3}$$

$$\vec{r} := \vec{r}_1 - \vec{r}_2 \qquad \vec{p} := \frac{m_2\vec{p}_1 - m_1\vec{p}_2}{m_1 + m_2} \ . \tag{2.7.4}$$

Führt man außerdem die Gesamtmasse

$$M := m_1 + m_2$$

und die reduzierte Masse durch

$$\frac{1}{m} = \frac{1}{m_1} + \frac{1}{m_2} \ .$$

also

$$m := \frac{m_1 m_2}{m_1 + m_2}$$

ein, so geht die Hamiltonfunktion H_G in die folgende Form über

$$H_G = \frac{\vec{p}_S^2}{2M} + \frac{\vec{p}^2}{2m} + V(r) \, . \tag{2.7.5}$$

Dies schreiben wir um in

$$H_G = H_S + H \text{ mit } H_S = \frac{\vec{p}_S^2}{2M} \text{ und } H = \frac{\vec{p}^2}{2m} + V(|\vec{r}|) \, .$$

Daraus folgt, daß sich der Schwerpunkt mit der Gesamtmasse M und dem Gesamtimpuls $\vec{p}_S$ bewegt, während die Relativbewegung ein Einteilchenproblem mit der reduzierten Masse m, dem Impuls $\vec{p}$ und dem zentralen Potential $V(r)$ darstellt.

Den Relativanteil der Hamiltonfunktion übertragen wir in die Wellenmechanik und betrachten den Hamiltonoperator

$$H = \frac{\vec{P}^2}{2m} + V(|\vec{Q}|)$$

als Ausgangspunkt für die folgenden Überlegungen.[7]

Wellenmechanisch untersuchen wir daher zunächst die schon in (2.4.9) angegebene Schrödingergleichung für ein Teilchen der Masse m, das sich im Zentralpotential $V(|\vec{r}|)$ bewegt

$$i\hbar \frac{\partial}{\partial t} \psi(\vec{r}, t) = \left[-\frac{\hbar^2}{2m} \Delta + V(|\vec{r}|) \right] \psi(\vec{r}, t) \, ,$$

oder kurz

$$i\hbar \frac{\partial}{\partial t} \psi(\vec{r}, t) = H\psi(\vec{r}, t) \, . \tag{2.7.6}$$

Dabei ist immer im Auge zu behalten, daß die auftretende Wellenfunktion $\psi(\vec{r}, t)$ die Relativbewegung beschreibt. Wenn man Zweikörperprobleme wie die Elektron-Proton-Wechselwirkung oder die Elektronenstreuung an einem schweren Target betrachtet, bei denen ein Teilchen eine erheblich größere Masse als das andere besitzt, ist die Relativbewegung fast mit der Bewegung des leichteren Teilchens identisch. Aber auch wenn dies nicht der Fall ist, wie im Falle eines Deuterons, das aus den fast gleich schweren Teilchen Proton und Neutron zusammengesetzt ist, bringt dies keine grundsätzlichen Schwierigkeiten.

---

[7] An dieser Stelle haben wir noch keine Möglichkeit, ein Zweiteilchenproblem quantenmechanisch zu behandeln. Dies wird im Kapitel 8 (im 2. Band) geschehen, wo der Relativ-Hamiltonoperator genau begründet und auch erläutert wird, mit welcher Wellenfunktion ein Zweiteilchensystem beschrieben werden muß.

2.7.2 Die stationäre Schrödingergleichung

Es gibt ein traditionelles Verfahren, die Schrödingergleichung (2.7.6) weiter zu behandeln. Da die Terme in dieser Gleichung nicht von der Zeit abhängen, kann man durch den folgenden **Separationsansatz**

$$\psi(\vec{r}, t) = \psi(\vec{r})\phi(t) \qquad (2.7.7)$$

die Raum- und Zeitabhängigkeit der Schrödingergleichung trennen. Durch Einsetzen von (2.7.7) in (2.7.6) erhält man nämlich

$$i\hbar \left(\frac{\partial}{\partial t}\phi(t) \right) \psi(\vec{r}) = \phi(t)H\psi(\vec{r})$$

$$\Longleftrightarrow \quad \frac{i\hbar \frac{\partial}{\partial t}\phi(t)}{\phi(t)} = \frac{H\psi(\vec{r})}{\psi(\vec{r})} \; . \qquad (2.7.8)$$

Da die rechte Seite dieser Gleichung nicht von t und die linke nicht von $\vec{r}$ abhängt, muß ihr gemeinsamer Wert eine Konstante sein, die mit E bezeichnet sei (Wie gleich ersichtlich wird, ist diese Konstante nämlich die Gesamtenergie des Teilchens). Aus (2.7.8) erhält man auf diese Weise zwei getrennte Differentialgleichungen

$$i\hbar \frac{\partial}{\partial t}\phi(t) = E\phi(t) \qquad (2.7.9)$$

und

$$\left[-\frac{\hbar^2}{2m}\Delta + V(|\vec{r}|) \right] \psi(\vec{r}) = E\psi(\vec{r}) \; .$$

Da die Exponentialfunktion

$$\phi(t) = e^{-\frac{i}{\hbar}Et} \qquad (2.7.10)$$

eine Lösung von (2.7.9) ist, kann man durch

$$\psi(\vec{r}, t) = e^{-\frac{i}{\hbar}Et}\psi(\vec{r}) \qquad (2.7.11)$$

die Zeitabhängigkeit der Schrödingergleichung abseparieren. Für den rein ortsabhängigen Teil $\psi(\vec{r})$ der Wellenfunktion $\psi(\vec{r}, t)$ bleibt eine zeitunabhängige Gleichung übrig

$$\boxed{\left[-\frac{\hbar^2}{2m}\Delta + V(|\vec{r}|) \right] \psi(\vec{r}) = E\psi(\vec{r})} \qquad (2.7.12)$$

oder kurz

$$\boxed{H\psi(\vec{r}) = E\psi(\vec{r})} \; . \qquad (2.7.13)$$

Nach ihrer Ableitung bezeichnet man diese Gleichung auch als **stationäre Schrödingergleichung**. Tatsächlich ist der Separationsanstz keinesweg zwingend, und man erhält auf diese Weise auch nur spezielle Lösungen der ursprünglichen Schrödingergleichung. Zum Beispiel kann die Bewegung eines Wellenpakets auf diese Weise nicht beschrieben werden. Das eigentliche Motiv für die Behandlung der stationären Schrödingergleichung beruht vielmehr auf der Tatsache, daß sie mit der Eigenwertgleichung für den Hamiltonoperator identisch ist, die die quantenmechanisch erlaubten Energiewerte bestimmt. Damit steht die stationäre Schrödingergleichung im Zentrum der Quantentheorie.

2.7.3 Allgemeine Diskussion des Eigenwertproblems

Die Energieeigenwerte der Gleichung (2.7.13) müssen als physikalisch meßbare Größen reell sein. Mathematisch ergibt sich dies, wie schon allgemein im Abschnitt 2.5 begründet, aus der Hermitizität des Hamiltonoperators. Es empfiehlt sich aus der Eigenwertgleichung eine explizite Formel für E abzuleiten. Durch Multiplikation von (2.7.13) mit ψ und Integration über den ganzen Raum folgt

$$E = \frac{\int \psi^*(H\psi)\,\mathrm{d}^3 r}{\int \psi^*\psi\,\mathrm{d}^3 r} \ . \tag{2.7.14}$$

Das im Nenner auftretende Integral muß nach der Wahrscheinlichkeits Interpretation gleich eins sein. Dadurch würde sich die Formel vereinfachen. Manchmal ist es aber – etwa aus rechentechnischen Gründen – nützlich, die Normierung von ψ offen zu lassen. In diesem Falle muß man (2.7.14) direkt benutzen.

Auf jeden Fall muß für die Gültigkeit dieser Gleichung das im Nenner von (2.7.14) auftretende Integral existieren, d.h. es muß

$$\int_{\mathbb{R}^3} \psi^*\psi\,\mathrm{d}^3 r < \infty \tag{2.7.15}$$

konvergieren. Diese Bedingung kann aber schon aus physikalischen Gründen nicht immer erfüllt werden. Um dies einzusehen muß man sich daran erinnern, daß es bei der Bewegung eines Teilchens in einem Kraftfeld grundsätzlich zwei qualitativ verschiedene Bewegungtypen gibt, vergleiche Bild 2.12 :

- Beim ersten Typ bleibt das Teilchen zu allen Zeiten in der Nähe des Kraftzentrums. Man hat es mit **gebundenen Zuständen** zu tun. Diese Situation liegt vor, wenn entweder die kinetische Energie des Teilchens zu klein ist, um gegen die Wirkung des Kraftfeldes ins Unendliche zu entweichen, oder das Kraftfeld auch bei noch so großen Abständen attraktiv wirkt.

- Beim zweiten Bewegungstyp kommt das Teilchen von „weit her" auf das Kraftzentrum zu und läuft nach der Wechselwirkung, nach dem Stoß, wieder ins Unendliche weg. Es liegt ein **Streuzustand** vor.

Diese Unterscheidung ist aus der klassischen Mechanik bekannt: Gebundene Zustände entsprechen Bewegungen auf ellipsenartigen Bahnen, Streuzustände Bewegungen vom Hyperbeltyp. Experimente zeigen daß beide Typen auch in der Mikrophysik realisiert sind. Daher müssen sie auch in der Quantenmechanik ihren Gegenpart haben. An der Existenz des Integrals (2.7.15) kann man ihn fest machen. Falls es konvergiert, muß die Wahrscheinlichkeitsdichte $|\psi|^2$ für $r \to \infty$ verschwinden, und das Teilchen kann sich nicht ins Unendliche entfernen. Die Gültigkeit von (2.7.15) kennzeichnet also die **gebundenen Zustände**.

Damit andererseits ein Teilchen entweichen kann, muß quantenmechanisch die Wahrscheinlichkeitsdichte für große Abstände endlich bleiben

$$\lim_{r \to \infty} |\psi(\vec{r}, t)|^2 = \text{endlich} \ . \tag{2.7.16}$$

Das Integral (2.7.15) konvergiert nicht, und die Formel (2.7.14) kann nicht angewendet werden. Man muß direkt auf die Eigenwertgleichung zurückgreifen. Der dann nötige Formalismus wird im Abschnitt 2.11 entwickelt.

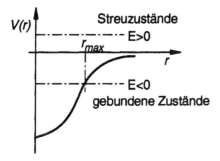

Bild 2.12
Gebundene und Streuzustände in einem Potential

An einem einfachen Beispiel wollen wir qualitativ deutlich machen, wie diese beiden Möglichkeiten in der Wellenmechanik zustande kommen und zu welch weitreichenden Konsequenzen sie führen. Dazu betrachten wir die Bewegung in einem Kastenpotential, wie es im Bild 2.13 skizziert ist. Die Energieskala wurde dabei so gewählt, daß das Potential $V(r)$ außerhalb des „Kastens", für $|r| > a$ verschwindet

$$V(r) = -V_0 \text{ für } r < a$$
$$0 \text{ für } r > a \, .$$

Für negative Energien $E < 0$ kann das Teilchen den Potentialtopf nicht verlassen. Seine Wellenfunktion $\psi(r)$ muß für $r \geq a$ näherungsweise verschwinden und daher so beschaffen sein, daß die Breite a des Potentialtopfs ein Vielfaches der halben Wellenlänge ist

$$a \overset{!}{=} \frac{n}{2}\lambda_n, \qquad n = 1, 2, \ldots \tag{2.7.17}$$

Die Wellenzahl kann daher nur die Werte

$$k_n = \frac{2\pi}{\lambda_n} = \frac{\pi}{a}n \tag{2.7.18}$$

annehmen und für die Energien sind nur die Werte

$$E_n = -V_0 + \frac{\hbar^2}{2m}k_n^2 = -V_0 + \frac{\pi^2\hbar^2}{2ma^2}n^2 \tag{2.7.19}$$

erlaubt. Für $E > 0$ kann das Teilchen entweichen und seine Wellenfunktion braucht nicht in das Potential „hineinzupassen". Daher gibt es in diesem Fall für die Wellenzahl und die Energie keine Einschränkungen.

Bedingungen der Form (2.7.17) und (2.7.18) treten auch bei gewissen Problemen der klassischen Physik auf. Das Paradigma dafür stellt eine schwingenden Saite, dar, die an den Punkten $r = 0$ und $r = a$ festgehalten wird. Der hierbei auftretende Grundton und seine Obertöne stellen das akustische Analogon der diskreten Energiewerte dar.

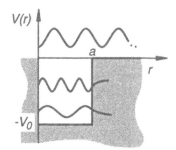

Bild 2.13
Diskretes und kontinuierliches Spektrum beim Kastenpotential

Ob für ein Potential beide Zustandtypen existieren oder nur einer von beiden, muß in jedem konkreten Fall geprüft werden. Eine notwendige Bedingung für die Existenz von Streuzuständen ist, daß die Kraftwirkungen für große Entfernungen verschwinden.[8] Das zugehörige Potential muß im Unendlichen konstant werden. Nach Wahl einer geeigneten Energieskala gilt dann

$$\lim_{r \to \infty} V(r) = 0 \text{ und } E > 0 \,. \tag{2.7.20}$$

Unter dieser Voraussetzung können wir das Ergebnis unserer qualitativen Überlegungen wie folgt zusammenfassen:

Die Bedingung (2.7.15) kann nur für diskret liegende negative Werte $E_1, E_2, \ldots$ erfüllt werden: **diskretes Energiespektrum**.
Dagegen sind alle positiven Energien $E > 0$ erlaubt und die Wahrscheinlichkeitsdichte ist auch im Unendlichen von Null verschieden: **kontinuierliches Spektrum**.

In den folgenden Abschnitten werden wir diese Betrachtungen quantitativ vertiefen und an Beispielen genau begründen.

2.7.4 Schrödingergleichung für radialsymmetrische Wellenfunktionen

Wie mehrfach erwähnt, beschränken wir uns in diesem Kapitel auf drehsymmetrische Wellenfunktionen $\psi(|\vec{r}|)$, die nach (2.4.25) und (2.4.26) einen verschwindenden Drehimpuls besitzen. In diesem Fall geht die Schrödingergleichung (2.7.13) in eine gewöhnliche Differentialgleichung über, deren Form man auf folgende Weise erhält.

Da die Schrödingergleichung für drehsymmetrische Wellenfunktionen den Term wegen (2.4.28)

$$\Delta \psi(r) = \frac{1}{r} \frac{\mathrm{d}^2}{\mathrm{d}r^2}(r\psi(r))$$

enthält, erweist sich die folgende Substitution als günstig

---

[8] Dabei schließen wir von vornherein Potentiale aus, die für $r \to \infty$ zu beliebig starken repulsiven Kräften führen.

$$\psi(r) = \frac{u(r)}{r} \, . \tag{2.7.21}$$

Mit (2.7.21) ergibt (2.7.13)

$$u''(r) + \frac{2m}{\hbar^2}(E - V(r))u(r) = 0 \, . \tag{2.7.22}$$

Die Normierungsbedingung (2.1.2) fordert für gebundene Zustände

$$\int\limits_{\mathbb{R}^3} \left| \frac{u(r)}{r} \right|^2 \mathrm{d}^3 r = 4\pi \int\limits_0^\infty |u|^2 \mathrm{d}r = 1 \, . \tag{2.7.23}$$

Damit diese Normierungsbedingung erfüllt ist, muß die Randbedingung

$$\boxed{u(\infty) = 0 \text{ für gebundene Zustände}}$$

gelten. Darüber hinaus muß jedoch auch für $r = 0$ eine Randbedingung erfüllt sein

$$\boxed{u(0) = 0 \text{ für gebundene und Streuzustände}}$$

gelten.

Denn wäre $u(0) = C \neq 0$, so würde in der Nähe von $r = 0$ gelten

$$\Delta\psi(r) = \Delta\frac{C}{r} = 4\pi C\delta^3(\vec{r}) \, ,$$

und in der Schrödingergleichung würde ein Term $-4\pi C\frac{\hbar^2}{2m}\delta^3(\vec{r})$ auftreten, der ursprünglich nicht enthalten war und zu einer neuen Kraftwirkung führen würde. Daher muß man $C = 0$ setzen. Dieser Schluß ist auch für Streuzustände anwendbar.

Insgesamt genügt $u(r)$ einer Differentialgleichung mit reellen Koeffizienten $\frac{2m}{\hbar^2}(E - V)$ und reell-wertigen Randbedingungen. Aus diesem Grunde kann die Lösung $u(r)$ ganz im Bereich der reellen Zahlen gewonnen werden, und wir können in Zukunft $u(r)$ als reellwertige Funktion voraussetzen.

2.8 Qualitative Eigenschaften der Bindungszustände

Um mit der Schrödingergleichung weiter vertraut zu werden, betrachten wir gebundene Zustände des Kastenpotentials (2.6.6). Dabei handelt es sich zwar auf den ersten Blick um ein „unphysikalisches Potential"; z. B. verschwindet die Kraft $\vec{F} = -\vec{\nabla}V$ nur am Rand nicht und hat dort einen unendlichen Wert. Für die Lösungen der Schrödingergleichung kann man jedoch aus dem Studium dieses Falles viel lernen, weil man die Lösungen der Schrödingergleichung leicht explizit aufschreiben kann.

Eine direkte physikalische Anwendung finden die gewonnenen Ergebnisse überdies bei
Problemen mit kurzreichweitigen Kräften, etwa der Beschreibung des Bindungszustandes
von Proton und Neutron, dem Deuteron.

Anschließend werden wir die gewonnenen Einsichten über das Verhalten der gebundenen
Wellenfunktionen $u(r)$ in den sog. Knotensätzen allgemein beweisen.

2.8.1 Bindungszustände im Kastenpotential

Da wir uns für die Bindungszustände des Kastenpotentials

$$V(r) = -V_0\theta(a - r)$$

interessieren, betrachten wir zunächst Energien E mit

$$-V_0 < E < 0 \,. \tag{2.8.1}$$

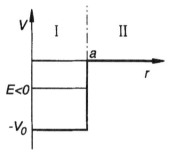

Bild 2.14
Zur Lösung des Kastenpotentialproblems

Gemäß Bild 2.14 unterscheiden wir die Bereichen I und II, wo die Gleichung (2.7.22)
die folgende Form annimmt

$$\text{Bereich I}: \quad u_I'' + k^2 u_I = 0 \quad \text{mit } k^2 = \frac{2m}{\hbar^2}(V_0 + E)$$

$$\text{Bereich II}: \quad u_{II}'' - \kappa^2 u_{II} = 0 \quad \text{mit } \kappa^2 = \frac{2m}{\hbar^2}(-E)$$

Die Größen k^2 und κ^2 sind wegen (2.8.1) positiv, und wir wählen

$$k > 0 \text{ und } \kappa > 0$$

und damit

$$k = \sqrt{\frac{2m}{\hbar^2}(V_0 + E)}, \qquad \kappa = \sqrt{\frac{2m}{\hbar^2}(-E)} \,. \tag{2.8.2}$$

Die allgemeinen Lösungen für die Differentialgleichungen in beiden Bereichen lauten

$$u_I(r) = A_1 e^{ikr} + A_2 e^{-ikr} \tag{2.8.3}$$

$$u_{II}(r) = C e^{-\kappa r} + C' e^{+\kappa r} \,. \tag{2.8.4}$$

Da für den Bereich I die Randbedingung

$$u(0) = 0 \qquad (2.8.5)$$

zutrifft, folgt

$$A_1 = -A_2 \, .$$

Setzt man

$$A = 2iA_1 \, ,$$

so erhält man:

$$\boxed{u_I(r) = A \sin(kr)} \qquad \text{für } 0 \le r \le a \, . \qquad (2.8.6)$$

Analog muß im Bereich II die Randbedingung

$$u(\infty) = 0 \qquad (2.8.7)$$

erfüllt sein, was $C' = 0$ nach sich zieht. Also erhält man als Lösung im Bereich II

$$\boxed{u_{II}(r) = Ce^{-\kappa r} \text{ für } r \ge a} \, . \qquad (2.8.8)$$

Neben der Erfüllung der Randbedingungen muß gefordert werden, daß die Funktionen $u_I(r)$ und $u_{II}(r)$ am Punkte $r = a$ stetig differenzierbar zusammenhängen, daß also die

$$\boxed{\text{Anschlußbedingungen:} u_I(a) = u_{II}(a) \, , \quad u_I'(a) = u_{II}'(a)} \qquad (2.8.9)$$

gelten. Diese Bedingungen müssen gefordert werden, da die Wellenfunktion ψ des Systems einmal differenzierbar sein muß, um sicherzustellen, daß der Impuls $\vec{p} = \frac{\hbar}{i}\vec{\nabla}$ definiert ist. In der zweiten Ableitung u'' tritt jedoch ein Sprung auf, der auf der unphysikalischen Sprungfunktion des Kastenpotentials beruht.

Mit (2.8.6) und (2.8.8) erhält man aus (2.8.9) explizit folgende Bedingungen

$$A \sin ka - Ce^{-\kappa a} = 0$$
$$kA \cos ka + \kappa Ce^{-\kappa a} = 0 \, .$$

Dieses Gleichungssystem mit den „Unbekannten" A und C besitzt nur dann eine nicht-triviale Lösung (d.h. $\begin{pmatrix} A \\ C \end{pmatrix} \neq \begin{pmatrix} 0 \\ 0 \end{pmatrix}$), wenn die Koeffizientendeterminante verschwindet

$$\begin{vmatrix} \sin ka & -e^{\kappa a} \\ k \cos ka & \kappa e^{-\kappa a} \end{vmatrix} = 0 \, ,$$

woraus die Bedingung

$$\tan ka = -\frac{k}{\kappa} = -\frac{k}{\sqrt{k_0^2 - k^2}} \qquad (2.8.10)$$

folgt, mit

$$k_0^2 := \frac{2m}{\hbar^2} V_0 \, . \tag{2.8.11}$$

Aufgrund der Energiebeschränkung (2.8.1) gilt

$$0 \le k \le k_0 \, .$$

Daher ist die in (2.8.10) auftretende Wurzel $\sqrt{k_0^2 - k^2}$ und damit auch $\tan(ka)$ reellwertig. Die transzendente Gleichung (2.8.10) kann am geeignetsten „graphisch" gelöst werden, wie es in Bild 2.16 dargestellt ist. Die gewünschten Lösungen ergeben sich als Schnittpunkte der Tangensfunktion mit der Funktion $-k/(\sqrt{k_0^2 - k^2})$, die bei $k = k_0$ negativ unendlich wird. Daher existieren nur endlich viele Lösungen k_n mit $n = 1, 2, \ldots, N$. Nach (2.8.1) erhält man die Energiewerte

$$E_n = -V_0 + \frac{\hbar^2}{2m} k_n^2 \, . \tag{2.8.12}$$

Die Indizes $n \in \{1, 2, \ldots, N\}$ werden als **Hauptquantenzahlen** bezeichnet. Der Schnittpunkt $k = 0$ im Bild 2.16 führt nach (2.8.6) zu $u_I(r) = 0$ und auf Grund der Anschlußbedingungen auch zu $u_{II}(r) = 0$, d. h. nur zur trivialen Lösung $u(r) = 0$. Mit wachsendem k_0, d. h. mit wachsender Potentialtiefe V (nach (2.8.11)), nimmt die Zahl der erlaubten Wellenfunktionen bzw. Energieeigenwerte zu, da sich dann die Unendlichkeitsstelle k_0 von $-\frac{k}{\sqrt{k_0^2 - k^2}}$ zu immer größeren k-Werten hin verschiebt.

In Bild 2.15 sind die zu den niedrigsten, nicht-entarteten Energiewerten gehörigen Eigenfunktionen skizziert.

$$u_n(r) = A_n \sin(k_n r); \qquad 0 \le r \le a \, . \tag{2.8.13}$$

Für die Quantenmechanik kennzeichnend ist, daß die Eigenfunktionen $u(r)$ auch für $r > a$

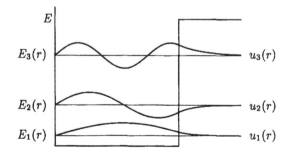

Bild 2.15
Die niedrigsten gebundenen Zustände im Kastenpotential und ihre drehsymmetrischen Wellenfunktionen $u(r) = r\psi(r)$

nicht verschwinden. Nach (2.8.8) klingen diese Funktionen allerdings exponentiell ab. Die Stärke dieses Abfallens wird durch den Energiewert E_n bestimmt; denn nach (2.8.8) und (2.8.2) gilt

$$u_n(r) = C_n e^{-\kappa_n r} \text{ für } r \ge a \text{ mit } \kappa_n = +\sqrt{\frac{2m}{\hbar^2}(-E_n)} \, . \tag{2.8.14}$$

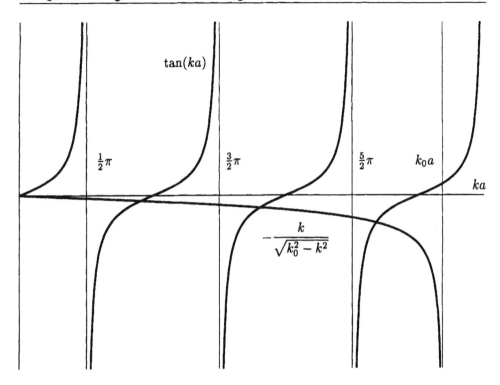

Bild 2.16 Graphische Lösung der Gleichung (2.8.10)

Je tiefer E_n liegt, je größer also die Bindungsenergie ist, um so schneller verschwindet die Wellenfunktion in dem klassisch verbotenen Bereich.

Wie aus Bild 2.16 hervorgeht, gilt $k_1 a < \pi$, und $u(r)$ hat – außer $r = 0$ – keine Nullstellen, während $u_2(r)$ eine Nullstellen, $u_3(r)$ zwei Nullstellen etc. besitzen. Allgemein gelten für die Nullstellen, die auch als **Knoten** bezeichnet werden, folgende Sätze

---

Knotensätze (2.8.15)

1. $\psi_n(r) = \dfrac{u_n(r)}{r}$ besitzt $(n - 1)$ Knoten.

2. Zwischen zwei benachbarten Knoten von $u_{n+1}(r)$ liegt genau ein Knoten von $u_n(r)$.

Die Gültigkeit der Knotensätze ist nicht auf das Kastenpotential beschränkt, von dem wir hier ausgegangen sind, sondern kann für allgemeine Potentiale bewiesen werden, wie im folgenden Abschnitt gezeigt wird.

Vorher betrachten wir noch den Fall sehr kleiner Energien E, für die

$$E < -V_0$$

gilt. Klassisch treten solche Energien nicht auf, da sie auch im Bereich I zu negativen kinetischen Energien führen. Wellenmechanisch findet man auch in diesem Falle Lösungen der Schrödingergleichung von der Form (2.8.6); allerdings wird die Wellenzahl k nach (2.8.2) imaginär, so daß gilt

$$u_I(r) = A \sinh(\kappa_I r)$$

mit

$$\kappa_I := \sqrt{-\frac{2m}{\hbar^2}(V_0 + E)}\,.$$

Diese hyperbolische Sinusfunktion steigt aber mit wachsendem r monoton an und kann daher mit der abfallenden Exponentialfunktion (2.8.8) nicht stetig differenzierbar vebunden werden. Daher existiert für $E < -V_0$ keine Eigenfunktion der Schrödingergleichung und es gibt keine Energieeigenwerte, die kleiner als $-V_0$ sind.

2.8.2 Allgemeiner Beweis der Knotensätze

Als Vorbereitung zum Beweis der Knotensätze (2.8.15) für allgemeine Potentiale wollen wir einige sehr allgemeine Eigenschaften der Eigenwertgleichung (2.7.22)

$$u'' + \frac{2m}{\hbar^2}(E - V(r))u = 0$$

herleiten. $u_1(r)$ und $u_2(r)$ seien Lösungen dieser Gleichung für die Energien E_1 bzw. E_2, wobei noch keine Randbedingungen gefordert seien

$$u_1'' + \frac{2m}{\hbar^2}(E_1 - V)u_1 = 0 \tag{2.8.16}$$

$$u_2'' + \frac{2m}{\hbar^2}(E_2 - V)u_2 = 0\,. \tag{2.8.17}$$

Aus diesen Gleichungen kann das Potential $V(r)$ eliminiert werden, indem man (2.8.16) mit u_2, (2.8.17) mit u_1 multipliziert und die beiden Gleichungen voneinander subtrahiert

$$u_2 u_1'' - u_1 u_2'' = \frac{2m}{\hbar^2}(E_2 - E_1)u_1 u_2\,.$$

Die linke Seite dieser Gleichung kann man umschreiben in

$$u_2 u_1'' - u_1 u_2'' = \frac{\mathrm{d}}{\mathrm{d}r}(u_2 u_1' - u_1 u_2')\,. \tag{2.8.18}$$

Das Negative des Klammerausdrucks wird als **Wronskische Determinante** der Funktionen u_1, u_2 bezeichnet

$$u_1 u_2' - u_2 u_1' = \begin{vmatrix} u_1 & u_2 \\ u_1' & u_2' \end{vmatrix}\,. \tag{2.8.19}$$

Faßt man (2.8.2) und (2.8.18) zusammen, so erhält man

$$\frac{d}{dr}(u_2 u_1' - u_1 u_2') = \frac{2m}{\hbar^2}(E_2 - E_1)u_1 u_2 \,. \tag{2.8.20}$$

Da diese Beziehung das Potential $V(r)$ nicht mehr explizit enthält, können wir aus ihr allgemein gültige Folgerungen ziehen.

Für das Folgende können wir voraussetzen, daß die Nullstellen von nichttrivialen Lösungen u_n der Schrödingergleichung einfach (von der Ordnung 1) sind, daß also für eine Nullstelle $\tilde{r}$ *nicht* gleichzeitig

$$u(\tilde{r}) = 0 \text{ und } u'(\tilde{r}) = 0 \tag{2.8.21}$$

gilt. Eine Lösung, die die Eigenschaft (2.8.21) erfüllen würde, müßte nämlich nach dem Eindeutigkeitssatz für Lösungen einer Differentialgleichung 2. Ordnung verschwinden: Eine Lösung wird eindeutig durch $u(\tilde{r})$ und $u'(\tilde{r})$ festgelegt. Die triviale Lösung $u \equiv 0$ erfüllt die Bedingungen (2.8.21). Also folgt aus ihnen das identische Verschwinden der Lösung.

Nach diesen allgemeinen Überlegungen formulieren wir den

Oszillationssatz:

Seien u_1 und u_2 Lösungen der Schrödingergleichung

$$u''(r) + 2m/\hbar^2(E - V(r))u(r) = 0$$

mit den Eigenwerten E_1 und E_2 und es gelte $E_2 > E_1$. Dann liegt zwischen zwei benachbarten Nullstellen von u_1 mindestens eine Nullstelle von u_2.

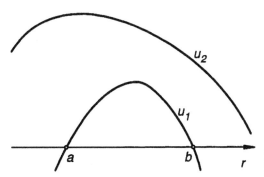

Bild 2.17
Zum Beweis des Oszillationsansatzes

Beweis:

a und b seien zwei benachbarte Nullstellen von u_1. Ohne Beschränkung der Allgemeinheit sei u_1 im Intervall (a, b) positiv. Wir schließen nun indirekt: Aus der Annahme, daß die Aussage des Satzes falsch sei, folgt, daß u_2 im Intervall (a, b) sein Vorzeichen nicht wechselt. Sei u_2 z. B. positiv. Durch Integration von Gleichung (2.8.20) über das Intervall (a, b) folgt

$$(u_2 u_1' - u_1 u_2')|_a^b = \frac{2m}{\hbar^2}(E_2 - E_1) \int\limits_a^b u_1 u_2 \, dr \; . \tag{2.8.22}$$

Wegen $E_2 > E_1$ und der angenommenen Eigenschaften von u_1 und u_2 ist die rechte Seite von Gl. (2.8.22) positiv. Da $u_1(a) = u_1(b) = 0$, gilt für die linke Seite

$$u_2(b)u_1'(b) - u_2(a)u_1'(a) > 0 \; . \tag{2.8.23}$$

Da nach Voraussetzung aber

$$u_2(b) \geq 0, \quad u_2(a) \geq 0 \; ,$$

gilt und aus $u_1(r) > 0$ für $r \in (a, b)$ wegen der stetigen Differenzierbarkeit

$$u_1'(a) > 0 \text{ und } u_1'(b) < 0$$

folgt, muß die rechte Seite von (2.8.23) negativ sein, und wir haben einen Widerspruch erreicht.

Wählt man andererseits u_2 im Intervall (a, b) negativ, so führt auch diese Annahme in analoger Weise zu einem Widerspruch. Damit ist der Oszillationssatz bewiesen.

Durch eine Verfeinerung der verwandten Methode kann man eine Aussage über das Verhalten der Lösungen der Schrödingergleichung mit wachsenden Energien gewinnen: $u_E(r)$ wird mit größer werdendem E zu immer größeren r-Werten gedrängt, so daß ihre Nullstellen sich nach rechts bewegen. Genauer gilt

---

Satz über das Wandern der Knoten:

Sei $u_E(r)$ Lösung der Schrödingergleichung $u''(r) + \frac{2m}{\hbar^2}(E - V(r))u(r) = 0$, die der Randbedingung $u_E(r = \infty) = 0$ genügt. $\tilde{r}_E$ sei eine Nullstelle von $u_E(r)$

$$u_E(\tilde{r}_E) = 0 \; .$$

Dann gilt

$$\frac{d}{dE}\tilde{r}_E = \tilde{r}_E' > 0 \; , \tag{2.8.24}$$

d. h. die Nullstellen von $u_E(r)$ wandern mit wachsender Energie zu größeren Werten.

Beweis:
Wir betrachten neben $u_E(r)$ mit der Nullstelle $\tilde{r}_E$ die „benachbarte" Wellenfunktion[9] $u_{E+dE}(r)$ mit der Nullstelle $\tilde{r}_{E+dE}$ und wenden die Beziehung (2.8.22) an für

$$E_1 = E, \quad E_2 = E + dE$$

---

[9] Da in den Voraussetzungen des Satzes nur die eine Randbedingung $u_E(\infty) = 0$ gestellt wird, erhält man i. a. ein Kontinuum von Eigenwerten E, und daher existiert eine „benachbarte" Wellenfunktion u_{E+dE}.

und

$$a = \tilde{r}_E, \quad b = \infty .$$

Man erhält

$$[u_{E+dE}u'_E - u_E u'_{e+dE}]\big|_{\tilde{r}_E}^{\infty} = \frac{2m}{\hbar^2}dE \int\limits_{\tilde{r}_E}^{\infty} u_E u_{E+dE}\, dr . \tag{2.8.25}$$

Wir werten zunächst die linke Seite dieser Gleichung aus

$$\begin{aligned}L &:= [u_{E+dE}u'_E - u_E u'_{E+dE}]\big|_{\tilde{r}_E}^{\infty}\\ &= -u_{E+dE}(\tilde{r}_E)u'_E(\tilde{r}_E) ,\end{aligned} \tag{2.8.26}$$

wobei $u(r = \infty) = 0$ benutzt wurde. Wir schreiben

$$\tilde{r}_E = \tilde{r}_{E+dE} - (\tilde{r}_{E+dE} - \tilde{r}_E) = \tilde{r}_{E+dE} - \frac{d\tilde{r}_E}{dE}dE$$

und entwickeln

$$u_{E+dE}(\tilde{r}_E) = \underbrace{u_{E+dE}(\tilde{r}_{E+dE})}_{=0} - u'_{E+dE}(\tilde{r}_{E+dE})\frac{d\tilde{r}_E}{dE}dE .$$

Damit lautet die rechte Seite von (2.8.26)

$$L = u'_{E+dE}(\tilde{r}_{E+dE})u'_E(\tilde{r}_E)\frac{d\tilde{r}_E}{dE}dE .$$

Läßt man nun in einem Grenzprozeß dE gegen Null gehen, so ergibt sich aus (2.8.25)

$$[u'_E(\tilde{r}_E)]^2 \frac{d}{dE}\tilde{r}_E = \frac{2m}{\hbar^2} \int\limits_{\tilde{r}_E}^{\infty} (u_E)^2 dr ,$$

woraus die Behauptung (2.8.24) folgt.

Mit der in den Beweisen verwendeten Methode, insbesondere mit Hilfe der Wronskischen Determinante kann man das allgemeine Studium der Lösungen der Schrödingergleichung noch viel weiter treiben und auch beliebige Drehimpulse behandeln. Es ist sogar möglich, Drehimpulse zu komplexen Werten „analytisch fortzusetzen". Dies hat zu der „Regge-Theorie" geführt, die wichtige Einsichten über das Verhalten von Wirkungsquerschnitten bei sehr hohen Energien gebracht hat.

An dieser Stelle können wir nur noch zeigen, wie aus dem Satz über das Wandern der Knoten und dem Oszillationssatz der allgemeine Knotensatz (2.8.15) folgt, und daß die in Bild 2.15 schematisch beschriebene Situation allgemein gültig ist.

Um dies einzusehen, führen wir zunächst eine physikalische Voraussetzung ein:
Die betrachteten Potentiale mögen so beschaffen sein, daß es einen tiefsten Energiewert E_1 gibt $E_n \geq E_1 (n \in \{1, 2, ...\})$. Diese Bedingung schließt Potentiale aus, die attraktiv sind und für $r \to 0$ stärker als $-C/r^2$ gegen $-\infty$ streben, wie wir im nächsten Abschnitt begründen werden. Es gelte also

$$|V(r)| \leq \frac{C}{r^{2-\varepsilon}} \text{ für } r \to 0 (\varepsilon > 0) . \qquad (2.8.27)$$

Für $E < E_1$ kann eine Lösung der Schrödingergleichung keine Nullstelle für $r \geq 0$ besitzen. Denn anderenfalls könnte man nach Satz (2.8.24) durch weitere Verkleinerung der Energie eine Nullstelle von $u(r)$ für $r = 0$ erreichen. Die korrespondierende Energie wäre aber ein Eigenwert, der kleiner als E_1 ist, was einen Widerspruch zu unserer Annahme $E_n > E_1$ für $n \in \{1, 2, ...\}$ ist.

Wir wählen die Energie E nun so weit negativ, daß $u_E(r)$ keine Nullstelle – außer $r = \infty$ – besitzt. Läßt man jetzt E wachsen, so tritt eine Nullstelle von $u(r)$ für $r = 0$ auf, wenn E den ersten Energieeigenwert E_1 erreicht, vgl. Bild 2.18. Beim weiteren Vergrößern der Energie wandert diese Nullstelle – wie der Satz (2.8.24) garantiert – zu größeren Werten des Abstandes r, bis man für $E = E_2$ eine zweite Nullstelle von $u_E(r)$ für $r = 0$ erhält. Dieser Prozeß kann fortgesetzt werden bis E den Wert Null erreicht hat, und man erzeugt nacheinander sämtliche Nullstellen aller Eigenfunktionen. Aufgrund des Oszillationssatzes wechseln die Knoten von u_n und u_{n+1} einander ab. Der Entstehungsprozeß der Knoten ist im Bild 2.18 schematisch dargestellt.

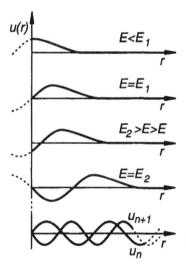

Bild 2.18
Das Entstehen und Wandern der Knoten von $u(r)$

2.8.3   Ein Stabilitätstheorem

Die Existenz eines tiefsten Eigenwertes des Hamiltonoperators ist keine selbstverständliche Tatsache. Sie ist aber für die Stabilität der Atome und damit für die Existenz unserer Welt eine entscheidende Voraussetzung. Schon im ersten Kapitel haben wir diese Frage im Abschnitt 1.9 semi-quantitativ mit Hilfe der Unschärferelation erörtert, (siehe auch Bild 1.19). Den dort verfolgten Gedankengang wollen wir jetzt wellenmechanisch genau durchführen.

Das Problem liegt darin, daß das Potential in

$$H = -\frac{\hbar^2}{2m}\Delta + V(r)$$

für $r \to 0$ so stark attraktiv sein könnte, daß ein Teilchen unwiderstehlich in das Kraftfeld hineingezogen wird. Die Unschärferelation wirkt dem entgegen, aber bei zu stark anwachsenden Potentialen mag dies nicht mehr helfen. Um diese Frage zu untersuchen, betrachten wir den Erwartungwert der Energie in einem beliebigen Zustand $\psi(\vec{r})$

$$\langle H \rangle = \int \psi^* \left[-\frac{\hbar^2}{2m}\Delta + V(r) \right] \psi \, d^3 r \; . \tag{2.8.28}$$

Damit ein tiefster Energieeigenwert existiert, muß dieser Erwartungswert für alle ψ endlich sein, die der Bedingung

$$\int \psi^* \psi \, d^3 r < \infty$$

genügen. Es besteht die Gefahr daß

$$\int \psi^* V(r) \psi d^3 r$$

für Potentiale der Form

$$V \sim -\frac{const}{r^m} \quad \text{mit} \quad const > 0 \tag{2.8.29}$$

für genügend großes m negativ unendlich wird. Der erste Term von (2.8.28) könnte dennoch den Erwartungswert endlich machen. Um zu erkennen, unter welchen Umständen dies geschieht, formen wir zunächst den Erwartungswert der kinetischen Energie mit Hilfe einer partiellen Integration um

$$-\frac{\hbar^2}{2m} \int \psi^* \Delta \psi \, d^3 r = \frac{\hbar^2}{2m} \int \left| \vec{\nabla}\psi \right|^2 d^3 r \; .$$

Daraus wird zunächst deutlich, daß durch die kinetische Energie tatsächlich ein positiver Beitrag geliefert wird. Darüber hinaus gilt folgende Ungleichung

$$\int |\vec{\nabla}\psi|^2 d^3 r \geq \frac{1}{4} \int \frac{1}{r^2} |\psi|^2 d^3 r \; , \tag{2.8.30}$$

die wir am Ende dieses Abschnittes beweisen werden. Mit ihrer Hilfe folgt

$$\langle H \rangle \geq \int \psi^* \left[\frac{\hbar^2}{2m} \frac{1}{r^2} + V(r) \right] \psi d^3 r \; .$$

Offenbar darf hier $V(r)$ nicht stärker als $1/r^2$ negativ werden, damit dieser Ausdruck eine untere Schranke besitzt. Setzt man voraus, daß

$$V(r) > -\frac{a}{r^2} + b \tag{2.8.31}$$

$$\text{mit} \quad a < \frac{\hbar^2}{8m} \quad \text{und beliebigem } b$$

gilt, so folgt

$$\langle H \rangle \geq \int \psi^* \left[\left(\frac{\hbar^2}{8m} - a \right) \frac{1}{r^2} \right] \psi \mathrm{d}^3 r + b \int \psi^* \psi \mathrm{d}^3 r \ .$$

Der erste Ausdruck ist nach Voraussetzung positiv, so daß sich

$$\langle H \rangle \geq b \int \psi^* \psi \mathrm{d}^3 r$$

ergibt. Damit haben wir ein **Stabilitätstheorem** in der folgenden Form bewiesen:

Falls $V(r) \geq -\dfrac{\hbar^2}{8mr^2} + b$ ist,
sind die Erwartungswerte der Energie und damit die Energie-Eigenwerte nach unten beschränkt.

Mit diesem Theorem haben wir das im Abschnitt 1.9 gegebene halbklassische Argument auf eine exakte quantenmechanische Grundlage gestellt. In der Tat kann man den Inhalt des Theorems verstehen, wenn man in der klassischen Energieformel die Unschärferelation in der Form

$$p \geq \frac{\hbar}{2r}$$

verwendet:

$$E = \frac{p^2}{2m} + V(r) \geq \frac{\hbar^2}{8m} + V(r) \ ,$$

woraus sich wieder die Aussage des Theorems ergibt.

Es sei angemerkt, daß die in (2.4.11) eingeführte Konstante b wichtig ist, um auch das attraktive Coulombpotential im Bereich der stabilen Potentiale zu haben.

Es bleibt noch, den Beweis für die Ungleichung (2.8.30) nachzutragen.[10] Man benutzt dazu folgenden Trick: Mit dem Ansatz

$$\psi(\vec{r}) = \frac{1}{\sqrt{r}} \phi(\vec{r})$$

folgt durch Differenzieren

$$\vec{\nabla}\psi = \frac{1}{\sqrt{r}} (\vec{\nabla}\phi - \frac{1}{2}\frac{\vec{r}}{r^2}\phi)$$

und daher

$$|\vec{\nabla}\psi|^2 = \frac{1}{r} \left| \vec{\nabla}\phi - \frac{1}{2}\frac{\vec{r}}{r^2}\phi \right|^2$$

$$= \frac{1}{r} \left(|\vec{\nabla}\phi|^2 - \frac{1}{r^2}(\phi^*(\vec{r}\vec{\nabla}\phi) + conj.compl.) + \frac{1}{4}\frac{1}{r^2}|\phi|^2 \right) \ .$$

---

[10] Das folgende Argument ist dem klassischen Buch von R. Courant und D. Hilbert, Methoden der Mathematischen Physik, Band 1, (Springer-Verlag Heidelberg, 3. Aufl. 1968) Kapitel VI, § 5 entnommen.

Wegen $\vec{r}\vec{\nabla}\phi = r\dfrac{\partial}{\partial r}\phi$ wird daraus

$$\begin{aligned}
|\vec{\nabla}\psi|^2 &= \frac{1}{r}|\vec{\nabla}\phi|^2 - \frac{1}{2r^2}(\phi^*\frac{\partial}{\partial r}\phi + conj.compl.) + \frac{1}{4r^2}|\phi|^2 \\
&= \frac{1}{r}|\vec{\nabla}\phi|^2 - \frac{1}{2r^2}\frac{\partial}{\partial r}|\phi|^2 + \frac{1}{4r^2}|\phi|^2 \\
&\geq -\frac{1}{2r^2}\frac{\partial}{\partial r}|\phi|^2 + \frac{1}{4r^2}|\phi|^2 \ .
\end{aligned}$$

Daher kann man das für die kinetische Energie bestimmende Integral wie folgt abschätzen

$$\int |\vec{\nabla}\psi|^2 \mathrm{d}^3 r \geq -\int \frac{1}{2r^2}\frac{\partial}{\partial r}|\phi|^2 \mathrm{d}^3 r + \int \frac{1}{4r^2}|\phi|^2 \mathrm{d}^3 r \ .$$

Der erste Term auf der rechten Seite kann explizit berechnet werden. Wir führen dies der Einfachheit halber für drehsymmetrische Funktionen $\phi(r)$ durch. Man erhält für dieses Integral

$$4\pi \int\limits_0^\infty \frac{1}{2r^2}\frac{\mathrm{d}}{\mathrm{d}r}|\phi|^2 r^2 \mathrm{d}r = 2\pi \left(|\phi|^2(\infty) - |\phi|^2(0)\right) = 0 \ ,$$

wobei die Randbedingungen für gebundene Zustände verwendet wurden. Damit ist die Ungleichung (2.8.30) bewiesen.

2.9 Differentialgleichungen mit regulären Singularitäten

Die Lösungen der Schrödingergleichung hatten wir bis jetzt nur für kastenförmige Potentiale konstruiert. Diese Potentiale sind sicher nur eine grobe Näherung an die tatsächlichen Verhältnisse, haben jedoch den Vorteil, zu sehr einfach lösbaren Differentialgleichungen zu führen. Wenn wir dagegen ein Elektron in einem realistischen Coulombpotential

$$V_C(r) = -\frac{Ze^2}{r}$$

untersuchen wollen, erhalten wir selbst bei der Beschränkung auf drehsymmetrische Lösungen eine Differentialgleichung

$$u''(r) + \frac{2m}{\hbar^2}\left(E + \frac{Ze^2}{r}\right)u(r) = 0 \ , \tag{2.9.1}$$

die trotz ihrer scheinbar einfachen Gestalt mit den elementaren Funktionen der Mathematik nicht mehr lösbar ist. Deshalb werden wir in diesem Abschnitt mathematische Methoden zur Behandlung einer großen Klasse von „nichtelementaren Differentialgleichungen" entwickeln. Die Ergebnisse dieser – vor allem im vorigen Jahrhundert ausgearbeiteten – mathematischen Theorie erlauben es die meisten physikalisch interessanten Differentialgleichungen zu lösen. Darunter fallen insbesondere die Schrödingergleichung für das Coulomb- und andere physikalisch wichtigen Potentiale, die wir dann im folgenden Abschnitt als Anwendung der allgemeinen Theorie behandeln werden.

Die physikalisch wichtigen Ergebnisse werden in Abschnitt 2.10 wiederholt werden, so daß der jetzige Abschnitt übersprungen werden kann.

2.9.1 Allgemeine Betrachtungen

Wir betrachten eine Differentialgleichung der Form

$$z^2 w''(z) + zP(z)w'(z) + Q(z)w(z) = 0$$

$$\text{oder} \quad w''(z) + \frac{P(z)}{z}w'(z) + \frac{Q(z)}{z^2}w(z) = 0 \,. \tag{2.9.2}$$

Dabei haben wir die Bezeichung für die unabhängige Variable in z geändert, da wir oft auch komplexe Werte dieser Variablen betrachten müssen. Setzen wir voraus daß $P(z)$ und $Q(z)$ Funktionen sind, die sich in der Umgebung des Nullpunktes in eine Taylorreihe entwickeln lassen

$$P(z) = \sum_{n=0}^{\infty} p_n z^n; \qquad Q(z) = \sum_{n=0}^{\infty} q_n z^n \,, \tag{2.9.3}$$

so erhalten wir eine Klasse von Differentialgleichungen, die offenbar auch das Coulomb-potentialproblem (2.9.1) enthält. In Gleichung (2.9.2) hat der Koeffizient von $w'(z)$ höchstens einen Pol erster, der von $w(z)$ höchstens einen Pol zweiter Ordnung. Wie die Konstruktion der Lösungen zeigen wird, bereiten Singularitäten dieser Art keine Schwierigkeiten; sie heißen deshalb „reguläre Singularitäten" oder „Stellen der Bestimmtheit".

Ein einfacher und oft erfolgreicher Weg, Lösungen von Differentialgleichungen zu konstruieren, besteht in einer Potenzreihenentwicklung der gesuchten Lösung. Wegen der genannten Singularitäten führt dies in unserem Falle nicht zum Ziel. Dagegen hat sich der folgende etwas allgemeinere Ansatz

$$w(z) = z^\rho \sum_{n=0}^{\infty} c_n z^n \qquad n \in \mathbb{N}_0; \rho, c_n \in \mathbb{C} \tag{2.9.4}$$

als erfolgreich erwiesen. Die Verallgemeinerung besteht im Auftreten der Potenz z^ρ, wo ρ eine beliebige Zahl sein kann. Aus diesem Ansatz folgt

$$w(z) = \sum_{n=0}^{\infty} c_n z^{n+\rho}$$

$$w'(z) = \sum_{n=0}^{\infty} (n+\rho)c_n z^{n+\rho-1}$$

$$w''(z) = \sum_{n=0}^{\infty} (n+\rho)(n+\rho-1)c_n z^{n+\rho-2} \,.$$

Wenn man dies in die Differentialgleichung einsetzt, erhält man

$$\sum_{n=0}^{\infty} \left\{ (n+\rho)(n+\rho-1)c_n z^{n+\rho-2} + (n+\rho)c_n z^{n+\rho-1}\frac{1}{z}P(z) + c_n z^{n+\rho}\frac{1}{z^2}Q(z) \right\} = 0 \,.$$

Der gemeinsame Faktor $z^{\rho-2}$ kann gekürzt werden und es folgt

$$\sum_{n=0}^{\infty} c_n z^n \left\{ (n+\rho)(n+\rho-1) + (n+\rho)P(z) + Q(z) \right\} = 0 \, . \qquad (2.9.5)$$

Bedenkt man, daß $P(z)$ und $Q(z)$ Potenzreihen sind, so stellt (2.9.5) eine *neue* Potenzreihe dar, für die die Gültigkeit der Differentialgleichung fordert

$$\sum_{m=0}^{\infty} a_m z^m = 0 \qquad m \in \mathbb{N}_0 \, .$$

Diese Gleichung läßt sich für alle z nur dann erfüllen, wenn

$$a_m = 0 \text{ für alle } m \, .$$

Die Koeffizienten a_m müssen dabei aus (2.9.5) abgelesen werden. Dazu geht man schrittweise vor. Um zunächst a_0 zu bestimmen, muß man in (2.9.5) einerseits $n = 0$ setzen und andererseits die Potenzreihen $P(z)$ und $Q(z)$ durch ihre ersten Terme p_0 und q_0 ersetzen. Man erhält

$$a_0 = c_0 \{ \rho(\rho-1) + \rho p_0 + q_0 \} = 0 \, .$$

Nimmt man $c_0 \neq 0$ an, so ergibt sich eine Gleichung für ρ

$$\rho(\rho-1) + \rho p_0 + q_0 = 0 \, , \qquad (2.9.6)$$

die für das Folgende entscheidend wird. Sie wird **charakteristische** – oder **Indexgleichung** – genannt.

Für a_1 muß man in (2.9.5) die Terme mit $n = 0$ und $n = 1$ betrachten und $P(z) = p_0 + p_1 z$ und $Q(z) = q_0 + q_1 z$ setzen. Man erhält

$$c_0 \left\{ \rho(\rho-1) + \rho(p_0 + p_1 z) + (q_0 + q_1 z) \right\} +$$
$$c_1 z \left\{ (1+\rho)\rho + (1+\rho)(p_0 + p_1 z) + (q_0 + q_1 z) \right\} \, .$$

In diesem Ausdruck führen die von z unabhängigen Terme zur charakteristischen Gleichung (2.9.6) zurück. Die Terme proportional zu z ergeben den gewünschten Koeffizienten a_1:

$$a_1 = c_1 \{ (1+\rho)(1+\rho-1) + (1+\rho)p_0 + q_0 \} + c_0 \{ (0+\rho)p_1 + q_1 \} = 0$$

$$\Longleftrightarrow \qquad c_1 = \frac{-\rho p_1 - q_1}{(1+p)\rho + (1+\rho)p_0 + q_0} c_0 \, . \qquad (2.9.7)$$

Setzt man dieses Verfahren fort, so findet man allgemein für $m = n$

$$c_n \{ (n+\rho)(n+\rho-1) + (n+p)p_0 + q_0 \} + \sum_{\mu=0}^{n-1} c_\mu \{ (\mu+\rho)p_{n-\mu} + q_{n-\mu} \} = 0 \, .$$

Daraus ergibt sich eine Rekursionsformel für die Koeffizienten c_n

$$c_n = \frac{-\sum\limits_{\mu=0}^{n-1} c_\mu \{(\mu + \rho)p_{n-\mu} + q_{n_\mu}\}}{(n+\rho)(n+\rho-1)+(n+\rho)p_0+q_0} \qquad n = 1, 2, \ldots . \qquad (2.9.8)$$

Damit haben wir sämtliche möglichen Schlüsse aus unserem Ansatz gezogen. Nachträglich können wir die Annahme $c_0 \neq 0$ begründen. Aus $c_0 = 0$ hätten wir nämlich eine identisch verschwindende Lösung erhalten.

Aus der Indexgleichung und der Rekursionsformel lassen sich bereits ohne genaue Kenntnis von $P(z)$ und $Q(z)$ wichtige Schlüsse über die Struktur der Lösungen von (2.9.2) ziehen:

1. Im allgemeinen gibt es zwei Wurzeln ρ_1 und ρ_2 der Indexgleichung (2.9.6). Sie heißen die Indizes der Differentialgleichung und führen zu zwei linear unabhängigen Lösungen:

$$w_1(z) = z^{\rho_1} \sum_{n=0}^{\infty} c_n^{(1)} z^n \qquad (2.9.9)$$

$$w_2(z) := z^{\rho_2} \sum_{n=0}^{\infty} c_n^{(2)} z^n . \qquad (2.9.10)$$

Die Indizes bestimmen das Verhalten der Lösungen für $z \to 0$; insbesondere handelt es sich um reguläre Singularitäten, d. h. die Grenzwerte

$$\lim_{z \to 0} z^{-\rho_1} w_1(z) \quad \text{und} \quad \lim_{z \to 0} z^{-\rho_2} w_2(z) \qquad (2.9.11)$$

existieren („Stellen der Bestimmtheit").

2. ρ_1 und ρ_2 sind nicht unbedingt ganze Zahlen; insbesondere ist der Wert $\rho = 0$ nur möglich, falls $q_0 = 0$.

3. Treten in (2.9.2) stärkere Singularitäten auf, zum Beispiel durch einen Term

$$\frac{Q(z)}{z^3} w(z); \qquad q_0 \neq 0 ,$$

so ist der Koeffizientenvergleich nicht mehr durchführbar. In diesem Beispiel bliebe ein Faktor

$$z^{\rho-3} q_0 c_0$$

einzeln stehen.

4. Durch die Rekursionsformel ist c_0 noch nicht festgelegt. Schreibt man (2.9.8) etwas anders

$$c_n = \frac{-(q_n + \rho p_n)c_0 - \sum\limits_{\mu=1}^{n-1} c_\mu \{(\mu + \rho)p_{n-\mu} + q_{n-\mu}\}}{(n+\rho)(n+\rho-1)+(n+\rho)p_0+q_0} ,$$

so sieht man in Verbindung mit (2.9.7), daß durch unterschiedliche Wahl für c_0 keine neuen, sondern nur linear abhängige Lösungen entstehen; o. B. d. A. setzen wir deshalb

$$c_0 = 1 .$$

Differentialgleichungen 2. Ordnung haben genau zwei linear unabhängige Lösungen. Abgesehen von speziellen Fällen, die unter (5) diskutiert werden, lautet deshalb die vollständige Lösung der Differentialgleichung (2.9.2)

$$w(z) = A z^{\rho_1} \sum_{n=0}^{\infty} c_n^{(1)} z^n + B z^{\rho_2} \sum_{n=0}^{\infty} c_n^{(2)} z^n . \qquad (2.9.12)$$

5. Die Rekursionsformel (2.9.8) ist nur dann sinnvoll, wenn der Nenner immer von Null verschieden ist. Wenn jedoch

$$\rho_1 = \rho_2 + m \text{ mit } m \in \mathbb{N}_0 \qquad (2.9.13)$$

gilt, dann tritt im Nenner von c_m der Ausdruck

$$(\rho_2 + m)(\rho_2 + m - 1) + (\rho_2 + m)p_0 + q_0 = \rho_1(\rho_1 - 1) + \rho_1 p_0 + q_0 \quad (2.9.14)$$

auf, der wegen der Gültigkeit der Indexgleichung (2.9.6) für ρ_1 verschwindet. Die Rekursionsformel für $c_m^{(2)}$ wird singulär. In diesem Fall führt nur der Index ρ_1 zu einer Lösung. Die zweite, linear unabhängige Lösung muß auf andere Weise konstruiert werden. Man erhält sie im wesentlichen durch Differentiation nach ρ_2, wobei aus

$$z^{\rho_2} = e^{\rho_2 \log z}$$

ein Faktor $\log z$ erzeugt wird. Im Detail findet man im Falle von $\rho_1 - \rho_2 \in \mathbb{N}_0$ für die allgemeine Lösung die folgende Form

$$w(z) = A w_1(z) + B \left[w_1(z) \log z + z^{\rho_2} \widetilde{w}(z) \right] . \qquad (2.9.15)$$

Dabei ist $\widetilde{w}(z)$ holomorph an der Stelle $z = 0$. Falls $\rho_1 = \rho_2$ ist, gilt zusätzlich $\widetilde{w}(0) = 0$

Bemerkung:
Die Faktoren der Form z^ρ in (2.9.12) haben zur Folge, daß die Funktion $w(z)$ im allgemeinen mehrdeutig ist; denn wegen

$$z^\rho = (|z| \cdot e^{i\phi})^\rho = |z|^\rho \cdot e^{i\rho\phi}$$

hat $w(z)$ für $z = |z|e^{i\phi}$ und $z = |z|e^{i(\phi+2\pi)}$, die den gleichen Punkt in der komplexen Zahlenebene beschreiben, verschiedene Werte, die sich um

$$e^{i2\pi\varrho} \neq 1$$

unterscheiden.
   Um für $w(z)$ eine eindeutige Funktion zu erhalten, legt man in der z-Ebene einen Verzweigungsschnitt, z. B. entlang der negativen reellen Achse, und definiert z^ρ zunächst nur für einen „Zweig":

$$-\pi < \phi < \pi; \qquad |\arg z| < \pi .$$

In der so aufgeschnittenen komplexen Zahlenebene ist $w(z)$ überall eindeutig definiert.

2.9.2 Die konfluente hypergeometrische Differentialgleichung

Die einfachsten Funktionen $P(z)$ und $Q(z)$ in (2.9.2) sind natürlich die Konstanten. Für diesen Fall erhält man Potenzfunktionen als Lösungen, die wir im nächsten Abschnitt explizit in Formel (2.9.34) angeben werden. Interessanter sind die linearen Funktionen. Es empfiehlt sich speziell den Fall

$$P(z) = b - z$$
$$Q(z) = -az$$

zu untersuchen. Dann erhält man die Gleichung

$$w''(z) + \frac{b-z}{z}w'(z) - \frac{a}{z}w(z) = 0$$

oder

$$zw''(z) + (b-z)w'(z) - aw(z) = 0 \ . \tag{2.9.16}$$

Sie wird als **konfluente hypergeometrische Differentialgleichung** bezeichnet. Für viele physikalische Anwendungen ist sie wichtig, weil durch geschickte Transformationen der Art

$$w \mapsto z^A e^{-Bz} w$$

jede Gleichung auf diese Form gebracht werden kann, für die die Funktionen $P(z)$ und $Q(z)$ lineare oder quadratische Funktionen von z sind

$$P(z) = \alpha z + \beta$$
$$Q(z) = z(\gamma z + \delta) \ .$$

Mit den Koeffizienten aus (2.9.16)

$$
\begin{array}{llll}
p_0 & = & b & \qquad p_1 & = & -1 \\
q_0 & = & 0 & \qquad q_1 & = & -a
\end{array}
\tag{2.9.17}
$$

erhält man als Indexgleichung (vgl. (2.9.6))

$$\rho(\rho + b - 1) = 0$$

mit den Lösungen

$$\rho_1 = 0 \qquad \rho_2 = 1 - b \ .$$

Für die zu $\rho_1 = 0$ gehörende Lösung, die wir später im einzelnen bestimmen werden, schreibt man

$$w_1(z) = M(a; b; z) \ . \tag{2.9.18}$$

und nennt $M(a; b; z)$ die **konfluente hypergeometrische Funktion**; in der Literatur findet man häufig auch die Schreibweise $_1F_1(a; b; z)$.

Die zu $\rho_2 = 1 - b$ gehörende Lösung kann ebenfalls mit Hilfe der M-Funktion ausgedrückt werden. Macht man den Ansatz

$$w(z) = z^{1-b}h(z)$$
$$w'(z) = z^{1-b}h'(z) + (1-b)z^{-b}h(z)$$
$$w''(z) = z^{1-b}h''(z) + 2(1-b)z^{-b}h'(z) + (-b)(1-b)z^{-b-1}h(z) ,$$

so erhält man durch Einsetzen in die Differentialgleichung (2.9.16)

$$z^{2-b}h''(z) + \left\{ 2(1-b)z^{1-b} + (b-z)z^{1-b} \right\} h'(z)$$
$$+ \left\{ (-b)(1-b)z^{-b} + (b-z)(1-b)z^{-b} - az^{1-b} \right\} h(z) = 0 ,$$

oder nach Multiplikation mit z^{b-1}

$$zh''(z) + (2-b-z)h'(z) - (a-b+1)h(z) = 0 .$$

Eine Lösung dieser Gleichung ist die konfluente hypergeometrische Funktion mit den Koeffizienten $a - b + 1$ und $2 - b$

$$M(a-b+1; 2-b; z) .$$

Als zweite formale Lösung der ursprünglichen Differentialgleichung (2.9.16) haben wir also gefunden

$$w_2(z) = z^{1-b}M(a-b+1; 2-b; z) . \tag{2.9.19}$$

Damit bleibt als Aufgabe, die Funktion $M(a; b; z)$ zu bestimmen. Nach (2.9.4) führt der Potenzreihensatz

$$M(a; b; z) = \sum_{n=0}^{\infty} c_n z^n$$

zum Ziel. Ist b weder Null noch negativ ganzzahlig (vgl. (2.9.13)), so läßt sich die Rekursionsformel (2.9.8) für den Index $\rho_1 = 0$ anwenden, und man erhält unter Beachtung von (2.9.17)

$$c_1 = \frac{a}{b}c_0$$

oder für beliebiges n

$$(\rho_1 = 0): \qquad c_{n+1} = \frac{a+n}{(b+n)(n+1)}c_n .$$

Durch vollständige Induktion zeigt man leicht

$$c_{n+1} = \frac{(a+n)}{(b+n)(n+1)} \cdot \frac{(a+n-1)}{(b+n-1)(n-1+1)}c_{n-1}$$
$$= \frac{a \cdot (a+1) \cdots (a+n)}{b \cdot (b+1) \cdots (b+n)} \cdot \frac{1}{(n+1)!}c_0 . \tag{2.9.20}$$

Verwendet man das **Pochhammersymbol**[11]

---

[11] Leo August Pochhammer (1841-1920), zuletzt Professor für Mathematik in Kiel

$$(a)_n := a \cdot (a+1) \cdots (a+n-1)$$
$$(a)_0 := 1 \hspace{6cm} (2.9.21)$$
$$(1)_n = n!$$
$$(a)_n = \frac{\Gamma(a+n)}{\Gamma(a)}$$

und wählt zusätzlich $c_0 = 1$, so kann man (2.9.20) übersichtlich schreiben

$$c_{n+1} = \frac{(a)_{n+1}}{(b)_{n+1}} \cdot \frac{1}{(n+1)!} \ .$$

Damit haben wir folgendes endgültiges Ergebnis für die konfluente hypergeometrische Funktion erhalten

$$M(a;b;z) = \sum_{n=0}^{\infty} \frac{(a)_n}{(b)_n} \frac{1}{n!} z^n \ . \hspace{3cm} (2.9.22)$$

Man kann zeigen, daß diese Reihe in der ganzen komplexen z-Ebene konvergiert; dies wird durch den Faktor $\frac{1}{n!}$ bewirkt. Das bekannteste Beispiel einer solchen Funktion ist die Exponentialfunktion; denn für beliebiges a gilt

$$M(a;a;z) = \mathrm{e}^z \ . \hspace{4cm} (2.9.23)$$

Ohne Beweis sei angegeben, wie sich $M(a;b;z)$ für große $|z|$-Werte verhält

$$M(a;b;z) \stackrel{|z| \to \infty}{\longrightarrow} \mathrm{e}^{-i\pi a} \frac{\Gamma(b)}{\Gamma(b-a)} \frac{1}{z^a} + \frac{\Gamma(b)}{\Gamma(a)} \mathrm{e}^z \cdot z^{a-b} \ . \hspace{1.5cm} (2.9.24)$$

Das Auftreten der e-Funktion zeigt, daß M eine wesentliche Singularität[12] im Punkt $z = \infty$ besitzt.

2.9.3 Die Differentialgleichungen der Fuchsschen Klasse

Das in den beiden letzten Abschnitten beschriebene Lösungsverfahren läßt sich auf ähnliche Differentialgleichungen übertragen, die nicht nur im Nullpunkt, sondern an mehreren Stellen der komplexen Ebene singulär sind. Für eine große Zahl von Differentialgleichungen, die zu der sogenannten **Fuchsschen Klasse**[13] gehören gibt es eine systematische Lösungstheorie. Diese Klasse wird durch die Eigenschaften der Koeffizienten in der Gleichung

$$w''(z) + p(z)w'(z) + q(z)w(z) = 0 \hspace{3cm} (2.9.25)$$

in folgender Weise definiert:

p(z) und q(z) sind Funktionen, die in der ganzen komplexen Ebene, einschließlich $z = \infty$, höchstens endlich viele Singularitäten besitzen, derart, daß
$p(z)$ höchstens Pole 1.Ordnung,
$q(z)$ höchstens Pole 2. Ordnung hat.

---

[12] Dies bedeutet, daß in jeder Umgebung von $z = \infty$ die Funktion jeden beliebigen Wert annimmt.
[13] Immanuel Lazarus Fuchs (1833-1902), zuletzt Professor für Mathematik in Berlin.

Explizit fordern diese Bedingungen zunächst

$$p(z) = \sum_{k=1}^{n} \frac{A_k}{z - a_k} + g_1(z)$$

$$q(z) = \sum_{k=1}^{n} \frac{B_k}{(z - a_k)^2} + \frac{C_k}{z - a_k} + g_2(z) \,, \qquad (2.9.26)$$

wobei $a_1, \ldots, a_n$ die Polstellen sind. A_k, B_k, C_k geben die „Polstärken" an, A_k und C_k heißen speziell Residuen. $g_1(z)$ und $g_2(z)$ sind ganze Funktionen; sie haben höchstens in $z = \infty$ eine Singularität. Die Bedingung, daß auch $z = \infty$ eine reguläre Singularität ist, schränkt $p(z)$ und $q(z)$ weiter ein. Zur Untersuchung der Differentialgleichung (2.9.25) für große Werte von $|z|$ führen wir die Substitution

$$\xi = \frac{1}{z} \qquad \text{durch.} .$$

Setzt man

$$\frac{\mathrm{d}w}{\mathrm{d}z} = \frac{\mathrm{d}w}{\mathrm{d}\xi} \cdot \frac{\mathrm{d}\xi}{\mathrm{d}z} = -\frac{1}{z^2}\frac{\mathrm{d}}{\mathrm{d}\xi}w$$

und

$$\frac{\mathrm{d}^2}{\mathrm{d}z^2}w = 2\xi^3\frac{\mathrm{d}}{\mathrm{d}\xi}w + \xi^4\frac{\mathrm{d}^2}{\mathrm{d}\xi^2}w$$

in (2.9.25) ein, erhält man nach Kürzung durch ξ^4 die neue Differentialgleichung

$$\frac{\mathrm{d}^2}{\mathrm{d}\xi^2}w + \left[\frac{2}{\xi} - \frac{1}{\xi^2}p\left(\frac{1}{\xi}\right)\right]\frac{\mathrm{d}}{\mathrm{d}\xi}w + \frac{1}{\xi^4}q\left(\frac{1}{\xi}\right)w = 0 \,.$$

Sie muß für ξ in der Umgebung des Nullpunktes untersucht werden. Damit auch für die hier auftretenden Koeffizientenfunktionen die Pol-Bedingungen erfüllt sind, muß man für $\xi \to 0$ fordern

$$p(\frac{1}{\xi}) = const \cdot \xi + \ldots$$

$$q(\frac{1}{\xi}) = const \cdot \xi^2 + \ldots$$

oder

$$p(z) \to 0$$
$$zq(z) \to 0$$
$$\text{für } z \to \infty \,.$$

Wendet man diese Forderung auf $p(z)$ und $q(z)$, insbesondere auf (2.9.26) an, erhält man mit Hilfe des Liouvilleschen Satzes der Funktionentheorie[14]

---

[14] „Jede in ganz $\mathbb{C}$ holomorphe, beschränkte Funktion ist konstant".

$$g_1(z) \equiv 0; \qquad g_2(z) \equiv 0 \,.$$

Außerdem folgt durch einfache Rechnung

$$\sum_{k=1}^{n} C_k = 0 \,.$$

Zusammengefaßt haben daher die Differentialgleichungen der Fuchsschen Klasse folgende Eigenschaften:

$$w''(z) + p(z)w'(z) + q(z)w(z) = 0 \tag{2.9.27}$$

$$\text{mit} \qquad p(z) = \sum_{k=1}^{n} \frac{A_k}{(z - a_k)} \tag{2.9.28}$$

$$q(z) = \sum_{k=1}^{n} \frac{B_k}{(z - a_k)^2} + \frac{C_k}{(z - a_k)} \tag{2.9.29}$$

und der Nebenbedingung: $\qquad \displaystyle\sum_{k=1}^{n} C_k = 0 \,.$ \hfill (2.9.30)

Eine solche Differentialgleichung hat $n + 1$ Singularitäten: bei $z = a_1, \ldots, a_n$ und $z = \infty$.

Im folgenden sollen die einfachsten Fälle systematisch diskutiert werden!

$n = 0$: *Fuchssche Differentialgleichung mit einer Singularität bei $z = \infty$.*
Offenbar verschwinden $p(z)$ und $q(z)$ und wir erhalten

$$w''(z) = 0 \tag{2.9.31}$$

mit der Lösung $w(z) = \alpha + \beta z$.
Durch die Transformation

$$z \mapsto \frac{1}{z} + a = \xi \tag{2.9.32}$$

kann die Singularität in einen beliebigen Punkt a der komplexen Ebene verschoben werden. Mit (2.9.32) erhält man aus (2.9.31) die folgende Differentialgleichung für $w(\xi)$[15]

$$\frac{\mathrm{d}^2}{\mathrm{d}\xi^2} w + \frac{2}{\xi - a} \frac{\mathrm{d}}{\mathrm{d}\xi} w = 0 \,.$$

$n = 1$: *Fuchssche Diffenrentialgleichung mit zwei Singularitäten.*
Zunächst sei die Differentialgleichung für $z = 0$ und $z = \infty$ singulär. Dann gilt nach (2.9.27)

$$p(z) = \frac{A}{z}; \qquad q(z) = \frac{B}{z^2} \,,$$

und die Differentialgleichung lautet

---

[15] Ist umgekehrt eine Differentialgleichung dieses Typs gegeben, so kann sie mit Hilfe der umgekehrten Transformation auf den einfachen Fall (2.9.31) zurückgeführt werden.

$$w''(z) + \frac{A}{z}w'(z) + \frac{B}{z^2}w(z) = 0 \, . \tag{2.9.33}$$

Dies ist der einfachste Spezialfall der Differentialgleichung (2.9.2). Man kann seine Lösungen explizit aufschreiben

$$w(z) = \lambda_1 z^{\rho_1} + \lambda_2 z^{\rho_2} \, , \tag{2.9.34}$$

wobei ρ_1 und ρ_2 die Wurzeln der Indexgleichung

$$\rho(\rho - 1) + A\rho + B = 0$$

sind. Durch eine Transformation

$$z \mapsto \left(z + \frac{1}{a_1 - a_2} \right)^{-1} + a_2$$

können die Singularitäten in beliebige Punkte $z = a_1$ und $z = a_2$ der komplexen Ebene gelegt werden; diese Möglichkeit wollen wir jedoch nicht weiter verfolgen.

$n = 2$: *Mathematisch interessanter als die bis jetzt behandelten Typen sind Differentialgleichungen mit drei Singularitäten*, die wir zunächst in die Punkte

$$z = 0, 1, \infty$$

legen. Dann gilt für die Koeffizientenfunktionen, wenn man die Nebenbedingung in (2.9.30) beachtet

$$p(z) = \frac{A_0}{z} + \frac{A_1}{z - 1}$$
$$q(z) = \frac{B_0}{z^2} + \frac{C}{z} + \frac{B_1}{(z - 1)^2} - \frac{C}{(z - 1)} \, .$$

Es treten hier Koeffizienten auf, die man jedoch auf drei unabhängige Konstanten reduzieren kann. Dazu führt man eine neue Funktion $\widetilde{w}$ durch

$$w(z) = z^\lambda (1 - z)^\mu \widetilde{w}(z)$$

ein. Durch geeignete Wahl des Exponenten λ kann man erreichen, daß einer der beiden Indizes für $z = 0$ verschwindet. Damit die Indexgleichung (2.9.6) $\rho = 0$ als eine der Wurzeln hat, muß dort der Koeffizient q_0 verschwinden, was mit der jetzigen Bezeichnung

$$B_0 = 0$$

bedeutet. Analog kann man durch Wahl von μ auch für den Punkt $z = 1$ einen der Indizes zum Verschwinden bringen. Auf diese Weise erhält man

$$B_1 = 0 \, .$$

Damit bleiben – wie angekündigt – nur 3 unabhängige Koeffizienten übrig. Man kann statt A_1, A_2 und C neue Konstanten a, b und c einführen, so daß die Differentialgleichung wie folgt geschrieben werden kann

$$p(z) = \frac{c}{z} + \frac{1 + a + b - c}{z - 1}$$

$$q(z) = ab \left(-\frac{1}{z} + \frac{1}{z - 1} \right) = \frac{ab}{z(z - 1)} \, .$$

Damit erreicht man, wie wir sehen werden, daß die Lösungen der Differentialgleichungen eine einfache Form erhalten. Zunächst schreiben wir die Differentialgleichung für die erhaltenen Funktionen $p(z)$ und $q(z)$ explizit auf. Nach einfachen Umformungen erhält man die sog. **hypergeometrische Differentialgleichung** (ohne „konfluent"!)

$$z(1 - z)w''(z) + [c - (a + b + 1)z]\, w'(z) - abw(z) = 0 \, . \tag{2.9.35}$$

(Hier wurde die Tilde ~ weggelassen!)

Zur Konstruktion ihrer Lösungen gehen wir davon aus, daß einer der Indizes für den Punkt $z = 0$ verschwindet. Daher hat eine der Lösungen die Form einer einfachen Potenzreihe. Sie wird mit $F(a, b, c, ; z)$ bezeichnet, um ihre Abhängigkeit auch von den Koeffizienten der Differentialgleichung zum Ausdruck zu bringen. Für F kann man also ansetzen

$$w_1(z) = F(a, b; c; z) = \sum_{n=0}^{\infty} c_n z^n \, .$$

Durch Einsetzen dieser Potenzreihe in die Differentialgleichung (2.9.35) ergibt sich ähnlich wie bei Gleichung (2.9.8) eine Rekursionsformel für die Koeffizienten

$$c_{n+1} = \frac{(a + n)(b + n)}{(c + n)(1 + n)} \cdot c_n$$

und schließlich (vgl. die Definition des Pochhammersymbols in (2.9.21))

$$c_n = \frac{(a)_n (b)_n}{(c)_n} \cdot \frac{1}{n!} \cdot c_0 \, .$$

Normiert man noch $c_0 = 1$, so erhält man einen expliziten Ausdruck für die Funktion F, die man auch die **hypergeometrische Funktion** nennt

$$F(a, b; c; z) = \sum_{n=0}^{\infty} \frac{(a)_n (b)_n}{(c)_n} \cdot \frac{1}{n!} \cdot z^n \, . \tag{2.9.36}$$

In der Literatur wird häufig auch die Schreibweise $_2F_1(a, b; c; z)$ benutzt. Gauß hat diese Reihe „hypergeometrisch" genannt, weil er in ihr eine Verallgemeinerung der geometrischen Reihe

$$\frac{1}{1 - z} = \sum_{n=0}^{\infty} z^n \qquad \text{für } |z| < 1$$

sah. In der Tat gilt

$$F(a; 1; a; z) = \sum_{n=0}^{\infty} z^n \qquad \text{für } |z| < 1 \text{ und alle } a \, .$$

Nach Sätzen der Funktionentheorie und wie das Beispiel der geometrischen Reihe zeigt, konvergiert die hypergeometrische Reihe i. a. nur für

$$|z| < 1 .$$

Um auch die zweite von $F(a; b; c; z)$ linear unabhängige Lösung zu finden, müssen wir den zweiten Index des Punktes $z = 0$ bestimmen. Dazu bestimmen wir durch Vergleich von $p(z)$ mit der Funktion $P(z)$ aus (2.9.2) den Wert der Konstanten p_0 zu

$$p_0 = c .$$

Damit lautet die Indexgleichung (2.9.6)

$$\rho(\rho - 1 + c) = 0 .$$

Damit wird der zweite Index durch

$$\rho_2 = c$$

gegeben. Daher erhält man analog zu (2.9.19) als zweite Lösung

$$w_2(z) = z^{1-c} F(a - c + 1, b - c + 1; 2 - c; z) . \tag{2.9.37}$$

Auf ähnliche Weise, wie am Beispiel für $z = 0$ gezeigt, erhält man die Lösungen, die in der Umgebung der anderen singulären Punkte gültig sind. Für den Fall $|1 - c| \notin \mathbb{N}_0$ sind sämtliche sog. **Fundamentallösungen** im folgenden zusammengestellt:

$$
\begin{aligned}
z = 0: \quad & F(a, b; c; z) \\
& z^{1-c} F(a - c + 1, b - c + 1; 2 - c; z) \\
z = 1: \quad & F(a, b; a + b - c + 1; 1 - z) \\
& (1 - z)^{c-a-b} F(c - a, c - b; c - a - b + 1; 1 - z) \\
z = \infty: \quad & \left(\frac{1}{z}\right)^a F(a, 1 + a - c; 1 - b + a; \frac{1}{z}) \\
& \left(\frac{1}{z}\right)^b F(b, 1 + b - c; 1 - a + b; \frac{1}{z}) .
\end{aligned}
$$

Es soll noch gezeigt werden, wie sich aus (2.9.35) die konfluente hypergeometrische Differentialgleichung ergibt, wenn man die beiden Singularitäten bei $z = 1$ und $z = \infty$ zusammenfließen („konfluieren") läßt. Wir setzen dazu $bz = x$. Dann wird aus (2.9.35)

$$p(x) = b \left[\frac{c}{x} + \frac{1 + a + b - c}{x - b}\right]$$

$$q(x) = b^2 a \left[-\frac{1}{x} + \frac{1}{x - b}\right] .$$

Die zweite Singularität liegt jetzt bei $x = b$. Mit dem Grenzübergang $b \to \infty$ erhalten wir

$$p(x) \overset{b \to \infty}{\longrightarrow} b \left[\frac{c}{x} - 1 \right]$$

$$q(x) \overset{b \to \infty}{\longrightarrow} -b^2 \frac{a}{x} \, .$$

Durch die Substitution ändert sich die Differentialgleichung (2.9.25) in

$$b_2 w''(x) + p(x) b \cdot w'(x) + q(x) w(x) = 0 \, .$$

Setzt man $q(x)$ ein, so folgt nach Division durch b^2 für $b \to \infty$

$$w''(x) + (\frac{c}{x} - 1) w'(x) - \frac{a}{x} w(x) = 0 \, .$$

Ein Vergleich mit (2.9.16) zeigt, daß dies die konfluente hypergeometrische Differential-gleichung ist. Das „Konfluieren" läßt sich auch für die Lösung der Differentialgleichung nachweisen. Wie die Reihendarstellung (2.9.36) zeigt, gilt wegen

$$\lim_{b \to \infty} \frac{(b)_n}{b^n} = 1 \qquad \text{für alle } n \in \mathbb{N}_0$$

die Beziehung

$$\lim_{b \to \infty} F(a, b; c; \frac{x}{c}) = M(a; c; x) \, . \, .$$

2.10 Lösung der Schrödingergleichung für physikalisch wichtige Potentiale

Es war leicht, die Schrödingergleichung für das Kastenpotential zu lösen. Im folgenden Abschnitt soll dargestellt werden, welche Probleme die Schrödingergleichung für realistische Potentiale stellt. Dabei wird gleich deutlich werden, daß es keinen „Königsweg" gibt, auf dem man die Schrödingergleichung wenigstens für eine große Klasse von Potentialen lösen kann. Selbst bei den analytisch lösbaren Gleichungen wird man schnell auf „spezielle Funktionen" der mathematischen Physik geführt, die nicht durch elementare Funktionen – wie die Exponential-, die tigonometrischen Funktionen etc. – ausgedrückt werden können.

Im vorhergehenden Abschnitt haben wir die allgemeine Theorie für die Lösung der auftretenden Differentialgleichungen ein gutes Stück weit entwickelt. Zur Erleichterung des Lesers werden wir im folgenden die Ergebnisse dieser Theorie nicht voraussetzen. Der Abschnitt 2.10 kann daher unabhängig von Abschnitt 2.9 gelesen und verstanden werden. Dabei werden wir bewußt einige Wiederholungen in Kauf nehmen.

Wir werden drei Potentiale behandeln, die verschiedene physikalische Situationen beschreiben, und deren Energie-Eigenwerte mit unterschiedlichen Verfahren bestimmen. Zwei davon sind die für die Physik wohl wichtigsten Potentiale: das **Coulomb-Potential** und das **harmonische Oszillatorpotential**

$$V_{\text{C}} = -\frac{Ze^2}{r} \quad ; \quad V_{\text{osz}} = \frac{k}{2} r^2 = \frac{1}{2} m \omega^2 r^2 \, .$$

Sie unterscheiden sich qualitativ durch ihr Verhalten für große und kleine Abstände r. Das Coulombpotential strebt für $r \to \infty$ nach Null

$$\lim_{r \to \infty} V(r) = 0 \, .$$

Potentiale mit dieser Eigenschaft werden wir als **asymptotisch frei** bezeichnen.[16] Das Oszillatorpotential übersteigt andererseits für große r alle Grenzen; es ist ein Beispiel eines Potentials mit „Confinement". Ein Teilchen bleibt unter seinem Einfluß für alle Zeiten „eingesperrt" (= confined). Diese Eigenschaft teilt das Oszillatorpotential mit allen Potentialen der Form

$$V(r) = C \, r^m \quad \text{mit} \quad m > 0 \, , C > 0 \, .$$

Als drittes Beispielpotential werden wir den Fall $m = 1$ behandeln, also das linear ansteigende Potential

$$V(r) = \sigma \, r \, .$$

Der qualitative Unterschied zwischen asymptotisch freien und „confining" Potentialen muß sich auf das Verhalten der Wellenfunktionen für große Abstände auswirken, das wir im folgenden Unterabschnitt zunächst untersuchen wollen.

In bezug auf seine physikalische Bedeutung nimmt das Coulombpotential für die Atomphysik eine zentrale Stelle ein. Aber auch für die Dynamik von schweren Quarks ist es bestimmend. Darüber hinaus ist sein Energiespektrum insofern typisch, als es sowohl einen diskreten als auch einen kontinuierlichen Teil besitzt. Wegen des $1/r$- Verhaltens des Potentials, das im quantenmechanischen Kontext für $r \to \infty$ relativ langsam gegen Null konvergiert, hat es jedoch recht spezielle mathematische und physikalische Eigenschaften; die Existenz von unendlich vielen gebundenen Zuständen mit ihrem Häufungspunkt an der Ionisierungs-Energie gehört dazu.

Das Oszillator-Potential kann in vielen Fällen und in recht verschiedenartigen Zusammenhängen als gute Approximation immer dann verwendet werden, wenn das Potential eine Gleichgewichtslage zuläßt. Es ist quantentheoretisch durch ein rein diskretes Energiespektrum mit unendlich vielen äquidistanten Energieniveaus ausgezeichnet.

Das lineare Potential schließlich hat wieder unendlich viele gebundene Zustände, dessen Lage sich nur mit einer komplizierteren Funktion ausdrücken läßt. Es beschreibt übrigens auch die Quantentheorie eines Teilchens, das einer konstanten Schwerebeschleunigung g unterworfen ist.

In allen Fällen beschränken wir uns wieder auf **drehsymmetrische** Wellenfunktionen $\psi(r)$ und werden mit der Substitution

$$r\psi(r) = u(r) \tag{2.10.1}$$

dazu geführt, Lösungen der Differentialgleichung

$$u''(r) + \frac{2m}{\hbar^2}(E - V(r))u(r) = 0 \tag{2.10.2}$$

---

[16] Mit dieser Bezeichnung verfremden wir ein wenig einen aus der Quantenfeldtheorie stammenden Begriff. In unserem Zusammenhang kennzeichnet er das Verschwinden der Wechselwirkung für große Abstände. In der Feldtheorie verschwinden dagegen asymptotisch freie Wechselwirkungen bei kleinen Abständen.

zu suchen, die die Randbedingungen

$$u(r) \to 0; \qquad r \to \infty \tag{2.10.3}$$

$$u(0) = 0 \tag{2.10.4}$$

erfüllen. (vgl. Abschnitt 2.7.4) Von den beiden linear unabhängigen Lösungen, die eine Differentialgleichung 2. Ordnung besitzt, wird eine Linearkombination durch die Randbedingung für $r = 0$ ausgeschlossen. Die andere linear unabhängige Lösung verhält sich für $r = 0$ wegen des Auftretens der Potenzreihe nur dann so, wie es (2.10.3) fordert, wenn wir zusätzliche Bedingungen stellen. Daraus ergeben sich Gleichungen für die Eigenwerte E_n und schließlich die Eigenfunktionen $\psi_n(r)$.

2.10.1 Das asymptotische Verhalten der Wellenfunktionen

Beginnen wir mit der Analyse des $r \to \infty$ -Verhaltens der asymptotisch freien Potentiale. Die Schrödingergleichung (2.10.2) nimmt für große r die folgende „asymptotische Form" an

$$u''_{\mathrm{as}} + \frac{2m}{\hbar^2} E u_{\mathrm{as}} = 0 \,.$$

Diese Gleichung haben wir bereits bei der Behandlung des Kastenpotentials gelöst. Wegen $E < 0$ setzen wir wie im Abschnitt 2.8

$$\kappa^2 = -\frac{2m}{\hbar^2} E \quad ; \quad \kappa = +\sqrt{-\frac{2m}{\hbar^2} E} \tag{2.10.5}$$

und finden als Lösung

$$u_{\mathrm{as}} = C \mathrm{e}^{-\kappa r} + C' \mathrm{e}^{\kappa r} \,.$$

Aufgrund der Randbedingung $u(\infty) = 0$ muß C' verschwinden und die asymptotische Form der Wellenfunktion lautet

$$u_{\mathrm{as}} = C \mathrm{e}^{-\kappa r} \,. \tag{2.10.6}$$

Sie ist vollständig durch den Energieeigenwert E bestimmt und hängt nicht von der speziellen Form des Potentials ab. Nach seiner Begründung gilt dies für alle asymptotisch freien Potentiale.

Betrachten wir jetzt Potentiale mit Confinement! Deren Schrödingergleichung

$$u''(r) + \frac{2m}{\hbar^2}(E - C r^m) u(r) = 0$$

geht für große r über in

$$u''_{\mathrm{as}}(r) + \frac{2mC}{\hbar^2} r^m u_{\mathrm{as}}(r) = 0 \,.$$

Diese Differentialgleichung läßt sich mit elementaren Funktionen nicht mehr lösen. Wir werden später sehen, daß die Lösungen durch Zylinderfunktionen ausgedrückt werden können. An dieser Stelle versuchen wir das asymptotische Verhalten zu „erraten". Wegen des mit wachsendem r ansteigenden Potential wird u_{as} noch stärker als exponentiell abfallen. Wir versuchen daher den Ansatz

$$u_{as} = e^{-ar^q} .$$

Setzt man in die asymptotische Differentialgleichung ein, so folgt

$$\frac{e^{ar^q}}{r^2} \left[aqr^q(1-q) + a^2q^2r^{2q} - dr^{m+2} \right] = 0 \tag{2.10.7}$$

wobei

$$d := \frac{2mC}{\hbar^2}$$

ist. Da wir ein schnelleres Abfallen als $e^{-\kappa r}$ erwarten, setzen wir $q > 1$ voraus. Dann bleiben für $r \to \infty$ nur die beiden letzten Terme von (2.10.7) übrig und wir erhalten

$$a^2 q^2 r^{2q} = d r^{m+2} .$$

Diese Gleichung kann identisch in r nur erfüllt sein, wenn gilt

$$q = \frac{m}{2} + 1 \quad \text{und} \quad a = \pm \frac{\sqrt{d}}{\frac{m}{2} + 1} .$$

Von den beiden Vorzeichen von a kann nur das positive richtig sein. Daher folgt

$$u_{as} = \exp\left(-\frac{\sqrt{d}}{\frac{m}{2} + 1} \cdot r^{\frac{m}{2}+1} \right) . \tag{2.10.8}$$

Das asymptotische Verhalten wird daher nur von den Potentialparameter d bzw. C bestimmt und hängt in seinem Grobverhalten nicht von der Energie E ab.

Für das Oszillatorpotential gilt

$$m = 2 \quad \text{und} \quad d = \left(\frac{m\omega}{\hbar} \right)^2$$

und daher

$$u_{as}(r) = e^{-\frac{1}{2} \frac{m\omega}{\hbar} r^2} .$$

Die Eigenfunktionen des harmonischen Oszillators fallen daher wie eine Gaußfunktion ab, deren Breite durch die Oszillatorfrequenz ω und die Teilchenmasse m bestimmt ist.

Für ein lineares Potential folgt (wegen $m = 1$)

$$u_{as}(r) = e^{-\frac{2d}{3} \cdot r^{\frac{3}{2}}}$$

also ein Verhalten zwischen dem des Oszillators und der asymptotisch freien Potentiale.

Bei den nun folgenden Lösungen der Schrödingergleichung werden wir uns von diesem asymptotischen Formeln leiten lassen.

2.10.2   Das Coulomb-Eigenwertproblem

Für wasserstoffähnliche Atome mit einem Elektron, das sich im Feld eines Kerns mit der Ladung Ze bewegt, ergibt sich die Differentialgleichung

$$u''(r) + \frac{2m}{\hbar^2}\left(E + \frac{Ze^2}{r}\right)u(r) = 0 \, . \tag{2.10.9}$$

Von den Ergebnissen der vorangegegangenen Überlegungen geleitet, spalten wir durch den folgenden Ansatz das asymptotische Verhalten (2.10.6) ab

$$u(r) = \mathrm{e}^{-\kappa r} \cdot v(2\kappa r) \, . \tag{2.10.10}$$

Er führt uns auf die folgende Differentialgleichung für v

$$(2\kappa r)v''(2\kappa r) - (2\kappa r)v'(2\kappa r) + \frac{Ze^2 m}{\hbar^2 \kappa}v(2\kappa r) = 0 \, . \tag{2.10.11}$$

An dieser Stelle machen wir nun Gebrauch von dem Verfahren des vorangegangenen Abschnittes 2.9. Zunächst setzen wir

$$z := 2\kappa r$$

und studieren zunächst das Verhalten für kleine r, wo das singuläre Verhalten des Coulombpotentials wirksam wird. Dazu setzen wir versuchsweise an

$$v(z) = z^\rho$$

und finden

$$\rho(\rho - 1) = 0 \quad \Longrightarrow \quad \begin{array}{l} \rho_1 = 1 \\ \rho_2 = 0 \end{array} \, . \tag{2.10.12}$$

Diese Gleichung wurde im Abschnitt 2.9 Indexgleichung genannt. Für den Index $\rho_1 = 1$ verschwindet $v(z)$ für $z = 0$ und damit ist $u(r = 0) = 0$, wie von der Randbedingung gefordert. Für den zweiten Index $\rho_2 = 0$ kann dagegen $u(r = 0) = 0$ nicht erreicht werden und wir brauchen nur den ersten Fall weiter verfolgen. Damit haben wir – wie angekündigt – eine der beiden linear unabhängigen Lösungen der Differentialgleichung 2. Ordnung (2.10.11) ausgeschieden. Für die zweite Lösung machen wir einen Potenzreihenansatz

$$v(z) = \sum_{n=1}^{\infty} c_n z^n \, .$$

Nach Einsetzen in die Differentialgleichung (2.10.11) erhält man nach einer Rechnung, die im vorangegangenen Abschnitt allgemein durchgeführt wurde

$$v(z) = zM(A + 1; 2; z) \tag{2.10.13}$$

wobei die Konstante A durch

$$A = -\frac{Ze^2 m}{\hbar^2 \kappa} \tag{2.10.14}$$

gegeben ist und die Funktion $M(A + 1; 2; z)$ ein Spezialfall der sog. *konfluenten hypergeometrischen Reihe* ist, die durch

$$M(a; b; z) = \sum_{n=0}^{\infty} \frac{1}{n!} \frac{(a)_n}{(b)_n} z^n$$

definiert ist, wobei die auftretenden *Pochhammerschen Klammersymbole* durch

$$(a)_n := a \cdot (a + 1) \cdots (a + n - 1)$$
$$(a)_0 := 1$$
$$(1)_n = n!$$
$$(a)_n = \frac{\Gamma(a + n)}{\Gamma(a)}$$

definiert sind.[17] Aus unserem Ansatz (2.10.10) folgt damit[18]

$$u(r) = e^{-\kappa r} 2\kappa r M(A + 1; 2; 2\kappa r) \qquad (2.10.15)$$

Wir müssen nun noch die Randbedingung im Unendlichen erfüllen. Da $M(A + 1; 2, 2\kappa r)$ eine unendliche Reihe darstellt, ist der Wert von $u(\infty)$ nicht ohne weiteres zu erkennen. Wenn allerdings A eine negativ ganze Zahl ist

$$A = -n \quad \text{mit} \quad n = 1, 2, 3 \cdots \qquad (2.10.16)$$

verschwindet das Pochhammersymbol

$$(A + 1)_m = (1 - n)_m \quad \text{für} \quad m \geq n \,,$$

und die Funktion $M(-n; 2; 2\kappa r)$ wird ein Polynom vom Grade n. Daher verhält sich die radiale Wellenfunktion nach (2.10.15) für große r wie

$$u(r) \sim r^{n+1} e^{-\kappa r} \,.$$

---

[17] Genauer wird dieses Ergebnis auf folgende Weise erhalten: Zunächst formt man durch $v(z) = z \cdot w(z)$ die Differentialgleichung (2.10.11) um in

$$zw''(z) + (2 - z)w'(z) - (A + 1)w(z) = 0 \,.$$

Dann zeigt ein Vergleich mit der hypergeometrischen Differentialgleichung (2.9.16)

$$zw''(z) + (b - z)w'(z) - aw(z) = 0 \,,$$

daß $w(z)$ eine konfluente hypergeometrische Funktion mit den Parametern $a = A + 1$ und $b = 2$ ist.

[18] Da hier der in (2.9.13) angesprochene Ausnahmefall vorliegt,

$$\rho_1 - \rho_2 = 1$$

hat die zweite Lösung die Form (2.9.15); ihr Verhalten für $r \to 0$ wird durch

$$c + r \log r; \qquad c \neq 0$$

beschrieben. Für diese Teillösung läßt sich (2.10.4) in keinem Fall erfüllen. Für unsere physikalischen Überlegungen ist deshalb nur (2.10.15) interessant.

Die hier auftretende abfallenden Exponentialfunktion erschlägt die ansteigende Potenz von r, so daß die Randbedingung $u(\infty) = 0$ erfüllt ist. Man kann sich nun auf verschiedenen Weisen davon überzeugen, daß die Bedingung (2.10.16) auch notwendig ist: Falls sie nicht erfüllt ist, wächst $u(r)$ exponentiell an.

Ein elementares – wenn auch nicht exaktes Argument – beruht auf der Beobachtung, daß für das Pochhammer-Symbol für sehr große Indizes gilt

$$(A + 1)_m \approx (2)_m \quad \text{für} \quad m \gg 1 .$$

Dann wächst M gemäß

$$M(A + 1; 2; 2\kappa r) \approx M(2; 2; 2\kappa r) \sim r\, \mathrm{e}^{\kappa r}$$

an.[19] Damit haben wir auch die möglichen Energieeigenwerte für das Coulombpotential gefunden; mit (2.10.5) und (2.10.14) folgt die **Rydbergformel**

$$\boxed{E_n = -\frac{1}{2}(Z\alpha)^2 mc^2 \cdot \frac{1}{n^2}} \qquad n = 1, 2, 3, \cdots \qquad (2.10.17)$$

wobei $\alpha = e^2/\hbar c$ die Feinstrukturkonstante ist.

Die zugehörigen Eigenfunktionen lauten nach (2.10.15)

$$\boxed{\psi_n(r) = \frac{1}{r} u_n(r) = A_n \mathrm{e}^{-\kappa_n r} M(1 - n; 2; 2\kappa_n r)} . \qquad (2.10.18)$$

Die hier auftretenden konfluenten hypergeometrischen Funktionen stellen wie gefordert Polynome $(n - 1)$-ten Grades dar. Es ist üblich mit den folgenden Polynomen

$$L_n^{(m)}(z) := \frac{(m + n)!}{n! \cdot m!} M(-n, m + 1, z) \qquad (2.10.19)$$

zu arbeiten; sie sind Lösungen der Differentialgleichung

$$z w''(z) + (m + 1 - z) w'(z) + n w(z) = 0 \qquad n, m \in \mathbb{R} \qquad (2.10.20)$$

---

[19] Das exakte Argument verwendet Informationen aus dem Abschnitt 2.10: Nach (2.9.24) wächst die M-Funktion für große r wie

$$\frac{\Gamma(2)}{\Gamma(a + 1)} \cdot \mathrm{e}^{\kappa r}$$

an; für $u(r)$ gilt also

$$u(r) \xrightarrow{r \to \infty} \frac{\Gamma(2)}{\Gamma(a + 1)} \mathrm{e}^{\kappa r} .$$

Weil $\Gamma(2) = 1 \neq 0$ ist, läßt sich die Bedingung

$$u(r) \to 0; \qquad r \to \infty$$

nur erfüllen, wenn wir

$$\Gamma(A + 1) = \infty$$

fordern. Da die Γ-Funktion für $z = 0$ und alle negativ-ganzzahligen Werte Polstellen besitzt und nur für sie, führt diese Bedingung zu $A + 1 = -n$.

und heißen **verallgemeinerte Laguerre-Polynome**. Die Wellenfunktionen $\psi_n(r)$ werden also durch

$$L_{n-1}^{(1)}(2\kappa_n r) \tag{2.10.21}$$

dargestellt. Mit Hilfe der Normierungsbedingung können die Faktoren A_n bestimmt werden. Führt man alle Rechnungen aus, dann erhält man:

$$\psi_n(r) = A_n e^{-Z\frac{r}{na_0}} M\left(1 - n; 2; \frac{2Zr}{na_0}\right) \tag{2.10.22a}$$

$$a_0 = \frac{1}{\alpha}\frac{\hbar}{mc} = \frac{\hbar^2}{me^2} \tag{2.10.22b}$$

$$A_n = \frac{1}{\sqrt{\pi}}\left(\frac{Z}{na_0}\right)^{\frac{3}{2}} \tag{2.10.22c}$$

$$n = 1, 2, 3, \ldots .$$

Explizit gilt für die ersten drei Eigenfunktionen

$$\psi_1(r) = \frac{1}{\sqrt{\pi}}\left(\frac{Z}{a_0}\right)^{\frac{3}{2}} e^{-Z\frac{r}{a_0}} \tag{2.10.23}$$

$$\psi_2(r) = \frac{1}{\sqrt{\pi}}\left(\frac{Z}{2a_0}\right)^{\frac{3}{2}} e^{-Z\frac{r}{2a_0}}\left(1 - \frac{1}{2}\frac{Zr}{a_0}\right) \tag{2.10.24}$$

$$\psi_3(r) = \frac{1}{\sqrt{\pi}}\left(\frac{Z}{3a_0}\right)^{\frac{3}{2}} e^{-Z\frac{r}{3a_0}}\left(1 - \frac{2}{3}\frac{Zr}{a_0} + \frac{2}{27}\left(\frac{Zr}{a_0}\right)^2\right), \tag{2.10.25}$$

wobei wir uns wie bisher auf verschwindende Drehimpulse beschränkt haben.

2.10.3 Das lineare Confinement-Potential

Als zweites Beispiel behandeln wir das Eigenwertproblem für das lineare Potential, das wir in der Form

$$V(r) = \sigma r$$

schreiben, wo σ eine positive Konstante ist, die als „String-Konstante" bezeichnet wird. Außer der Anwendung in der Beschreibung von Bindungszuständen von schweren Quarks liegt das Motiv für die Behandlung dieses Potentials im Methodischen. Die Eigenwerte des Hamiltonoperators werden sich in deutlich verschiedener Weise ergeben.

Wegen $V(r) > 0$ erwarten wir positive Eigenwerte und setzen

$$E := \frac{\hbar^2}{2m}k^2 ,$$

so daß die Schrödingergleichung für die radiale Wellenfunktion lautet

$$u''(r) + \left(k^2 - \frac{2m\sigma}{\hbar^2}r\right)u(r) = 0 .$$

Wie oft empfiehlt es sich, möglichst viele Größen dimensionslos zu machen. Dazu führen wir eine – zunächst noch nicht festgelegte – Länge r_0 ein und schreiben

$$u''(r) + \frac{1}{r_0^2}\left((kr_0)^2 - \frac{2m\sigma r_0^2}{\hbar^2}r\right)u(r) = 0 \; .$$

Diese Gleichung legt es nahe, eine dimensionslose Variable z durch

$$z := -(kr_0)^2 + \frac{2m\sigma r_0^2}{\hbar^2}r$$

zu definieren. Dann kann man die Schrödingergleichung umschreiben in

$$\left(\frac{2m\sigma r_0^2}{\hbar^2}\right)^2 \frac{d^2u(z)}{dz^2} - \frac{1}{r_0^2}z\,u(z) = 0$$

oder

$$\frac{d^2u(z)}{dz^2} - \beta^2\,z\,u(z) = 0$$

mit

$$\beta := \frac{\hbar^2}{2m\sigma r_0^3} \; .$$

Außer β gehen in die so gewonnene Gleichung keine Parameter ein. Da die Länge r_0 noch frei ist, wählen wir sie so, daß β möglichst einfach, nämlich gleich eins ist

$$\beta = 1 \; .$$

Dies bedeutet

$$r_0 = \left(\frac{\hbar^2}{2m\sigma}\right)^{\frac{1}{3}} \; .$$

Daher müssen wir die Differentialgleichung

$$\frac{d^2u(z)}{dz^2} - z\,u(z) = 0 \tag{2.10.26}$$

lösen, in der weder die Energie E noch die Stringkonstante σ explizit auftritt. Sie kommen erst über die Randbedingungen herein. Zunächst folgt aus $u(r = \infty) = 0$ auch

$$u(z = \infty) = 0$$

eine vertraute Bedingung. Aber aus $u(r = 0) = 0$ ergibt sich aus der Definition von z

$$u(z - (k_0 r)^2) = 0 \; .$$

Wir müssen jetzt nur eine einzige Lösung $u_0(z)$ von (2.4.13) zu finden, die für $z \to \infty$ verschwindet. Deren Nullstellen z_n bestimmen die Eigenwerte k_n

$$k_n^2 = -\frac{1}{r_0^2}z_n \; .$$

Notfalls müßte man $u_0(z)$ numerisch bestimmen. In diesem Falle kennt man die Lösung der „einfachen" Gleichung (2.4.13) jedoch explizit. Sie wird durch eine spezielle Bessel-funktion, die **Airy-Funktion**[20] gegeben

$$u_0(z) = C\,\text{Ai}(z) = C\sqrt{z}\,K_{\frac{1}{3}}\!\left(\frac{2}{3}z^{\frac{3}{2}}\right).$$

Auch diese Funktion kann aus der konfluenten hypergeometrischen Funktion erzeugt wer-den, aber die Besselfunktionen sind selbst so gut untersucht, daß man ihre Eigenschaften direkt nachschlagen kann. Für große z gilt

$$\sqrt{z}\,K_{\frac{1}{3}}\!\left(\frac{2}{3}z^{\frac{3}{2}}\right) \approx e^{-\frac{2}{3}z^{\frac{3}{2}}}\left(\frac{1}{z}\right)^{\frac{1}{4}},$$

was mit unserem Ergebnis über das asymptotische Verhalten aus Unterabschnitt 2.10.1 verträglich ist. Die Lage der Nullstellen kann man aus einem Tafelwerk oder einem Computeralgebra-Programm entnehmen. Man findet für die 8 niedrigsten Werte

$$z_n = -2.3, -4.0, -5.5, -6.8, -8.0, -9.0, -10.0, -11.0, \ldots.$$

Die zugehörigen Energien

$$E_n = \frac{\hbar^2}{2m}k_n^2 = \frac{\hbar^2}{2mr_0^2}z_n$$

werden schnell äquidistant.

Anmerkung zu den Besselfunktionen

Die Funktion $K_{\frac{1}{3}}(z)$, der wir hier beiläufig begegnet sind, gehört zu der Gruppe von Zylinderfunktionen. Diese wurden nach Vorarbeiten von J. Bernoulli, L. Euler von dem deutschen Mathematiker und Geodäten F.W. Bessel eingeführt.[21] Zu diesen Funktionen gelangt man, wenn man die Laplace-, Poisson- oder Helmholtz-Gleichung für ein System mit Zylindersymmetrie lösen will. Der Geodät begegnet ihnen bei der Untersuchung der ellipsoidförmigen Erdoberfläche. In diesen Fällen wird man zu einer Differentialgleichung von der Form

$$z^2\frac{d^2w}{dz^2} + z\frac{dw}{dz} + (z^2 - \nu^2)w = 0$$

geführt. Als Differentialgleichung 2. Ordnung hat sie zwei linear unabhängige Lösungen, die mit

$$J_\nu(z) \quad \text{und} \quad N_\nu(z) \equiv Y_\nu(z)$$

bezeichnet werden und Zylinderfunktionen 1. bzw. 2. Art genannt werden. Diese Funktionen verhalten sich in vieler Hinsicht wie die trigonometrischen Funktionen $\sin(z)$ bzw. $\cos(z)$. Geht man zu imaginären Argumenten über, so wird man auf Funktionen geführt, die analog zu $e^{\pm z}$ sind. Diese werden durch

---

[20] George Bidell Airy (1801 bis 1892), englischer Mathematiker und Astronom
[21] Friedrich Wilhelm Bessel (1784 bis 1846) wirkte als Mathematiker, Astronom und Geodät an der Sternwarte von Königsberg.

$$I_\nu(z) = e^{-\frac{1}{2}\nu\pi i} J_\nu(z e^{i\frac{\pi}{2}})$$

$$K_\nu(z) = \frac{\pi}{2} \frac{I_{-\nu}(z) - I_\nu(z)}{\sin(\pi\nu)}$$

definiert.

Mit der Wahl $\nu = 1/3$ und die Variablensubstitution $z \to \frac{2}{3} z^{\frac{3}{2}}$ kann man sich davon überzeugen, daß die Besselsche Differentialgleichung tatsächlich in die Differentialgleichung für das lineare Confinement übergeht.

2.10.4 Der harmonische, sphärische Oszillator

Ein Teilchen mit der Masse m, das im dreidimensionalen Raum mit einem festen Punkt durch eine elastische Feder verbunden ist, erfährt eine Kraft, die proportional zum Abstand von diesem Punkt anwächst und zu harmonischen Schwingungen führt. Wählt man diesen Punkt als Ursprung eines Koordinatensystems $\vec{r} = \vec{0}$, so ist das zugehörige Potential proportional zu $\vec{r}^{\,2} = r^2$. Man schreibt üblicherweise

$$V(|\vec{r}|) = \frac{1}{2}m\omega^2 r^2 \ . \tag{2.10.27}$$

Hier bezeichnet ω die Kreisfrequenz, mit der der Oszillator in der klassischen Physik schwingt. Sie ist für alle Raumrichtungen gleich, so daß man von einem isotropen sphärischen Oszillator spricht. Das zugehörige Eigenwertproblem kann nach dem Vorbild des Verfahrens beim Coulombpotentials gelöst werden. Man berücksichtigt zunächst das asymptotische Verhalten der radialen Wellenfunktion durch den Ansatz

$$u(r) = r \, e^{-\frac{1}{2}\lambda r^2} v(z) \ ,$$

wobei zur Abkürzung die Größe

$$\lambda := \frac{m\omega}{\hbar}$$

eingeführt wurde. Wie beim Coulombpotential kann man zeigen, daß $v(r)$ ein Polynom sein muß, um ein exponentielles Wachstum im Unendlichen zu vermeiden. Explizit findet man

$$u(r) = A \, r \, e^{-\frac{1}{2}\lambda r^2} M\left(\frac{1}{2}\left(\frac{3}{2} - \frac{E}{\hbar\omega}\right), \frac{3}{2}, \lambda r^2\right) \ ,$$

wobei wieder die konfluente hypergeometrische Reihe auftritt. Damit sie zu einem Polynom entartet, muß ihr erster Koeffizient eine negative ganze Zahl sein, also

$$\frac{1}{2}\left(\frac{3}{2} - \frac{E}{\hbar\omega}\right) = -n; \qquad n \in \mathbb{N}_0 \ . \tag{2.10.28}$$

Daraus ergeben sich die Energieeigenwerte

$$\boxed{E_n = \hbar\omega\left(\frac{3}{2} + 2n\right)} \qquad n \in \mathbb{N}_0 \ . \tag{2.10.29}$$

Dies ist das Spektrum des sphärischen harmonischen Oszillators für Zustände mit dem Drehimpuls Null. Die ersten Werte werden durch

$$E_0 = \frac{3}{2}\hbar\omega , E_1 = \frac{7}{2}\hbar\omega , E_2 = E_1 = \frac{11}{2}\hbar\omega$$

gegeben. Benachbarte Energiewerte haben den von n unabhängigen Abstand

$$E_{n+1} - E_n = 2\,\hbar\omega \; .$$

Das Energiespektrum ist also „äquidistant", eine Eigenschaft, die für den harmonischen Oszillator charakteristisch ist. Daß der Abstand $\Delta E = 2\,\hbar\omega$ und die niedrigste Energie den Wert $E_0 = \frac{3}{2}\hbar\omega$ hat, gilt für den 3-dimensionalen Oszillator. Für den 1-dimensionalen Oszillator hat man die einfacheren Werte $\Delta E = \hbar\omega$ und $E_0 = \frac{1}{2}\hbar\omega$.

Im Kapitel 4 (im 2. Band) werden wir eine wesentlich andere Methode zur Quantisierung des harmonischen Oszillators darstellen, die algebraisch vorgeht und an die kanonischen Vertauschungsrelationen anknüpft. Dieser Weg ist deutlich abstrakter als das Lösen von Differentialgleichungen; er ist jedoch formal einfacher und kann auf eine große Klasse von Problemen verallgemeinert werden.

An dieser Stelle wollen wir noch eine andere Methode zur Konstruktion der Eigenfunktionen des harmonischen Oszillators angeben, der eine wichtige allgemeine Eigenschaft der Eigenfunktionen von hermiteschen Operatoren verwendet, nämlich ihre „Orthogonalität".

• Eigenfunktionen ψ_1 und ψ_2 eines (hermiteschen) Hamiltonoperators, die zu verschiedenen Eigenwerten $E_1 \neq E_2$ gehören, sind im folgenden Sinne **orthogonal**

$$\int \psi_1^*(\vec{r})\psi_2(\vec{r})\,\mathrm{d}^3r = 0 \; . \tag{2.10.30}$$

Für den einfachen Beweis dieser Tatsache gehen wir von den Eigenwertgleichungen aus

$$H\psi_1 = E_1 \quad , \quad H\psi_2 = E_2$$

und verwenden die Hermitizitätsbedingung

$$\int \psi_1^*(\vec{r})(H\psi_2(\vec{r}))\,\mathrm{d}^3r = \int (H\psi_1)^*(\vec{r})\psi_2(\vec{r})\,\mathrm{d}^3r \; .$$

Wertet man beide Seiten mit den Eigenwertgleichungen aus, so folgt

$$E_2 \int \psi_1^*(\vec{r})\psi_2(\vec{r})\,\mathrm{d}^3r = E_1 \int \psi_1^*(\vec{r})\psi_2(\vec{r})\,\mathrm{d}^3r \; .$$

Wegen $E_1 \neq E_2$ kann diese Gleichung nur bestehen, wenn das Integral verschwindet. Für radialsymmetrische Wellenfunktionen $u(r) = r\psi(r)$ folgt aus (2.10.30)

$$\int\limits_0^\infty u_1(r)u_2(r)\,\mathrm{d}r = 0 \; ,$$

wobei wir noch die Realität von $u(r)$ verwendet haben. Diese Bedingung wenden wir jetzt auf den harmonischen Oszillator an, für dessen Eigenfunktionen wir den oben eingeführten Ansatz

$$u_n(r) = w_n(r)\mathrm{e}^{-\frac{1}{2}\lambda r^2}$$

verwenden. Aus den vorhergehenden Betrachtungen entnehmen wir die qualitative Tatsache, daß die $w_n(r)$ Polynome sind. Daher können wir die $w_n(r)$ als orthogonale Polynome bezüglich der Gewichtsfunktion $\mathrm{e}^{-\lambda r^2}$ kennzeichnen. Mit einem aus der linearen Algebra stammenden Orthogonalisierungsverfahren kann man zeigen, daß die $w_n(r)$ – bis auf Normierungskonstanten – durch diese Eigenschaft festgelegt sind. Die dadurch definierten Polynome werden **Hermitesche Polynome** genannt und mit

$$H_m(z) \qquad m = 0, 1, 2, \cdots$$

bezeichnet. Genau werden sie durch die Bedingungen

$$\int_{-\infty}^{\infty} H_n(z)\, H_m(z)\, \mathrm{e}^{-z^2}\, \mathrm{d}z = 0 \quad \text{für} \quad n \neq m \tag{2.10.31}$$

definiert, also durch Orthogonalitätsrelationen für die ganze reelle Zahlengerade. Für unsere radialsymmetrische Funktionen können wir nur das Intervall $(0, \infty)$ verwenden. Da hilft jedoch die Tatsache, daß $H_m(z)$ entweder symmetrisch oder antisymmetrisch bei Spiegelungen ist, d. h. es gilt

$$H_m(-z) = (-1)^m\, H_m(z) \,. \tag{2.10.32}$$

Die antisymmetrischen Polynome

$$H_{2n+1} \quad \text{für} \quad n = 0, 1, \cdots$$

müssen für $z = 0$ verschwinden und erfüllen daher die für die $u_m(r)$ geforderte Bedingung am Ursprung. Der Zusammenhang zwischen z und r wird durch die Dichtefunktion

$$\mathrm{e}^{-z^2} = \mathrm{e}^{-\lambda r^2}$$

festgelegt, woraus $z = \sqrt{\lambda}\, r$ folgt. Daher gilt für die Eigenfunktion zum Eigenwert

$$E_n = \hbar\omega \left(\frac{3}{2} + 2n \right)$$

$$u_n(r) = C_n\, H_{2n+1}\left(\sqrt{\frac{m\omega}{\hbar}}\, r \right) \mathrm{e}^{-\frac{m\omega}{2\hbar} r^2} \,.$$

Hier sind die C_n Normierungskonstanten, die durch die Normierung der H_{2n+1} und die Bedingung

$$\int_0^{\infty} u_n{}^2(r)\, \mathrm{d}r = \frac{1}{4\pi}$$

bestimmt werden. Man kann die H_n mit Hilfe der Orthogonalitätsbedingungen (2.10.31) schrittweise konstruieren. Dazu beginnt man mit der konstanten Funktion

$$H_0(z) = 1$$

und macht für H_1 einen linearen Ansatz

$$H_1(z) = a + bz \; .$$

Die Orthogonalität legt das Verhältnis $\frac{a}{b}$ fest. Man erhält $a = 0$, weil in

$$\int\limits_0^\infty H_0\, H_1\, \mathrm{e}^{-z^2}\, \mathrm{d}z = \int\limits_0^\infty (a + bz)\mathrm{e}^{-z^2}\, \mathrm{d}z = 0$$

der Term proportional b aus Symmetriegründen verschwindet. Tatsächlich wäre es nicht nur mühselig, sondern es würde auch keine strukturellen Einsichten bringen, wenn man auf dieses Verfahren allein angewiesen wäre. Es gibt jedoch mehrere Methoden, um die hermiteschen Polynome zu konstruieren. Im Kapitel 4 werden wir – wie erwähnt – ein algebraisches Verfahren kennenlernen, das für die Anwendungen in der Physik zum Vorbild geworden ist. An dieser Stelle wollen wir noch die folgende bemerkenwerte explizite Formel erläutern

$$H_n(z) = (-1)^n \mathrm{e}^{z^2} \frac{\mathrm{d}^n}{\mathrm{d}z^n} \mathrm{e}^{-z^2} \quad ; \quad H_0(z) = 1 \; . \tag{2.10.33}$$

Führt man die Differentiationen aus, so erhält man in der Tat ein Polynom n-ter Ordnung. Der Leser sollte die Rechnung etwa für $n = 1$ und $n = 2$ durchführen. Allgemein kann man recht leicht nachweisen, daß die Funktionen (2.10.33) tatsächlich die Orthogonalitätsrelationen (2.10.31) erfüllen:

Sei $n > m$, so daß

$$\frac{\mathrm{d}^n}{\mathrm{d}z^n} H_m(z) = 0$$

gilt, weil das Polynom m-ten Grades mehr als m-mal differenziert wird. Daher folgt

$$\int\limits_{-\infty}^\infty H_n\, H_m\, \mathrm{e}^{-z^2}\, \mathrm{d}z = (-1)^n \int\limits_{-\infty}^\infty \left(\frac{\mathrm{d}^n}{\mathrm{d}z^n} \mathrm{e}^{-z^2} \right) H_m(z)\, \mathrm{d}z \; .$$

Integriert man hier partiell

$$(-1)^{n+1} \int\limits_{-\infty}^\infty \left(\frac{\mathrm{d}^{n+1}}{\mathrm{d}z^{n+1}} \mathrm{e}^{-z^2} \right) \frac{\mathrm{d}}{\mathrm{d}z} H_m(z) \mathrm{d}z \; ,$$

wobei die Randterme wegen der abfallenden Gaußfunktionen keinen Beitrag liefern. Führt man dies n-mal durch, so erreicht man

$$(-1)^{2n} \int\limits_{-\infty}^{\infty} e^{-z^2} \frac{d^n}{dz^n} H_m(z)\, dz = 0 ,$$

was zu beweisen war.

Die ersten Polynome sind

$$H_0(x) = 1$$
$$H_1(x) = 2x$$
$$H_2(x) = 4x^2 - 2$$
$$H_3(x) = 8x^3 - 12x$$
$$H_4(x) = 16x^4 - 48x^2 + 12$$
$$H_5(x) = 32x^5 - 160x^3 + 120x .$$

Mit Hilfe von (2.10.33) kann man auch die Normierungen berechnen; man erhält

$$\int\limits_{-\infty}^{\infty} e^{-z^2} \left(H_n(z)\right)^2 \, dz = \sqrt{\pi}\, 2^n\, n! .$$

Aus dieser Formel kann man die Normierung der Oszillator-Eigenfunktionen ablesen und findet insgesamt

$$u_n(r) = \frac{1}{\sqrt{\pi 2^{2n+1}(2n+1)!}} \, H_{2n+1}\left(\sqrt{\frac{m\omega}{\hbar}}\, r\right) e^{-\frac{m\omega}{\hbar} r^2} . \qquad (2.10.34)$$

Diese Funktionen werden auch hermitesche Orthogonalfunktionen genannt. Abschließend sei darauf hingewiesen, daß auch die Laguerreschen Polynome Orthogonalitätseigenschaften besitzen. Auch in diesem Falle bestimmt das asymptotische Verhalten, nämlich $u_n \sim e^{-\kappa_n r}$ die Gewichtsfunktion. Daher lauten die Orthogonalitätseigenschaften der Laguerreschen Polynome

$$\int\limits_{0}^{\infty} L_n(z)\, L_m(z)\, e^{-z} dz = 0 \quad \text{für} \quad m \neq n .$$

2.10.5 Die Drehimpulsentartung beim Coulomb- und Oszillator-Potential

Als **Entartung** bezeichnet man die Eigenschaft, daß zu einem Eigenwerte mehrere linear unabhängige Eigenfunktionen gehören. Eine Energie-Entartung liegt vor, wenn zwei Eigenfunktionen ψ_1 und ψ_2 zum gleichen Energiewert gehören. Man kann ψ_1 und ψ_2 orthogonalisieren, so daß gilt

$$E_1 = E_2 \quad \text{und} \quad \int \psi_1^* \psi_2 \, d^3 r .$$

In den meisten Fällen erkennt man Entartungen an den Symmetrieeigenschaften des Problems. Im Kapitel 5 werden wir dies im einzelnen studieren. Beim Coulomb- und Oszillator-Problem findet man jedoch Entartungen, deren Gründe nicht direkt sichtbar sind, sondern nur durch detaillierte Rechnungen – etwa mit den in diesem Abschnitt dargestellten Verfahren – festgestellt werden können. Dennoch gibt es dahinter liegende Symmetrien, aber sie sind „verborgen".

Wir wollen dies im einzelnen darstellen. Dazu müssen wir jedoch Wellenfunktionen betrachten, die zu nicht verschwindenden Drehimpulsen gehören. Wir wissen bereits, daß Wellenfunktionen eine nichttriviale Winkelabhängigkeit besitzen müssen, damit sie einen von Null verschiedenen Drehimpuls tragen

$$\psi(r, \theta, \phi) \, .$$

Dann wird auch die Wirkung der Drehimpulsoperatoren $\vec{L}$ nicht trivial. Daher bringt auch der 2. Term in der kinetischen Energie

$$-\frac{\hbar^2}{2m}\Delta = -\frac{\hbar^2}{2m}\frac{1}{r}\frac{\partial^2}{\partial r^2}r + \frac{\hbar^2}{2mr^2}\vec{L}^2$$

einen Beitrag und das effektive Potential

$$V_{\text{eff}}(r) := V(r) + \frac{\hbar^2}{2mr^2}\vec{L}^2$$

enthält den „Zentrifugal-Term".

Vorgriff auf die Quantentheorie des Drehimpulses

Wir müssen an dieser Stelle einige wichtige Tatsachen über die Quantisierung des Drehimpulses vorwegnehmen, die erst im Kapitel 5 (im 2. Band) begründet werden:

Die möglichen Meßwerte von $\vec{L}^2$, also seine Eigenwerte, werden durch ganze Zahlen

$$l = 0, 1, 2. \cdots$$

gekennzeichnet; ihre Werte betragen

$$\vec{L}^2 \quad : \quad l(l+1) \, .$$

Die zugehörigen Eigenfunktionen heißen „Kugelflächenfunktionen"; wir werden sie mit

$$Y_{l,m}(\theta, \phi)$$

bezeichnen und damit auch berücksichtigen, daß es zu einem Wert von l mehrere durch die zweite Quantenzahl m gekennzeichnete Eigenfunktionen gibt. Es gilt also

$$\vec{L}^2 Y_{l,m}(\theta, \phi) = l(l+1)Y_{l,m}(\theta, \phi) \, .$$

Auch m ist eine ganze Zahl und gibt den Eigenwert der Komponente von $\vec{L}$ in der z- oder 3-Richtung an

$$L_3 Y_{l,m}(\theta, \phi) = m Y_{l,m}(\theta, \phi) \; .$$

Dabei kann m die Werte

$$m = -l, -l+1, \cdots, l-1, l$$

annehmen.

Für den jetzigen Zusammenhang ist nur der Eigenwert von $\vec{L}^2$ wichtig und die Tatsache, daß sich die Energie-Eigenfunktionen in der Form

$$\psi(\vec{r}) = \frac{u_l(r)}{r} Y_{l,m}(\theta, \phi)$$

faktorisieren lassen. Wegen der Drehinvarianz der betrachteten Potentiale $V(r)$ hängt $u_l(r)$ nicht mehr von der m-Quantenzahl ab. Setzt man diese Form in die Eigenwertgleichung $H\psi = E\psi$ ein,

$$u_l''(r) + \frac{2m}{\hbar^2} \left[(E - V(r) - \frac{\hbar^2 l(l+1)}{2mr^2} \right] u_l(r) = 0 \; .$$

Die Energieeigenwerte können jetzt nicht allein durch die Hauptquantenzahl n gekennzeichnet werden, sondern hängen auch von l ab

$$E_{n,l} \; .$$

Daher wird l auch Nebenquantenzahl genannt. Für $l \neq 0$ wirkt der Zentrifugalterm so, als ob zu $V(r)$ eine weitere abstoßende Kraft hinzukommt. Dadurch tritt eine neue(!) stabilisierende Wirkung ein, die zu der der kinetischen Energie addiert werden muß. Man beachte aber, daß sich zwar der Zentrifugalterm ebenso wie der Effekt der Unschärferelation wie $-1/r^2$ verhalten, beide völlig verschiedene physikalische Ursachen haben. Insbesondere tritt der Zentrifugaleffekt auch in der klassischen Mechanik auf.

Für die Eigenwerte erwartet man, daß bei sonst gleichen Verhältnissen die abstoßende Wirkung des Zentrifugalpotentials zu größeren Werten führt

$$E_{n,l} > E_{n,l'} \quad \text{für} \quad l > l' \; .$$

Diese Erwartung wird bei den meisten Potentialen auch erfüllt; das Coulombpotential und der isotrope Oszillator sind jedoch Ausnahmen: bei ihnen tritt eine **Drehimpulsentartung** auf.

Der Effekt des Drehimpulses für $r \to 0$

Wir studieren jetzt den Einfluß des Zentrifugalpotentials genauer. Dazu müssen wir das Eigenwertproblem für

$$u_l''(r) + \left(\kappa^2 - \frac{2m}{\hbar^2} V(r) + \frac{l(l+1)}{r^2} \right) u_l(r) = 0 \tag{2.10.35}$$

studieren, wobei wieder $E = -\dfrac{\hbar^2 \kappa^2}{2m}$ gesetzt wurde. Mit Hinblick auf die Stabilitätsdiskussion im Abschnitt 1.9 setzen wir voraus, daß $V(r)$ schwächer als $1/r^2$ für $r \to 0$ ansteigt.

Auf den ersten Blick verhalten sich das Zentrifugalpotential und das Coulombpotential völlig verschieden. Ihr Vorzeichen ist verschieden und sie haben verschiedene r-Abhängigkeiten. Dennoch werden die folgenden Überlegungen zeigen, daß sie sich in ganz ähnlicher Weise auf die Eigenwerte auswirken. Dazu untersuchen wir zunächst das Verhalten von $u_l(r)$ für kleine r. Die abstoßende Zentrifugalkraft wird die Wellenfunktion nach außen „drücken", so daß sich das Verhalten im Vergleich zu $u_{l=0}(r) \sim r$ verändern wird. Daher machen wir den allgemeineren Ansatz

$$u_l(r) = r^\alpha \;.$$

Durch Einsetzen in die Schrödingergleichung erhält man

$$\left(\frac{1}{r^2}[\alpha(\alpha + 1) - l(l+1)] - \frac{2m}{\hbar^2} V(r) - \kappa^2 \right) r^\alpha = 0 \;.$$

Für kleine r spielt nach der Voraussetzung über $V(r)$ nur der erste Term eine Rolle, so daß

$$\alpha(\alpha + 1) = l(l+1)$$

folgt. Diese quadratische Gleichung hat die Wurzeln

$$\alpha = l + 1 \quad \text{und} \quad \alpha = -l \;.$$

Da die zweite Lösung der Forderung $u_l(0) = 0$ widerspricht, muß das Verhalten von $u_l(r)$ für kleine Abstände die Form

$$u_l(r) = Cr^{l+1} \tag{2.10.36}$$

haben. Wie erwartet verschwindet die Wellenfunktion in der Nähe von $r = 0$ umso stärker je größer l, also der Drehimpuls ist. Nur wenn sich $V(r)$ wie $1/r^2$ oder schlimmer verhält, ergibt sich ein anderes Verhalten der Wellenfunktion für kleine r.

Für große Abstände klingt das Zentrifugalpotential rasch ab; asymptotisch frei Schrödingergleichungen bleiben frei. Daher können wir das asymptotische Verhalten proportional zu $e^{-\kappa r}$ übernehmen und werden zu dem Ansatz

$$u_l(r) = r^{l+1} e^{-\kappa r} v_l(r) \tag{2.10.37}$$

geführt. Setzt man ihn in die Schrödingergleichung (2.10.35) ein, so erhält man nach etwas Rechenarbeit[22] für noch nicht spezialisierte Potentiale

$$rv_l'' + 2(1 - \kappa r + \kappa r)v_l' + 2\left(\frac{mV(r)r}{\hbar^2} - \kappa(l+1) \right) v_l = 0 \;. \tag{2.10.38}$$

---

[22] Dem Autor hat sein „Maple-Roboter" geholfen.

An dieser Gleichung muß man zunächst feststellen, daß das $1/r^2$-Verhalten des Zentrifugalpotentials nicht mehr explizit sichtbar ist. Der Faktor r^{l+1} hat ihn offenbar formal eliminiert. Der Drehimpuls tritt additiv neben anderen Termen auf, die auch bei $l = 0$ existieren. Vor allem wird deutlich: Das im dritten Term von (2.10.38) auftretende Potenial $V(r)$ ist mit r multipliziert

$$\frac{mV(r)\,r}{\hbar^2} - \kappa(l+1)\,.$$

Dies hat unmittelbare Folgen für das Coulombpotential.

Drehimpulsentartung beim Coulomb-Potential

Für das Coulomb-Potential wird in der Schrödingergleichung (2.10.37) der Koeffizient von $v_l(r)$ konstant und hat die gleiche Struktur wie der Beitrag des Drehimpulses. Daher kann es zu einer „symbiotischen" Wirkung von Coulomb- und Zentrifugalpotential kommen. In der Tat erhält (2.10.37) die Form einer konfluenten hypergeometrischen Differentialgleichung und hat nach der schon bekannten Substitution

$$z = 2\kappa r$$

genau die Form

$$z\frac{\mathrm{d}^2 v_l}{\mathrm{d}z^2} + (2 + 2l - z)\frac{\mathrm{d}v_l}{\mathrm{d}z} - \left(-\frac{Zme^2}{\hbar^2\kappa} + l + 1\right)v_l = 0\,. \tag{2.10.39}$$

Ihre Lösung ist daher eine konfluente hypergeometrische Funktion

$$v_l(r) = C_l\,M\left(-\frac{Ze^2m}{\hbar^2\kappa} + l + 1; 2(l+1); 2\kappa, r\right)\,. \tag{2.10.40}$$

Diese Funktion wird wieder genau dann ein Polynom, wenn der erste Koeffizient eine negativ ganze Zahl ist

$$-\frac{Ze^2m}{\hbar^2\kappa} + l + 1 = -n_0\,.$$

Es folgt

$$\frac{Ze^2m}{\hbar^2\kappa} = n_0 + l + 1\,.$$

Diese Quantisierungsbedingung hat die gleiche Form wie im Falle $l = 0$. Definieren wir als „neue" Hauptquantenzahl

$$n := n_0 + l + 1 \tag{2.10.41}$$

so erhalten wir wieder die Rydbergformel

$$E_n = -\frac{1}{2n^2}\alpha^2\,m\,c^2\,.$$

Neu ist jedoch: Der gleiche Energiewert kann i. a. durch verschiedene l- und n_0-Werte realisiert werden. Für festes n kann l über die Werte

$$l = 0, 1, \ldots, n - 1$$

laufen, wobei die zugehörigen n_0 von $n - 1, n - 2, \ldots, 0$ sind:

> Der Energiewert E_n ist entartet; es treten die Drehimpuls-Quantenzahlen
>
> $$l = 0, 1, \ldots, n - 1$$
>
> auf.

Diese Entartung bleibt auch – in natürlich modifizierter Form – erhalten, wenn man den Spin des Elektrons berücksichtigt. Sie hat ihren tieferen Grund in einer verborgenen $SU(2) \otimes SU(2)$-Symmetrie, die den Erhaltungsatz für den Lenzschen Vektor zu Folge hat. Für die Entwicklung der modernen Physik war die Coulomb-Entartung von motivierender Bedeutung; sie war Hintergrund zur Entdeckung des „Lamb-Shift",und damit zur Entwicklung der Quantenfeldtheorie.

Entartung beim isotropen Oszillator

Die zum Oszillator gehörige Schrödingergleichung

$$u_l''(r) + \left(\frac{2mE}{\hbar^2} + \lambda^2 r^2 + \frac{l(l+1)}{r^2} \right) u_l(r) = 0$$

wird mit dem Ansatz

$$u_l(r) = r^{l+1} e^{\frac{\lambda}{2} r^2} w_l(r) ,$$

der das Verhalten bei $r = 0$ und $r = \infty$ berücksichtigt, wieder in eine konfluente hypergeometrische Differentialgleichung überführt mit der Lösung

$$w_l(r) = M \left(\frac{1}{2} \left(\frac{3}{2} + l \right) - \frac{E}{2\hbar\omega}; \frac{3}{2} + l; \lambda r^2 \right) .$$

Daraus wird ein Polynom für

$$\frac{1}{2} \left(\frac{3}{2} + l \right) - \frac{E}{2\hbar\omega} = -n_0 ,$$

und damit lauten die Energieeigenwerte

$$E_{n_0, l} = \hbar\omega \left(\frac{3}{2} + 2 n_0 + l \right) . \tag{2.10.42}$$

Anders als beim Drehimpuls 0 haben benachbarte Energiewerte die Differenz

$$\Delta E = \pm\hbar\omega ,$$

und es gilt eine Paritätsregel:

Die Energiewerte des isotropen Oszillators werden durch

$$E_n = \hbar\omega \left(\frac{3}{2} + n \right)$$

gegeben. Falls n gerade ist ($n = 0, 2, 4, \ldots$), treten gerade Drehimpuls-Quantenzahlen auf:

$$l = 0, 2, \ldots n \, ,$$

falls n ungerade ist, sind auch die l-Werte ungerade

$$l = 1, 3, \ldots n \, .$$

Der innere Grund für diese Entartung ist „fast direkt sichtbar". Er liegt in der Tatsache, daß der Hamilton-Operator eine quadratische Form in Ort $\vec{r}$ und (!) Impuls $\vec{p}$ ist:

$$H = \frac{1}{2m} \vec{P}^2 + \frac{m\omega^2}{2} \vec{Q}^2 = \vec{P'}^2 + \vec{Q'}^2 \, ,$$

wenn man $\vec{P'} = \frac{1}{\sqrt{2m}} \vec{P}$ und $\vec{Q'} = \sqrt{\frac{m\omega^2}{2}} \vec{Q}$ eingeführt. Bezüglich der neuen Koordinaten ist H gegenüber 6-dimensionalen orthogonalen Transformationen, also der Gruppe $SO(6)$ invariant. Genauer werden wir dies im Kapitel 6 im 2. Band begründen.

2.10.6 Zusammenfassende Schlußfolgerungen

Aus den behandelten Beispielen lassen sich einige allgemein gültige Aussagen über das Eigenwertspektrum von quantenmechanischen Hamiltonoperatoren physikalischer Systeme ablesen.

- Die möglichen Energieeigenwerte müssen nach unten beschränkt sein. Denn nur dann gibt es einen tiefsten Energiewert, unter den das System nicht fallen kann. Er kennzeichnet den Grundzustand des Systems. Ein Energiespektrum, das nach unten offen ist, würde zu einem Kollaps des Systems führen.

- Es gibt physikalisch relevante Hamiltonoperatoren, die nur ein rein diskretes Spektrum aufweisen

$$E_0, E_1, E_2, \ldots \, .$$

Das Paradigma dafür gibt der harmonische Oszillator, dessen Eigenwerte äquidistant bis nach $+\infty$ laufen:

$$E_n = \hbar\omega \left(n + \frac{3}{2} \right) \quad \text{wobei } n = 0, 1, 2, \ldots \, .$$

Physikalisch bedeutet dies, daß der harmonische Oszillator unendlich viele gebundene Zustände, aber keine Streuzustände hat. Dies wird durch das Parabelpotential

$$V(r) = \frac{k}{2} r^2$$

bewirkt, das auch für beliebig hohe kinetische Energien ein Teilchen nicht ins Unendliche fortfliegen läßt. Im Zusammenhang mit der Diskussion über die Quarks hat sich dafür der Terminus „Confinement" eingebürgert.

Auch Potentiale der Form

$$V(r) = \lambda (r^2 - r_0^2)^2$$

oder

$$V(r) = a + br$$

führen zu einem solchem „Einsperren" und haben ein rein diskretes Spektrum.

- Im Normalfall weisen die physikalischen Hamiltonoperatoren sowohl ein diskretes wie ein kontinuierliches Spektrum auf. So sind beim Kastenpotential oder beim Coulombpotential zusätzlich zu diskreten Eigenwerten bei negativen Energien sämtliche positiven Energien

$$E \geq 0$$

erlaubte Eigenwerte der zugehörigen Hamiltonoperatoren. Die beiden folgenden Abschnitte sind ihrem Studium und den besonderen dabei auftretenden physikalischen und mathematischen Problemen gewidmet.

2.11 Wellenmechanisches Streuproblem (I)

Nachdem wir in den letzten Abschnitten dargestellt haben, wie die Quantentheorie gebundene Zustände behandelt, wenden wir uns jetzt den Streuzuständen zu. Solche Zustände existieren nur für asymptotisch freie Potentiale, bei denen die wirkenden Kräfte für große Abstände verschwinden

$$\lim_{r \to \infty} \vec{F}(\vec{r}) = 0 .$$

Die Energieskala wird in der Regel so gewählt, daß auch die zugehörigen Potentiale im Unendlichen verschwinden

$$\lim_{r \to \infty} V(\vec{r}) = 0 . \tag{2.11.1}$$

Unter diesen Voraussetzungen treten für positive Energien $E > 0$ in der klassischen Mechanik offene, hyperbelartige Bahnen auf. In der Wellenmechanik entsprechen dem nach Abschnitt 2.7.3 Wellenfunktionen, die für beliebig große Abstände von Null verschieden, endliche Aufenthaltswahrscheinlichkeiten ergeben. Die damit verbundene Physik ist nicht mehr durch ausgezeichnete, diskrete Energiewerte gekennzeichnet, sondern erfordert zu ihrer Beschreibung eine Analyse des Verhaltens der gesamten Wellenfunktion.

In diesem Abschnitt wird zunächst qualitativ beschrieben, wie in der Wellenmechanik der zeitliche Ablauf eines Streuprozesses grundsätzlich beschrieben werden kann. Anschließend werden wir das Bild des sog. **stationären Streuprozesses** verwenden, um die Grundbegriffe der quantenmechanischen Streutheorie, wie Streuphase und S-Funktion zu entwickeln und ihre Bedeutung durch explizite Berechnung für einfache Potentiale zu erläutern. Danach behandeln wir wichtige, weit anwendbare Näherungen für Streuamplituden und schließen diesen Abschnitt mit der Begründung eines tief liegenden Zusammenhanges von Streuresonanzen und gebundenen Zuständen.

Um den mathematischen Formalismus von zunächst weniger wichtigen Komplikationen frei zu halten, betrachten wir in diesem Abschnitt nach einigen allgemeinen Bemerkungen im Abschnitt 2.11.1 nur drehsymmetrische Wellenfunktionen, die Streuprozessen mit verschwindendem Drehimpuls entsprechen. Der folgende Abschnitt wird diese Einschränkung aufgeben.

2.11.1 Zeitabhängige und stationäre Beschreibung der Streuung

Der zeitliche Verlauf der Streuung eines Teilchens an einem Kraftzentrum, dessen Wirkung durch das Potential $V(\vec{r})$ beschrieben sei, läßt sich mit der Bilderreihe von Bild 2.19 wiedergeben:

Zur Zeit t_1 möge sich das Teilchen weit links vom Potential befinden und sich darauf zubewegen. Um im Einklang mit der Unbestimmtheitsrelation zu sein, beschreiben wir diese Situation durch ein Wellenpaket, das nach oben und unten und senkrecht zur Bildebene sehr weit ausgedehnt ist und damit die Unschärfe des Impulses in den entsprechenden Richtungen sehr klein ist. Dann liegt der Impuls des Wellenpakets in horizontaler Richtung, und wir können das Wellenpaket ferner so wählen, daß sein Mittelwert (= Erwartungswert von $\vec{P}$!) auf das Kraftzentrum hin gerichtet ist. Die Ausdehnung des Pakets in horizontaler Richtung muß recht klein sein, damit das Teilchen sich tatsächlich deutlich getrennt links vom Potential befindet, vgl. Bild 2.19a. Dadurch wird eine entsprechende Unschärfe des Impulses in dieser Richtung erzeugt.

Beim weiteren Verlauf des Prozesses bewegt sich das Wellenpaket nach rechts und wird dabei breiter. Zur Zeit t_2 möge es den Wirkungsbereich des Potentials – in den Abbildungen schraffiert gezeichnet – erreicht haben, Bild 2.19b. Dabei wird das Potential wirksam, und das Wellenpaket wird im allgemeinen in einer komplizierten Weise durch die Wirkung des Potentials verändert.

Erst lange danach wird die Situation wieder übersichtlich: dies sei zur Zeit t_3 der Fall, Bild 2.19c . Dann wird ein Teil des Wellenpakets im wesentlichen ungeändert nach rechts weitergelaufen sein. Zusätzlich tritt eine Streuwelle auf, die sich kugelförmig vom Kraftzentrum entfernt hat, wobei ihre Amplitude i. a. von der Richtung abhängen wird. Auch diese Streuwelle hat zur Zeit t_3 den Kraftbereich längst verlassen.

In diesem Buch können wir diese zeitabhängige Beschreibung der Streuung nicht im einzelnen mathematisch durchführen. Für unsere Zwecke genügt es, den Streuprozeß in folgender Weise „stationär" zu beschreiben:

Wir gehen von der Zeitunabhängigkeit des Potentials aus und stellen uns vor, daß ein konstanter Teilchenstrom, von links auf das Potential fällt und einen stationären Streuprozeß

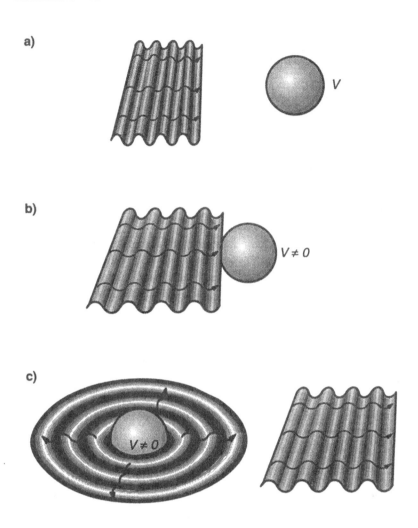

Bild 2.19 Verhalten einer Wellenfunktion während eines Streuprozesses
a) vor dem Stoß, b) während des Stoßprozesses, c) nach dem Stoß

bewirkt, bei dem ständig Teilchen ein- und auslaufen. Es entsteht ein zeitunabhängiges Muster, das den gesamten Streuprozeß auf einmal darstellt, wie dies Bild 2.20 skizziert.

Die jetzt zeitunabhängige Wellenfunktion ist für große Abstände vom Streuzentrum eine Überlagerung einer ebenen Welle mit dem Impuls $\vec{p}$ und einer auslaufenden Kugelwelle. (Man beachte: Da wir jetzt keine räumliche Lokalisation in horizontaler Richtung mehr fordern, kann man eine ebene Welle mit scharfem Wert des Impulses verwenden!). Im folgenden Abschnitt werden diese Behauptungen dadurch präzisiert, daß wir die „asymptotische" Form der Wellenfunktion aus der Schrödingergleichung ableiten. In der Nähe des Potentials wird die Wellenfunktion eine komplizierte Form haben; wir haben daher den entsprechenden Bereich in Bild 2.20 hell gezeichnet.

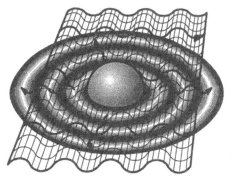

Bild 2.20
Das stationäre Bild für einen Streuprozeß

Der eingeführte stationäre Prozeß kann durch eine zeitunabhängige Wellenfunktion $\psi(\vec{r})$ beschrieben werden. Mathematisch stellt $\psi(\vec{r})$ eine Lösung der Schrödingergleichung zur Energie E dar, die jedoch im Gegensatz zu den bisher behandelten Problemen keiner einschränkenden Eigenwertbedingung unterworfen ist, sondern durch die kinetische Energie der eingestrahlten Teilchen festgelegt wird. Damit sind sämtliche positive Energien erlaubt: Es tritt ein kontinuierliches Energiespektrum auf.

Wie bisher betrachten wir radialsymmetrische Potentiale $V(\vec{r}) = V(r)$ und verschärfen überdies die Bedingung (2.11.1) zu der Voraussetzung, daß $V(r)$ außerhalb eines Radius a exakt verschwindet

$$V(r) = 0 \qquad \text{für } r > a \,. \tag{2.11.2}$$

Die Größe a nennen wir die Reichweite des Potentials.[23] Dadurch können wir im folgenden detaillierte Limesbetrachtungen vermeiden.

Das Verhalten des Potentials innerhalb der Kugel mit dem Radius a wird zunächst nicht näher spezifiziert. Einige Beispiele für abgeschnittene Potentiale sind in Bild 2.21 wiedergegeben.

In diesem Abschnitt beschränken wir uns – wie angekündigt – auf Streuprozesse mit dem Drehimpuls Null, die durch drehsymmetrische Wellenfunktionen beschrieben werden. Im Abschnitt 2.7.4 wurde gezeigt, daß man für solche Wellenfunktionen $\psi(\vec{r}) = \psi(r)$ mit der Substitution

$$u(r) = r\psi(r) \tag{2.11.3}$$

die radialsymmetrische Schrödingergleichung erhält

$$u''(r) + \frac{2m}{\hbar^2}(E - V(r))u(r) = 0 \,. \tag{2.11.4}$$

Wie dort ferner bewiesen wurde, muß $u(r)$ der Randbedingung

$$u(r = 0) = 0 \tag{2.11.5}$$

genügen. Sie unterliegt aber keiner einschränkenden Bedingung im Unendlichen. Die Größe und Form vom $\psi(r)$ für große $\vec{r}$ wird vielmehr allein durch die Schrödingergleichung festgelegt.

---

[23] Hierbei ist vorausgesetzt, daß es ein $\epsilon > 0$ gibt, so daß für alle $x \in (a - \epsilon, a)$ gilt: $V(x) \neq 0$.

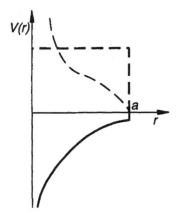

Bild 2.21
Beispiele für abgeschnittene Potentiale

2.11.2 Grundbegriffe der Streutheorie

In diesem Unterabschnitt werden wir mit Hilfe von elementaren Rechnungen grundlegende Begriffe der Streutheorie einführen, die die physikalische Bedeutung der Wellenfunktionen im Kontinuum klären und weitgehende Verallgemeinerungen erfahren haben.

Zunächst wird es sich als hilfreich erweisen, die Wellenzahl k zu verwenden, die – wie bei der freien Schrödingergleichung – mit der Energie E durch

$$k = \sqrt{\frac{2m}{\hbar^2} E} \qquad (2.11.6)$$

verbunden ist. Für die betrachteten positiven Energien ist k reell; wir wählen die positive Wurzel von $\frac{2m}{\hbar^2} E$, um k eindeutig festzulegen. Da die Größe k frei wählbar ist, wird sie zu einem Parameter der Schrödingergleichung; daher indizieren wir die Funktion $u(r)$ mit k

$$u_k(r) .$$

Durch die Anfangsbedingung (2.11.5) wird $u_k(r)$ nur bis auf einen konstanten Faktor festgelegt. Erst nach Wahl eines Wertes etwa für die erste Ableitung der Funktion am Punkte $r = 0$ ist sie eindeutig durch die Schrödingergleichung bestimmt. Wir wählen den einfachst möglichen Wert

$$u_k'(0) = 1 . \qquad (2.11.7)$$

Diese Voraussetzung ist nicht schwerwiegend. Jede Lösung von (2.11.4), die (2.11.5) genügt, läßt sich in der Form

$$C u_k(r)$$

schreiben, wobei C eine beliebige – im allgemeinen auch komplexe – Konstante sein kann und $u_k(r)$ die Bedingung (2.11.7) erfüllt.

Da die Schrödingergleichung und die Randbedingungen (2.11.5) und (2.11.7) reelle Gleichungen sind, können ihre Lösungen ganz im Reellen konstruiert werden: $u_k(r)$ muß daher eine reell-wertige Funktion sein. Ferner hängen die Bestimmungsgleichungen für $u_k(r)$ nur von E oder k^2 ab; sie sind unter der Substitution $k \rightarrow -k$ invariant. Daher gilt

$$u_k(r) = u_{-k}(r) \tag{2.11.8}$$

Nach diesen Vorbereitungen können wir die Schrödingergleichung im Gebiet $r \geq a$, das wir kurz den „Außenraum" nennen wollen, leicht lösen, da sie für ein abgeschnittenes Potential in eine freie Schrödingergleichung übergeht

$$u_k''(r) + \frac{2m}{\hbar^2} E u_k(r) = 0 \qquad \text{für } r \geq a \tag{2.11.9}$$

$$u_k''(r) + k^2 u_k(r) = 0 \; . \tag{2.11.10}$$

Die allgemeine Lösung dieser Differentialgleichung lautet

$$u_k(r) = C(k)e^{ikr} + D(k)e^{-ikr} \; . \tag{2.11.11}$$

Hierbei ist auch die Abhängigkeit der Koeffizienten C und D von der Wellenzahl k explizit angegeben. Für eine systematische Theorie der Abhängigkeit der Koeffizienten C und D von k empfiehlt es sich, auch negative und später komplexe Werte von k zu betrachten, wobei (2.11.8) beachtet werden muß.

Die Größe der Zahlen $C(k)$ und $D(k)$ wird durch das Potential V im Innenraum ($r < a$) bestimmt. Ohne eine spezielle Form für $V(r)$ vorauszusetzen, können wir jedoch wichtige allgemeine Folgerungen ziehen. Denn für den Außenraum, wo (2.11.11) verwendet werden kann, folgt speziell

$$C(k)e^{ikr} + D(k)e^{-ikr} = C(-k)e^{-ikr} + D(-k)e^{ikr} \; .$$

Da dies für alle $r \geq a$ gilt, kann man auf die Bedingung

$$D(k) = C(-k)$$

schließen.
Damit erhält $u_k(r)$ für $r \geq a$ die Darstellung

$$u_k(r) = C(k)e^{ikr} + C(-k)e^{-ikr} \; . \tag{2.11.12}$$

Als entscheidendes nichttriviales Problem bleibt die Bestimmung der einen Funktion $C(k)$. Sie wird durch den „Anschluß" der Wellenfunktion im „Innenraum" ($r \leq a$) mit der des Außenraumes bestimmt. Die Lösung der Schrödingergleichung im Innenraum liefert für $r = a$ Werte der Wellenfunktion und ihrer Ableitung

$$u_k(a) \text{ und } u_k'(a), \; ,$$

die mit den entsprechenden Größen im Außenraum ($r \geq a$) übereinstimmen müssen. Die daraus folgenden Bedingungen nennen wir – wie bei der Behandlung des Kastenpotentials – „Anschlußbedingungen". Mit ihrer Hilfe können wir $C(k)$ bestimmen

$$u_k(a) = C(k)e^{ika} + C(-k)e^{-ika} \tag{2.11.13}$$

$$u_k'(a) = ik \left(C(k)e^{ika} - C(-k)e^{-ika} \right) \; . \tag{2.11.14}$$

Das Gleichungssystem lösen wir nach $C(k)$ auf, indem wir z.B. Gleichung (2.11.14) durch ik dividieren und dann (2.11.13) und (2.11.14) addieren

$$C(k) = \frac{1}{2}e^{-ika}\left(u_k(a) + \frac{1}{ik}u'_k(a)\right) .$$

Es ist praktisch, diese Gleichung mit $2ik$ zu multiplizieren und mit der **Jostfunktion** $F(k)$ zu arbeiten, die wie folgt definiert wird

$$F(k) := 2ikC(k) = e^{-ika}\left(u'_k(a) + iku_k(a)\right) . \qquad (2.11.15)$$

Wegen der Realität von $u_k(r)$ gilt für die Jostfunktion

$$F^*(k) = F(-k) . \qquad (2.11.16)$$

Aus (2.11.12) folgt

$$u_k(r) = \frac{1}{2ik}\left(F(k)e^{ikr} - F(-k)e^{-ikr}\right) \qquad \text{für } r \geq a . \qquad (2.11.17)$$

Als komplexe Zahl betrachtet kann man für die Jostfunktion schreiben

$$F(k) = |F(k)|e^{i\delta(k)} . \qquad (2.11.18)$$

Die hier auftretende Phase $\delta(k)$ wird als *Streuphase* bezeichnet; sie ist zunächst nicht eindeutig bestimmt, da die Substitution

$$\delta(k) \to \hat{\delta}(k) = \delta(k) + 2\pi n \qquad n \in \mathbb{Z}, \qquad (2.11.19)$$

zu derselben Jostfunktion führt. Die ganze Zahl n könnte im Prinzip für jedes k verschieden gewählt werden. Wir möchten aber für $\delta(k)$ eine mindestens stetige Funktion von k haben. Daher muß n eine feste ganze Zahl sein. Andererseits führt die Bedingung (2.11.16) zu

$$|F(k)|e^{-i\delta(k)} = |F(-k)|e^{i\delta(-k)} ,$$

woraus folgt

$$|F(k)| = |F(-k)|$$

und – falls $|F(k)| \neq 0$ ist –

$$\delta(-k) = -\delta(k) + 2\pi m, \qquad m \in \mathbb{Z} .$$

Hierbei bezeichnet m eine ganze Zahl, deren Wert von dem gewählten n abhängt.

Man kann n so wählen, daß entweder $m = 0$ oder $m = 1$ ist. Denn aus der letzten Gleichung folgt

$$\hat{\delta}(-k) - 2\pi n = -(\hat{\delta}(k) - 2\pi n) + 2\pi m$$

oder

$$\hat{\delta}(-k) = -\hat{\delta}(-k) + 2\pi(2n + m) .$$

Falls $m = 2l$ eine gerade Zahl war, kann man durch die Wahl $n = -l$ erreichen, daß für $\hat{\delta}$ gilt

$$\hat{\delta}(-k) = -\hat{\delta}(k) \tag{2.11.20}$$
$$\hat{\delta}(0) = 0 \ .$$

Ist dagegen $m = 2l + 1$ ungerade, so kann man nur

$$\hat{\delta}(-k) = -\hat{\delta}(k) + 2\pi \tag{2.11.21}$$
$$\hat{\delta}(0) = \pi$$

erreichen. In den meisten Anwendungen wird die erste, einfachere Möglichkeit auftreten. In Zukunft werden wir zwischen beiden Varianten nicht unterscheiden.[24] Denn in beiden Fällen können wir wie folgt weiter rechnen:

Wir setzen (2.11.18) in (2.11.17) ein und finden

$$u_k(r) = \frac{1}{2ik}|F(k)| \left(e^{i(kr+\delta)} - e^{-i(kr+\delta)} \right) \tag{2.11.22}$$

$$u_k(r) = \frac{1}{k}|F(k)| \sin(kr + \delta) \ . \tag{2.11.23}$$

Diese Gleichung zeigt, daß $\delta(k)$ die durch das Potential bewirkte „Phasenverschiebung" in der Wellenfunktion beschreibt. Denn falls das Potential verschwindet, $V(r) = 0$, wird

$$u_k(r) = const \cdot \sin kr$$

zur Lösung im ganzen Raum. Im Vergleich dazu beschreibt (2.11.23) eine um $\delta(k)$ phasenverschobene Welle.

Wir wollen Gleichung (2.11.17) umformen, um weitere wichtige Begriffe und physikalische Anschauungen zu gewinnen. Wir ziehen $-F(-k)$ vor die Klammer

$$u_k(r) = -\frac{1}{2ik}F(-k) \left(e^{-ikr} - \frac{F(k)}{F(-k)}e^{ikr} \right)$$

und schreiben:

$$u_k(r) = -\frac{1}{2ik}F(-k) \left(e^{-ikr} - S(k)e^{ikr} \right) \ . \tag{2.11.24}$$

Hierbei wurde die **Streufunktion**

$$S(k) := \frac{F(k)}{F(-k)} \tag{2.11.25}$$

eingeführt. Den physikalischen Inhalt der so definierten Streufunktion $S(k)$ werden wir Schritt für Schritt immer klarer erkennen. Zunächst kann sie direkt durch die Streuphase ausgedrückt werden

$$S(k) = \frac{F(k)}{F(-k)} = \frac{F(k)}{F^*(k)} = e^{2i\delta(k)} \tag{2.11.26}$$

und hängt als Verhältnis der Jostfunktionen nicht mehr von der physikalisch belanglosen Normierung der Wellenfunktion ab. Dies erkennt man explizit, wenn man weiter rechnet. Denn aus (2.11.15) folgt

---

[24] In der Literatur wird auch die Konvention $\delta(\infty) = 0$ verwendet.

$$S(k) = \frac{F(k)}{F(-k)} = e^{-2ika} \frac{u'_k(a) + iku_k(a)}{u'_k(a) - iku_k(a)}$$

$$S(k) = e^{-2ika} \frac{1 + ik\frac{u_k(a)}{u'_k(a)}}{1 - ik\frac{u_k(a)}{u'_k(a)}} . \qquad (2.11.27)$$

Hier tritt nur das Verhältnis der Wellenfunktion zu ihrer Ableitung auf, welches von der Normierung unabhängig ist. Man kann es durch die reziproke logarithmische Ableitung der Wellenfunktion an der Stelle $r = a$ ausdrücken. Diese Größe wird im weiteren eine wichtige Rolle spielen. Sie ist als R-**Funktion** bekannt und wird explizit wie folgt definiert

$$R(E) := \frac{u_k(a)}{u'_k(a)} = \frac{1}{\frac{\mathrm{d}}{\mathrm{d}r} \log u_k(r)\big|_{r=a}} \qquad (2.11.28)$$

so daß gilt $\quad S(k) = e^{-2ika} \dfrac{1 + ikR(E)}{1 - ikR(E)} . \qquad (2.11.29)$

Die R-Funktion $R(E)$ ist offenbar reell, da $u_k(r)$ reell ist. Sie hängt ebenso wie $u_k(r)$ nur von k^2 oder E, nicht aber vom Vorzeichen von k ab, deshalb verwenden wir die Bezeichnung $R(E)$ und nicht $R(k)$.[25]

Eine Verallgemeinerung dieser R-Funktion ist als „R-Matrix", eine Verallgemeinerung der S-Funktion als „S-Matrix" in der Theorie der Teilchenreaktionen wichtig geworden. Werner Heisenberg hat die „S-Matrix" 1945 zur Behandlung von grundlegenden Problemen der Quantenfeldtheorie eingeführt.

2.11.3 Streuung an der harten Kugel und dem Kastenpotential

Um mit den eingeführten Begriffen vertraut zu werden, wollen wir für zwei spezielle Potentiale die eingeführten Funktionen explizit berechnen.

Für die **harte Kugel**

$$V(r) = \begin{cases} +\infty & \text{für } r \leq a \\ 0 & \text{für } r > a \end{cases} \qquad (2.11.30)$$

verhindert das im Bereich $r \leq a$ unendlich stark abstoßende Potential, daß die Wellenfunktion in die Kugel eindringt; das heißt

$$u_k(r) = 0 \qquad \text{für } 0 \leq r \leq a \,,$$

und auch die R-Funktion aus Gleichung (2.11.28) muß identisch verschwinden

$$R(E) = 0 \qquad \text{für alle } E \text{ bzw. } k \,.$$

Man beachte, daß $u'_k(a) \neq 0$ sein muß, damit $u_k(r)$ nicht identisch verschwindet. Im Bild 2.22 ist dieses Verhalten von $u_k(r)$ illustriert.

Also erhält man für die harte Kugel die folgende Streufunktion

---

[25] Allerdings sind wir in der Bezeichnungsweise nicht immer konsequent; so schreiben wir nicht u_E sondern u_k.

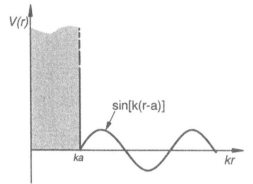

Bild 2.22
Streuung an der harten Kugel

$$S(k) = \mathrm{e}^{-2ika} \tag{2.11.31}$$

und die Streuphase – nach (2.11.26) –

$$\delta(k) = -ka \,. \tag{2.11.32}$$

Dieses Ergebnis kann man ohne Rechnung aus Bild 2.22 entnehmen.
    Für die **Streuung am Kastenpotential**

$$V(r) = -V_0\theta(a - r)$$

tritt in der Schrödingergleichung die Größe

$$K := \sqrt{\frac{2m}{\hbar^2}(E + V_0)} \tag{2.11.33}$$

auf und wir erhalten als Differentialgleichung im Innern des Potentials

$$u_k''(r) + K^2 u_k(r) = 0 \qquad \text{für } r \le a$$

mit der Lösung

$$u_k(r) = A \sin Kr \qquad \text{für } r \le a \,.$$

Aus der Randbedingung $u_k'(0) = 1$ folgt

$$u_k(r) = \frac{\sin Kr}{K} \qquad \text{für } r \le a \,. \tag{2.11.34}$$

Da diese Lösung der Schrödingergleichung im ganzen Innenraum, also auch für $r = a$ gilt, kann man aus ihr den Wert der R-Funktion entnehmen

$$R(E) = \frac{u_k(a)}{u_k'(a)} = \frac{1}{K}\frac{\sin Ka}{\cos Ka} = a\frac{\tan Ka}{Ka} \tag{2.11.35}$$

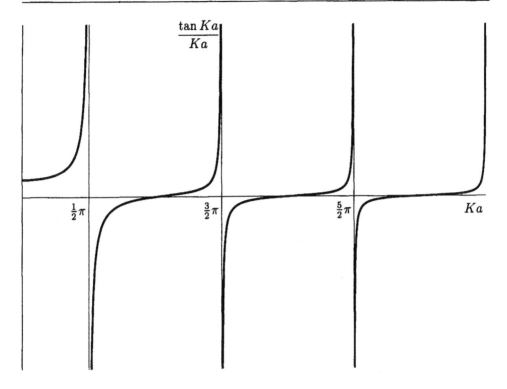

Bild 2.23 Die R-Funktion für das Kastenpotential

S-Funktion und Streuphase folgen jetzt aus den Gleichungen (2.11.29) und (2.11.26). Die so erhaltenen Ausdrücke hängen in recht komplizierter Weise von der Reichweite a und der Tiefe V_0 des Potentials ab und erlauben aber für sehr kleine und sehr große Werte der Energie bzw. der Wellenzahl eine übersichtliche Formel für die Streuphase abzuleiten. Man erhält zunächst für kleine k

$$\delta(k) = -a_0 k + O(k^2) \ . \tag{2.11.36}$$

Dabei wird die Größe a_0, die eine Längendimension hat, als **Streulänge** bezeichnet; sie hängt mit den Kastenpotential-Parametern a und V_0 über das Produkt

$$k_0 a := a\sqrt{\frac{2m}{\hbar^2}V_0}$$

zusammen

$$a_0 = \left(1 - \frac{\tan(k_0 a)}{k_0 a}\right) a \ . \tag{2.11.37}$$

Nur für spezielle Werte von $k_0 a$ stimmen a_0 und a überein, die wir gleich diskutieren werden.

Betrachten wir jetzt den anderen Grenzfall, nämlich sehr große Energien. Hier erwartet man, daß ein Teilchen praktisch nicht vom Potential beeinflußt wird. In der Tat stimmen für $E \gg V_0$ die Wellenzahlen K und k praktisch überein, so daß gilt

$$kR(E) \approx \tan(ka) \ .$$

Daraus folgt

$$\frac{1 + ikR(E)}{1 - ikR(E)} \approx \frac{1 + i\tan(ka)}{1 - i\tan(ka)}$$

$$= \frac{\cos(ka) + i\sin(ka)}{\cos(ka) - i\sin(ka)} = \exp(2ika)$$

so daß – wie erwartet – die S-Funktion für große Energien gegen 1 konvergiert:

$$S(k) \approx \exp(-2ika)\exp(2ika) = 1 \ .$$

Daraus läßt sich allerdings nicht schließen, daß $\delta(k)$ für große k verschwindet. Vielmehr folgt wegen der Periodizität der Exponential-Funktion nur

$$\delta(\infty) = -n\pi \ , \qquad\qquad\qquad (2.11.38)$$

wobei n eine ganze Zahl ist.

Es ist eine interessante und tiefliegende Tatsache, daß die Zahl n mit der Anzahl der gebundenen Zustände im Potential $V(r)$ identisch ist und damit positiv sein muß. Dies ist der Inhalt des **Levinson-Theorems**, das unter sehr allgemeinen Voraussetzungen über $V(r)$ gilt, vgl. Abschnitt 2.11.6.[26]

Mit Hilfe dieser beiden Grenzfälle kann man die – wie gesagt – komplizierte Abhängigkeit der S-Funktion und der Streuphase von V_0, a und der Energie qualitativ verstehen, und die Abhängigkeit vom Produkt k_0a und damit von der Tiefe des Potentials ohne Rechnung diskutieren:

Für $k_0a < \pi/2$ ist die Streulänge nach (2.11.37) negativ und es exisiert nach Abschnitt 2.8.1 kein gebundener Zustand. Daher beginnt $\delta(k)$ mit positivem Anstieg bei $k = 0$, erreicht ein Maximum und strebt für große k wieder dem Wert 0 zu. Nähert sich k_0a dem Wert $\pi/2$, so wird der Anstieg für kleine k immer steiler, so daß durch den Wiederabfall bei größeren k-Werten ein immer schärferes Maximum entsteht. Übersteigt k_0a den Wert $\pi/2$, so schlägt das Vorzeichen der Streulänge um und ein gebundener Zustand entsteht. Daher wird die Streuphase negativ und strebt für große Energien dem Wert $-\pi$ zu. Insgesamt entsteht ein fast monotones Verhalten von $\delta(k)$. Durch numerische Rechnung kann man dieses Ergebnis quantitativ bestätigen.[27]

---

[26] Dies gilt nur, wenn $\delta(0)$ verschwindet. Ohne diese Voraussetzung lautet das Levinson-Theorem

$$\delta(\infty) - \delta(0) = -n\pi \ .$$

[27] Zum Beispiel kann man dies mit dem Progamm, das in dem Buch von S. Brandt und H.D. Brandt, Quantenmechanik auf dem Personalcomputer (Springer-Verlag Heidelberg, 1993) beschrieben ist, eindrucksvoll nachvollziehen.

Für eine genauere analytische Diskussion von $\delta(k)$ weist das mehrfache Auftreten der Tangensfunktion in den letzten Formeln den Weg, um charakteristische Eigenschaften der Streuung zu finden. Denn $\tan(x)$ ist durch seine Nullstellen bei ganzzahligen Vielfachen von π und seine Unendlichkeitsstellen bei halbzahligen Vielfachen von π gekennzeichnet. Die daraus folgenden Nullstellen und Pole von $R(E)$ sind auch von besonderer physikalischer Bedeutung.

Beginnen wir mit den Polstellen von (2.11.35). Für $Ka \neq 0$ hat der Nenner keinen Einfluß auf die Existenz einer Polstelle; deshalb hat $\tan Ka/Ka$ genau wie die Tangensfunktion bei

$$K_n^\infty = \frac{1}{a}\left(n + \frac{1}{2}\right)\pi \qquad n = 0, \pm 1, \pm 2, \ldots$$

Pole 1. Ordnung, vgl. Bild 2.23. Die zu den Polstellen K_n^∞ gehörigen Energiewerte sind

$$E_n^\infty = -V_0 + \frac{\hbar^2}{2ma^2}\left(n + \frac{1}{2}\right)^2 \pi^2 . \tag{2.11.39}$$

Es gilt also

$$R(E_n^\infty) = \pm\infty \text{ und } u'(a) = 0 . \tag{2.11.40}$$

Die Wellenfunktion $u_k(r)$ verhält sich daher bei den Energien E_n^∞ wie es im Bild 2.24 dargestellt ist, und man erkennt, daß die Amplitude der Wellenfunktion im Innenraum besonders groß ist und damit bei der Streuung besonders „stark" mitwirkt.[28]

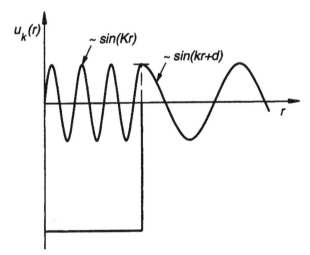

Bild 2.24
Der Verlauf der Funktion $u_k(r)$ für die Energien E_n^∞

Die Nullstellen der Funktion $\tan Ka/Ka$ liegen bei

$$K_0^\infty = \frac{1}{a}n\pi \qquad n = 0, \pm 1, \pm 2, \cdots$$

---

[28] Der genaue Sinn dieser Aussage wird unten bei der Diskussion der Wirkungsquerschnitte erläutert.

mit den zugehörigen Energiewerten

$$E_n^0 = -V_0 + \frac{\hbar^2}{2ma^2} n^2 \pi^2 \ . \tag{2.11.41}$$

Es gilt also

$$R(E_n^0) = 0 \ . \tag{2.11.42}$$

Für die Energien E_n^0 hat die Wellenfunktion $u_k(r)$ die in Bild 2.25 gezeigte Form, bei der die Amplitude im Innenraum klein ist und dieser daher die Streuung kaum beeinflußt. Das Potential wirkt fast wie eine harte Kugel. Es ist zu beachten, daß die Wellenfunktion offenbar nicht mit zunehmender Energie monoton immer stärker oder immer schwächer in den Potentialtopf eindringt, sondern daß ihre Amplitude im Innenraum – d. h. ihre Eindringstärke – periodisch von der Energie abhängt.

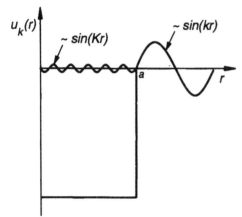

Bild 2.25
Der Verlauf der Funktion $u_k(r)$ für die Energien E_n^0

Für die Streufunktion $S(k)$ und die Streuphase $\delta(k)$ ergeben sich nach (2.11.42) in der Umgebung der Energien E_n^0 die gleichen Formeln wie bei der harten Kugel

$$S(k) = \mathrm{e}^{-2ika}$$
$$\delta(k) = -ka \ .$$

Für die E_n^∞ ergibt sich andererseits

$$S(k) = -\mathrm{e}^{-2ika}$$
$$\delta(k) = \frac{\pi}{2} - ka \ .$$

Für kleine Energien, also große Wellenlängen, die die Bedingung

$$ka \ll 1$$

erfüllen, folgt speziell

$$\delta(k) \approx 0 \qquad \text{für die Nullstellen von } R: E_n^0$$

$$\delta(k) \approx \frac{\pi}{2} \qquad \text{für die Polstellen von } R: E_n^\infty \;.$$

Durch die Energiewerte E_n^0 und E_n^∞ haben wir auch im Energie-Kontinuum ausgezeichnete Werte – wenn auch in approximativer Weise – definiert, wo die Streuung besonders schwach oder besonders stark ist. Wir werden zeigen, daß mit ihnen Minima bzw. Maxima des Wirkungsquerschnittes verbunden sind.

2.11.4 Streuamplitude und Wirkungsquerschnitt

Um physikalische Folgerungen aus den Ergebnissen für die Streufunktion $S(k)$ und die Streuphase $\delta(k)$ zu ziehen, müssen wir ihren Zusammenhang mit meßbaren Größen kennen. Dies sind in diesem Falle die Streuwahrscheinlichkeiten und die Wirkungsquerschnitte. Die dafür nötigen Begriffbildungen werden im nächsten Abschnitt 2.12 für allgemeine Streuprozesse dargestellt. Dort wird gezeigt werden, wie $S(k)$ mit dem differentiellen Wirkungsquerschnitt zusammenhängt: Man definiere die **Streuamplitude** $f(k)$ durch

$$f(k) := \frac{S(k) - 1}{2ik} \;. \tag{2.11.43}$$

Dann wird der differentielle Wirkungsquerschnitt – als eine Wahrscheinlichkeit – durch das Absolutquadrat von $f(k)$ gegeben

$$\frac{d\sigma}{d\Omega} = |f(k)|^2 \;. \tag{2.11.44}$$

Wegen $S(k) = e^{2i\delta(k)}$ kann (2.11.43) umgeformt werden zu

$$f(k) = \frac{e^{2i\delta} - 1}{2ik} \tag{2.11.45a}$$

$$= e^{i\delta} \frac{e^{i\delta} - e^{-i\delta}}{2ik}$$

$$f(k) = \frac{e^{i\delta}}{k} \sin \delta \;. \tag{2.11.45b}$$

Wenn die Streuphase verschwindet, also $S = 1$ ist, verschwindet auch die Streuamplitude; es tritt also keine Streuung auf, wie man es auch erwartet, da die Wellenfunktion in diesem Falle eine ungestörte Welle beschreibt.

Aus den Definitionen folgen einige einfache, aber allgemein wichtige Relationen. Zunächst hat die Realität von $\delta(k)$ zur Folge, daß

$$|S(k)|^2 = S(k)^* S(k) = 1 \tag{2.11.46}$$

gilt. Diese Eigenschaft wird als **Unitarität** der $S(k)$-Funktion bezeichnet und kann weitgehend verallgemeinert werden.[29] Für den Imaginärteil der Streuamplitude f findet man – wegen $e^{i\delta} = \cos \delta + i \sin \delta$ – die Beziehung

---

[29] Gleichung (2.11.46) ist ein trivialer Spezialfall der Unitaritätsbedingung für eine Matrix U

$$U^\dagger U = 1 \;.$$

$$\Im f(k) = \frac{\sin^2 \delta}{k} = k|f(k)|^2 \ . \tag{2.11.47}$$

Auch diese Gleichung kann in wichtiger Weise verallgemeinert werden; sie wird die „Unitaritätsbedingung für die Streuamplitude" genannt. Für den totalen Wirkungsquerschnitt erhält man durch Integration über den gesamten Raumwinkel

$$\sigma = \int |f(k)|^2 \, d\Omega$$

$$= \int \frac{\sin^2 \delta}{k^2} d\Omega \ . \tag{2.11.48}$$

Da der Integrand nicht von der Richtung abhängt, kann die Integration über die Winkel trivial ausgeführt werden und es folgt

$$\sigma = \frac{4\pi}{k^2} \sin^2 \delta \ . \tag{2.11.49}$$

Diese Formel zeigt explizit die physikalische Bedeutung der Streuphase; sie allein bestimmt die beobachtbaren Effekte bei der Potentialstreuung. Ferner ergibt sich aus den vorstehenden Formeln die Relation

$$\Im f(k) = \frac{1}{k} \sin^2 \delta = \frac{k}{4\pi} \sigma \ , \tag{2.11.50}$$

die als **Optisches Theorem** bekannt ist. Diese Formel kann man in folgender Weise deuten: Für die Streuung ist der Imaginärteil der Streuamplitude ein Maß dafür, wieviele Teilchen aus dem einfallenden Strahl herausgeschlagen werden. Denn der totale Wirkungsquerschnitt zählt genau diese Teilchen.

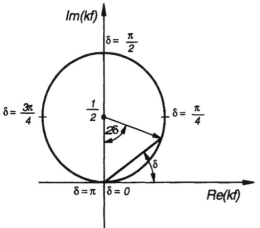

Bild 2.26
Argand-Diagramm

Es ist üblich, Gleichung (2.11.45b) in der Form $kf = e^{i\delta} \sin \delta$ zu schreiben und diese Größe in der komplexen Ebene darzustellen; man erhält das sogenannte **Argand-Diagramm**.[30] Dabei werden Real- und Imaginärteil von kf in der komplexen Zahlenebene

---

[30] Diese Bezeichnung erinnert an den französischen Buchhalter und Amateur-Mathematiker F.J. Argand, der etwa zur gleichen Zeit wie Gauß die komplexe Zahlenebene erfunden hat.

eingetragen, wobei die folgenden Formeln, die aus (2.11.45b) abgelesen werden können, verwendet werden

$$\Re(kf(k)) = \sin\delta\cos\delta = \frac{1}{2}\sin 2\delta \, ; \, \Im(kf(k)) = \sin^2\delta = \frac{1}{2}(1 - \cos 2\delta) \, . \quad (2.11.51)$$

Sie liegen – wie Bild 2.26 illustriert – auf einem Kreis mit dem Radius $1/2$ um den Punkt $z = i/2$. Für $\delta = 0$ verschwinden Real- und Imaginärteil und f liegt im Nullpunkt der komplexen Ebene. Mit wachsendem δ wird der Kreis im mathematisch positiven Sinne durchlaufen; für $\delta = \pi/2$ hat man den obersten Punkt erreicht und durchläuft bei weiter wachsendem δ die linke Hälfte des Kreises.

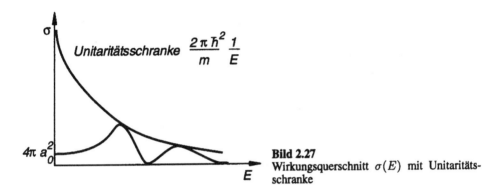

Bild 2.27
Wirkungsquerschnitt $\sigma(E)$ mit Unitaritätsschranke

Wir wollen nun die Abhängigkeit des Wirkungsquerschnittes (2.11.49) von der Energie untersuchen. Zunächst gilt folgende obere Schranke für mögliche Werte des Querschnitts

$$\sigma = \frac{4\pi}{k^2}\sin^2\delta \le \frac{4\pi}{k^2} \, . \quad (2.11.52)$$

Formal beruht sie auf der Realität der Streuphase und damit letztlich auf der Unitaritätsbedingung (2.11.46). Im Bild 2.27 ist diese Schranke, nämlich die Funktion $\frac{4\pi}{k^2} = \frac{2\pi\hbar^2}{m} \cdot \frac{1}{E}$ eingezeichnet. Sie begrenzt mögliche Wirkungsquerschnitte σ nach oben und wird **Unitaritätsschranke** genannt. In der Figur ist auch ein möglicher Verlauf des Wirkungsquerschnittes selbst eingetragen. Im Bild 2.27 ist ferner angedeutet, daß der Wirkungsquerschnitt für $E \to 0$ endlich bleibt. Dies folgt aus der Eigenschaft[31], daß $\delta(0) = 0$ ist, und daß die Jostfunktion und damit $\delta(k)$ für $k = 0$ differenzierbar sind. Den Wert $\sigma(0)$ können wir ausrechnen, indem wir $\delta(k)$ um $k = 0$ entwickeln

$$\delta(k) = \delta'(0)k + \mathcal{O}(k^3) + \cdots ,$$

wobei in $\delta(k)$ wegen $\delta(k) = -\delta(-k)$ nur ungerade Terme der Form k^{2n+1} auftreten.

Sei nun $\delta'(0) := -a_0$, so daß gilt

$$\delta(k) = -a_0 k + \mathcal{O}(k^3) + \cdots . \quad (2.11.53)$$

---

[31] Auch wenn $\delta(0) \ne 0$ ist, gilt stets $\sin\delta(0) = 0$.

Durch diese Formeln wird die im letzten Abschnitt für das Kastenpotential eingeführte **Streulänge** a_0 allgemein definiert. Jetzt können wir diese Bezeichnung und die physikalische Bedeutung von a_0 erläutern. Dazu berechnen wir den Wirkungsquerschnitt im Grenzfall sehr kleiner Energien. Dann wird die Streuphase klein und man kann die Approximation $\sin \delta \approx \delta$ in der Formel für den Wirkungsquerschnitt (2.11.49) verwenden. Wegen (2.11.53) ergibt sich

$$\sigma = \frac{4\pi}{k^2} \sin^2 \delta \approx \frac{4\pi}{k^2} \delta^2 \text{ , für } E \to 0$$

$$\sigma \approx \frac{4\pi}{k^2} (-a_0 k)^2 = 4\pi a_0^2 \text{ .}$$

Nach dieser Formel kann der Wirkungsquerschnitt als kleine Scheibe aufgefaßt werden mit einem Flächeninhalt, der vierfach so groß ist wie der geometrische Querschnitt einer Scheibe vom Radius a_0. Man muß die Streulänge a_0 sorgfältig von der Reichweite a des Potentials unterscheiden. Nur für die harte Kugel stimmen beide wegen (2.11.32) überein. Im allgemeinen unterscheiden sie sich stark, wie schon bei der expliziten Formel (2.11.37) betont wurde.

Auch das Verhalten der Wellenfunktion $u_k(r)$ für kleine Energien $kr \ll 1$ wird von a_0 bestimmt. Um dies genauer darzustellen, empfiehlt es sich, statt u_k selbst eine dazu proportionale Funktion zu studieren, die durch

$$g_k(r) := \frac{k u_k(r)}{|F(k)| \sin(\delta)}$$

definiert wird. Nach (2.11.23) gilt für $r \geq a$

$$g_k(r) = \frac{\sin(kr + \delta)}{\sin(\delta)}$$

$$= \frac{\sin kr \cos \delta + \cos kr \sin \delta}{\sin \delta}$$

$$= \cos kr + \cot \delta \sin kr \text{ .}$$

Für kleine kr erhält man daraus, wenn man (2.11.53) verwendet

$$g_k(r) = 1 + rk \cot \delta \approx 1 + rk \frac{1}{\delta} \qquad (2.11.54)$$

$$= 1 - \frac{r}{a_0} + \cdots \text{ .}$$

Daher ist $g_k(r)$ für kleine Energien eine in r lineare Funktion, die für $r = 0$ dem Wert 1 hat, und deren Steigung durch $-1/a_0$ bestimmt wird.

In den Grafiken von Bild 2.28 ist $g_k(r)$ in Abhängigkeit von r zusammen mit der exakten Funktion $u_k(r)$ für den Fall eines Kastenpotentials aufgezeichnet. Außerhalb des Potentials stimmen beide Funktionen praktisch überein. Innerhalb krümmt sich $u_k(r)$ nach unten, um für $r = 0$ den geforderten Wert Null zu erreichen. Diese Krümmung der Kurve $u_k(r)$ ist aus der Schrödingergleichung ablesbar

$$u_k'' = \frac{2m}{\hbar^2} (V - E) u_k \text{ .}$$

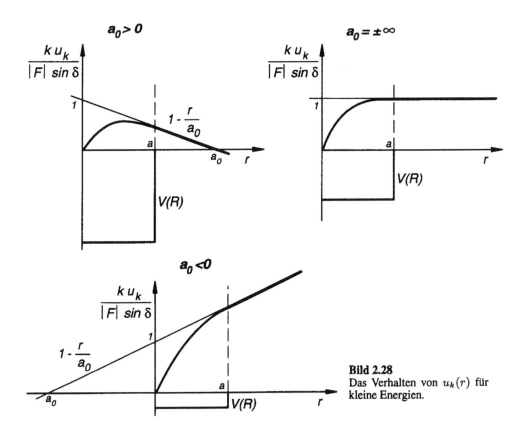

Bild 2.28
Das Verhalten von $u_k(r)$ für kleine Energien.

Je tiefer – stärker negativ – das Potential V, desto stärker ist die Krümmung von $u_k(r)$. In den drei Figuren von Bild 2.28 sind die Situationen für schrittweise kleiner werdende Potentialtiefen dargestellt. Für große Potentialtiefen hat die Streulänge a_0 einen positiven Wert, für sehr kleine Tiefen ist sie negativ. Im Grenzfall ist sie unendlich groß. Dem entspricht

$$R = \frac{u_k(a)}{u'_k(a)} = +\infty \,.$$

Die vorstehenden Ergebnisse beruhen auf der in k linearen Näherung für die Streuphase. Um höhere Potenzen von k zu berücksichtigen, geht man von Gleichung (2.11.54) aus, in der die Größe $k \cot \delta$ auftritt. Dies ist eine gerade Funktion von k. Daher kann man wie folgt entwickeln

$$k \cot \delta \approx -\frac{1}{a_0} + \frac{1}{2} r_{\text{eff}} k^2 + \cdots, \,. \tag{2.11.55}$$

Der erste Term entspricht der Streulängen-Näherung. Die Größe r_{eff} im zweiten Term hat die Dimension einer Länge und wird die **effektive Reichweite** des Potentials genannt. Für den Wirkungsquerschnitt erhält man wegen

$$\sin^2 \delta = \frac{1}{1 + (\cot \delta)^2}$$

den Ausdruck

$$\sigma = \frac{4\pi}{k^2} \sin^2 \delta \approx \frac{4\pi}{k^2 + (-1/a_0 + 1/2 r_{\mathrm{eff}} k^2)}$$

$$= \frac{4\pi a_0^2}{(1 - 1/2 r_{\mathrm{eff}} k^2)^2 + (a_0 k)^2}$$

$$= \frac{4\pi a_0^2}{1 + a_0 (a_0 - r_{\mathrm{eff}} k^2 + 1/4 (r_{\mathrm{eff}})^2 (a_0)^2 k^4} .$$

Daher folgt für das Verhältnis

$$\frac{\sigma}{4\pi a_0^2} \approx 1 - a_0 (a_0 - r_{\mathrm{eff}}) k^2 + O(k^4) .$$

Je nach dem Vorzeichen von

$$a_0 (a_0 - r_{\mathrm{eff}})$$

steigt oder fällt der Wirkungsquerschnitt mit wachsender Energie. Größe und Vorzeichen der Streulänge und der effektiven Reichweitebestimmen damit das Verhalten des Wirkungsquerschnitts für kleine und mittlere Energien.

2.11.5 Analyse des Wirkungsquerschnitts, die Breit-Wigner-Formel

Für die Streuung an der harten Kugel gilt nach (2.11.32) $\delta(k) = -ka$ und damit ergibt sich für den Wirkungsquerschnitt

$$\sigma(E) = \frac{4\pi}{k^2} \sin^2(-ka) .$$

Offensichtlich stimmt hier die Streulänge a_0 nach ihrer Definition in (2.11.53) mit der Reichweite a der Potentialkugel überein – vgl. (2.11.53) - was auch anschaulich zu verstehen ist:
Für kleine Energien

$$\sigma(E \to 0) = 4\pi a^2 \qquad (2.11.56)$$

wirkt der Streuprozeß so, als ob die Teilchenwelle wegen ihrer großen Wellenlänge die ganze Kugeloberfläche umhüllt und führt daher zu einem Wirkungsquerschnitt, der der Größe der Kugeloberfläche entspricht.
Für größere Energien muß Gleichung (2.11.56) durch Berücksichtigung der Winkelabhängigkeit der Streuung stark korrigiert werden, also durch die Beiträge der nicht verschwindenden Drehimpulse, so daß man sie nicht direkt mit Experimenten vergleichen kann. Wenn man auch die höheren Drehimpulse berücksichtigt, erhält man für große Energien

$$\sigma \stackrel{k \to \infty}{\longrightarrow} 2\pi a^2 .$$

In der klassischen Mechanik wird dieser Wirkungsquerschnitt dagegen durch πa^2 gegeben, was dem Flächeninhalt einer Scheibe vom Radius a entspricht. Der in (2.11.5) auftretende Faktor 2 ist ein typischer wellenmechanischer Effekt: σ ist aus zwei gleichgroßen Anteilen zusammengesetzt

$$\sigma = \pi a^2 + \pi a^2 \ .$$

Der erste Term ist der genannte Wert der klassischen Mechanik und wird dadurch erzeugt, daß die auf den Querschnitt der harten Kugel auffallenden Teilchen aus dem einfallenden Strahl entfernt werden. Der zweite Term hat einen wellenoptischen Ursprung: Von jedem Punkt des Querschnittes πa^2 gehen Sekundärwellen aus, die dafür sorgen, daß direkt hinter der Kugel die Wellenfunktion durch destruktive Interferenz mit der einfallenden Welle verschwindet.

Um wellenmechanische Effekte auch für kleine Energien zu erkennen, gehen wir von dem allgemeinen Ausdruck (2.11.29) für die Streufunktion aus

$$S(k) = \frac{1 + ikR}{1 - ikR} e^{-2ika}$$

und betrachten wieder so kleine Energien, daß $ka \ll 1$, oder $\lambda \gg a$ ist, und damit die Approximation

$$S(k) \approx \frac{1 + ikR}{1 - ikR} \tag{2.11.57}$$

verwendet werden kann. Einsetzen in die Streuamplitude ergibt

$$\begin{aligned} f(k) &= \frac{S - 1}{2ik} \\ &= \frac{\frac{1+ikR}{1-ikR} - \frac{1-ikR}{1-ikR}}{2ik} \\ &= \frac{R}{1 - ikR} \end{aligned} \tag{2.11.58}$$

womit für den differentiellen Wirkungsquerschnitt

$$\frac{d\sigma}{d\Omega} = |f|^2 = \frac{R^2}{1 + k^2 R^2} \tag{2.11.59}$$

und den Wirkungsquerschnitt

$$\sigma = \int |f|^2 d\Omega = 4\pi \frac{R^2}{1 + k^2 R^2} \tag{2.11.60}$$

folgt. Der Wirkungsquerschnitt verschwindet offenbar für $R = 0$. Nach Gleichung (2.11.49) ist dann $\delta = 0$. Andererseits treten Maxima von σ an den Polstellen von R auf, wofür $\delta = \frac{\pi}{2}$ gilt. Diese Minima-Maxima-Struktur im Wirkungsquerschnitt ist im Bild 2.27 skizziert; sie ist der gesuchte quantenmechanische Effekt.

Er wurde 1921 vor der Entwicklung der Quantentheorie von Ramsauer bei experimentellen Untersuchung der Streuung von langsamen Elektronen an Edelgasen (Argon, Krypton, Xenon) entdeckt – **Ramsauer-Effekt**. Im Bild 2.29 sind die entsprechenden gemessenen Wirkungsquerschmitte als Funktion der Elektronengeschwindigkeit

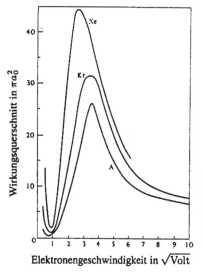

Wirkungsquerschnitt in πa_0^2

Elektronengeschwindigkeit in $\sqrt{\text{Volt}}$

Bild 2.29
Wirkungsquerschnitt für die Streuung langsamer Elektronen
an Edelgasatomen als Funktion der Elektronengeschwindigkeit $v = \sqrt{2U/m}$ in Einheiten von $\sqrt{\text{Volt}}$. Das Minimum
bei 1 $\sqrt{\text{Volt}}$ ist der Ramsauer-Effekt.

$$v = \sqrt{2U/m}$$

dargestellt, wobei U die Beschleunigungsspannung bezeichnet, die die Elektronen durchlaufen haben ($\frac{m}{2}v^2 = U$). Kommt man von größeren Energien her, also von der rechten
Seite in Bild 2.29, so steigt der Wirkungsquerschnitt mit abnehmender Energie zunächst
stark an und erreicht zwischen $U = 9$ und 16 Volt ein Maximum. Bei weiter fallender
Energie fällt er schnell und hat bei etwa 1 Volt einen so kleinen Wert, daß die Edelgase für
den Elektronenstrahl „durchsichtig" werden. Diese damals überraschende Tatsache wird
durch die Nullstellen der R−Funktion erklärt, deren Ursprung destruktive Interferenzen
sind. Nicht für alle Potentiale hat $R(E)$ Nullstellen. Zum Beispiel tritt für ein abstoßendes
Kastenpotential bei kleinen Energien ($ka < \frac{\pi}{2}$) der Ramsauer-Effekt nicht auf.

Jetzt wollen wir die Maxima des Wirkungsquerschnittes, die für die Polstellen $R(E_\infty) = \pm\infty$ auftreten, genauer analysieren, ohne sonst das Potential zu spezialisieren. In der
Umgebung eines Pols läßt sich für $R(E)$ schreiben

$$R(E) = \frac{\gamma}{E_\infty - E} \qquad \text{mit } \gamma > 0 . \qquad (2.11.61)$$

Die Positivität der hier auftretenden Konstanten c kann für das Kastenpotential aus der expliziten Formel (2.11.35) abgelesen werden; sie gilt jedoch allgemein, und kann aufgrund der
im nächsten Abschnitt beschriebenen Analyzitäts-Eigenschaften der S-Funktion bewiesen
werden. Setzt man $R(E)$ in die Formeln für die Streufunktion $S(k)$ und die Streuamplitude
$f(k)$ ein, so erhält man

$$S(k) = e^{-2ika}\frac{1 + ikR}{1 - ikR}$$

$$= e^{-2ika}\frac{E_\infty - E + i\frac{\Gamma}{2}}{E_\infty - E - i\frac{\Gamma}{2}} \qquad (2.11.62)$$

$$\text{mit } \Gamma = 2\gamma k .$$

Für die Streuamplitude folgt für $ka \ll 1$, so daß man die auftretende Exponentialfunktion gemäß $e^{-2ika} \approx 1$ nähern kann

$$f(k) = \frac{S-1}{2ik} = \frac{1}{k} \frac{\frac{\Gamma}{2}}{E_\infty - E - i\frac{\Gamma}{2}} \tag{2.11.63}$$

und weiter für den Wirkungsquerschnitt (mit Hilfe von (2.11.44))

$$\sigma(E) = \frac{\pi}{k^2} \frac{\Gamma^2}{(E_\infty - E)^2 + (\frac{\Gamma}{2})^2} . \tag{2.11.64}$$

Die Gleichungen (2.11.63) und (2.11.64) sind als **Breit-Wigner-Formeln** für Streuamplitude und Wirkungsquerschnitt bekannt. Sie spielen in allen Gebieten der Physik für die Beschreibung von Resonanzphänomenen, die sich in ausgeprägten Maxima zeigen, eine zentrale Rolle.

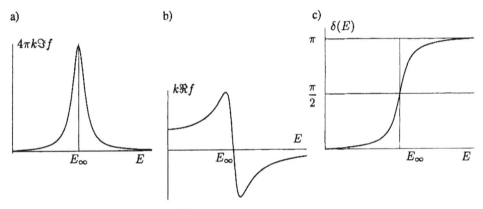

Bild 2.30   Resonanzverhalten von $k^2\sigma = 4\pi k\Im f$

Die Formel (2.11.64) für den Wirkungsquerschnitt enthält neben dem monoton abnehmenden Faktor $1/k^2$ die Resonanzfunktion

$$\frac{\Gamma^2}{(E_\infty - E)^2 + (\frac{\Gamma}{2})^2} \tag{2.11.65}$$

für die der Name „Breit-Wigner-Formel" in der Regel verwendet wird. Entsprechend ist

$$\frac{\Gamma/2}{E_\infty - E - i\frac{\Gamma}{2}} \tag{2.11.66}$$

die Breit-Wigner Formel für die Streuamplitude. Im Bild 2.30a ist der Verlauf von (2.11.65) skizziert. Diese Funktion gibt gleichzeitig $k^2\sigma(E)$ und $k\Im f$ wieder, welche Größen nach dem optischen Theorem (2.11.50) übereinstimmen. Hier kommt das typische „Resonanzverhalten" zum Ausdruck, wobei E_∞ die Position des Maximums bestimmt, und die Größe Γ festlegt, wie schnell die Funktion rechts und links von der Resonanzstelle abfällt. Γ wird als „Breite der Resonanz" bezeichnet.

Für die weitere Diskussion empfiehlt es sich $f(k)$ so umzuformen, daß sein Real- und Imaginärteil direkt erkennbar ist. Durch Erweitern von (2.11.63) mit dem konjugiert komplex genommenen Nenner erhält man

$$f(k) = \frac{1}{k} \frac{\frac{\Gamma}{2}}{(E_\infty - E)^2 + \left(\frac{\Gamma}{2}\right)^2} \left(E_\infty - E + i\frac{\Gamma}{2} \right) \qquad (2.11.67)$$

Das daraus ablesbare Verhalten des Realteils der Streuamplitude (genauer von $k\Re f$) zeigt Bild 2.30b. Man sieht daß der Realteil an der Resonanzstelle E_∞ eine Nullstelle hat. Dementsprechend geht der Realteil der Breit-Wigner Amplitude von positiven Werten für $E < E_\infty$ zu negativen Werte für $E > E_\infty$ über. Schließlich zeigt Bild 2.30c den Verlauf der Streuphase $\delta(E)$ im Bereich der Resonanzstelle. Die Darstellung von $\delta(k)$ ergibt sich dabei in folgender Weise:

Zunächst folgt aus (2.11.45b)

$$f = \frac{1}{k} (\cos \delta + i \sin \delta) \sin \delta$$

oder $\tan \delta = \Im f / \Re f$.

Andererseits kann man das Verhältnis von Realteil zu Imaginärteil aus (2.11.67) ablesen. Es folgt

$$\tan \delta(k) = \frac{\Gamma}{2(E_\infty - E)} \qquad (2.11.68)$$

$\delta(k)$ ist also eine arctan-Funktion der Energie, die im Bild 2.30c wieder gegeben ist.

Es sei hier noch einmal betont, daß die Breit-Wigner-Formeln und die daraus hergeleiteten Folgerungen streng nur für kleine Energien $ka \ll 1$ gelten.

2.11.6 Analytische Eigenschaften der Streufunktionen

Man erhält wichtige neue Einsichten in die Eigenschaften der mit der Streuung verbundenen Funktionen, wenn man zuläßt, daß die Wellenzahl k und die Energie $E = \frac{\hbar^2}{2m} k^2$ komplexe Werte annehmen

$$k \to k = \Re(k) + i\Im(k)$$
$$E \to E = \Re(E) + i\Im(E) \, .$$

Bei den zuletzt betrachteten Formeln für die R- und S-Funktion ist es ohne weiteres möglich diese Verallgemeinerung vorzunehmen, denn in den expliziten Formeln

$$R(E) = \frac{\gamma}{E_\infty - E} = \frac{\frac{2m\gamma}{\hbar^2}}{k_\infty^2 - k^2} \qquad (2.11.69)$$

und

$$S(E) = \frac{E_\infty - E + i\frac{\Gamma}{2}}{E_\infty - E - i\frac{\Gamma}{2}} \qquad (2.11.70)$$

kann man einfach k als komplexwertig betrachten, um eine **analytische Fortsetzung** zu erzeugen und beide Funktionen als Funktionen über der komplexen k-Ebene zu betrachten. Damit können wir sämtliche Begriffe und Methoden der Funktionentheorie einer komplexen Veränderlichen anwenden.

Das Beispiel der Breit-Wigner Formel (2.11.70) macht auch die physikalische Motivation deutlich, komplexe Energien zu betrachten: $S(E)$ wird für gewisse komplexe Energien unendlich groß, und zwar an Stellen, deren Realteil die Resonanzenergie und deren Imaginärteil die Breite der Resonanzfunktion angibt.

Wir erinnern an einige Begriffe aus der Funktionentheorie. Für das folgende benötigen wir insbesondere die Begriffe „holomorph" und „singulär".

- Eine Funktion $f(k)$ heißt in einem gewissen Gebiet der k-Ebene **holomorph**, wenn $f(k)$ dort definiert und differenzierbar ist.

Solche Funktionen lassen sich beliebig oft differenzieren. Dies ist z. B. für die Funktion $R(E)$ der Fall für alle komplexen k-Werte, die von $\pm k_\infty$ verschieden sind. An den beiden Ausnahmestellen ist $R(E)$ **singulär**

- $f(k)$ heißt am Punkt $k = k_0$ singulär, wenn $f(k)$ dort entweder nicht definiert oder nicht differenzierbar ist.

- Der Punkt k_0 ist ein **Pol erster Ordnung** von $f(k)$, wenn in seiner Umgebung gilt

$$f(k) = \frac{c}{k - k_0} \ .$$

c heißt **Residuum** des Pols.

Daher hat $R(E)$ Pole erster Ordnung an den Stellen k_∞ und $-k_\infty$ und die zugehörigen Residuen sind

$$-\frac{m\gamma}{\hbar^2 k_\infty} \text{bzw.} + \frac{m\gamma}{\hbar^2 k_\infty} \ .$$

Wie erwähnt hat auch die Funktion $S(k)$ Pole. Um ihre Lage genau zu bestimmen, muß man allerdings berücksichtigen, daß die Breite Γ keine Konstante ist, sondern durch $2\gamma k$ gegeben wird. Daher muß man anstelle von (2.11.70) genauer die Funktion

$$S(k) = \frac{k_\infty^2 - k^2 + i\frac{2m\gamma}{\hbar^2}k}{k_\infty^2 - k^2 - i\frac{2m\gamma}{\hbar^2}k} \tag{2.11.71}$$

betrachten. Sie hat dort Pole, wo der Nenner von (2.11.71) verschwindet

$$k^2 + \frac{2m\gamma}{\hbar^2}k - k_\infty^2 = 0 \ .$$

Löst man diese quadratische Gleichung, so findet man die beiden folgenden Wurzeln

$$+\sqrt{k_\infty^2 - (\frac{m\gamma}{\hbar^2})^2} - i\frac{m\gamma}{\hbar^2} \tag{2.11.72}$$

$$-\sqrt{k_\infty^2 - (\frac{m\gamma}{\hbar^2})^2} - i\frac{m\gamma}{\hbar^2} \ , \tag{2.11.73}$$

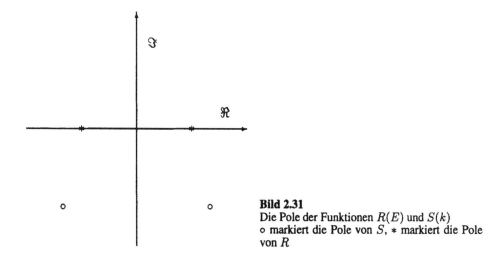

Bild 2.31
Die Pole der Funktionen $R(E)$ und $S(k)$
o markiert die Pole von S, * markiert die Pole
von R

die also Polstellen der S-Funktion sind. Im Bild 2.31 sind die Pole von R und S eingetragen. Man beachte insbesondere, daß die Pole von S wegen $\gamma > 0$ einen negativen Imaginärteil besitzen und daher in der unteren k-Halbebene liegen.

Es sei angemerkt, daß $S(k)$ für reelle k-Werte keine Pole besitzen kann, weil dort die Unitarität in der Form $|S(k)|^2 = 1$ gilt. Für komplexe k muß diese Beziehung in der Form geschrieben werden[32]

$$S(k^*)^* S(k) = 1 \,,$$

die offenbar für die Breit-Wigner Formel (2.11.71) erfüllt ist. Nach dieser Bedingung müssen Pole von $S(k)$ an einer Stelle k_0 durch Nullstellen am konjugiert komplexen Punkt k_0^* kompensiert werden.

Weitere von uns benötigte Begriffe sind die der „ganzen" und „meromorphen" Funktion:

- Eine Funktion $f(k)$, die in der gesamten k-Ebene holomorph ist, heißt **ganze Funktion**

- Eine Funktion $f(k)$ heißt **meromorph**, wenn sie nur Pole als Singularitäten besitzt.

Diese Begriffe lassen sich auch auf den Punkt $k = \infty$ übertragen, wenn man $k' = \frac{1}{k}$ setzt und alle Definitionen auf $k' = 0$ bezieht. Weiteren Typen von Singularitäten werden wir später begegnen.

Die beschriebenen Eigenschaften der Funktionen (2.11.69) und (2.11.71) wollen wir generisch **Analytizitäts-Eigenschaften** nennen. Im folgenden werden wir die allgemeinen Analytizitäts-Eigenschaften studieren, die insbesondere die S-Funktion besitzt. Dabei wird die Jost-Funktion eine zentrale Rolle spielen. Daher schreiben wir sie zunächst für den Spezialfall des Kastenpotentials explizit auf. Aus der Definition (2.11.15) folgt mit Hilfe von (2.11.34) und (2.11.33)

---

[32] Dies ist eine Folge des Schwarzschen Spiegelungsprinzips der Funktionentheorie.

$$F(k) = e^{-ika} \left[\frac{\sin\left(a\sqrt{k^2 + k_0^2}\right)}{\sqrt{k^2 + k_0^2}} + ik \cos\left(a\sqrt{k^2 + k_0^2}\right) \right] .$$

Man beachte: Die auftretenden Wurzelfunktionen sind „unecht", da in

$$\frac{\sin x}{x} = 1 - \frac{1}{3!}x^2 + O(x^4)$$

$$\cos x = 1 - \frac{1}{2!}x^2 + O(x^4)$$

nur Quadrate der Argumente auftreten. Daher liest man aus der Formel für $F(k)$ ab: Die Jost-Funktion ist für jeden Wert von k differenzierbar und stellt eine ganze Funktion dar. Diese Tatsache gilt nicht nur für Kastenpotentiale, vielmehr kann man allgemein beweisen:

- Die Jost-Funktionen $F(k)$ sind für abgeschnittene Potentiale ganze Funktionen.

Wir skizzieren den Beweis:
Betrachtet man die Schrödingergleichung für $u_k(r)$ und die Anfangsbedingungen $u_k(0) = 0$ und $u_k'(0) = 1$ als Funktion des Parameters k , so sind diese in der gesamten k-Ebene definiert und holomorph. Daraus folgt nach einem allgemeinen Satz von Poincaré,[33] daß auch die Lösung $u_k(r)$ für jedes feste r eine ganze Funktion von k ist. Da sich $F(k)$ durch $u_k(a)$ und $u_k'(a)$ und der ganzen Funktionen e^{-ika} ausdrücken läßt, ist auch $F(k)$ eine ganze Funktion.

Diese Argumentation gilt nur für abgeschnittene Potentiale, da die verwendete Formel für $F(k)$ nur für solche Potentiale sinnvoll ist. Die analytischen Eigenschaften für eine andere Potentialklasse werden wir im nächsten Abschnitt beschreiben.

Nach diesen mathematischen Vorbereitungen werden wir wichtige physikalische Folgerungen ziehen. Dazu gehen wir von der Wellenfunktion $u_k(r)$ im Außenraum aus, für die nach (2.11.17) gilt

$$u_k(r) = \frac{1}{2ik}\left(F(k)e^{ikr} - F(-k)e^{-ikr}\right) .$$

Diese Gleichung wurde ursprüglich nur für reelle positive k-Werte bewiesen. Da die auftetenden Funktionen $F(k)$ und $\exp \pm ikr$ ganze Funktionen sind, und auch der Limes $k \to 0$ existiert, läßt sich ihre Gültigkeit auf die ganze komplexe k-Ebene übertragen. Im allgemeinen erhält man dadurch Wellenfunktionen, die physikalisch nicht brauchbar sind, da für komplexe k-Werte wegen

$$e^{\pm(\Re(k)+i\Im(k))r} = e^{\pm i\Re(k)r}e^{\mp \Im(k)r}$$

einer der Terme von $u_k(r)$ für $r \to \infty$ exponentiell ansteigt. Es gibt jedoch wichtige Ausnahmen, nämlich für Werte auf der imaginären k-Achse

$$k = i\kappa .$$

Dann gilt für die Wellenfunktion

---

[33] Zum Beweis dieser unmittelbar einleuchtenden Tatsache vgl. z. B. J. R. Taylor, Scattering Theory: The Quantum Theory of Nonrelativistic Collisions (Wiley, New York 1972), S.216.

$$u_{i\kappa}(r) = \frac{-1}{2\kappa}\left(F(i\kappa)e^{-\kappa r} - F(-i\kappa)e^{\kappa r}\right)\ . \qquad (2.11.74)$$

Im allgemeinen stellt diese Wellenfunktion ebenfalls keine erlaubte Wellenfunktion dar. Wenn jedoch

$$F(-i\kappa) = 0 \quad \text{und} \quad \kappa > 0 \qquad (2.11.75)$$

gilt, tritt der 2. Term nicht auf und $u_{i\kappa}(r)$ erfüllt die Randbedingung

$$u_{i\kappa}(\infty) = 0\ ,$$

wie sie für gebundene Zustände gelten muß. Daher haben wir eine neue Weise, die Energien der gebundene Zustände zu kennzeichnen und zu berechnen.

- Nullstellen der Jost-Funktion $F(k)$ für negativ-imaginäre Werte $k = -i\kappa$ bestimmen die Energien der gebundene Zustände gemäß

$$E = \frac{\hbar^2}{2m}k^2 = -\frac{\hbar^2}{2m}\kappa^2\ .$$

Solche Nullstellen führen wegen

$$S(k) = \frac{F(k)}{F(-k)} = \frac{F(i\kappa)}{F(-i\kappa)}$$

zu *Polstellen der S-Funktion*. Die S-Funktion wird dadurch zu einer meromorphen Funktion und es gilt

- Die Energien von gebundenen Zuständen werden durch die Polstellen von $S(k)$ auf der positiv-imaginären Achse bestimmt

$$S(i\kappa) = \infty\ .$$

In der Umgebung eines Pols der S-Funktion, also in der Umgebung eines gebundenen Zustands, läßt sich daher schreiben:

$$S(E) = \frac{A}{E - E_n} + \text{holomorphe Funktion}\ .$$

Diese Bedingung können wir an Beispielen überprüfen. Nach (2.11.29) lautet die Bedingung für einen Pol

$$ikR(E) = 1$$

bzw.

$$\kappa R(E) = -1\ .$$

Für das Kastenpotential führt dies wegen (2.11.35) zu

$$\kappa\frac{\tan Ka}{K} = -1\ .$$

Diese Gleichung ist in der Tat mit der Bedingung (2.8.10) für die gebundenen Zustände identisch.

Das Levinson-Theorem – vgl. (2.11.38) – folgt direkt aus der Verbindung der gebundenen Zustände mit den Polen von $S(k)$ bzw. den Nullstellen von $F(k)$. Um dies einzusehen, betrachte man die Funktion

$$\frac{F'(k)}{F(k)} ,$$

die in der Nähe einer Nullstelle von $F(k)$ wegen

$$F(k) = A \cdot (k - k_0)$$

durch

$$\frac{F'(k)}{F(k)} = \frac{1}{k - k_0}$$

gegeben wird. Bildet man das Integral

$$\frac{1}{2\pi i} \int_C \frac{F'(k)}{F(k)} dk$$

längs eines Integrationsweges C in der komplexen k-Ebene, der die negativ imaginäre Achse im Uhrzeigersinn umschließt, so erhält man nach dem Cauchyschen Integralsatz für jede Nullstelle den Wert -1. Dieses Integral zählt also die Anzahl n der Nullstellen von $F(k)$ auf der negativ-imaginären Achse. Andererseits kann man das Integral direkt ausrechnen und erhält

$$\frac{\log(F(k))}{2\pi i} = \frac{1}{2\pi}\delta(k) + \frac{1}{2\pi i}\log|F(k)| ,$$

welches Ergebnis an den Integrationsgrenzen zu nehmen ist. Diese lassen sich durch eine „Rotation" in der komplexen Ebene auf die Punkte $k = \infty$ und $k = -\infty$ überführen. Führt man die nötige Algebra im einzelnen durch, so erhält man

$$\frac{1}{2\pi i} \int_C \frac{F'(k)}{F(k)} dk = \frac{1}{\pi i} \int_0^\infty \frac{F'(k)}{F(k)} dk = \frac{1}{\pi}(\delta(-\infty) - \delta(\infty)) .$$

Insgesamt folgt – wenn man noch $\delta(-k) = -\delta(k)$ verwendet –

$$\frac{1}{\pi}\delta(\infty) = -\text{Anzahl der gebundenen Zustände} ,$$

was der Inhalt von Gleichung (2.11.38) ist.

Es läßt sich zeigen, daß $F(k)$ für $\Im(k) \leq 0$, also auf der unteren k-Halbebene keine weiteren Nullstellen besitzt und damit die $S(k)$-Funktion in der oberen (!) k-Halbebene nur rein imaginäre Pole besitzt.[34] Vom Beispiel der Breit-Wigner Formel – vgl. (2.11.72) – wissen wir andererseits, daß die S-Funktion auf der unteren k-Halbebene Pole mit nicht verschwindenden Realteilen besitzen kann, die den Energien von Resonanzen entsprechen.

---

[34] Damit ist indirekt auch die im letzten Abschnitt verwendete Positivität von γ in Gleichung (2.11.61) begründet.

Die unterschiedliche Rolle der beiden k-Halbebenen wird noch deutlicher, wenn wir die betrachteten Funktionen als Funktion der Energie auffassen, was physikalisch ohnehin nahe liegt. Dann muß man k gemäß

$$k := \sqrt{\frac{2m}{\hbar^2}E}$$

als Funktion von E auffassen und kann diese Funktion auf die ganze komplexe E- Ebene analytisch fortsetzen. Wegen $k(E) \sim \sqrt{E}$ wird man jedoch zu einer zweideutigen Funktion geführt – entsprechend den beiden Vorzeichen der Wurzelfunktion. Speziell ist k für $E = 0$ nicht differenzierbar; dieser Punkt ist ein **Verzweigungspunkt** von k . Damit wird auch $S(k)$ eine zweideutige Funktion $S(k(E))$ von E.

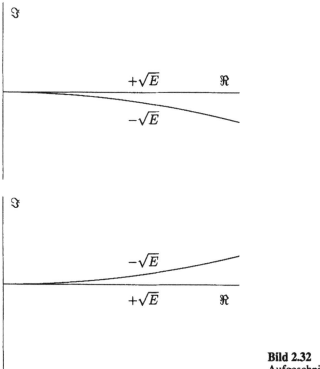

Bild 2.32
Aufgeschnittene E-Ebene für $S(k)$

Man pflegt die Zweideutigkeit von k und $S(k)$ mit Hilfe einer **Riemannsche Fläche** zu behandeln. Um sie zu konstruieren, schneidet man die E-Ebene von $E = 0$ bis $E = \infty$ auf, wie im Bild 2.32 eingezeichnet. Das Intervall $[0, \infty)$ nennt man **Verzweigungsschnitt**. Vereinbart man jetzt daß k am oberen Ufer des Verzweigungsschnitts positiv und am unteren negativ zu wählen ist, hat man $S(k)$ als eine in der aufgeschnittenen E-Ebene eindeutige Funktion definiert. Diese so aufgeschnittene Ebene wird das **physikalische Blatt** der S-Funktion genannt.

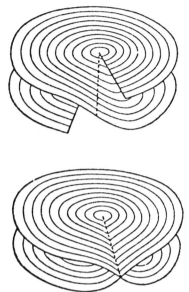

Bild 2.33
Zur Konstruktion der Riemannschen Fläche

Um k und $S(E)$ vollständig zu definieren, muß man noch ein *zweites Blatt* hinzufügen, das wieder aus einer längs der positiv-reellen Achse aufgeschnittenen E-Ebene besteht, wo aber dem oberen Ufer ein negativer Wert von $\sqrt{E}$ und dem unteren Ufer ein positiver zugeordnet wird. Heftet man die so erhaltenen beiden Blätter längs $(0, +\infty)$ zusammen, so erhält eine doppelblättrige Fläche, auf der $k(E)$ und $S(E)$ eindeutig definiert sind. Das so erhaltene Gebilde ist die angekündigte Riemannsche Fläche. Im Bild 2.33 ist diese Konstruktion dargestellt.

Wir müssen die Abbildung, die durch die Wurzelfunktion bewirkt wird, noch etwas genauer analysieren. Stellt man E in der Form

$$E = |E|e^{i\phi} \text{ mit } \phi = \arg(E)$$

dar, so variiert die Phase ϕ von 0 bis 2π, wenn ein Punkt E das gesamte physikalische Blatt durchläuft. Für die Wurzelfunktion

$$\sqrt{E} = \sqrt{|E|}e^{i\frac{\phi}{2}}$$

läuft die Phase nur im Bereich $0 \cdots \pi$. Daher wird das physikalische Blatt der E-Ebene auf die obere Halbebene der k-Ebene abgebildet. Die negativ-reelle E-Halbachse – mit $\arg(E) = \pi$ – hat ihr Bild auf der positiv-imaginären K-Achse, wo $\arg(k) = \dfrac{\pi}{2}$ gilt. Analog werden die Punkte des 2. Blattes der Riemannschen Fläche auf die untere k-Halbebene abgebildet, und der negativ-reellen Achse des 2. Blattes, für die $\arg(E) = 3\pi$ gilt, entspricht $\arg(k) = 3/2\pi$, also der negativ-imaginären k-Achse. Auf diese Weise erhalten obere und untere k-Halbebene eine neue geometrische Bedeutung.

Diese Überlegungen kann man auf die Jost- und die S-Funktion übertragen und die Lage der Pole von $S(k(E))$ wie folgt beschreiben:

- Die gebundenen Zustände werden durch Pole der S-Funktion $S(E)$ auf der negativ-reellen Achse des physikalischen Blattes gegeben. Es existieren keine weiteren Pole auf diesem Blatt.

- Auf dem zweiten Blatt kann $S(E)$ auch Pole außerhalb der reellen Achse besitzen. Diese beschreiben Resonanzen im Wirkungsquerschnitt.

Die letzte Feststellung kann man anhand der Pole (2.11.72) der Breit-Wigner Amplitude verifizieren. Wie schon oben bemerkt, liegen wegen $\gamma > 0$ beide Pole in der unteren Hälfte der komplexen k-Ebene. Sie haben daher einen Winkel mit der positiv-reellen k-Achse, der zwischen 180 und 360 Grad liegt. Wenn man die zugehörigen E-Werte $E \sim k^2$ berechnet, erhält man Winkel, die zwischen 360 und 720 Grad liegen. Solche E-Werte liegen aber auf dem 2. Blatt der Riemannschen Fläche. Ihre expliziten Werte sind leicht zu berechnen und zueinander konjugiert komplex. Man sieht es ihnen aber nicht direkt an, daß sie auf dem 2. Blatt einer Riemannschen Fläche liegen.

Historische Anmerkung

Komplexe Energien wurden von George Gamow in die Physik eingeführt und zwar im Zusammenhang mit seiner berühmt gewordenen Deutung des α-Zerfalls der Atomkerne mit Hilfe des Tunneleffektes durch den „Gamow-Berg", der durch ein Wechselspiel von Kernkräften und abstoßendem Coulombpotential entsteht. Gamows Verwendung von komplexen Energien dabei ist weniger bekannt, obwohl sie sehr folgerichtig ist.[35] Gamow behandelte den α-Zerfall mit Hilfe einer Wellenfunktion für das aus dem Kern herausretende α-Teilchen. Diese Wellenfunktion muß ein auslaufendes Teilchen beschreiben und daher darf in Gleichung (2.11.17) nur der erste Term auftreten. So wurde Gamov zu der Bedingung

$$F(-\bar{k}) = 0 \qquad (2.11.76)$$

geführt, von der er bemerkte, daß sie wegen $F(-k) = F(k)^*$ für reelle k-Werte nicht erfüllt werden kann, sondern komplexe ks und komplexe Energien

$$\bar{E} = E_0 - i\frac{\Gamma}{2} \qquad (2.11.77)$$

erfordere. Gamow leitete daraus die zeitliche Entwicklung der Wellenfunktion zu

$$\psi \sim \exp^{-\frac{i}{\hbar}\bar{E}t} = \exp^{-\frac{i}{\hbar}E_0 t} \exp^{-\frac{\Gamma}{2\hbar}t}$$

ab, woraus für die Wahrscheinlichkeitsdichte folgt

$$|\psi|^2 = e^{-\Gamma t},$$

---

[35] Die folgenden Bemerkungen beruhen auf dem Lehrbuch über theoretische Kernphysik, das G. Gamow zusammen mit C.L. Critchfield unter dem Titel „Theory of Atomic Nucleus and Nuclear Energy Sources" (Clarendon Press Oxford, 3. Auflage(1949)) publizierte, vgl. dort S. 163 bis 168.

und die übliche Formel für das radioaktive Zerfallsgesetz begründet ist. Gamow bemerkte auch scheinbare Schwierigkeiten dieser Deutung, die wie folgt entstehen: Nullstellen von $F(k)$, die zu komplexen Energien führen, liegen nur in der oberen k-Halbebene, so daß (2.11.76) nur mit

$$\bar{k} = k_0 - i\gamma \quad \text{mit} \quad \gamma > 0$$

erfüllt werden kann. Daher wird die r-Abhängigkeit der Wellenfunktion nach (2.11.17) durch

$$e^{i\bar{k}r} = e^{ik_0 r} e^{+\gamma r}$$

gegeben und wächst exponentiell mit r an. Diese Paradoxie wird mit dem Hinweis aufgelöst, daß ein α-Teilchen mit einem sehr großen Abstand r zu einem sehr frühen Zeitpunkt aus dem Kern ausgetreten sein muß, wo die Zerfallswahrscheinlichkeit sehr groß war.

Eine weitere Schwierigkeit mag man darin sehen, daß die Nullstellen von F – in der Energie E beschrieben – immer in konjugiert komplexen Paaren auftreten, so daß in (2.4.33) neben Γ auch $-\Gamma$ berücksichtigt werden sollte, was zu einem zeitlich exponentiellen Anwachsen führen würde. Eine genaue Diskussion der Zeitabhängigkeit der Wellenfunktion zeigt jedoch, daß nur eine der beiden Nullstellen – die mit dem richtigen Vorzeichen – das t-Verhalten bestimmt.

2.11.7 Verallgemeinerung auf nicht abgeschnittene Potentiale

Um die mathematischen Überlegungen möglichst einfach zu halten, haben wir in den vorangegangenen Rechnungen abgeschnittene Potentiale vorausgesetzt. In der Natur liegen solche Potentiale nicht vor; eine tief begründete Bedeutung haben vielmehr Potentiale vom Yukawa-Typ

$$\frac{\exp(-\mu r)}{r} ,$$

denn sie können durch den Austausch eines Teilchen mit der Masse $\hbar\mu/c$ erzeugt werden.

Glücklicherweise lassen sich viele der vorstehenden Begriffsbildungen und Formeln auf Yukawa-Potentiale übertragen. Man kann insbesondere dem Begriff **Jost-Funktion** durch eine geeignete Limes-Bildung einen Sinn geben. Da wir den dafür notwendigen mathematischen Apparat hier nicht darstellen zu können, möchten wir wenigstens die wichtigsten Ergebnisse in den Punkten skizzieren, wo sie sich von denen im letzten Abschnitt unterscheiden. Dazu betrachten wir eine Überlagerung von Yukawa-Potentialen

$$V(r) = \int\limits_{\mu_0}^{\infty} \sigma(\mu) \frac{\exp(-\mu r)}{r} \, d\mu \, . \tag{2.11.78}$$

In diesem Ansatz muß $\mu_0 > 0$ vorausgesetzt werden. Der Fall $\mu_0 = 0$ enthält das Coulomb-potential, für das besondere Verhältnisse herrschen, die im folgenden Abschnitt behandelt werden. $\sigma(\mu)$ beschreibt die Stärke des Yukawapotentials mit der Reichweite $1/\mu$.

Für die Klasse der durch (2.11.78) gekennzeichneten Potentiale lassen sich Jost-Funktion $F(k)$, S-Funktion $S(k)$ und Streuphase $\delta(k)$ definieren. Im Gegensatz zum Abschnitt 2.11.6 hat $F(k)$ jedoch kompliziertere funktionentheoretische Eigenschaften. Während dort $F(k)$ in der ganzen komplexen k-Ebene definiert und holomorph war, gilt jetzt

- $F(k)$ ist in der k-Ebene holomorph bis auf einen Verzweigungsschnitt auf der positiv imaginären Achse, der von $i\mu_0/2$ bis $i\infty$ läuft.

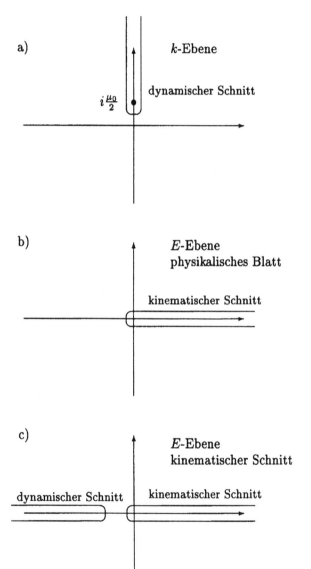

Bild 2.34
Analytische Eigenschaften von $F(k)$ für eine Überlagerung von Yukawa-Potentialen a) k-Ebene, b) Physikalisches Blatt der E-Ebene, c) zweites Blatt der E-Ebene

Dieser Schnitt wird durch das Potential generiert und „dynamischer Schnitt" genannt. Geht man von der Wellenzahl k zur Energie $E = \frac{\hbar^2}{2m} k^2$ über, so tritt dieser Schnitt erst im 2. Blatt von $F(E)$ auf, wie dies im Bild 2.34 angegeben ist. Die Begründung dafür kann wie am Ende des vorigen Abschnitts für die Lage der Pole der Breit-Wigner-Amplitude gegeben werden.

Um die Physik des Problems vollständig zu beschreiben, muß man auch die Lage der Pole der S-Funktion kennen:

$$S(k) = \frac{F(k)}{F(-k)}$$

Dafür sind wieder die Nullstellen von $F(k)$ maßgebend. Für ihre Lage gilt

- $F(k)$ kann sowohl in der oberen als auch in der unteren Halbebene der komplexen k-Ebene Nullstellen besitzen.

- In der unteren k-Ebene liegen sie auf der imaginären Achse und bestimmen die Energien der gebundenen Zustände.

- In der oberen k-Ebene können sie sowohl auf der imaginären Achse als auch auf beliebigen Punkten liegen. In letzteren Falle treten sie paarweise an konjugiert komplexen Stellen auf.

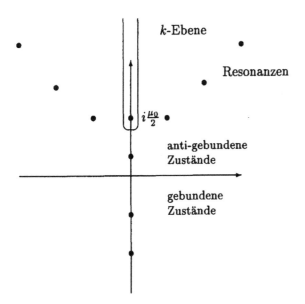

Bild 2.35
Nullstellen von $F(k)$ in der k-Ebene und ihre physikalische Bedeutung

Im Bild 2.35 sind diese Aussagen illustriert. Die Nullstellen in der oberen k-Halbebene beschreiben physikalisch entweder Resonanz-Zustände, wenn ihr Realteil von Null verschieden ist, oder sog. **anti-gebundene Zustände**, wenn sie auf der imaginären k-Achse liegen. In beiden Fällen erhält man maximale Streuquerschnitte. Von *grundsätzlicher Bedeutung* ist, daß wir durch die Nullstellen der Jost-Funktion oder besser durch die Pole der S-Funktion nun auch in strenger Weise[36] physikalisch ausgezeichnete Energiewerte im Kontinuum definieren können.

Bei Anwendungen in der Kernphysik treten beide Fälle auf. Insbesondere gibt es für das Neutron-Proton System – je nach den auftretenden Drehimpulsen – entweder einen gebundenen Zustand, nämlich das Deuteron, wenn die Spins von beiden Nukleonen parallel stehen, oder einen anti-gebundenen Zustand, wenn sie antiparallel sind.

2.11.8 Streulösungen für das Coulombpotential

Wie bereits angedeutet, lassen sich für das Coulombpotential die Begriffe Jost-Funktion, S-Funktion und Streuphase nicht definieren. Wir wollen diese Behauptung jetzt begründen. Dazu verwenden wir die im Abschnitt 2.10.2 entwickelten Methode. Dort hatten wir wir die Schrödingergleichung für das Coulomb-Potential und negativen Energien $E < 0$ gelöst. Mit der Substitution

$$\kappa = -ik \,,$$

können wir die gewonnenen Ergebnisse auf positive Energien übertragen. Mit den Gleichungen (2.10.15) und (2.10.14) erhalten wir

$$u_k(r) = \Re\left[-A2ikre^{ikr}M(a+1;2;-2ikr)\right] \quad \text{mit } a = -i\frac{Ze^2m}{\hbar^2k} =: i\widetilde{a} \,, \quad (2.11.79)$$

wobei wir den Realteil einer i. a. komplex-wertigen Funktion nehmen müssen. Wie sich $u_k(r)$ für $r \to \infty$ verhält, zeigt uns (2.9.24)

$$M(\alpha;\beta;z) \overset{|z|\to\infty}{\longrightarrow} e^{i\pi\alpha}\frac{\Gamma(\beta)}{\Gamma(\beta-\alpha)}\cdot\frac{1}{z^\alpha} + \frac{\Gamma(\beta)}{\Gamma(\alpha)}e^z\cdot z^{\alpha-\beta}\,.$$

Setzt man die entsprechenden Werte aus (2.11.79) ein, dann erhält man

$$u_k(r) \overset{r\to\infty}{\longrightarrow} \Re\left[C_1e^{ikr}(-2ikr)^{-\widetilde{a}} + C_2e^{-ikr}(-2ikr)^{\widetilde{a}}\right]$$

$$= \Re\left[C_1'e^{ikr}\cdot e^{-i\widetilde{a}\log 2kr} + C_2'e^{-ikr}\cdot e^{i\widetilde{a}\log 2kr}\right]\,.$$

Hierbei ist zu beachten

$$\log(-2ikr) = \log|-2ikr| + i\arg(-2ikr)$$

$$= \log 2kr - i\frac{\pi}{2}$$

$$\text{und}$$

$$(-2ikr)^{\widetilde{a}} := e^{i\widetilde{a}(\log 2kr - i\frac{\pi}{2})}$$

$$= const \cdot e^{i\widetilde{a}\log 2kr}\,.$$

Es gilt zwar $\Re e^{ikr} = \cos kr$, aber weil in $u_k(r)$ der zusätzliche Term

---

[36] Im Abschnitt 2.11.3 haben wir über die Pole der R-Funktion nur in der Approximation der abgeschnittenen Potentiale Energiestellen auszeichnen können.

$$e^{i\tilde{a}\log 2kr} \tag{2.11.80}$$

auftritt, ist es nicht möglich, $u_k(r)$ auf die Form

$$u_k(r) \sim \sin(kr + \delta(k))$$

zu bringen. Eine Streuphase und eine Streufunktion lassen sich für das Coulombpotential also nicht definieren. Der Grund hierfür ist, daß das Abfallverhalten des Potentials

$$V_{\text{Coulomb}} = -\frac{Ze^2}{r}$$

für große r zu langsam ist. Ein Potential muß stärker als $1/r$ abfallen, damit eine Streuphase im oben eingeführten Sinne existiert. Dieser Nachteil der Coulomb-Streuamplitude bringt jedoch keine weiter reichende Probleme, da man die Coulombwellenfunktion und ihr asymptotisches Verhalten explizit kennt.

2.12 Wellenmechanische Streutheorie (II)

In diesem Abschnitt führen wir die wellenmechanische Behandlung von Streuprozessen zunächst dadurch weiter, daß wir die Grundlagen der stationären Streutheorie, die im Abschnitt 2.11.1 qualitativ beschrieben wurden, auf eine quantitative Basis stellen. Dabei werden wir die Beschränkung auf abgeschnittene Potentiale und drehsymmetrische Wellenfunktionen aufgeben und können den Zusammenhang zwischen dem Wirkungsquerschnitt, der wichtigsten bei der Streuung auftretenden beobachtbaren Größe, und der Streuwellenfunktion ableiten. Anschließend entwickeln wir ein systematisches Verfahren, mit dem man in vielen Fällen Streuamplituden und Wirkungsquerschnitte berechnen kann.

Wir beginnen mit der genauen Formulierung unserer Aufgabe und wiederholen unsere Voraussetzungen. Wir betrachten die elastische Streuung von nichtrelativistisch bewegten, spinlosen Teilchen unter dem Einfluß eines asymptotisch freien Potentials, das wieder so normiert sei, daß es im Unendlichen verschwindet

$$\lim_{\vec{r}\to\infty} V(\vec{r}) = 0 \;.$$

Die Randbedingungen seien dadurch gegeben, daß ein Teilchenstrahl mit dem Impuls $\vec{p}$ stationär auf das Kraftzentrum fällt. Für die so definierte Wellenfunktion können wir den Ansatz

$$\psi_{\vec{p}}(\vec{r}) \cdot e^{-\frac{i}{\hbar}Et}$$

machen, wobei E die Energie des Streuprozesses ist, die wegen der asymptotischen Freiheit des Potentials mit der kinetischen Energie $E = \frac{p^2}{2m}$ des einfallenden Teilchenstrahles übereinstimmt. Der zeitunabhängige Teil $\psi_{\vec{p}}(\vec{r})$ der Wellenfunktion genügt der stationären Schrödingergleichung

$$\left(-\frac{\hbar^2}{2m}\Delta + V(\vec{r})\right)\psi_{\vec{p}}(\vec{r}) = E\psi_{\vec{p}}(\vec{r}) \;. \tag{2.12.1}$$

In den nächsten drei Abschnitten werden wir beweisen, daß für die Lösung dieser Differentialgleichung für große Abstände gilt

$$\psi_{\vec{p}}(\vec{r}) \approx e^{i\vec{k}\vec{r}} + f(\vec{p}, \vec{n}) \frac{e^{ikr}}{r} \qquad \text{für große } r , \qquad (2.12.2)$$

mit $|\vec{k}| = \frac{1}{\hbar}|\vec{p}| = \sqrt{\frac{2mE}{\hbar^2}}$. Die Größe $f(\vec{p}, \vec{n})$ hängt von dem einfallenden Impuls $\vec{p}$ und der Richtung von $\vec{r}$, also von dem Einheitsvektor $\vec{n} = \frac{\vec{r}}{|\vec{r}|}$ ab, nicht dagegen vom Betrag $r := |\vec{r}|$. Die r-Abhängigkeit des zweiten Terms ist vollständig in der Funktion

$$\frac{e^{ikr}}{r}$$

enthalten, die den räumlichen Anteil einer auslaufenden Kugelwelle beschreibt. Die Größe f ist eine Verallgemeinerung der im letzten Abschnitt eingeführten Funktion f – vgl. (2.11.45b) – und wird wieder **Streuamplitude** genannt. Wir werden zeigen, daß sie den differentiellen Wirkungsquerschnitt bestimmt, gemäß der einfachen Formel

$$\frac{d\sigma}{d\Omega} = |f(\vec{p}, \vec{n})|^2 ,$$

die grundsätzlich die Tatsache ausdrückt, daß die Streuwahrscheinlichkeit durch das Absolutquadrat der Streuamplitude gegeben wird. Der Beweis der Formel wird nur durch Normierungen von Wellenfunktion und Wirkungsquerschnitt etwas aufwendiger.

Historische Zwischenbemerkung

An dem Problem der wellenmechanischen Beschreibung von Streuvorgängen hat Max Born 1926 die statistische Deutung der ψ-Funktion entwickelt. In der Tat wird erst bei der Berechnung von Streuprozessen die volle physikalische Bedeutung von ψ wichtig. Born ließ sich bei seiner Deutung von Albert Einstein anregen, der die elektromagnetischen Felder als „Gespensterfelder" für die Lichtquanten deutete, das den Photonen die möglichen Wege weist. Born spricht in bezug auf ψ daher auch von „Führungswellen" für die Elektronen.

2.12.1 Die Integralgleichung für die ψ-Funktion

Wir gehen von der eben eingeführten Differentialgleichung (2.12.1) aus, die mit Hilfe der Abkürzung

$$U(\vec{r}) := \frac{2m}{\hbar^2} V(\vec{r}) \qquad (2.12.3)$$

die folgende Form erhält

$$(\Delta + k^2)\psi_{\vec{p}}(\vec{r}) = U(\vec{r})\psi_{\vec{p}}(\vec{r}) . \qquad (2.12.4)$$

Diese Gleichung wollen wir in eine Integralgleichung umschreiben. Hierzu verwenden wir ein Hilfsmittel, das bei der Lösung von Differentialgleichungen immer wieder verwendet wird, nämlich die Greensche Funktion $G_k(\vec{r}, \vec{r}')$ des entsprechenden Differentialoperators, in unserem Falle also von $\Delta + k^2$. Sie wird durch folgende Gleichung definiert

$$(\Delta + k^2)G_k(\vec{r}, \vec{r}') = \delta^3(\vec{r} - \vec{r}') \; . \tag{2.12.5}$$

Im Abschnitt 2.12.2 werden wir diese Greensche Funktion explizit konstruieren. Mit ihrer Hilfe können wir für $\psi_{\vec{p}}(\vec{r})$ folgende Integralgleichung aufstellen

$$\psi_{\vec{p}}(\vec{r}) = \psi_{\vec{p}}^{(0)}(\vec{r}) + \int G_k(\vec{r}, \vec{r}')U(\vec{r}')\psi_{\vec{p}}(\vec{r}')\mathrm{d}^3 r' \tag{2.12.6}$$

wobei $\psi_{\vec{p}}^{(0)}(\vec{r})$ eine Lösung der freien Schrödingergleichung ist

$$(\Delta + k^2)\psi_{\vec{p}}^{(0)}(\vec{r}) = 0 \; . \tag{2.12.7}$$

Zur Begründung braucht man sich nur davon überzeugen, daß (2.12.6) tatsächlich die Differentialgleichung (2.12.4) erfüllt:

$$
\begin{aligned}
(\Delta + k^2)\psi_{\vec{p}}(\vec{r}) &= (\Delta + k^2)\psi_{\vec{p}}^{(0)}(\vec{r}) \\
&\quad + \int (\Delta + k^2)G_k(\vec{r}, \vec{r}')U(\vec{r}')\psi_{\vec{p}}(\vec{r}')\mathrm{d}^3 r' \\
&= \int \delta^3(\vec{r} - \vec{r}')U(\vec{r}')\psi_{\vec{p}}(\vec{r}')\mathrm{d}^3 r' \\
&= U(\vec{r})\psi_{\vec{p}}(\vec{r}) \; .
\end{aligned}
$$

Die Integralgleichung (2.12.6) mit der Greenfunktion aus (2.12.5) ist eine Vorstufe zu der **Lippmann-Schwinger-Gleichung**. Der Vorteil dieser Integralgleichung ist mehrfach

- Neben der Schrödingergleichung enthält sie die Randbedingung für die Wellenfunktion.

- Sie erlaubt eine systematische Konstruktion der Wellenfunktion für allgemeine Potentiale.

- Man kann mit ihrer Hilfe die asymptotische Form (2.12.2) der Wellenfunktion ableiten.

Im folgenden Abschnitt 2.12.2 werden wir die Greensche Funktion konstruieren. Danach – im Abschnitt 2.12.3 – die asymptotische Form der Wellenfunktion ableiten und im Abschnitt 2.12.4 den Zusammenhang zwischen Wirkungsquerschnitt und Streuamplitude begründen, den wir im Abschnitt 2.12.5 auf drehinvariante Wellenfunktionen spezialisieren, um den Zusammenhang mit dem vorhergehenden Anschnitt herzustellen.

Die danach folgende Abschnitte wenden sich der tatsächlichen Berechnung der Streuwellenfunktionen zu und geben eine erste Einführung in die Theorie der Feynmangraphen. Die Definition und Analyse der Formfaktoren schließt dieses Kapitel.

2.12.2 Die Greensche Funktion des Helmholtz-Operators $\Delta + k^2$

Zur Berechnung von $G_k(\vec{r}, \vec{r}')$ nützen wir zunächst aus, daß die rechte Seite der Definitionsgleichung nur von der Differenz $\vec{r} - \vec{r}'$ abhängt. Daher kann man auch für die Greensche Funktion einen translations-invarianten Ansatz machen

$$G_k(\vec{r}, \vec{r}') = G_k(\vec{r} - \vec{r}') .$$

Zur Vereinfachung der Notation setzen wir $\vec{r}' = 0$. Damit wird die rechte Seite der Gleichung durch $\delta(\vec{r})$ gegeben und um den Punkt $\vec{r} = 0$ drehinvariant, und wir kommen mit einer Greenschen Funktion aus, die nur von r abhängt. Damit nimmt die Differentialgleichung für G_k die folgende einfachere Form an

$$(\Delta + k^2)G_k(r) = \delta^3(\vec{r}) . \qquad (2.12.8)$$

Mit Hilfe der oft verwendeten Formel

$$\Delta = \frac{1}{r}\frac{\partial^2}{\partial r^2}r + \begin{array}{l} \text{Terme, die von den Ableitungen} \\ \text{nach den Winkeln abhängen,} \end{array}$$

folgt für $\vec{r} \neq 0$ (2.12.8)

$$\left(\frac{\mathrm{d}^2}{\mathrm{d}r^2} + k^2\right)(rG_k(r)) = 0 .$$

Die allgemeine Lösung dieser Differentialgleichung lautet

$$G_k(r) = a\frac{\mathrm{e}^{ikr}}{r} + b\frac{\mathrm{e}^{-ikr}}{r} \qquad (2.12.9)$$

mit i. a. komplexen Zahlen a, b. Der zweite Summand auf der rechten Seite beschreibt eine einlaufende Kugelwelle, die wir bereits in der einlaufenden ebenen Welle $\psi^{(0)}$ berücksichtigt haben. Daher müssen wir

$$b = 0$$

setzen. Den Koeffizienten a erhalten wir am einfachsten durch eine Analogieüberlegung: Für $k = 0$ entspricht (2.12.8) der Poisson-Gleichung für eine Punktladung, deren Lösung aus der Elektrodynamik bekannt ist und durch das Coulombpotential gegeben wird

$$\Phi(r) = -\frac{1}{4\pi r} .$$

Ein Vergleich mit (2.12.8) für $k \to 0$ läßt auf

$$a = -\frac{1}{4\pi}$$

schließen, so daß wir für die Greensche Funktion des Helmholtz-Operators schreiben können[37]

---

[37] Die Konstante a aus (2.12.9) könnte zunächst noch von k abhängen. Da aber die Singularität für $r \to 0$ nach (2.12.8) und (2.12.9) von k unabhängig ist, ergibt unser Analogieschluß das richtige Resultat. Ohne diese Analogie findet man das Ergebnis, wenn man die Regeln für das Differenzieren von Distributionen anwendet.

$$G_k(r) = -\frac{1}{4\pi} \frac{e^{ikr}}{r} \tag{2.12.10}$$

oder

$$G_k(\vec{r}, \vec{r}') = -\frac{1}{4\pi} \frac{e^{ik|\vec{r}-\vec{r}'|}}{|\vec{r}-\vec{r}'|} \ . \tag{2.12.11}$$

2.12.3 Asymptotische Form der Streuwellenfunktion

Nachdem die Green-Funktion bekannt ist, können wir für die Integralgleichung (2.12.6) schreiben

$$\psi_{\vec{p}}(\vec{r}) = \psi_{\vec{p}}^{(0)}(\vec{r}) - \frac{1}{4\pi} \int \frac{e^{ik|\vec{r}-\vec{r}'|}}{|\vec{r}-\vec{r}'|} U(\vec{r}')\psi_{\vec{p}}(\vec{r}')\,\mathrm{d}^3r' \ . \tag{2.12.12}$$

Für ein verschwindendes Potential ($V \equiv 0$) muß $\psi_{\vec{p}}(\vec{r})$ einerseits in eine ebene Welle mit dem Impuls $\vec{p}$ übergehen, andererseits geht $\psi_{\vec{p}}$ in $\psi_{\vec{p}}^{(0)}$ über. Daher gilt

$$\psi_{\vec{p}}^{(0)}(\vec{r}) = A e^{\frac{i}{\hbar}\vec{p}\cdot\vec{r}} \ .$$

Wir wählen jetzt die Normierung der Wellenfunktion durch die Festsetzung[38]

$$A = 1 \ ,$$

also

$$\psi_{\vec{p}}^{(0)} = e^{\frac{i}{\hbar}\vec{p}\cdot\vec{r}} = e^{i\vec{k}\cdot\vec{r}}$$

und können für (2.12.12) schreiben

$$\psi_{\vec{p}}(\vec{r}) = e^{i\vec{k}\vec{r}} - \frac{1}{4\pi} \int \frac{e^{ik|\vec{r}-\vec{r}'|}}{|\vec{r}-\vec{r}'|} U(\vec{r}')\psi_{\vec{p}}(\vec{r}')\,\mathrm{d}^3r' \ . \tag{2.12.13}$$

Um die asymptotische Form der Wellenfunktion zu erhalten, müssen wir diese Gleichung für große Entfernungen vom Streuzentrum, d. h. für

$$|\vec{r}| \gg |\vec{r}'|$$

untersuchen. Für solche Abstände werden die tatsächlichen Messungen durchgeführt, da der Beobachtungspunkt weit außerhalb des Streugebietes liegt. In der Optik bezeichnet man dies als Fraunhofersche Beobachtungsart. Wir entwickeln $|\vec{r} - \vec{r}'|$ für $\vec{r} \to \infty$ in folgender Weise

---

[38] Die Normierung entspricht der Festsetzung der Wahrscheinlichkeitsdichte auf 1 Teilchen pro Volumeneinheit. Sie unterscheidet sich von der Normierung, die im letzten Abschnitt für die drehinvarianten Wellenfunktionen benutzt wurde.

$$|\vec{r} - \vec{r}'| = \sqrt{(\vec{r} - \vec{r}')^2} = \sqrt{\vec{r}^2 - 2\vec{r}\vec{r}' + \vec{r}'^2}$$

$$\approx \sqrt{r^2 - 2rr'\cos\theta} = r\sqrt{1 - 2\frac{r'}{r}\cos\theta}$$

$$\approx r - r'\cos\theta$$

mit dem Winkel $\theta = \angle(\vec{r}, \vec{r}')$.

(Dabei wurde die Entwicklung von $\sqrt{1-x}$ für $x \ll 1$ benutzt: $1 - \frac{x}{2} \pm \cdots$). Diese Näherung verwenden wir im Exponenten der Exponentialfunktion. Dagegen genügt für $1/|\vec{r} - \vec{r}'|$ die grobere Näherung

$$\frac{1}{|\vec{r} - \vec{r}'|} \approx \frac{1}{r} \frac{1}{1 - \frac{r'}{r}\cos\theta} \approx \frac{1}{r} .$$

Nach dem Einsetzen in (2.12.13) ergibt sich endgültig

$$\psi_{\vec{p}}(\vec{r}) = e^{i\vec{k}\vec{r}} - \frac{1}{4\pi}\frac{e^{ikr}}{r}\int e^{-ikr'\cos\theta}U(\vec{r}')\psi_{\vec{p}}(\vec{r}')d^3r' . \tag{2.12.14}$$

Der zweite Term dieses Ausdrucks beschreibt genau die in (2.12.2) angekündigte Form. Er ist proportional zu einer auslaufenden Kugelwelle, wobei der Faktor die Streuamplitude gibt. Den darin auftretenden Exponenten der Exponentialfunktion kann man in die Form

$$k = \frac{p}{\hbar} , \qquad r'\cos\theta = \vec{r}'\vec{n}$$

bringen, so daß man für die Streuamplitude erhält

$$f(\vec{p}, \vec{n}) = -\frac{1}{4\pi}\int e^{-i\frac{p}{\hbar}\vec{n}\vec{r}'}U(\vec{r}')\psi_{\vec{p}}(\vec{r}')d^3r' .$$

In dieser Formel wird die Abhängigkeit der Streuamplitude vom einfallenden Impuls $\vec{p}$ und der Richtung $\vec{n}$ explizit. In diese Richtung laufen die Teilchen nach der Streuung aus. $\vec{n}$ bestimmt daher die Richtung des auslaufenden Impulses, den wir mit $\vec{p}'$ bezeichnen wollen. Der Betrag von $\vec{p}'$ stimmt mit dem von $\vec{p}$ überein, da ein zeitunabhängiges Potential nur elastische Streuung bewirken kann, bei der die kinetischen Energien der Teilchen vor und nach der Streuung gleich sind. Daher gilt

$$\vec{p}' = p\vec{n} .$$

Dies wollen wir auch in der Formel für die Streuamplitude explizit machen, indem wir f in der folgenden Form schreiben

$$f(\vec{p}, \vec{p}') = -\frac{1}{4\pi}\int e^{-i\frac{1}{\hbar}\vec{p}'\vec{r}}U(\vec{r})\psi_{\vec{p}}(\vec{r})d^3r . \tag{2.12.15}$$

Dabei haben wir zur Vereinfachung der Schreibweise die Integrationsvariable $\vec{r}'$ in $\vec{r}$ umbenannt.

Für die folgenden Rechnungen schreiben wir Gleichung (2.12.14) in der Form

$$\psi_{\vec{p}} = \psi_{\vec{p}}^0 + \psi_{\text{Streu}} ,$$

wobei die beiden Summanden durch

$$\psi_{\vec{p}}^{(0)} =: e^{i\vec{k}\vec{r}} \quad \text{und} \quad \psi_{\text{Streu}} =: f(\vec{p}, \vec{n}) \frac{e^{ikr}}{r}$$

definiert sind. Mit Hilfe dieser Ergebnisse können wir den Zusammenhang zwischen der Streuamplitude und dem differentiellen Wirkungsquerschnitt $d\sigma/d\Omega$ herstellen.

2.12.4 Streuamplitude und Wirkungsquerschnitt

Zur Berechnung des Wirkungsquerschnitts benötigen wir die einfallenden und gestreuten Teilchenströme. Sie werden durch den Wahrscheinlichkeitsstromvektor gegeben, der mit der Wellenfunktion $\psi_{\vec{p}}$ verbunden ist durch

$$\vec{j} = \frac{\hbar}{2mi} \psi_{\vec{p}}^* \overleftrightarrow{\nabla} \psi_{\vec{p}} \, .$$

Mit seiner Hilfe berechnen wir die Zahl der einlaufenden Teilchen pro Zeiteinheit und Fläche, $\dot{N}_{\text{ein}}$, und die Zahl der in den Raumwinkel $d\Omega$ gestreuten Teilchen pro Zeiteinheit $d\dot{N}_{\text{aus}}$.

1. $\dot{N}_{\text{ein}} = |\vec{j}_{\psi_{\vec{p}}^{(0)}}| = \left| \frac{\hbar}{2mi} \psi_{\vec{p}}^{(0)*} \overleftrightarrow{\nabla} \psi_{\vec{p}}^{(0)} \right| = \frac{|\vec{p}|}{m} = |\vec{v}|$

2. Zur Berechnung von $\vec{j}_{\psi_{\text{Streu}}}$ vereinfachen wir

$$\psi_{\text{Streu}}^* \overleftrightarrow{\nabla} \psi_{\text{Streu}} = \psi_{\text{Streu}}^* \vec{\nabla} \psi_{\text{Streu}} - \left(\psi_{\text{Streu}}^* \vec{\nabla} \psi_{\text{Streu}} \right)^*$$
$$= 2i\Im \left[\psi_{\text{Streu}}^* \vec{\nabla} \psi_{\text{Streu}} \right] \, .$$

3. Weiterhin gilt

$$\vec{\nabla} \psi_{\text{Streu}} = (\vec{\nabla} f) \frac{e^{ikr}}{r} + f \frac{\vec{r}}{r} \frac{d}{dr} \left(\frac{e^{ikr}}{r} \right)$$
$$= (\vec{\nabla} f) \frac{e^{ikr}}{r} + f \frac{\vec{r}}{r} \left(-\frac{1}{r^2} + \frac{ik}{r} \right) e^{ikr} \, .$$

Da f nur von der Richtung $\vec{n}$ abhängt, ist der Gradient $\vec{\nabla} f$ senkrecht zu $\vec{r}$, also tangential gerichtet. Multipliziert man diesen Ausdruck mit ψ_{Streu} und nimmt den Imaginärteil, so folgt für den Wahrscheinlichkeitsstrom $\vec{j}_{\psi_{\text{Streu}}}$

$$\vec{j}_{\psi_{\text{Streu}}} = \frac{1}{r^2} \left[\underbrace{\frac{\hbar}{m} \Im(f^* \vec{\nabla} f)}_{\text{tangentialer Anteil}} + \underbrace{\frac{\vec{r}}{r} |f|^2 |\vec{v}|}_{\text{radialer Anteil}} \right] \, .$$

Von den beiden Anteilen des Stromvektors interessiert uns nur der Anteil in radialer Richtung, da nur die in dieser Richtung auslaufenden Teilchen in einem Detektor nachgewiesen werden und zum Wirkungsquerschnitt beitragen. Explizit bestimmt er die Größe $\mathrm{d}\dot{N}_{\mathrm{aus}}$

$$\mathrm{d}\dot{N}_{\mathrm{aus}} = |\vec{j}_{\psi_{\mathrm{Streu,rad.}}}| r^2 \mathrm{d}\Omega = |f|^2 |\vec{v}| \mathrm{d}\Omega .$$

Der **differentielle Wirkungsquerschnitt** wird als das Verhältnis

$$\mathrm{d}\sigma := \frac{\mathrm{d}\dot{N}_{\mathrm{aus}}}{\dot{N}_{\mathrm{ein}}} \tag{2.12.16}$$

definiert. Er gibt den Bruchteil der Teilchen an, die pro Zeiteinheit in den betrachteten Raumwinkel gestreut werden. Nach dieser Definition hat $\mathrm{d}\sigma$ die Dimension einer Fläche. Mit den unter 1. bis 3. erhaltenen Ergebnissen folgt für den differentiellen Wirkungsquerschnitt explizit

$$\frac{\mathrm{d}\sigma}{\mathrm{d}\Omega} = |f(\vec{p}, \vec{p}')|^2 . \tag{2.12.17}$$

• Der differentielle Wirkungsquerschnitt $\frac{\mathrm{d}\sigma}{\mathrm{d}\Omega}$ wird durch das Absolutquadrat der Streuamplitude gegeben.

Danach muß f die Dimension einer Länge besitzten, welche Tatsache aus der Definition in Gleichung (2.12.16) direkt abgelesen werden kann. Für den **totalen Wirkungsquerschnitt** erhalten wir schließlich durch die Integration über alle Richtungen

$$\sigma_{\mathrm{tot}} = \int \frac{\mathrm{d}\sigma}{\mathrm{d}\Omega} \mathrm{d}\Omega = \int |f(\vec{p}, \vec{p}')|^2 \mathrm{d}\Omega . \tag{2.12.18}$$

2.12.5 Streuung am drehsymmetrischen Potential

Die bisherigen Ergebnisse gelten auch für Potentiale, die von der Richtung des Vektors $\vec{r}$ abhängen. Jetzt spezialisieren wir auf den Fall des drehsymmetrischen Potentials $V = V(|\vec{r}|) = V(r)$. Dann können wir einen Zusammenhang mit den Ergebnissen für abgeschnittene Potentiale herstellen und den Zusammenhang der Streuphasen mit dem Wirkungsquerschnitt begründen.
Es läge nahe, die im Abschnitt 2.11.2 verwendete Form der Wellenfunktion

$$u_k(r) = \frac{1}{2ik} \left(F(k) \mathrm{e}^{ikr} - F(-k) \mathrm{e}^{-ikr} \right)$$

direkt zu benutzen, um den Wirkungsquerschnitt nach (2.12.16) zu berechnen. Da $u_k(r)$ jedoch eine reelle Wellenfunktion ist, verschwindet der Wahrscheinlichkeitsstrom und man erhielte ein unbestimmtes Ergebnis von der Form $0/0$. Der physikalische Grund dafür ist, daß in $u_k(r)$ die ein- und auslaufenden Wellen symmetrisch eingehen und daher keine Strömung von Teilchen angezeigt wird. Man muß $u_k(r)$ mit einer komplexen Zahl umnormieren, um zu einem sinnvollen Ergebnis zu kommen. Um eine entsprechend neu normierte Wellenfunktion zu erhalten, berechnen wir den drehsymmetrischen Anteil der Wellenfunktion $\psi_{\vec{p}}(\vec{r})$ in der Darstellung (2.12.14). Dazu mitteln wir über den gesamten Raumwinkel und erhalten:

$$\hat{\psi}(r) := \frac{1}{4\pi} \int \psi \, d\Omega$$

$$= \hat{\psi}_{\vec{p}}^{(0)} + \frac{1}{4\pi} \frac{e^{ikr}}{r} \int f(\vec{p}, \vec{p}') d\Omega$$

$$= \frac{1}{kr} \sin kr + \hat{f} \frac{e^{ikr}}{r}$$

$$\text{mit} \quad \hat{f} = \frac{1}{4\pi} \int f(\vec{p}, \vec{p}') d\Omega \, .$$

Mit dem für radiale Wellenfunktionen üblichen Ansatz $r\hat{\psi}(r) = \hat{u}(r)$ ergibt sich dann

$$\hat{u}(r) = \frac{\sin kr}{k} + \hat{f}e^{ikr}$$

$$= \frac{1}{2ik} \left(1 + 2ik\hat{f}\right) e^{ikr} - \frac{1}{2ik} e^{-ikr}$$

Durch Vergleich von $\hat{u}$ mit $u_k(r)$ findet man für das Verhältnis der Koeffizienten der aus- und einlaufenden Wellen

$$1 + 2ik\hat{f} = \frac{F(k)}{F(-k)} = S(k) = e^{2i\delta(k)} \, ,$$

wobei noch die Definition der Streuphase aus (2.11.18), der S-Funktion aus (2.11.25) und der ungerade Charakter der Funktion $\delta(k)$ nach (2.11.20) verwendet wurde. Durch Auflösen nach $\hat{f}$ erhält man schließlich

$$\hat{f} = \frac{S(k) - 1}{2ik} \, .$$

Daraus leiten sich dann die Formeln für den differentiellen und totalen Wirkungsquerschnitt

$$\frac{d\sigma}{d\Omega} = \frac{\sin^2 \delta}{k^2} \quad \text{und} \quad \sigma = \frac{4\pi}{k^2} \sin^2 \delta$$

ab, die wir schon im Abschnitt 2.11.4 angegeben haben.

2.12.6 Bornsche Reihe und Feynmangraphen

Die bisherigen Rechnungen in diesem Abschnitt 2.12 betrafen nur die „Kinematik" des Streuprozesses. Wir zogen Schlüsse aus der kräftefreien Wellenfunktion (2.12.2), die für große Abstände gilt. Im folgenden zweiten Teil dieses Abschnittes wenden wir uns der eigentlichen, durch das Potential bewirkten Dynamik des Streuprozesses zu. Wir werden ein allgemeines Verfahren zur Lösung der Integralgleichung (2.12.12) und damit zur Berechnung der Wellenfunktion $\psi_{\vec{p}}(\vec{r})$ und der Streuamplitude $f(\vec{p}, \vec{p}')$ angeben. Dieses Verfahren beruht auf einer fast mechanischen Iteration und führt zu einer Reihenentwicklung, wobei die einzelnen Terme nach den Potenzen des Potentials U geordnet sind.

Nach der allgemeinen Beschreibung dieses Verfahrens in einer analytischen und graphischen Weise behandeln wir die niederste Näherung im Detail und wenden die Ergebnisse auf den physikalisch wichtigen Fall der Streuung von Elektronen an.

Gesucht ist also die Lösung der Integralgleichung

$$\psi_{\vec{p}}(\vec{r}) = \psi_{\vec{p}}^{(0)}(\vec{r}) + \int G_k(\vec{r}, \vec{r}') U(\vec{r}') \psi_{\vec{p}}(\vec{r}') \mathrm{d}^3 r' \, . \tag{2.12.19}$$

Im folgenden lassen wir den Index $\vec{p}$ an der Wellenfunktion fort. Wir machen folgenden Reihenansatz

$$\psi = \psi^{(0)} + \psi^{(1)} + \psi^{(2)} + \cdots = \sum_{n=0}^{\infty} \psi^{(n)} \, ,$$

wobei $\psi^{(n)} \sim U^n$ sein soll. Für die genaue Formulierung dieser Ausage führen wir – für den Augenblick – einen „Potentialstärke-Parameters" λ ein, so daß $U(\vec{r})$ proportional zu λ ist. Dann soll der n-te Term der Reihe proportional zu λ^n sein. In diesem Sinne sind im folgenden die Aussagen „0-te", „1-te", „2-te" Näherung etc. zu verstehen.

In nullter Näherung vernachlässigen wir den Einfluß des Potentials völlig und erhalten trivialerweise

$$\psi^{(0)} = \mathrm{e}^{\frac{i}{\hbar} \vec{p} \cdot \vec{r}} \, .$$

Im nächsten Schritt ersetzen wir in der rechten Seite der Integralgleichung die gesuchte Wellenfunktion durch ihre 0-te Näherung und erhalten

$$\psi^{(1)}(\vec{r}) = \int G_k(\vec{r} - \vec{r}_1) U(\vec{r}_1) \psi^{(0)}(\vec{r}_1) \, \mathrm{d}^3 r_1 \, , \tag{2.12.20}$$

wobei wir die Translationsinvarianz der Greenschen Funktion

$$G_k(\vec{r}, \vec{r}_1) = G_k(\vec{r} - \vec{r}_1)$$

(vgl. (2.12.11)) explizit verwendet haben.

Damit haben wir die 1. Näherung konstruiert und $\psi^{(1)}$ ist– wie angekündigt – proportional zu $U(\vec{r})$. Für die zweite Näherung setzt man die erste rechts in Gleichung (2.12.19) ein und erhält auf diese Weise die 2. Näherung

$$\psi^{(2)} = \int G_k(\vec{r} - \vec{r}_2) U(\vec{r}_2) \psi^{(1)}(\vec{r}_2) \mathrm{d}^3 r_2$$

$$= \int \int G_k(\vec{r} - \vec{r}_2) U(\vec{r}_2) G_k(\vec{r}_2 - \vec{r}_1) U(\vec{r}_1) \psi^{(0)}(\vec{r}_1) \, \mathrm{d}^3 r_1 \, \mathrm{d}^3 r_2 \tag{2.12.21}$$

Durch weiteres Fortsetzen dieses **Iterationsprozesses** gelangt man schließlich zur n-ten Näherung

$$\psi^{(n)}(\vec{r}) = \int \cdots \int G_k(\vec{r} - \vec{r}_n) U(\vec{r}_n) \cdots G_k(\vec{r}_2 - \vec{r}_1) U(\vec{r}_1) \psi^{(0)}(\vec{r}_1) \, \mathrm{d}^3 r_1 \cdots \mathrm{d}^3 r_n \, . \tag{2.12.22}$$

Dieses iterative Verfahren läßt sich graphisch darstellen, wie es zum ersten Male systematisch von Richard Feynman eingeführt wurde. Die entstehenden Diagramme sind inzwischen als **Feynman-Graphen** berühmt und dienen in vielen Gebieten der theoretischen Physik für eine übersichtliche und intuitiv einleuchtende Darstellung von Formeln und Prozessen. In diesem Buch können wir nur einen ersten Eindruck von ihrer Verwendung geben.

In der Feynmanschen Graphensprache ordnet man den mathematischen Symbolen umkehrbar eindeutig graphische Elemente so zu, daß man kompliziertere Ausdrücke – wie die mehrfachen Integrale in den letzten Formeln – durch Zusammensetzung der zugeordneten graphischen Elemente erzeugen kann.

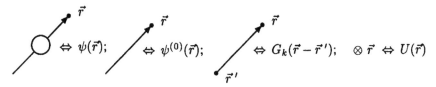

Bild 2.36 Die Feynmanregeln für Potentialstreuung

In unserem Falle führt man konkret folgende **Feynman-Regeln** ein, die im Bild 2.36 graphisch dargestellt sind.

1. Der gesuchten Wellenfunktion $\psi(\vec{r})$ wird eine gerichtete Linie zugeordnet, die am Punkte $\vec{r}$ endet und durch eine Blase unterbrochen ist.

2. Die einfallende Wellenfunktion $\psi^{(0)}(\vec{r})$ wird durch eine einfache gerichtete Linie – ohne Blase – dargestellt.

3. Die Greensche Funktion $G_k(\vec{r} - \vec{r}')$ wird durch eine innere Linie dargestellt, die vom Punkte $\vec{r}'$ zum Punkt $\vec{r}$ führt.

4. Jedem inneren Punkt, der zwischen einer einlaufenden und einer auslaufenden Linie liegt, wird das Symbol $\otimes$, eine Koordinate $\vec{r}$ und das Potential $U(\vec{r})$ zugeordnet.

5. Schließlich wird festgelegt, daß über jeden inneren Punkt dreidimensional integriert wird.

Den Sinn dieser Zuordnungen erkennt man schnell, wenn man mit ihrer Hilfe die Formeln, die wir bisher entwickelt haben, in die Graphensprache umsetzt.

Bild 2.37 Integralgleichung (2.12.19) in graphischer Darstellung

Wir beginnen mit der Integralgleichung selbst. Sie läßt sich gemäß Bild 2.37 als eine Gleichung zwischen graphischen Elementen darstellen. Auf der linken Seite steht gemäß Regel 1. die gesuchte Wellenfunktion. Auf der rechten Seite gibt der erste Term die einlaufende freie Welle. Erst der zweite Term ist nichttrivial. Er enthält – von oben nach unten gelesen – zunächst eine von $\vec{r}'$ nach $\vec{r}$ führende innere Linie, die nach Regel 3. als Greensche Funktion gelesen werden muß. Dann folgt ein innerer Punkt, der nach Regel 4. dem Potential $U(\vec{r}')$ entspricht. Schließlich tritt ganz unten noch einmal die volle Wellenfunktion nach Regel 1. auf. Schließlich muß man nach Regel 5. noch über $\vec{r}'$ integrieren. Insgesamt hat man so in der Tat die Integralgleichung eindeutig bildlich dargestellt.

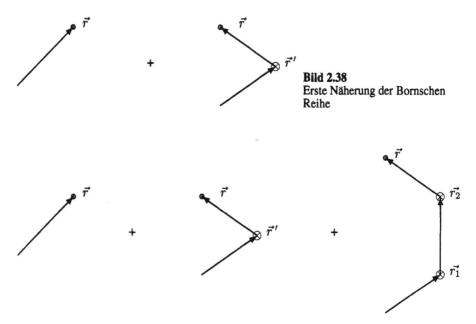

Bild 2.38
Erste Näherung der Bornschen
Reihe

Bild 2.39 Zweite Näherung der Bornschen Reihe

Die erhaltene graphische Gleichung kann man durch graphische Iteration vollständig im Rahmen der Bildersprache lösen. Für die erste Näherung muß man nur auf der rechten Seite der Gleichung in Bild 2.37 die einlaufende Linie mit Blase durch eine einfache Linie ersetzen. Man erhält so Bild 2.38, das eine genaue graphische Übersetzung von Gleichung (2.12.20) ist. Die 2. Näherung folgt durch Einsetzen von Bild 2.38 in das Bild 2.37. Das Ergebnis ist Bild 2.39, das der Gleichung (2.12.21) korrespondiert.

Schließlich kann so auch die n-te Näherung durch Zusammensetzen erhalten, vgl. Bild 2.40, wo nur der Term proportional zu U^n dargestellt ist.

Für die Anwendungen interessiert direkt nicht die Wellenfunktion, sondern die Streuamplitude $f(\vec{p}, \vec{p}')$. Auch sie kann man nach dem gleichen Iterationsschema entweder mit Formeln oder graphisch berechnen. Wir führen den Formelweg vor und überlassen es dem Leser die entsprechenden Graphen zu zeichnen.

Ausgangspunkt ist das Ergebnis (2.12.15) für die Streuamplitude. Ersetzt man rechts die „volle" Wellenfunktion ψ durch die freie Funktion $\psi^{(0)}$, so erhält man, wenn man noch $U(\vec{r})$ gemäß seiner Definition (2.12.3) durch das ursprüngliche Potential $V(\vec{r})$ ersetzt

$$f(\vec{p}, \vec{p}') = -\frac{m}{2\pi\hbar^2} \int e^{-\frac{i}{\hbar}\vec{p}'\cdot\vec{r}'} V(\vec{r}')\psi(\vec{r}')\mathrm{d}^3r'$$

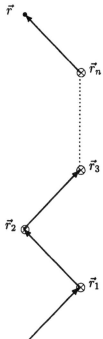

Bild 2.40
Die n-te Bornsche Näherung

$$\approx -\frac{m}{2\pi\hbar^2}\int e^{-\frac{i}{\hbar}\vec{p}'\cdot\vec{r}_1}V(\vec{r}_1)\psi^{(0)}(\vec{r}_1)d^3r_1 \ .$$

Verwendet man für $\psi^{(0)}$ explizit die ebene Welle, so wird daraus

$$f^{(1)}(\vec{p},\vec{p}') = -\frac{m}{2\pi\hbar^2}\int e^{-\frac{i}{\hbar}\vec{p}'\cdot\vec{r}_1}V(\vec{r}_1)e^{\frac{i}{\hbar}\vec{p}\cdot\vec{r}_1}d^3r_1 \ . \qquad (2.12.23)$$

Dieses wichtige Ergebnis wird Bornsche Näherung genannt; wir werden es im nächsten Abschnitt noch genauer analysieren. Zunächst stellen wir diese Näherung noch einmal graphisch im Bild 2.41 dar, das wie folgt zu lesen ist: Ein Teilchen mit dem Impuls $\vec{p}$, das durch eine mit $\vec{p}$ versehene Linie symbolisiert wird

$$\vec{p} \Longleftrightarrow e^{\frac{i}{\hbar}\vec{p}\cdot\vec{r}}$$

fällt auf das am Punkte $\vec{r}_1$ wirkende Potential und wird in den Endzustand mit dem Impuls $\vec{p}'$ gestreut.

Für die 2. Näherung der Streuamplitude erhält man durch Einsetzen der ersten Näherung in die Ausgangsformel für f

$$f^{(2)}(\vec{p},\vec{p}') = -\frac{1}{4\pi}\int\int e^{-\frac{i}{\hbar}\vec{p}'\cdot\vec{r}_2}\frac{2m}{\hbar^2}V(\vec{r}_2)G_k(\vec{r}_2-\vec{r}_1)\frac{2m}{\hbar^2}V(\vec{r}_1)e^{\frac{i}{\hbar}\vec{p}\cdot\vec{r}_1}d^3r_1 d^3r_2 \ .$$

$$(2.12.24)$$

Die höheren Ordnungen lassen sich nach dem gleichen Schema konstruieren.

Bild 2.41
1. Bornsche Näherung für die Streuamplitude

Formal haben wir mit der Bornschen Reihe eine Lösungsmöglichkeit für die Integral-gleichung (2.12.19) gefunden. Es ist jedoch keineswegs leicht zu klären, ob die Reihe konvergiert. Dies hängt natürlich von der Art des Potentials ab. In der Regel muß man sich ohnehin mit der ersten Näherung begnügen.

2.12.7 Die Bornsche Näherung

In diesem Abschnitt wollen wir den ersten Term der Iterationsreihe für die Streuamplitude, die wir schon die Bornsche Näherung im engeren Sinne genannt hatten, etwas genauer betrachten.

Zunächst schreiben wir (2.12.23) in einer kompakteren Form

$$f(\vec{p},\vec{p}') = -\frac{m}{2\pi\hbar^2}\int e^{-\frac{i}{\hbar}(\vec{p}-\vec{p}')\cdot\vec{r}}V(\vec{r})\mathrm{d}^3r$$

$$= -\frac{m}{2\pi\hbar^2}\widetilde{V}(\vec{q}) \tag{2.12.25a}$$

$$\text{mit} \quad \widetilde{V}(\vec{q}) =: \int e^{\frac{i}{\hbar}\vec{q}\cdot\vec{r}}V(\vec{r})\mathrm{d}^3r \tag{2.12.25b}$$

$$\text{und} \quad \vec{q} =: \vec{p}-\vec{p}' \tag{2.12.25c}$$

Daraus entnimmt man die einfache und wichtige Regel

• In Bornscher Näherung wird die Streuamplitude durch die Fouriertransformierte des Potentials bezüglich des Impulsübertrages $\vec{q} = \vec{p} - \vec{p}'$ gegeben.

Aus dieser Regel wird insbesondere deutlich, daß für Streuwahrscheinlichkeit und Wirkungsquerschnitt der Impulsübertrag $\vec{q}$ die wichtige kinematische Variable ist. Daher sind die folgenden allgemeinen Schlüsse über die mögliche Form der Abhängigkeit von $\vec{q}$ für die Anwendungen wichtig.

In fast allen physikalischen Fällen ist das Potential gegenüber räumlichen Spiegelungen symmetrisch

$$V(-\vec{r}) = V(\vec{r})\,.$$

Daraus folgt

$$\widetilde{V}^*(\vec{q}) = \widetilde{V}(-\vec{q}) = V(\vec{q})\,.$$

Dies bedeutet, daß $V(\vec{q})$ eine reellwertige Funktion ist; damit ist auch die Streuamplitude $f(\vec{p}, \vec{p}\,')$ in Bornscher Näherung reell.

Insbesondere für drehsymmetrische Potentiale

$$V(\vec{r}) = V(|\vec{r}|) = V(r)$$

gelten die vorstehenden Voraussetzungen und Schlüsse. Darüber hinaus ist die Fouriertransformierte ebenfalls drehinvariant, d. h. sie hängt nur von $\vec{q}^{\,2}$ und nicht von der Richtung des Vektors $\vec{q}$ ab. Das gleiche gilt dann auch für Streuamplitude und Wirkungsquerschnitt. Daher empfiehlt es sich auch, die Winkelabhängigkeit des differentiellen Wirkungsquerschnitts auf die Abhängigkeit von $\vec{q}^{\,2}$ umzurechnen. Dazu verwenden wir die Tatsache, daß die Streuung elastisch ist und daher $|\vec{p}| = |\vec{p}\,'|$ gilt. Damit können wir das Quadrat des Impulsübertrags wie folgt berechnen

$$q^2 = (\vec{p} - \vec{p}\,')^2 = 2p^2 - 2\vec{p} \cdot \vec{p}\,' = 2p^2(1 - \cos\theta) \,. \tag{2.12.26}$$

Der damit gegebene Zusammenhang zwischen Impulsübertrag und Streuwinkel enthält insbesondere die Aussage, daß bei fester Energie und damit festem Impuls $\vec{p}$ das Quadrat des Impulsübertrags $\vec{q}^{\,2}$ den Bereich

$$q^2 = 0 \ldots 4|\vec{p}|^2$$

überstreicht, wenn θ von 0 bis π variiert. Um den differentiellen Wirkungsquerschnitt auf die Abhängigkeit von q^2 umzurechnen, müssen wir noch das Raumwinkelelement $d\Omega$ auf dq^2 umrechnen. Aus (2.12.26) folgt

$$dq^2 = -2|\vec{p}|^2 \, d\cos\theta = 2p^2 \sin\theta d\theta$$

und damit kann man

$$d\Omega = \int_0^{2\pi} d\phi \sin\theta d\theta = \frac{2\pi}{2p^2} \, dq^2$$

setzen. Als differentieller Wirkungquerschnitt wird daher auch

$$\frac{d\sigma}{dq^2} = \frac{\pi}{p^2} \frac{d\sigma}{d\Omega}$$

verwendet. Die Bornsche Näherung lautet damit

$$\frac{d\sigma}{dq^2} = \frac{\pi}{p^2}|\widetilde{V}(\vec{q})|^2 \,. \tag{2.12.27}$$

2.12.8   Anwendung auf die Elektronenstreuung

Als wichtige Anwendung wollen wir die Streuung eines nichtrelativistischen Elektrons an einem geladenen Teilchen behandeln, das eine vorgegebenen Ladungsverteilung $\rho(\vec{r})$ besitzt. Solange die Gesamtladung

$$Q = \int \rho(\vec{r}) \, \mathrm{d}^3 r$$

nicht allzu groß ist, garantiert die Kleinheit der Feinstrukturkonstanten

$$\alpha = \frac{e^2}{\hbar c} = \frac{1}{137} \, ,$$

daß die Bornsche Näherung sehr gut ist. Tatsächlich hat man die wichtigsten Informationen über die Ladungsstruktur von Protonen, Neutronen, leichten Kernen und anderen Teilchen mit Hilfe dieser Näherung erhalten.

Wir beginnen mit dem Spezialfall der Coulombstreuung an einem punktförmigen Teilchen mit der Ladung Ze, wo das Potential

$$V(r) = -\frac{Ze^2}{r}$$

wirkt, für das die Poissongleichung

$$\Delta V(r) = 4\pi Ze^2 \delta^3(\vec{r}) \tag{2.12.28}$$

gilt.

Zur Berechnung der Streuamplitude muß die Fouriertransformierte des Coulombpotentials bestimmt werden. Die direkte Rechnung ist nicht ganz einfach, weil man auf ein mathematisches Problem stößt, das man nur mit Kenntnis der Distributionstheorie überzeugend lösen kann. Wir verwenden daher einen kleinen Trick, der uns schnell zum Ziele führt[39] und führen die Fouriertransformation nicht am Potential direkt, sondern an der Poissongleichung (2.12.28) durch

$$\int \mathrm{e}^{\frac{i}{\hbar} \vec{q} \cdot \vec{r}} \Delta V(r) \, \mathrm{d}^3 r = 4\pi Ze^2 \int \mathrm{e}^{\frac{i}{\hbar} \vec{q} \cdot \vec{r}} \delta^3(\vec{r}) \, \mathrm{d}^3 r = 4\pi Ze^2 \, .$$

Mit Hilfe der 2. Greenschen Formel bzw. einer zweimaligen partiellen Integration erhalten wir

$$\int \mathrm{e}^{\frac{i}{\hbar} \vec{q} \cdot \vec{r}} \Delta V(r) \, \mathrm{d}^3 r = \int V(r) \Delta \mathrm{e}^{\frac{i}{\hbar} \vec{q} \cdot \vec{r}} \, \mathrm{d}^3 r \, .$$

Weiterhin gilt

$$\int V(r) \Delta \mathrm{e}^{\frac{i}{\hbar} \vec{q} \cdot \vec{r}} \mathrm{d}^3 r = -\frac{1}{\hbar^2} \vec{q}^{\,2} \, \widetilde{V}(\vec{q}) \, .$$

---

[39] Dabei begegnen wir den genannten Problemen nicht explizit. Es ist in der impliziten Annahme versteckt, daß das Coulombpotential eine Fouriertransformierte besitzt, was nur im Rahmen der Distributionstheorie richtig ist.

Damit finden wir schließlich

$$\widetilde{V}(q) = -\frac{4\pi Z e^2 \hbar^2}{q^2}$$

$$f^{(1)}(\vec{p}, \vec{p}\,') = -\frac{m}{2\pi\hbar^2}\widetilde{V}(q) = \frac{2mZe^2}{q^2}$$

$$\frac{d\sigma}{d\Omega} = \left| f^{(1)}(\vec{p}, \vec{p}\,') \right|^2 = \frac{4m^2 Z^2 e^4}{q^4} .$$

Die letzte Formel ist die berühmte Rutherfordsche Formel für den Coulomb-Wirkungs-querschnitt. Um dies explizit zu sehen, verwenden wir Formel (2.12.26) und die Beziehung: $\sin^2(\frac{\theta}{2}) = \frac{1}{2}(1 - \cos\theta)$ und erhalten schließlich für den Wirkungsquerschnitt

$$\frac{d\sigma}{d\Omega} = \frac{4m^2 Z^2 e^4}{4p^4 4\sin^4(\frac{\theta}{2})} = \frac{m^2 Z^2 e^4}{4p^4 \sin^4(\frac{\theta}{2})} = \left(\frac{d\sigma}{d\Omega}\right)_{\text{Rutherford}} . \tag{2.12.29}$$

Dies ist die **Rutherford-Formel** in ihrer bekannten Form. Bemerkenswert ist, daß sich in dieser Formel die Plancksche Konstanten $\hbar$ herausgekürzt hat. Bekanntlich kann die Formel ja auch in der klassischen Mechanik abgeleitet werden, auf welche Weise Rutherford diese Formel auch entdeckt hat. Es empfiehlt sich den Rutherford-Wirkungsquerschnitt auch in einer Form zu verwenden, wo die q^2-Abhängigkeit noch explizit ist

$$\left(\frac{d\sigma}{dq^2}\right)_{\text{Rutherford}} = \frac{4\pi m^2 Z^2 e^4}{\vec{p}^2}\frac{1}{q^4} . \tag{2.12.30}$$

In allen diesen Formeln wurde die übliche Abkürzung q für den Absolutbetrag des Vektors $\vec{q}$ verwendet. Für $q \to 0$ wird der Coulomb-Wirkungsquerschnitt stark singulär. Man spricht auch vom „Coulomb-Pol $1/q^4$", der in der Amplitude auftritt. Eine Folge seiner Existenz ist, daß der totale Wirkungsquerschnitt divergiert; denn man muß (2.12.30) über den ganzen q^2-Bereich integrieren

$$\sigma_{tot} \sim \int\limits_0^{4p^2} \frac{dq^2}{q^4} ,$$

und dieses Integral divergiert für $q = 0$. Da kleine Impulsüberträge großen Wellenlängen entsprechen, spricht man auch von einer **Infrarot-Divergenz**. Diese Divergenz beruht letzten Endes auf der unendlichen Reichweite des Coulombpotentials, die ja auch bei der Definition einer Streuphase Probleme brachte.

Nach diesem Spezialfall wenden wir uns dem allgemeinen Fall der Coulombstreuung an einem ausgedehnten geladenen Teilchen zu. Das Teilchen habe die Ladungsdichte $Ze\rho(\vec{r})$, wobei Ze die Gesamtladung des Teilchens ist und ρ gemäß

$$\int \rho(\vec{r})d^3r = 1$$

normiert sei. Dann gilt die Poissongleichung

$$\Delta V(r) = 4\pi Z e^2 \rho(\vec{r}) , \tag{2.12.31}$$

und wir können $\tilde{V}(\vec{q})$ in gleicher Weise wie beim einfachen Coulomb-Potential berechnen. Durch Fouriertransformation folgt

$$\int e^{\frac{i}{\hbar}\vec{q}\cdot\vec{r}}\Delta V(r)\mathrm{d}^3 r = 4\pi Z e^2 \int e^{\frac{i}{\hbar}\vec{q}\cdot\vec{r}}\rho(\vec{r})\mathrm{d}^3 r \ . \tag{2.12.32}$$

Für die linke Seite dieser Gleichung können wir schreiben

$$\int e^{\frac{i}{\hbar}\vec{q}\cdot\vec{r}}\Delta V(r)\mathrm{d}^3 r = \int V(r)\Delta e^{\frac{i}{\hbar}\vec{q}\cdot\vec{r}}\mathrm{d}^3 r$$

$$= -\left(\frac{1}{\hbar^2}\right)q^2\tilde{V}(\vec{q}) \ .$$

Auf der rechten Seite von Gleichung (2.12.32) tritt die Fouriertransformierte der Ladungsdichte auf

$$\tilde{\rho}(\vec{q}) = \int e^{\frac{i}{\hbar}\vec{q}\cdot\vec{r}}\rho(\vec{r})\mathrm{d}^3 r =: F(\vec{q}) \ , \tag{2.12.33}$$

wobei wir die übliche Bezeichnung F eingeführt haben. Die Funktion $F(\vec{q})$ nennt man **Formfaktor**, eine Bezeichnung die Max von Laue bei der Analyse der Streuung von Röntgenstrahlen an Kristallen eingeführt hat. $F(\vec{q})$ enthält sämtliche Informationen über die Ladungsverteilung und geht direkt in den Wirkungsquerschnitt ein. Denn wegen

$$\tilde{V}(\vec{q}) = -\frac{4\pi Z e^2 \hbar^2}{q^2}F(\vec{q})$$

erhalten wir für die Streuamplitude

$$f(\vec{q})) = -\frac{2mZe^2}{q^2}F(\vec{q}) \ ,$$

so daß der Wirkungquerschnitt proportional zu $|F|^2$ wird. Für punktförmige Ladungsverteilungen wird

$$F = 1 \ .$$

Daher beschreibt F die Abweichung von der Punktförmigkeit, und es ist üblich den **differentiellen Wirkungsquerschnitt für die Elektronen-Streuung an einem ausgedehnten Teilchen** in der folgenden Form aufzuschreiben

$$\frac{\mathrm{d}\sigma}{\mathrm{d}\Omega} = \left(\frac{\mathrm{d}\sigma}{\mathrm{d}\Omega}\right)_{\text{Rutherford}}|F(\vec{q}^2)|^2 \ . \tag{2.12.34}$$

Mögliche Verhalten der Funktion $F(\vec{q}^2)$ in Abhängigkeit von $\vec{q}^2$ ist im nächsten Abschnitt in Bild 2.42 wiedergegeben. In diesen Beispielen ändert die Ladugnsverteilung ihr Vorzeichen nicht. Daher folgt aus (2.12.33)

$$|F(\vec{q}^2)| \leq \int |\rho(\vec{r})|\mathrm{d}^3 r = \int \rho(\vec{r})\mathrm{d}^3 r = 1 \ ,$$

und daher ist der Wirkungsquerschnitt für die Streuung an einer ausgedehnten Ladungsverteilung stets kleiner als der für die Streuung an einer punktförmigen Ladung. Diese Tatsache kann man als Beugungseffekt verstehen, bei dem Wellen destruktiv interferieren, die von verschiedenen Punkten der Ladungsverteilung ausgehen.

Wir stellen nun einige allgemeine Eigenschaften der Formfaktoren zusammen:

- $F(0)=$ Gesamtladung $= \int \rho(\vec{r}) \, \mathrm{d}^3 r$

- Für radialsymmetrische Ladungsverteilungen ist F reell und hängt nur von $\vec{q}^2$ ab.

- Der Gradient von F nach $\vec{q}$ für $\vec{q} = \vec{0}$ gibt das elektrische Dipolmoment

$$\operatorname{grad} F(\vec{q}) = \text{Elektrisches Dipolmoment} = \frac{\hbar}{i} \int \vec{r} \rho(\vec{r}) \mathrm{d}^3 r \; .$$

- Die 2. Ableitung von F nach q gibt den mittleren quadratischen Radius der Ladungsverteilung.

Wir begründen zunächst die Aussagen über drehsymmetrische Ladungsverteilungen. Für sie kann man $F(\vec{q})$ wie folgt umformen

$$F(\vec{q}) = \int e^{\frac{i}{\hbar} \vec{q} \cdot \vec{r}} \rho(r) \mathrm{d}^3 r \qquad (2.12.35)$$

$$= \int\limits_0^\infty \int\limits_0^\pi \int\limits_0^{2\pi} e^{\frac{i}{\hbar} qr \cos\theta} \rho(r) r^2 \sin\theta \, \mathrm{d}\theta \mathrm{d}\phi \mathrm{d}r$$

$$= 2\pi \frac{2\hbar}{q} \int\limits_0^\infty \frac{\sin(\frac{qr}{\hbar})}{r} r^2 \rho(r) \mathrm{d}r$$

$$= \frac{4\pi\hbar}{q} \int\limits_0^\infty \sin\left(\frac{qr}{\hbar}\right) r\rho(r) \mathrm{d}r \; . \qquad (2.12.36)$$

Anhand dieser Gleichung erkennt man, daß $F(\vec{q})$ nur vom Absolutwert $q = |\vec{q}|$ des Impulsübertrages abhängt und reell ist.

Wir wollen nun noch zeigen, wie man anhand des Formfaktors globale Aussagen über die Eigenschaften der Ladungsverteilung machen kann. Zunächst verschwindet das elektrische Dipolment für spiegelinvariante Ladungsverteilungen, wie es schon aus der klassischen Elektrodynamik bekannt ist. Die räumliche Ausdehnung der Verteilung wird durch den **mittleren quadratischen Radius** gekennzeichnet, der durch

$$\langle r^2 \rangle := \int r^2 \rho(\vec{r}) \, \mathrm{d}^3 r \qquad (2.12.37)$$

definiert wird und als **RMS-Radius** („Root Mean Square"-Radius) bekannt ist.Um zu zeigen in welcher Weise er durch den Formfaktor festgelegt ist, entwickeln wir $F(\vec{q}^2)$ in eine Taylorreihe, die man für $|\vec{q} \cdot \vec{r}| \ll \hbar$ nach den ersten Termen abbrechen kann:

$$F(\vec{q}^2) = \int e^{\frac{i}{\hbar} \vec{q} \cdot \vec{r}} \rho(r) \, \mathrm{d}^3 r$$

$$= \int \rho(r) \left(1 + \frac{i}{\hbar} (\vec{q} \cdot \vec{r}) - \frac{1}{\hbar^2} \frac{(\vec{q} \cdot \vec{r})^2}{2} + \cdots \right) \mathrm{d}^3 r$$

$$\approx 1 - \frac{1}{2\hbar^2} \int_0^\infty \int_{-1}^1 \int_0^{2\pi} \rho(r) r^4 q^2 \cos^2\theta \, dr \, d(\cos\theta) \, d\phi + \cdots$$

$$= 1 - \frac{q^2}{2\hbar^2} 2\pi \frac{2}{3} \int_0^\infty \rho(r) r^4 \, dr + \cdots$$

$$= 1 - \frac{q^2}{2\hbar^2} \frac{1}{3} \int \rho(r) r^2 \, d^3r + \cdots$$

$$= 1 - \frac{q^2}{6\hbar^2} \langle \vec{r}^2 \rangle + \cdots .$$

(Der Summand proportional $\vec{q} \cdot \vec{r}$ verschwindet bei der Integration über $\cos\theta$ von -1 bis 1). Wir erhalten also bei der Taylorentwicklung in erster nichtverschwindender Näherung für $F(\vec{q}^2)$ eine in q^2 lineare Funktion

$$F(\vec{q}^2) = 1 - \frac{\langle r^2 \rangle}{6\hbar^2} \vec{q}^2 \qquad , \qquad (2.12.38)$$

aus deren Anstiegskoeffizienten man den mittleren quadratischen Radius entnehmen kann.

Die experimentell ermittelten Daten für die Elektron-Proton-Streuung lassen sich mit Hilfe einer sog. Dipol-Formel für die Formfaktoren darstellen

$$F(\vec{q}^2) = \left(\frac{1}{1 + \dfrac{q^2}{0,71.\left(\frac{\text{GeV}}{\text{c}}\right)^2}} \right)^2 .$$

In dieser Formel ist der folgende mittlere quadratischen Radius für das Proton enthalten

$$\sqrt{\langle r^2 \rangle} \approx 0,7 \text{ fm} ,$$

wie man durch eine Taylorentwicklung oder eine zweimalige Differentiation der Dipol-Formel nachprüfen kann.

Ein genaueres physikalisches Verständnis des angegebenen Proton-Formfaktors erfordert den Rahmen der relativistischen Quantenfeldtheorie. Ein ersten Eindruck von der geometrischen Bedeutung des Dipol-Formfaktors kann aus der Tatsache entnehmen, daß man eine Dipol-Formel durch Fouriertransformation einer Exponentialfunktion erhält, wie wir im nächsten Abschnitt erläutern werden. Hier sei nur noch darauf hingewiesen, daß eine solche Exponentialverteilung für die Ladung des Protons keine besonders bemerkenswerte physikalische Information darstellt. Sie läßt insbesondere nicht auf die Existenz von punktförmigen Quarks innerhalb des Protons schließen. Dies ist erst mit den Experimenten über „tief-inlastische Elektronen-Streuung" möglich.

2.12.9 Beispiele für Formfaktoren

Nach ihrer Definition kann man die Formfaktoren als Fouriertransformierte der Ladungsdichte $\rho(\vec{r})$ berechnen. Es ist nützlich das Ergebnis für einige einfache Ladungsverteilungen
aufzuführen. Zwei wichtige Fälle haben wir bereits kennen gelernt:

- Die Fouriertransformierte einer Gauß-Verteilung $\exp\left(-r^2/a^2\right)$ ist wieder eine Gauß-
  Funktion $\exp\left(-q^2a^2\right)$

- Die Fouriertransformierte von $1/r$ wird durch $4\pi/q^2$ gegeben.

Einige weitere wichtige Beispiele findet man in der nachstehenden Tabelle. Dabei spielt die
Fouriertransformierte der Yukawa-Funktion

$$Y(r) := \frac{e^{-\mu r}}{r}$$

eine exemplarische Rolle. Man kann sie direkt durch Auswerten der Formel 2.12.36 berechnen, wobei man diesmal wegen der endlichen Reichweite der Yukawa-Funktion keinen
Schwierigkeiten begegnet. Andererseits kann man auch die Tatsache verwenden, daß $Y(r)$
eine Lösung der verallgemeinerten Poissongleichung

$$(\Delta + \mu^2)Y(r) = 4\pi\delta^3(\vec{r})$$

ist und den gleichen Trick anwenden, den wir bei der Berechnung der Fouriertransformierten
des Coulombpotentials benutzten. Man erhält

$$\widetilde{Y}(k) = \frac{4\pi}{k^2 + \mu^2} . \tag{2.12.39}$$

In dieser Formel haben wir $\vec{q} = \hbar\vec{k}$ verwendet, um die Unabhängigkeit des Ergebnisses von
$\hbar$ deutlich zu machen. In Tabelle 2.1 sind die notwendigen $\hbar$-Faktoren wieder eingetragen.
Das Ergebnis für die auch eingetragene Exponential-Verteilung erhält man am schnellsten,
wenn $Y(r)$ und $\widetilde{Y}(k)$ nach dem Parameter μ differenziert. Den Formfaktor für die „harte
Kugel", die innerhalb des Radius a eine konstante Ladungsdichte hat, findet man durch
direkte Berechnung des Integrals von (2.12.36).

Man erkennt aus der Tabelle, daß – mit einer Ausnahme – sämtliche angegebenen Formfaktoren monoton fallen. Nur bei der harten Kugel treten wegen der trigonometrischen
Funktionen Maxima und Minima auf, die sich natürlich als Interferenzeffekte deuten lassen. Im Bild 2.42 sind die in der Tabelle angegebenen Formfaktoren graphisch dargestellt,
wo auch bildlich die besonderen Eigenschaften der harten Kugel deutlich werden. In dieser
Graphik wurde der Radius a jeweils so gewählt, daß sämtliche Formfaktoren den gleichen RMS-Radius haben. Daher beginnen sämtliche Kurven bei $q = 0$ mit der gleichen
Krümmung, wie dies (2.12.38) fordert.

Tabelle 2.1 Ladungsdichte, Formfaktoren und RMS-Radius für verschiedene Ladungsverteilungen, vgl. Bild 2.42.

Typ der Ladungsverteilung	Ladungsdichte	Formfaktor	RMS-Radius
Punktladung	$\delta^3(\vec{r})$	1	0
(1) Harte Kugel	$\dfrac{1}{4\pi a^3/3}\theta(a-r)$	$3\left(\dfrac{\hbar}{aq}\right)^3\left[\sin\left(\dfrac{aq}{\hbar}\right)\right.$ $\left. -\dfrac{aq}{\hbar}\cos\left(\dfrac{aq}{\hbar}\right)\right]$	$\sqrt{3/5}\,a$
(2) Gauß-Verteilung	$\dfrac{1}{\pi^{3/2}a^3}\exp(-(r/a)^2)$	$\exp(-(aq)^2)$	$\sqrt{6}\,a$
(3) Yukawa-Verteilung	$\dfrac{\exp(-r/a)}{4\pi a^2 r}$	$\dfrac{(\hbar/a)^2}{q^2+(\hbar/a)^2}$	$\sqrt{6}\,a$
(4) Exponentialverteilung	$\dfrac{1}{8\pi a^3}\exp(-r/a)$	$\dfrac{(\hbar/a)^4}{(q^2+(\hbar/a)^2)^2}$	$\sqrt{12}\,a$

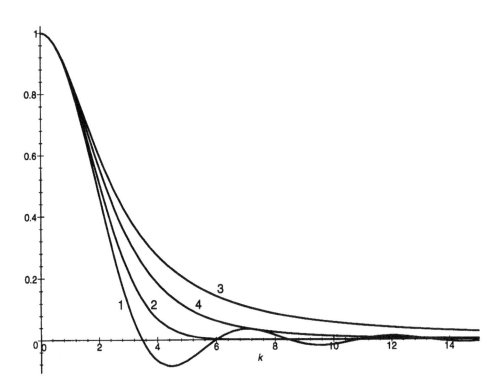

Bild 2.42 Formfaktoren für einige Ladungsverteilungen

2.13 Eichtransformationen in der Wellenmechanik

Zum Abschluß dieser Einführung in die Wellenmechanik wollen wir ein Problem darstellen, dessen Lösung zu weitreichenden Folgen für die gesamte Physik geführt hat. Dazu gehen wir von der Tatsache aus, daß die Wellenfunktion $\psi(\vec{r}, t)$ keine direkt beobachtbare physikalische Größe ist. Eine unmittelbare physikalische Bedeutung hat vielmehr die von ihr explizit abhängige Wahrscheinlichkeitsdichte

$$\rho(\vec{r}, t) = \psi^*(\vec{r}, t)\psi(r, t) .$$

Es besteht nun die Möglichkeit, $\psi(\vec{r}, t)$ zu verändern, ohne die Observable ρ zu beeinflussen. Man braucht nur ψ mit einem Phasenfaktor $e^{i\chi}$ zu multiplizieren

$$\psi(\vec{r}, t) \mapsto \psi'(\vec{r}, t) = e^{i\chi}\psi(\vec{r}, t) \qquad \text{mit } \chi \in \mathbb{R} \qquad (2.13.1)$$

und ρ bleibt invariant

$$\begin{aligned}
\rho(\vec{r}, t) \mapsto \rho'(\vec{r}, t) &= \psi'^*(\vec{r}, t)\psi'(\vec{r}, t) \\
&= \psi^*(\vec{r}, t)\psi(\vec{r}, t) \\
&= \rho(\vec{r}, t) .
\end{aligned}$$

Das gleiche gilt für die Wahrscheinlichkeitsstromdichte

$$\vec{j}(\vec{r}, t) = \frac{\hbar}{2mi}\left[\psi^*(\vec{r}, t)\overset{\leftrightarrow}{\vec{\nabla}}\,\psi(\vec{r}, t)\right]$$

und die Schrödingergleichung, die wir in der allgemeinen Form

$$i\hbar\frac{\partial}{\partial t}\psi(\vec{r}, t) = H(\vec{r}, \frac{\hbar}{i}\vec{\nabla})\psi(\vec{r}, t)$$

benutzen wollen. Dies bedeutet insbesondere: Mit $\psi(\vec{r}, t)$ erfüllt auch $\psi'(\vec{r}, t)$ die Schrödingergleichung. Damit bleiben sämtliche physikalische Aussagen unter einer solchen multiplikativen Transformationen invariant.

Eine formal ähnliche Tranformation hat im Jahre 1918 – also fast 10 Jahre vor der Begründung der Quantenmechanik – der Mathematiker und Physiker Hermann Weyl bei dem Versuch untersucht, Gravitation und Elektrodynamik zu vereinen. Angeregt durch Einsteins allgemeine Relativitätstheorie bemerkte er, daß man die Länge l sämtlicher Maßstäbe um einen Faktor λ ändern kann

$$l \mapsto l' = \lambda l , \qquad (2.13.2)$$

ohne die geometrischen und physikalischen Zusammenhänge zu ändern. Denn eine solche Transformationen stellt ja nur eine Änderung der Einheiten, der **Eichung** der Maßstäbe dar. Weyl nannte solche Transformationen **Eichtransformationen** und übertrug damit einen Begriff aus der praktischen in die theoretische Physik. Nach der Erfindung der Schrödingergleichung bemerkten Fritz London und Weyl selbst, daß eine formale Analogie zwischen den Transformationen (2.13.1) und (2.13.2) besteht. Auf diese Weise ist der Begriff „Eichtransformation" in die Quantentheorie und – wie wir gleich sehen werden – auch in die Elektrodynamik eingeführt worden.

Die Eichtransformation (2.13.1), die man durch Multiplikation der Wellenfunktion mit einem konstanten – d. h. raum- und zeitunabhängigen – Phasenfaktor erhält, wird in der heutigen Literatur als **globale Eichtransformation** bezeichnet. Ihre wesentliche Wirkung sei wiederholt: Die Phase der Wellenfunktion hat keine physikalische Bedeutung; man kann sie ändern, ohne daß sich die Wahrscheinlichkeitsaussagen für das betrachtete physikalische Problem ändern. Nun betrachte man eine Wellenfunktion mit einer sehr großen Ausdehnung, die sich etwa von der Erde bis „hinter den Mond" erstreckt. Bei der bisher betrachteten Phasentransformation muß die Phase α hier und auf dem Mond den gleichen Wert haben, obwohl die große Entfernung eine Beziehung zwischen den beiden Orten physikalisch unplausibel macht. Die Phase hier und hinter dem Mond sollte verschieden gewählt werden können. Daher sollte es möglich sein, die Phase für verschiedene Raumpunkte unterschiedlich zu wählen. Aus analogem Grunde sollte sie auch von der Zeit abhängen können. Insgesamt wird so man zu der Transformation

$$\psi(\vec{r}, t) \mapsto \psi'(\vec{r}, t) = e^{i\chi(\vec{r},t)}\psi(\vec{r}, t) \tag{2.13.3}$$

geführt, die heute als **lokale Eichtransformation** bezeichnet wird. Diese Überlegungen können wir in der Forderung zusammenfassen: Die wellenmechanischen Gleichungen sollen gegenüber lokalen Eichtransformationen invariant sein. Dies scheint jedoch nicht der Fall zu sein. Denn unter 2.13.3 ändert sich z. B. die Schrödingergleichung. Wir prüfen dies der Einfachheit halber an der freien Schrödingergleichung nach, also an der Gleichung

$$i\hbar\frac{\partial}{\partial t}\psi(\vec{r}, t) = \frac{1}{2m}\left(\frac{\hbar}{i}\vec{\nabla}\right)^2\psi(\vec{r}, t) . \tag{2.13.4}$$

Um zu einer Gleichung für $\psi'(\vec{r}, t)$ zu gelangen, schreiben wir

$$\frac{\hbar}{i}\vec{\nabla}\psi(\vec{r}, t) = \frac{\hbar}{i}\vec{\nabla}\left[e^{-i\alpha(\vec{r},t)}\psi'(\vec{r}, t)\right]$$

$$= e^{-i\alpha(\vec{r},t)}\left[\frac{\hbar}{i}\vec{\nabla} - \hbar\left(\vec{\nabla}\alpha(\vec{r}, t)\right)\right]\psi'(\vec{r}, t)$$

Quadriert man den Differentialoperator, so folgt

$$\left(\frac{\hbar}{i}\vec{\nabla}\right)^2\psi(\vec{r}, t) = -\hbar e^{-i\alpha(\vec{r},t)}\left(\vec{\nabla}\alpha(\vec{r}, t)\right)\left[\frac{\hbar}{i}\vec{\nabla} - \hbar\left(\vec{\nabla}\alpha(\vec{r}, t)\right)\right]\psi'(\vec{r}, t)$$

$$+ e^{-i\alpha(\vec{r},t)}\left[\left(\frac{\hbar}{i}\vec{\nabla}\right)^2 - \frac{\hbar^2}{i}\vec{\nabla}^2\alpha(\vec{r}, t) - \frac{\hbar^2}{i}\left(\vec{\nabla}\alpha(\vec{r}, t)\right)\vec{\nabla}\right]\psi'(\vec{r}, t)$$

$$= e^{-i\alpha(\vec{r},t)}\left[\frac{\hbar}{i}\vec{\nabla} - \hbar\vec{\nabla}\alpha(\vec{r}, t)\right]^2\psi'(\vec{r}, t) . \tag{2.13.5}$$

Analog erhält man für die zeitliche Ableitung

$$i\hbar\frac{\partial}{\partial t}\psi(\vec{r}, t) = i\hbar\frac{\partial}{\partial t}\left[e^{-i\alpha(\vec{r},t)}\psi'(\vec{r}, t)\right]$$

$$= e^{-i\alpha(\vec{r},t)}\left[i\hbar\frac{\partial}{\partial t}\psi'(\vec{r}, t) + \hbar\frac{\partial}{\partial t}\alpha(\vec{r}, t) \cdot \psi(\vec{r}, t)\right]$$

$$= e^{-i\alpha(\vec{r},t)}\left[i\hbar\frac{\partial}{\partial t} + \hbar\frac{\partial}{\partial t}\alpha(\vec{r}, t)\right]\psi'(\vec{r}, t) . \tag{2.13.6}$$

Unter Verwendung der Beziehungen (2.13.5) und (2.13.6) ergibt sich aus (2.13.4) die folgende Gleichung

$$\mathrm{e}^{-i\alpha(\vec{r},t)} \left[i\hbar \frac{\partial}{\partial t} + \hbar \frac{\partial \alpha(\vec{r},t)}{\partial t} \right] \psi'(\vec{r},t) = \mathrm{e}^{-i\alpha(\vec{r},t)} \frac{1}{2m} \left[\frac{\hbar}{i} \vec{\nabla} - \hbar(\vec{\nabla}\alpha) \right]^2 \psi'(\vec{r},t) \,,$$

und daher folgt schließlich als Schrödingergleichung für $\psi'(\vec{r},t)$

$$i\hbar \frac{\partial}{\partial t} \psi'(\vec{r},t) = \frac{1}{2m} \left[\frac{\hbar}{i} \vec{\nabla} - \hbar(\vec{\nabla}\alpha) \right]^2 \psi'(\vec{r},t) - \hbar \frac{\partial \alpha(\vec{r},t)}{\partial t} \psi'(\vec{r},t) \,. \qquad (2.13.7)$$

Diese komplizierte Gleichung scheint zunächst zu zeigen, daß sich eine lokale Eichinvarianz nicht durchhalten läßt. Weyl bemerkte jedoch, daß dies doch möglich ist. Vergleicht man nämlich (2.13.7) mit der Schrödingergleichung, die die Bewegung eines Elektrons im elektromagnetischen Feld beschreibt (vgl. (2.4.37) und (2.7.6))

$$i\hbar \frac{\partial}{\partial t} \psi'(\vec{r},t) = \frac{1}{2m} \left[\frac{\hbar}{i} \vec{\nabla} - \frac{e}{c} \vec{A}(\vec{r},t) \right]^2 \psi'(\vec{r},t) + e\Phi(\vec{r},t)\psi'(\vec{r},t) \,, \qquad (2.13.8)$$

so stellt man fest, daß Gleichung (2.13.7) genau diese Form hat, wenn man setzt

$$\vec{A}(\vec{r},t) = \frac{\hbar c}{e} \vec{\nabla} \alpha(\vec{r},t) \qquad (2.13.9)$$

$$\Phi(\vec{r},t) = -\frac{\hbar}{e} \frac{\partial}{\partial t} \alpha(\vec{r},t) \,. \qquad (2.13.10)$$

Wir haben also durch Ausführung der Eichtransformation (2.13.3) für $\psi(\vec{r},t)$ eine Schrödingergleichung mit den elektromagnetischen Potentialen (2.13.9) und (2.13.10) erhalten. Die zugehörigen elektromagnetischen Felder $\vec{B}$ und $\vec{E}$ haben die Werte

$$\vec{B} = \mathrm{rot}\,\vec{A} = \frac{\hbar c}{e} \vec{\nabla} \times \vec{\nabla}\alpha(\vec{r},t) = \vec{0}$$

$$\vec{E} = -\vec{\nabla}\Phi - \frac{1}{c}\dot{\vec{A}} = \frac{\hbar}{e} \left[\vec{\nabla} \frac{\partial}{\partial t} \alpha(\vec{r},t) - \frac{1}{c} \frac{\partial}{\partial t} \vec{\nabla} \left(c\alpha(\vec{r},t)\right) \right] = \vec{0} \,.$$

Daher beschreibt die komplizierte Gleichung (2.13.7) ebenso wie (2.13.4) die Bewegung eines kräftefreien Elektrons. Eine allgemeine lokale Eichtransformation (2.13.3) hat zwar die Form der Schrödingergleichung geändert, aber die Physik ist die gleiche, nämlich die des kräftefreien Elektrons geblieben.[40]

Damit haben wir das folgende sehr interessante Ergebnis gewonnen: Die Analyse der lokalen Eichtransformation für wechselwirkungsfreie Teilchen hat automatisch zur Einführung von elektromagnetischen Potentialen geführt. Man kann auch sagen: Der innere Grund für die Existenz von elektromagnetischen Feldern ist die Invarianz der wellenmechanischen Grundgleichung unter den lokalen Eichtransformationen. Genau diese Tatsache stellte Weyl fest. Aber erst nach der Erfindung der Wellenmechanik ließ sich die Idee erfolgreich weiterführen. In den letzten beiden Jahrzehnten hat sie über die sog. Eichfeldtheorie zu der Standardtheorie der Elementarteilchenphysik geführt, die zum ersten Male zu einer vollständigen Theorie für alle Wechselwirkungen (mit Ausnahme der Gravitation) geführt hat.

---

[40] Der aufmerksame Leser wird bemerken, daß sich der Wahrscheinlichkeitstrom wegen der auftretenden Ableitungen auch ändern wird. Dieses Problem behandeln wir ein wenig später.

Für uns sind folgende Konsequenzen der bisherigen Überlegungen von Bedeutung. Wir betrachten die Schrödingergleichung (2.13.8) für ein beliebiges elektromagnetisches Feld

$$i\hbar\frac{\partial}{\partial t}\psi(\vec{r},t) = \frac{1}{2m}\left[\frac{\hbar}{i}\vec{\nabla} - \frac{e}{c}\vec{A}(\vec{r},t)\right]^2\psi(\vec{r},t) + e\Phi(\vec{r},t)\psi(\vec{r},t)\,. \qquad (2.13.11)$$

Diese Gleichung ist invariant unter den folgenden simultanen Eichtransformationen der Potentiale Φ und $\vec{A}$ und der Wellenfunktion ψ

$$\Phi(\vec{r},t) \mapsto \Phi'(\vec{r},t) = \Phi(\vec{r},t) - \frac{1}{c}\dot{\chi}(\vec{r},t) \qquad (2.13.12)$$

$$\vec{A}(\vec{r},t) \mapsto \vec{A}'(\vec{r},t) = \vec{A}(\vec{r},t) + \vec{\nabla}\chi(\vec{r},t) \qquad (2.13.13)$$

$$\psi(\vec{r},t) \mapsto \psi'(\vec{r},t) = e^{i\frac{e}{\hbar c}\chi(\vec{r},t)}\psi(\vec{r},t)\,, \qquad (2.13.14)$$

wobei $\chi(\vec{r},t)$ eine beliebige – natürlich differenzierbare – Funktion ist. Der Beweis dieser Behauptung ist in den bisherigen Rechnungen schon implizit enthalten. Man kann ihn noch einmal explizit ausführen, indem man ausrechnet, daß folgende Identitäten gelten

$$\left(\frac{\hbar}{i}\vec{\nabla} - \frac{e}{c}\vec{A}'\right)\psi' = e^{i\frac{e}{\hbar c}\chi}\left(\frac{\hbar}{i}\vec{\nabla} - \frac{e}{c}\vec{A}\right)\psi$$

$$\left(i\hbar\frac{\partial}{\partial t} - e\Phi'\right)\psi' = e^{i\frac{e}{\hbar c}\chi}\left(i\hbar\frac{\partial}{\partial t} - e\Phi\right)\psi\,.$$

Diese Gleichungen sagen folgendes aus: Die in der Schrödingergleichung durch das Differenzieren von ψ' entstehenden, von χ abhängigen Terme werden durch die Eichtransformation der Potentiale derart kompensiert, daß man insgesamt nur zu einer Multiplikation der ursprünglichen Größen gelangt. Aufgrund dieser Tatsache führt man für die hier auftretenden Operatoren eine besonder Bezeichung, nämlich $\vec{D}$ bzw. D_t ein

$$\frac{\hbar}{i}\vec{D} := \frac{\hbar}{i}\vec{\nabla} - \frac{e}{c}\vec{A} \text{ oder } \vec{D} = \vec{\nabla} - i\frac{e}{\hbar c}\vec{A} \qquad (2.13.15)$$

$$i\hbar D_t := i\hbar\frac{\partial}{\partial t} - e\Phi \text{ oder } D_t = \frac{\partial}{\partial t} + i\frac{e}{\hbar}\Phi \qquad (2.13.16)$$

und nennt sie **kovariante Ableitungen**: Die kovarianten Ableitungen transformieren sich unter Eichtransformation mit dem gleichen Phasenfaktor wie die Wellenfunktion – also „kovariant" zu ihr. Mit diesen Definitionen erhalten die Schrödingergleichung (2.13.11) und die Transformationsgleichungen (2.13.15) und (2.13.15) folgende übersichtliche Form:

$$i\hbar D_t\psi(\vec{r},t) = \frac{1}{2m}\left(\frac{\hbar}{i}\vec{D}\right)^2\psi(\vec{r},t)$$

$$\vec{D}'\psi'(\vec{r},t) = e^{i\frac{e}{\hbar c}\chi(\vec{r},t)}\vec{D}\psi(\vec{r},t)$$

$$D_t'\psi'(\vec{r},t) = e^{i\frac{e}{\hbar c}\chi(\vec{r},t)}D_t\psi(\vec{r},t)\,.$$

Nachdem wir die Invarianz der Schrödingergleichung gezeigt haben, müssen wir noch das Verhalten der Observablen Wahrscheinlichkeitsstrom $\vec{j}$ unter lokalen Eichtransformationen untersuchen. Eine kurze Rechnung zeigt, daß

$$\vec{j} = \frac{\hbar}{2mi}\psi^*\vec{\nabla}\psi \qquad (2.13.17)$$

nicht eichinvariant ist. Aus diesem Grund kann dieser Ausdruck nicht die richtige Wahrscheinlichkeitsstromdichte beschreiben, die zur Schrödingergleichung (2.13.11) gehört. In der Tat haben wir in Abschnitt (1.6.3) die Formel (2.13.17) für die Stromdichte nur für die kräftefreie Bewegung eines Teilchens begründet. Der dort geführte Beweis kann zwar für rein elektrische Felder ($\Phi \neq 0$, $\vec{A} = \vec{0}$) übernommen werden. Schließt man aber Magnetfelder ($\vec{A} \neq \vec{0}$) ein, so erhält man einen neuen Ausdruck für die Stromdichte, nämlich

$$\begin{aligned}\vec{j} &= \frac{\hbar}{2mi}\left[\psi^*\vec{D}\psi - (\vec{D}\psi)^*\right] \\ &= \frac{\hbar}{2mi}\left[\psi^*\vec{\nabla}\psi\right] - \frac{e}{mc}\vec{A}\psi^*\psi \,. \end{aligned} \qquad (2.13.18)$$

Wie man einfach durch Einsetzen der nach (2.13.12) bis (2.13.14) transformierten Größen zeigen kann, ist dieser Ausdruck des Stromdichtevektors eichinvariant.

Das explizite Auftreten des Vektorpotentials $\vec{A}$ kann man sich leicht verständlich machen, wenn man das Analogon aus der klassischen Mechanik betrachtet. Dort entspricht dem Stromdichtevektor $\vec{j}$ die Geschwindigkeit der betrachteten Teilchen. Der Zusammenhang von $\vec{v}$ mit dem kanonischen Impuls $\vec{p}$ enthält aber das Vektorpotential $\vec{A}$

$$\vec{v} = \frac{1}{m}\vec{p} - \frac{e}{mc}\vec{A} \,.$$

Dem **kanonischen Impuls** $\vec{p}$ entspricht der wellenmechanische Operator $\vec{p} = \frac{\hbar}{i}\vec{\nabla}$; daher erwartet man für den Geschwindigkeitsoperator $\vec{V}$ die Beziehung

$$\vec{V} = \frac{1}{m}\left(\vec{p} - \frac{e}{c}\vec{A}\right) \,. \qquad (2.13.19)$$

Damit läßt sich $\vec{j}$ in der Form

$$\vec{j} = \frac{1}{2}\left[\psi^*\vec{V}\psi + (V\psi)^*\psi\right] \qquad (2.13.20)$$

schreiben, wie man leicht nachrechnet. Das Auftreten der Potentiale in der Schrödingergleichung beruht formal darauf, daß wir die Wellenmechanik von der Hamiltonschen Formulierung der klassischen Mechanik her mit Hilfe des Korrespondenzprinzips entwickelt haben. In der klassischen Mechanik hat man die Freiheit, die direkte Newtonsche Form der mechanischen Bewegungsgleichungen zu verwenden, in denen keine Potentiale, sondern nur die eichinvarianten Felder auftreten

$$m\frac{d\vec{v}}{dt} = e\left[\vec{E} + \frac{1}{c}\vec{v} \times \vec{B}\right] \,.$$

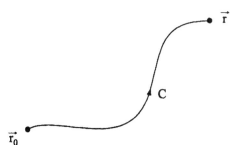

Bild 2.43
Zur Definition der wegabhängigen Wellenfunktion
$\psi(\vec{r}, t; C)$

In der Quantenmechanik ist dies nicht mehr möglich! Denn die „Quantisierungsvorschrift" des Korrespondenzprinzips macht aus dem kanonischen Impuls einen Differentialoperator, so daß man wegen (2.13.19) das Vektorpotential nicht vermeiden kann.

Die Schrödingergleichung mit einem Potential läßt sich – wie wir in den letzten Abschnitten gesehen haben – nur in speziellen Fällen analytisch lösen. Daher mag es sehr verblüffen, daß man für die Schrödingergleichung mit beliebigen elektromagnetischen Potentialen eine formale Lösung aufschreiben kann, wenn man eine geschickt gewählte lokale Eichtransformation durchführt. Dazu gehen wir von einer Lösung $\psi^{(0)}$ der kräftefreien Schrödingergleichung aus und definieren für ein beliebiges Vektorpotential $\vec{A}$ eine Eichfunktion auf folgendeWeise: Wir betrachten einen festen Punkt $\vec{r}_0$ und führen einen Weg C ein, der von $\vec{r}_0$ zu einem beliebigen Punkt $\vec{r}$ führt, vgl. Bild 2.43. Dann sei für ein beliebiges Vektorpotential $\vec{A}$ die Eichfunktion durch das Wegintegral

$$\chi(\vec{r}; C) := \int_C \vec{A}(\vec{r}') \, d\vec{r}'$$

definiert. Bildet man den Gradienten dieser Funktion, so wird man auf $\vec{A}$ zurückgeführt

$$\vec{\nabla}\chi(\vec{r}; C) = \vec{A} \, .$$

Definiert man die Wellenfunktion

$$\psi(\vec{r}, t; C) := e^{i\frac{e}{\hbar c}\chi(\vec{r}, t; C)} \, \psi^{(0)}(\vec{r}, t) \, , \qquad (2.13.21)$$

so folgt

$$\vec{\nabla}\psi^{(0)}(\vec{r}, t) = e^{-i\frac{e}{\hbar c}\chi(\vec{r}; C)} \left(\vec{\nabla}\psi - i\frac{e}{\hbar c}\vec{\nabla}\chi \cdot \psi \right)$$

$$= e^{-i\frac{e}{\hbar c}\chi(\vec{r}; C)} \left(\vec{\nabla} - i\frac{e}{\hbar c}\vec{A} \right)$$

$$= e^{-i\frac{e}{\hbar c}\chi(\vec{r}; C)} \, \vec{D}\psi(\vec{r}, t; C)$$

und $\quad \dfrac{1}{2m} \left(\dfrac{\hbar}{i}\vec{\nabla} \right)^2 \psi^{(0)}(\vec{r}, t) = e^{-i\frac{e}{\hbar c}\chi(\vec{r}; C)} \dfrac{1}{2m} \left(\dfrac{\hbar}{i}\vec{D} \right)^2 \psi(\vec{r}, t; C) \, .$

Daraus ergibt sich aus der Gültigkeit der freien Schrödingergleichung für $\psi^{(0)}$, daß die Wellenfunktion (2.13.21) die Gleichung (2.13.8) mit dem Vektorpotential $\vec{A}$ – und verschwindendem skalaren Potential $\Phi = 0$ – erfüllt. Allerdings stellt dies nur eine „formale" Lösung in folgendem Sinne dar: (2.13.21) hängt von dem – beliebig wählbaren – Weg C ab und ist daher keine eindeutige Funktion von $\vec{r}$, sondern ein Funktional von C. Daher kann man die Formel i. a. nicht zur Konstruktion einer konkreten Lösung der Schrödingergleichung verwenden. In speziellen Situationen kann sie jedoch sehr hilfreich verwenden, wie wir anschließend zeigen werden.

Dazu betrachten wir ein Experiment, das die besondere Bedeutung des Vektorpotentials $\vec{A}$ in der Quantenmechanik illustriert und das 1959 von Yakir Aharanov und David Bohm vorgeschlagen und inzwischen unter Einsatz von ausgefeilten Experimentiermethoden durchgeführt wurde.[41] Wie im Bild 2.44 skizziert, handelt es sich um einen modifizierten Zwei-Spalt-Versuch. Die Breite der beiden Spalte sei so groß, daß sich die (gebeugten) Elektronenwellen nicht sofort rechts vom Schirm S_1 überlappen, was ein praktisch von Elektronenwellen freies Gebiet unmittelbar hinter dem Schirm, zwischen den beiden Spalten, zur Folge hat. In diesem Gebiet wird (parallel zu den Spalten) eine sehr lange, dicht gewickelte Magnetspule angebracht, in deren Inneren ein konstantes Magnetfeld $\vec{B}$ erzeugt wird; das Streufeld außerhalb der Spule kann als verschwindend angenommen werden. Nach den Gesetzen der klassischen Physik kann dieses Magnetfeld, das praktisch auf ein

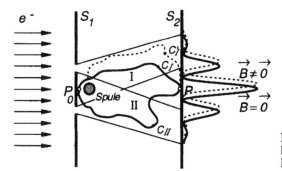

Bild 2.44
Prinzipielle Anordnung des Aharonov-Bohm-Experiments

Gebiet beschränkt ist, in dem keine Elektronen anzutreffen sind, die Bewegung der Elektronen nicht beeinflussen. Was erwartet man quantenmechanisch? Die Magnetspule erzeugt ein Vektorpotential $\vec{A}_{\mathrm{sp}}$ das – wie im Bild 2.45 dargestellt – die Spule kreisförmig umgibt und auch außerhalb der Spule von Null verschieden ist. Quantitativ gewinnt man $\vec{A}_{\mathrm{sp}}$ durch Lösung der Differentialgleichungen

$$\mathrm{rot}\,\vec{A}_{\mathrm{sp}} = \vec{B}$$
$$\mathrm{div}\,\vec{A}_{\mathrm{sp}} = 0, \, ,$$

wobei $\vec{B}$ ein konstantes Vektorfeld ist, das nur im Innern der Spule ungleich Null ist. Dieses

---

[41] Y. Aharonov and D. Bohm, Phys. Rev. *115*, 485 (1959); vgl. auch: W. H. Furry and N. F. Ramsey, Phys. Rev. *118*, 623 (1960) und Feynman Lectures on Physics, Vol. II, Section 15-5

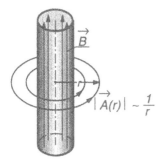

Bild 2.45
Magnetspule mit Feldlinien des Vektorpotentials $\vec{A}_{\mathrm{sp}}$

Problem entspricht dem der Berechnung des Magnetfeldes $\vec{B}$ für einen unendlich langen Leiter, der von einem konstanten Strom durchflossen wird

$$\operatorname{rot} \vec{B} = \frac{4\pi}{c}\vec{j} \text{ und } \operatorname{div}\ \vec{B} = 0\ .$$

Mit diesem Vektorpotential $\vec{A}_{\mathrm{sp}}$ müssen wir nun die Schrödingergleichung

$$i\hbar\frac{\partial}{\partial t}\psi(\vec{r},t) = \frac{1}{2m}\left(\frac{\hbar}{i}\vec{\nabla} - \frac{e}{c}\vec{A}_{\mathrm{sp}}(\vec{r})\right)^2 \psi(\vec{r},t)$$

für den Bereich zwischen den beiden Schirmen S_1 und S_2 lösen. Wir setzen für die Lösung an

$$\psi(\vec{r},t) = \psi_I(\vec{r},t) + \psi_{II}(\vec{r},t)$$

wobei ψ_I nur im Bereich I, ψ_I nur im Bereich II von Null verschieden ist. Ohne Magnetfeld B sei die Wellenfunktion

$$\psi^{(0)}(\vec{r},t) = \psi_I^{(0)}(\vec{r},t) + \psi_{II}^{(0)}(\vec{r},t)\ .$$

Lösung der entsprechenden Schrödingergleichung. Wir betrachten zunächst ψ_I und $\psi_I^{(0)}$: Die Wirkung des B-Feldes bzw. des Vektorpotentials $\vec{A}_{\mathrm{sp}}$ können wird nach (2.13.21) durch

$$\psi_I = \exp\left\{i\frac{e}{\hbar c}\int\limits_{C_I} \vec{A}_{\mathrm{sp}}\cdot\mathrm{d}\vec{r}\right\}\psi_I^{(0)}$$

beschreiben. Dabei ist das Linienintegral im Exponenten z. B. längs des in 2.44 eingezeichneten Weges C_I von P_0 nach P zu nehmen; ein anderer Weg, z. B. C_I', ergibt den gleichen Wert, da außerhalb der Spule $\vec{B} = \operatorname{rot}\vec{A}_{\mathrm{sp}} = 0$ gilt. Analog folgt für den Bereich II

$$\psi_{II} = \exp\left\{i\frac{e}{\hbar c}\int\limits_{C_{II}} \vec{A}_{II}\cdot\mathrm{d}\vec{r}\right\}\psi_{II}^{(0)}\ ,$$

so daß die Gesamtwellenfunktion

$$\psi = \exp\left\{i\frac{e}{\hbar c}\int_{C_I} \vec{A}_I \cdot d\vec{r}\right\} \psi_I^{(0)} + \exp\left\{i\frac{e}{\hbar c}\int_{C_{II}} \vec{A}_{II} \cdot d\vec{r}\right\} \psi_{II}^{(0)} \qquad (2.13.22)$$

lautet. Obwohl die Elektronenwelle nur feldfreies Gebiet durchsetzt, werden die Phasen, die in ihrer Wellenfunktion ψ auftreten, gemäß (2.13.22) durch das Vektorpotential verändert. Ein beobachtbarer Effekt tritt allerdings nur dann auf, wenn die bei den Phasenfaktoren voneinander verschieden sind. Die Differenz der Phasen wird durch

$$\delta = \frac{e}{\hbar c}\left[\int_{C_{II}} \vec{A}_{sp} \cdot d\vec{r} - \int_{C_I} \vec{A}_{sp} \cdot d\vec{r}\right] = \int_C \vec{A}_{sp} \cdot d\vec{r} \qquad (2.13.23)$$

gegeben, wobei $C = C_I \cup C_I^-$ ein geschlossener Weg ist, in dessen Innerem sich die Magnetspule befindet. Nach dem Stokesschen Satz folgt

$$\delta = \frac{e}{\hbar c}\int_F \text{rot}\,\vec{A} \cdot d\vec{f} = \frac{e}{\hbar c}\int_F \vec{B} \cdot d\vec{f} = \frac{e}{\hbar c}\Psi(F)\,,$$

wobei F eine Fläche bezeichnet, deren Rand die Kurve C ist. Danach wird die Phasendifferenz δ durch den magnetischen Fluß $\Psi(F)$ bestimmt, der seinerseits durch das Magnetfeld in der Spule gegeben ist. Man beachte, daß δ nur vom Magnetfeld $\vec{B}$ abhängt – und nicht vom Vektorpotential – und daher eine eichinvariante Größe ist.

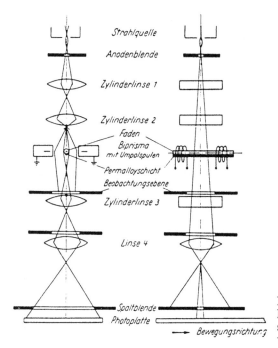

Bild 2.46
Experimentelle Anordnung zur Messung des Aharonov-Bohm-Effekts: die vollständige Apparatur

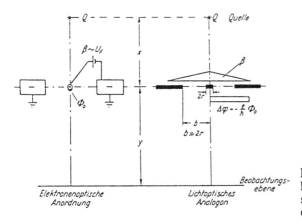

Bild 2.47
Experimentelle Anordnung zur Messung des Aharonov-Bohm-Effekts: das elektrostatische Bi-Prisma

Im Experiment zeigen sich Phasendifferenzen durch Interferenzphänomene. Ohne Magnetfeld wird die Interferenzfigur des Zwei-Spalt-Versuchs durch die relativen Phasen von ψ_I und ψ_{II} bestimmt. Beim Einschalten des Magnetfeldes ändert sich diese Phasendifferenz um den Wert δ. Daher sagt die Wellenmechanik eine Änderung des Interferenzmusters voraus. Dieser **Aharanov-Bohm-Effekt** wurde 1960 experimentell nachgewiesen.[42] Bild 2.46 zeigt die Anordnung von Boersch und Mitarbeitern. In einem Elektronenmikroskop werden die beiden Spalte durch ein elektrostatisches Bi-Prisma simuliert. Letzeres – vgl. Bild 2.47 – besteht aus einem zentralen positiv geladenen Draht und zwei negativ geladenen Metallkörpern. Der Draht wird überdies durch einen speziellen Überzug magnetisch. Wie aus Bild 2.46 ersichtlich ist, kann das Magnetfeld durch Umkehrung der Stromrichtung in den Spulen umgepolt werden. Die dadurch bedingte Flußumkehr hat nach (2.13) einen Vorzeichenwechsel der Phasendifferenz zur Folge. Die resultierende Änderung der Interferenzbilder zeigt Bild 2.48 für verschiedene Parameter des Bi-Prismas. Man beachte die sehr kleinen Abstände der Interferenzmaxima.

Die Existenz des Aharanov-Bohm-Effektes gibt Anlaß zu folgenden *Schlußfolgerungen*:

1. Durch den Aharanov-Bohm-Effekt wird die *Eichinvarianz nicht verletzt*. Die Phasenverschiebung δ hängt nur von der Observablen $\vec{B}$, aber nicht direkt von $\vec{A}$ ab.

2. Über die Schrödingergleichung erhält die Wechselwirkung zwischen Elektronen und elektromagnetischem *Feld* einen *Fernwirkungsanteil*: Das Magnetfeld $\vec{B}$ wirkt auf Elektronen an Raumpunkten, an denen gar kein Magnetfeld vorhanden ist. In dieser Tatsache kommt eine *„nichtlokale" Struktur der Wellenmechanik* zum Ausdruck.

3. Dieser nichtlokale oder Fernwirkungsaspekt kann am bequemsten mit Hilfe des Vektorpotentials beschrieben werden:
Die *Wirkung des Potentials* $\vec{A}_{sp}$ auf die Wellenfunktion ψ erfolgt (nach (2.13)) am selben Raum-Zeit-Punkt, also als *Nahewirkung*. Daher mag man in der Quantentheorie das Potential $\vec{A}$ für fundamentaler als das Kraftfeld $\vec{B}$ ansehen.

---

[42] R. G. Chambers, Phys. Rev. Letters *5*, 3 (60); Boersch et.al. Zeitschrift für Physik *165*, 79 (61), 169, 263 (62); vgl. auch: Möllenstedt, Physikalische Blätter *18*, 299 (62)

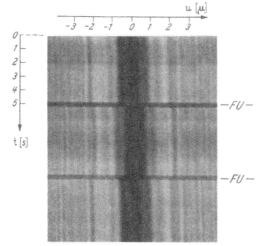

Bild 2.48
Experimenteller Nachweis des Aharanov-Bohm-Effektes (Der Zeitpunkt der Flußumkehr ist durch „FU" gekennzeichnet.)

3 Axiomatischer Aufbau der Quantenmechanik

Zur Erfassung aller bisher bekannten Phänomene der Mikrophysik muß die im letzten Kapitel entwickelte Wellenmechanik wesentlich verallgemeinert werden. Zur Einbeziehung des Elektronenspins ist zunächst nur eine kleine Verallgemeinerung notwendig: Da ein Elektron den Spin $+1/2$ oder $-1/2$ besitzen kann, muß man ein Paar von Wellenfunktionen

$$\begin{pmatrix} \psi_1(\vec{r}, t) \\ \psi_2(\vec{r}, t) \end{pmatrix}$$

einführen, um den Zustand eines Elektrons wellenmechanisch zu beschreiben.

Sobald man jedoch relativistische Energien oder Teilchenumwandlungsprozesse einbeziehen will, muß der Rahmen der Theorie beträchtlich erweitert werden. Für eine **relativistische Quantentheorie** ist schon der Begriff der Wellenfunktion als Funktion von Raum und Zeit problematisch: Dieser Begriff beruht ja auf der physikalischen Voraussetzung, daß eine Ortsmessung im Prinzip beliebig genau durchgeführt werden kann, wobei man wegen der Unschärferelation jede Information über den Impuls verliert. Diese Problematik wollen wir am Beispiel der Ortsmessung eines Elektrons – etwa mit einem Mikroskop – erläutern. Um den Ort möglichst genau zu bestimmen, muß die Wellenlänge λ sehr klein, also der Betrag des Wellenvektors $|\vec{k}| = 2\pi/\lambda$ sehr groß werden. Daher werden der Impuls $\vec{p} = \hbar\vec{k}$ und die Energie $E = p^2/(2m) = \hbar\omega = \hbar|\vec{k}|c = hc/\lambda$ mit steigender Genauigkeit immer größer. Wenn jetzt diese zur Messung eingestrahlte Energie E größer als die doppelte Elektronenruhemasse ist

$$E > 2m_e c^2$$

reicht sie aus, um ein Elektron-Positron-Paar zu erzeugen. Für

$$\lambda \leq \frac{h}{2m_e c}$$

muß man also damit rechnen, bei der Ortsmessung eines Elektrons einen völlig neuen Zustand mit 2 Elektronen und einem Positron zu erzeugen

$$\text{Photon} + e^- \rightarrow e^- + (e^- + e^+) \,.$$

Das obige Beispiel ist ein Spezialfall eines **Teilchenerzeugungsprozesses**, der allgemein durch eine Reaktionsgleichung

$$A + B \rightarrow C + D + E + \cdots$$

beschrieben werden kann. Hier stehen A,B, etc. für verschiedene Teilchenarten. Auch für andere Teilchenumwandlungsprozesse wie **Zerfälle**, etwa den β-Zerfall des Neutrons (N) in Proton (P), Elektron und Antineutrino ($\bar{\nu}$)

$$N \rightarrow P + e^- + \bar{\nu}$$

reichen offenbar eine oder auch mehrere Wellenfunktionen nicht aus, um einen solchen Prozeß zu beschreiben. Man benötigt einen mathematischen Formalismus, der im Anfangszustand ein Teilchen (N), im Endzustand dagegen drei Teilchen (P, e^-, $\bar{\nu}$) beschreibt. Um solche Fälle mit erfassen zu können, soll im diesem Kapitel die Quantenmechanik und ihr mathematischer Apparat in allgemeiner Weise entwickelt werden. Dafür sind recht abstrakte Begriffsbildungen notwendig, deren mathematische Elemente aus der Theorie der – im allgemeinen unendlich dimensionalen – komplexen Vektorräume entnommen wurde. Die Wellenmechanik wird sich dabei als Spezialfall ergeben, insbesondere werden wir die Wellenfunktion als „Darsteller" eines Hilbertraumvektors erkennen.

Damit dieses Kapitel auch unabhängig von einem detaillierten Studium der ersten beiden Kapitel gelesen werden kann, werden wir im folgenden einige schon eingeführte Begriffe wiederholen

3.1 Grundbegriffe und allgemeine Formulierung des Superpositionsprinzips

Für den allgemeinen, axiomatischen Aufbau der Quantenmechanik empfiehlt es sich, die folgenden Begriffe einzuführen:

- Ein **physikalisches System** besteht aus einer Reihe von physikalischen Komponenten, die Teilchen oder Felder verschiedener Art sein können.

  Ein mechanisches System wird z. B. durch eine Reihe von (Punkt-) Teilchen gegeben, und daher durch die Massen der Teilchen und die zwischen ihnen wirkenden Kräfte charakterisiert.

- Für ein System können verschiedene – i. a. unendlich viele – **beobachtbare Größen, Observablen**, definiert werden. Dazu gehören Energie und Impuls des Gesamtsystems oder von einzelnen Komponenten. Für ein mechanisches System stellt jede reellwertige Funktion der Orts- und Impulskoordinaten eine Observable dar. Für ein System mit elektromagnetischen Wellen sind z. B. die elektrischen und magnetischen Feldstärken, die Energiedichte und der Energieströmungsvektor Observablen.

- Von den Observablen begrifflich klar unterscheiden muß man die **Meßwerte**, die die Observablen in einem bestimmten System an einem bestimmten Zeitpunkt annehmen.

- Jedes System kann sich in – i. a. unendlich vielen – **physikalischen Zuständen** befinden. Diese Zustände werden durch die Meßwerte einer Reihe von Observablen festgelegt. Wie viele und welche Observablen zur eindeutigen Festlegung eines Zustands gemessen werden müssen, ist i. a. eine schwierige physikalische Frage. In der Quantentheorie muß insbesondere darauf geachtet werden, daß sich die Messungen verschiedener Observabler wegen der Unschärferelation stören können. Für die Festlegung der Zustände können offenbar nur **gleichzeitig meßbare Observablen** herangezogen werden.

- Wir werden von der **Präparierung** bzw. **Messung eines Zustandes** reden, je nachdem, ob durch eine experimentelle Anordnung ein physikalisches System in einem bestimmten Zustand hergestellt wird oder ob ein schon vorhandener Zustand durch eine bestimmte Meßapparatur festgestellt wird.

Für die Quantentheorie wichtige Zustände werden z. B. durch folgende Aussagen gekennzeichnet:

„H-Atom mit der Energie E und verschwindendem Drehimpuls"	(3.1.1a)
„Elektron im H-Atom am Orte $\vec{r}$"	(3.1.1b)
„Elektron mit Impuls $\vec{p}$ fällt auf einen Spalt"	(3.1.1c)
„Elektron mit Impuls $\vec{p}$ fällt auf einen Doppelspalt"	(3.1.1d)

Aus diesen Beispielen wird deutlich, daß auch gewisse Elemente der „Umwelt" für die Festlegung eines Zustandes nötig sind. Für eine übersichtliche Formulierung bezeichnen wir die Zustände mit kleinen griechischen Buchstaben

$$\psi, \varphi, \chi \, ,$$

oder im konkreten Fall auch durch Symbole, die auf den Zustand suggestiv hinweisen:

$$(S_1, \vec{p}) \quad \text{für } (3.1.1c)$$

$$(S_{12}, \vec{p}) \quad \text{für } (3.1.1d) \, .$$

Wir bemerken nachdrücklich, daß mit diesen Symbolen physikalische Zustände bezeichnet werden und keine mathematischen Größen – wie Funktionen oder Vektoren –, die die Zustände mathematisch abbilden; vgl. dazu Abschnitt 3.2.

Die Quantentheorie ist eine Theorie über die möglichen Meßwerte von Observablen, damit über die möglichen Zustände eines Systems und über die Wahrscheinlichkeit für das Auftreten dieser Zustände. Die Wahrscheinlichkeit haben wir in Kapitel 2 mit dem Absolutquadrat der Wellenfunktion $\psi(\vec{r}, t)$ berechnet, die auf diese Weise die Rolle einer „Wahrscheinlichkeitsamplitude" spielt. Wir wollen jetzt den Begriff der Wahrscheinlichkeit bzw. der Wahrscheinlichkeitsamplitude allgemeiner einführen.

Der Zustand ψ eines Systems sei – durch eine gewisse Apparatur – präpariert. Für statistische Aussagen benötigen wir eine i.a. größere Anzahl von „Kopien" dieses Systems, die sich im gleichen Zustand ψ befinden. Zumindest in Gedanken läßt sich diese Voraussetzung leicht erfüllen. Wir fragen nach der Wahrscheinlichkeit

$$W(\varphi, \psi)$$

dafür, daß in den so vorbereiteten Systemen der – i. a. andere – Zustand φ gemessen wird. Die Bezeichnung $W(\varphi, \psi)$ mit dem Anfangszustand ψ rechts von φ erscheint hier etwas unglücklich, ist aber in der Literatur gebräuchlich und wird sich später als bequem erweisen. Darüber hinaus werden wir die Symmetrieeigenschaft $W(\varphi, \psi) = W(\psi, \varphi)$ beweisen.

Experimentell muß man zur Bestimmung der Wahrscheinlichkeit W die Messung von φ sofort nach dem Präparieren von ψ vornehmen, um eine Veränderung des Zustands zwischen Präparation und Messung durch die innere Dynamik des Systems so klein wie möglich zu halten. Konkret wird W durch die Feststellung einer Häufigkeit bestimmt. Um dies zu verdeutlichen, führen wir ein Gedankenexperiment durch:

Eine große Anzahl $N_{\text{präp}}(\psi)$ von Exemplaren des betrachteten Systems sei im Zustand ψ präpariert worden. An ihnen werden Messungen der Observablen vorgenommen, die den Zustand φ definieren. Bei $N_{\text{gem}}(\varphi)$ Systemen gehe die Messung positiv aus, d. h. es werden die Meßwerte festgestellt, die φ kennzeichnen. Dann gilt nach der allgemeinen Definition der Wahrscheinlichkeit – vgl. Abschnitt 1.8 –

$$W(\varphi, \psi) = \frac{N_{\text{gem}}(\varphi)}{N_{\text{präp}}(\psi)} . \tag{3.1.2}$$

Natürlich ist $0 < N_{\text{gem}}(\varphi) \le N_{\text{präp}}(\psi)$ und damit

$$0 \le W(\varphi, \psi) \le 1 . \tag{3.1.3}$$

Die Definition des Wirkungsquerschnitts in (2.11.48)

$$\sigma = \frac{N_{\text{aus}}}{N_{\text{ein}}} = \int |f|^2 \, d\Omega$$

war ein Spezialfall von (3.1.2)

Das „Fundamentalaxiom" der Quantentheorie wurde schon im Kapitel 1 formuliert und fordert, daß sich die Wahrscheinlichkeit (3.1.2) aus einer i. a. komplexwertigen Wahrscheinlichkeitsamplitude $A(\varphi, \psi)$ berechnen läßt

$$W(\varphi, \psi) = |A(\varphi, \psi)|^2 . \tag{3.1.4}$$

Beispiele für $A(\varphi, \psi)$ haben wir in Kapitel 2 ausführlich untersucht.

1. Die Wellenfunktion eines H-Atoms im Energiezustand E wird in der jetzigen Sprachweise durch die Amplitude

$$A(\varphi = \text{„Elektron im H-Atom am Ort } \vec{r}\text{"}, \psi = \text{„H-Atom mit } E_n\text{"}) = \psi_n(\vec{r})$$

beschrieben.

2. Für die Analyse des Zwei-Spalt-Versuchs in Kapitel 1.8 benötigen wir – vgl. Abb. 1.13 – die Amplituden

$$A(\varphi = \text{Elektron am Ort } x, \psi = \text{Elektron mit Impuls } \vec{p}, S_1 \text{ offen})$$

$$A(\varphi = \text{Elektron am Ort } x, \psi = \text{Elektron mit Impuls } \vec{p}, S_2 \text{ offen})$$

$$A(\varphi = \text{Elektron am Ort } x, \psi = \text{Elektron mit Impuls } \vec{p}, S_1 \text{ und } S_2 \text{ offen}) ,$$

wofür wir kurz

$$A(\varphi, S_1), A(\varphi, S_2) \text{ und } A(\varphi, S_{12})$$

schreiben. Die Ergebnisse des Zwei-Spalt-Versuchs können dann durch die Gleichung

$$A(\varphi, S_{12}) = A(\varphi, S_1) + A(\varphi, S_2) \tag{3.1.5}$$

beschrieben werden .

Diesen Zusammenhang verallgemeinern wir in folgender Weise zum

---

Superpositionsprinzip der Quantenmechanik:
Zu je zwei Zuständen ψ_1 und ψ_2 existiert für alle komplexen Zahlen c_1, c_2 ein Zustand ψ, so daß die Wahrscheinlichkeitsamplitude für den Übergang in den Zustand φ in folgender Weise linear zusammenhängen

$$A(\varphi, \psi) = c_1 A(\varphi, \psi_1) + c_2 A(\varphi, \psi_2) \,.$$

Wir betrachten diese Aussage als **Axiom**, das wir mit dem Hinweis auf (3.1.5) physikalisch motivieren. Sie wurde so allgemein formuliert, um einen schwerfälligen mathematischen Formalismus zu vermeiden. Dafür müssen wir in Kauf nehmen, daß die Werte für $|A(\varphi, \psi)|^2$ den Wert 1 überschreiten. Denn nach dem Axiom ist mit $A(\varphi, \psi)$ auch $cA(\varphi, \psi)$ für eine beliebige komplexe Zahl eine physikalisch realisierbare Amplitude. Wir müssen also **nicht normierte Amplituden** zulassen und können die Forderung (3.1.4) i.a. nicht erfüllen. Im Nachhinein kann man die Amplituden $A(\varphi, \psi)$ durch Multiplikation mit einer geeigneten Zahl λ so umnormieren, daß (3.1.4) wieder hergestellt ist. Speziell gilt danach für $\varphi = \psi$

$$W(\psi, \psi) = 1 \,, \tag{3.1.6}$$

was formal auch aus (3.1.2) folgt. Diese Bedingung überträgt die Quantenmechanik auf die normierten Amplituden durch die Forderung:

$$A(\psi, \psi) = 1 \,. \tag{3.1.7}$$

Für die nicht-normierten Amplituden fordert man

$$A(\psi, \psi) > 0 \,. \tag{3.1.8}$$

Diese **Positivitätsbedingung** wird sich als wichtig erweisen. Theorien, die diese Bedingung verletzen, führen zu „indefiniten Metriken" und haben mit ernsthaften physikalischen Schwierigkeiten zu kämpfen.

3.2 Die Ket- und Bra- Vektoren

Zur mathematischen Auswertung des Superpositionsprinzips liegt es nahe, die physikalischen Zustände durch mathematische Größen zu repräsentieren, die man linear kombinieren kann. Dafür bietet es sich an, auf die in der Mathematik entwickelten Begriffe des Vektors und Vektorraumes zurückzugreifen. Wir versuchen, die Menge der physikalischen Zustände Z mit einem komplexen Vektorraum V in Verbindung zu bringen. Die Elemente von V nennen wir – nach Dirac – **ket-Vektoren** und bezeichnen sie mit

$$|\psi\rangle, |\varphi\rangle, \dots \text{ (sprich ket-}\psi \text{ u. s. w.)}$$

Das in der Halbklammer $|\ \rangle$ enthaltene Symbol soll dabei andeuten, daß der ket-Vektor $|\psi\rangle$ dem Zustand ψ zugeordnet ist. Die Axiome und Eigenschaften eines Vektorraumes setzen wir als bekannt voraus. Eine wichtige Eigenschaft von V ist die Abgeschlossenheit: Für alle $|\psi_1\rangle \in V$ und $|\psi_2\rangle \in V$ und für alle $c_1, c_2 \in \mathbb{C}$ gilt

$$c_1|\psi_1\rangle + c_2|\psi_2\rangle \in V \ . \tag{3.2.1}$$

Gehen wir daher von einem Zustand ψ aus und ordnen ihm einen ket-Vektor $|\psi\rangle$ zu, dann sind auch

$$|\psi\rangle + |\psi\rangle = 2|\psi\rangle$$

und allgemein

$$c|\psi\rangle \text{ mit } c \in \mathbb{C} \tag{3.2.2}$$

ket-Vektoren. Alle diese Vektoren entsprechen dem gleichen physikalischen Zustand, wie wir aus den Ergebnissen der Wellenmechanik wissen. Dort konnten wir die Wellenfunktion (vgl. Abschnitt 2.12) mit einem Phasenfaktor multiplizieren, ohne den Zustand zu ändern. Da wir jetzt nicht-normierte Amplituden zulassen wollen, wird der Zustand ψ durch alle ket-Vektoren $c|\psi\rangle$ mit $c \in \mathbb{C}$ gleichberechtigt wiedergegeben. Wegen dieser Mehrdeutigkeit empfiehlt es sich, den Begriff „Strahl" einzuführen, der durch die Menge der Vektoren

$$\text{Strahl}\,(\psi) \overset{\text{def}}{=} \{c|\psi\rangle \mid c \in \mathbb{C}\} \tag{3.2.3}$$

definiert wird. Ein Strahl bildet einen eindimensionalen Teilraum von V, dessen Elemente denselben physikalischen Zustand darstellen.
Wir postulieren daher

Die Menge Z der physikalischen Zustände wird auf die Strahlen eines komplexen Vektorraumes V abgebildet. Jedem Zustand ψ wird dadurch ein eindimensionaler Teilraum von V zugeordnet: $$\psi \mapsto \text{Strahl}\,(\psi) = \{c|\psi\rangle \mid c \in \mathbb{C}\} \ .$$

$(3.2.4)$

Die Bedeutung dieses Postulats sei durch die folgenden Bemerkungen und Konsequenzen erläutert:

- Die linke Seit der Zuordnung (3.2.4) stellt unmittelbar eine physikalische Realität dar, da das Symbol ψ den Zustand eines physikalischen Systems bezeichnet. Auf der rechten Seite steht ein mathematisches Objekt, ein Vektor aus V:

$$\psi \in Z \qquad |\psi\rangle \in V \,.$$

Die Abbildung (3.2.4) verbindet also Realität mit einer mathematischen Beschreibung dieser Realität. Man kann sie daher als eine „erkenntnistheoretische Abbildung" bezeichnen, die auch Gegenstand philosophischer Diskussionen sein kann.

- Die physikalische Ununterscheidbarkeit von $|\psi\rangle$ und $c|\psi\rangle$ zeigt einen entscheidenden Unterschied zwischen der Quantenmechanik und der klassischen Feldtheorie. Hier gilt auch ein Superpositionsprinzip: Man kann etwa elektrische Feldstärken superponieren

$$a_1 \vec{E}_1 + a_2 \vec{E}_2 \qquad a_1, a_2 \in \mathbb{R} \,,$$

aber die Felder $\vec{E}$ und $a\vec{E}$ unterscheiden sich physikalisch für $a \neq 1$; z. B. sind ihre Energiedichten um den Faktor a^2 verschieden. Das begrifflich Neue der Quantenmechanik wird daher durch die Bedeutung des Strahls in (3.2.4) erfaßt. Für die weitergehenden mathematischen Überlegungen empfiehlt es sich, aus jedem Strahl einen Vektor – z. B. $|\psi\rangle$ – als Repräsentanten auszuwählen und ihn als Darsteller des Zustandes ψ zu nehmen. Wir schreiben daher anstelle von (3.2.4) meistens

$$\psi \rightarrow |\psi\rangle \tag{3.2.5}$$

und verwenden für die Zustände von (3.1.1a)-(3.1.1d) die Vektoren

$$|E_n\rangle \stackrel{\text{def}}{=} |\text{H-Atom mit Energie } E_n\rangle$$
$$|\vec{r}\rangle = |\text{Elektron im H-Atom am Ort } \vec{r}\rangle$$
$$|\vec{p}\rangle = |\text{Elektron mit Impuls } \vec{p}\rangle \,. \tag{3.2.6}$$

- Verschiedene Zustände müssen zu verschiedenen Strahlen führen. Dadurch wird (3.2.4) zu einer eindeutigen Abbildung. Umgekehrt können verschiedene Strahlen nicht den gleichen physikalischen Zustand beschreiben.Es kann aber vorkommen, daß ein Strahl keinem physikalischen Zustand entspricht. Die folgenden Beispiele illustrieren dies:

(1) $c \,|\text{Elektron mit Impuls } \vec{p}\rangle + d \,|\text{Positron mit Impuls } \vec{p}\rangle$

(2) $c \,|\text{ein Elektron am Ort } \vec{r}\rangle + d \,|\text{zwei Elektronen an den Orten } \vec{r}_1 \text{ und } \vec{r}_2\rangle$

(3) $|\text{Neutron mit Impuls } \vec{p}\rangle + d \,|\text{Antineutron mit Impuls } \vec{p}\rangle$

Im Beispiel (1) kann die Summe der Vektoren wegen des Ladungserhaltungssatzes nicht realisiert werden. Das gleiche gilt für Beispiel (2). Die Superposition der Vektoren in Beispiel (3) ist wegen des Erhaltungssatzes der Baryonenzahl physikalisch ausgeschlossen.

Für die Entwicklung der Theorie ist es dennoch sinnvoll, zunächst alle ket-Vektoren, also ganz V zu betrachten und erst bei der Anwendung auf konkrete Prozesse sogenannte **Superauswahlregeln**[1] einzuführen, die für physikalische Zustände Linearkombinationen der in (1) bis (3) angegebenen Form verbieten.

Zurück zum Ausgangspunkt! Die Wahrscheinlichkeitsamplitude $A(\varphi, \psi)$ können wir nach dem Superpositionsprinzip mit den jetzt zur Verfügung stehenden Begriffen bei festem Endzustand φ als **Linearform oder als lineares Funktional** über dem ket-Vektorraum V auffassen.

Wir erinnern an die Definition einer Linearform L über V: Ein Linearform L ist eine Abbildung von V in die Menge der komplexen Zahlen

$$
\begin{aligned}
L : V &\to \mathbb{C} \\
|\psi\rangle &\mapsto L(|\psi\rangle) \in \mathbb{C}
\end{aligned}
\tag{3.2.7}
$$

sie hängt linear von ihrem Argument ab:

$$
L(c_1|\psi_1\rangle + c_2|\psi_2\rangle) = c_1 L(|\psi_1\rangle) + c_2 L(|\psi_2\rangle) .
\tag{3.2.8}
$$

Wir ordnen jetzt den im Superpositionsprinzip auftretenden Zustände ψ_1 und ψ_2 die ket-Vektoren $|\psi_1\rangle$ und $|\psi_2\rangle$ und dem Zustand ψ die Linearkombination $c_1|\psi_1\rangle + c_2|\psi_2\rangle$ zu:

$$
\begin{array}{ccccc}
A(\varphi, \psi) & = & c_1 A(\varphi, \psi_1) & + c_2 A(\varphi, \psi_2) \\
& & \downarrow & \downarrow \\
& & |\psi_1\rangle & |\psi_2\rangle \\
\downarrow & & & \\
|\psi\rangle = & c_1|\psi_1\rangle & +c_2|\psi_2\rangle
\end{array}
$$

und interpretieren $A(\varphi, \psi)$ als Funktion der ket-Vektoren

$$
A(\varphi, \psi) = A(|\varphi\rangle, |\psi\rangle) .
$$

Damit wird durch $A(\varphi, \psi)$ wird für jeden Zustand $|\varphi\rangle$ eine Linearform L_φ definiert

$$
L_\varphi(|\psi\rangle) \stackrel{\text{def}}{=} A(|\varphi\rangle, |\psi\rangle) .
\tag{3.2.9}
$$

L_φ ist ein Element des zu V gehörigen **Dualraumes** $V^{\dagger}$[2]

Wir erinnern daran, daß die Menge aller Linearformen L_φ über V zu einem Vektorraum $V^\dagger$ wird, wenn man eine Linearkombination von Linearformen wie folgt definiert

$$
(c_1 L_{\varphi_1} + c_2 L_{\varphi_2})(|\psi\rangle) \stackrel{\text{def}}{=} c_1 L_{\varphi_1}(|\psi\rangle) + c_2 L_{\varphi_2}(|\psi\rangle) \text{ für alle } |\psi\rangle \in V .
\tag{3.2.10}
$$

---

[1] Diese Bezeichnung weist darauf hin, daß die Vektoren (1) bis (3) nicht auftreten, weil es keine physikalischen Übergänge zwischen den beiden Vektoren der Linearkombination gibt.

[2] In der mathematischen Literatur ist die Schreibweise V^* gebräuchlich.

Wir werden in Abschnitt 3.3 zeigen, daß für die Quantenmechanik V unendlich-dimensional sein muß. Daher muß auch der Dualraum $V^\dagger$ unendlich-dimensional sein. Die Elemente von $V^\dagger$, also die Linearformen L, nennen wir nach Dirac **bra-Vektoren** und bezeichnen sie mit $\langle\varphi|$, also

$$\langle\varphi| \overset{\text{def}}{=} L_\varphi \ . \tag{3.2.11}$$

Nach dieser Definition ordnet ein bra-Vektor jedem ket-Vektor $|\psi\rangle$ eine komplexe Zahl zu, nämlich

$$\langle\varphi|\psi\rangle := L_\varphi(|\psi\rangle) \in \mathbb{C} \ . \tag{3.2.12}$$

Man beachte, daß (3.2.11) nur eine neue Bezeichnung, keinen neuen Begriff einführt. Formel (3.2.12) war das Motiv für Dirac, die Namen „bra" und „ket" einzuführen

$$\langle\varphi|\psi\rangle \Longleftrightarrow \text{bracket}$$

$$\langle\varphi| \, |\psi\rangle \Longleftrightarrow \text{bra ket} \ .$$

Ein „bra" ist also eine linke Halbklammer und ein „ket" eine rechte Halbklammer. Mit dieser neuen Notation können wir die Wahrscheinlichkeitsamplitude nach (3.2.9) endgültig folgendermaßen beschreiben

$$A(\varphi, \psi) = \langle\varphi|\psi\rangle \ . \tag{3.2.13}$$

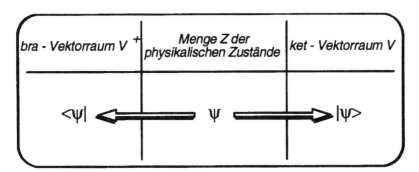

Bild 3.1 Die duale Natur der erkenntnistheoretischen Abbildung

Zusammengefaßt haben wir die in Bild 3.1 skizzierte Situation: Jedem physikalischen Zustand wird einerseits ein ket-Vektor $|\psi\rangle$ (als Repräsentant des Strahles (ψ)) und andererseits ein bra-Vektor $\langle\psi|$ zugeordnet. Diese beiden Vektoren liegen in verschiedenen Räumen, sind also nicht identisch. Da beide auf den gleichen physikalischen Zustand bezogen sind, fordern wir, daß ihre Vektorräume V und $V^\dagger$ umkehrbar eindeutig, also bijektiv aufeinander abgebildet werden können. Diese Abbildung bezeichnen wir mit $\dagger$, so daß wir schreiben können

$$\dagger: \quad V \to V^\dagger$$
$$|\psi\rangle \mapsto (|\psi\rangle)^\dagger \overset{\text{def}}{=} \langle\psi| \ .$$

Mit Hilfe dieser Bezeichnung können wir für die Wahrscheinlichkeitsamplitude auch schreiben als

$$A(\varphi, \psi) = \langle \varphi | \psi \rangle = | \varphi \rangle^\dagger | \psi \rangle \,. \tag{3.2.14}$$

Es liegt nahe zu fordern, daß die bijektive Abbildung † mit den Operationen im Vektorraum verträglich ist. In der Tat läßt sich dies für die Addition durchführen, ohne mit anderen schon eingeführten Forderungen an $A(\varphi, \psi)$ in Konflikt zu geraten. Wir setzen also

$$(|\psi_1\rangle + |\psi_2\rangle))^\dagger := (|\psi_1\rangle)^\dagger + (|\psi_2\rangle)^\dagger = \langle \psi_1 | + \langle \psi_2 | \,. \tag{3.2.15}$$

Wollte man ebenso für die Multiplikation mit einer Zahl c verfahren, würde man mit der Positivität von $A(\psi, \psi)$ – vgl. (3.1.8) – zum Widerspruch gelangen. Nehmen wir nämlich an, daß

$$(c|\psi\rangle)^\dagger = c|\psi\rangle^\dagger = c\langle \psi| \tag{3.2.16}$$

gilt, so folgt aus (3.2.14)

$$A(c\psi, c\psi) = (c|\psi\rangle))^\dagger c|\psi\rangle = c^2 \langle \psi, \psi \rangle$$

oder

$$A(c\psi, c\psi) = c^2 A(\psi, \psi) \,.$$

Selbst wenn $A(\psi, \psi)$ nach (3.1.8) positiv ist, nimmt $A(c\psi, c\psi)$ je nach dem Wert von c auch negative Werte (z. B. für $c = i$) oder gar beliebig komplexe Werte an. Um diesen Widerspruch mit der Positivität zu vermeiden, ersetzen wir die Regel (3.2.16) durch

$$(c|\psi\rangle)^\dagger := c^*|\psi\rangle^\dagger = c^*\langle \psi| \,. \tag{3.2.17}$$

In diesem Falle führt die eben durchgeführte Rechnung zu

$$A(c\psi, c\psi) = (c|\psi\rangle))^\dagger \, c|\psi\rangle = c^* c \langle \psi | \psi \rangle$$

oder

$$A(c\psi, c\psi) = |c|^2 A(\psi, \psi) \,,$$

so daß (3.2.17) mit der Positivität von $A(\psi, \psi)$ verträglich ist. Insgesamt finden wir für die Abbildung †, die ket-Vektoren in bra-Vektoren überführt die folgenden Eigenschaften

$$\boxed{\begin{aligned} |\psi_1\rangle^\dagger &= \langle \psi| \\ (|\psi_1\rangle + |\psi_2\rangle))^\dagger = |\psi_1\rangle^\dagger + |\psi_2\rangle^\dagger &= \langle \psi_1 | + \langle \psi_2 | \\ (c|\psi\rangle))^\dagger = c^*|\psi\rangle^\dagger \qquad &= c^*\langle \psi| \,. \end{aligned}} \tag{3.2.18}$$

Nur für reelle Zahlen c ist diese Abbildung linear, für rein imaginäre Zahlen tritt in (3.2.17) ein negatives Zeichen auf. Daher nennt man die Abbildung † eine auch **antilineare Abbildung**.

Nach diesem Ergebnis kann man feststellen:

Die Wahrscheinlichkeitsamplitude $\langle \varphi | \psi \rangle$ ist bezüglich des ket $|\psi\rangle$ linear und bezüglich des bra $\langle \psi |$ antilinear

$$\langle \varphi | (c_1 \| \psi_1\rangle + c_2 |\psi_2\rangle)) = c_1 \langle \varphi | \psi_1 \rangle + c_2 \langle \varphi | \psi_2 \rangle \tag{3.2.19a}$$

$$\langle (c_1 \varphi_1 + c_2 \phi_2) | \psi \rangle = c_1^* \langle \varphi_1 | \psi \rangle + c_2^* \langle \varphi_2 | \psi \rangle \,. \tag{3.2.19b}$$

Anmerkung

Unglücklicherweise unterscheiden sich die in der Physik und in der Mathematik üblichen Bezeichnungsweisen. Für die Mathematiker gilt die Linearität für den „linken" Vektor $\langle\varphi|$ und die Antilinearität für den „rechten" Vektor $|\psi\rangle$. Da es sich jeweils um einen weltweiten Konsenz handelt, läßt sich keine Änderung mehr erreichen.

Wir betrachten als Beispiel den Vektorraum $V = \mathbb{C}^n$, mit kanonischer Basis. Der ket-Vektor $|z\rangle$ habe bezüglich dieser Basis die Darstellung

$$|z\rangle = \begin{pmatrix} z_1 \\ \vdots \\ z_n \end{pmatrix} \qquad z_1, z_2, \ldots \in \mathbb{C}\,.$$

Eine Linearform $\langle a|$ ordnet dem Vektor $|z\rangle$ die komplexe Zahl

$$\langle a|z\rangle$$

zu. Da man $|z\rangle$ wie folgt zerlegen kann,

$$|z\rangle = z_1 \begin{pmatrix} 1 \\ 0 \\ \vdots \\ 0 \end{pmatrix} + \cdots + z_n \begin{pmatrix} 0 \\ \vdots \\ 0 \\ 1 \end{pmatrix},$$

läßt sich $\langle a|z\rangle$ in der Form

$$\langle a|z\rangle = \sum_{i=1}^{n} a_1^* z_i$$

schreiben, wobei die Zahlen a_i^* den Wert von $\langle a|b_i\rangle$ für die n Basisvektoren

$$\begin{pmatrix} 1 \\ 0 \\ \vdots \\ 0 \end{pmatrix}, \begin{pmatrix} 0 \\ 1 \\ \vdots \\ 0 \end{pmatrix}, \ldots, \begin{pmatrix} 0 \\ 0 \\ \vdots \\ 0 \end{pmatrix}$$

bezeichnen. (Die Bezeichnung a_i^* statt a_i berücksichtigt die Antilinearität in (3.2.19b)). Das Ergebnis für $\langle a|z\rangle$ legt es nahe, den bra-Vektor $\langle a|$ durch den folgenden „Zeilenvektor" darzustellen

$$\langle a| = (a_1^*, \ldots, a_n^*)\,.$$

Damit kann man schreiben

$$\langle a|z\rangle = \sum_{i=1}^{n} a_i^* z_i = (a_1^*, a_2^*, \ldots, a_n^*) \begin{pmatrix} z_1 \\ z_2 \\ \vdots \\ z_n \end{pmatrix}\,.$$

Wir merken noch folgende Eigenschaft von † an: Diese Abbildung verbindet den Vektorraum V mit dem Dualraum $V^\dagger$, der die Linearformen über V als Elemente enthält. Da auch $V^\dagger$ ein Vektorraum ist, kann man auch auf $V^\dagger$ die Abbildung † anwenden. Auf diese Weise gelangt man zu einem Vektorraum, den man mit

$$(V^\dagger)^\dagger$$

bezeichnet und dessen Elemente „Linearformen von Linearformen" sind. Man kann zeigen, daß sich darunter Elemente befinden, die man mit den Vektoren des ursprünglichen Vektorraumes V identifizieren kann, in Formeln[3]

$$(V^\dagger)^\dagger \supset V \ .$$

Für die Quantenmechanik fordern wir, daß hier die Gleichheit gilt

$$(V^\dagger)^\dagger = V \tag{3.2.20}$$

und insbesondere

$$\left(|\psi\rangle^\dagger\right)^\dagger = \left((\langle\psi|)^\dagger\right) = |\psi\rangle \ . \tag{3.2.21}$$

Gäbe es nämlich Vektoren $|\psi\rangle$, für die

$$\langle\psi|)^\dagger \neq |\psi\rangle$$

wäre, so müßte man einem physikalischen Zustand ψ drei mathematische Objekte, nämlich

$$|\psi\rangle, \qquad |\psi\rangle^\dagger = \langle\psi|, \qquad \text{und} \qquad ((\langle\psi|)^\dagger \ ,$$

zuordnen. Dafür ist aber in unserem physikalischen Rahmen, der auf der zweistelligen Wahrscheinlichkeitsamplitude $A(\varphi, \psi)$ beruht, kein Platz. Daher muß (3.2.21) aus physikalischen Gründen gefordert werden.

In Zukunft werden wir das Wort „Zustand" sowohl für den Begriff Zustand ψ in strengem Sinne als auch für den ket $|\psi\rangle$ oder auch den bra $\langle\psi|$ verwenden, um den Sprachgebrauch zu vereinfachen.

3.3 Orthogonalität und Vollständigkeitsrelation

Um die allgemeinen Eigenschaften des ket-Vektorraumes V und des zugehörigen Dualraums $V^\dagger$ zu vervollständigen, betrachten wir einander „ausschließende" Zustände. Zwei Zustände χ_1 und χ_2 schließen einander dann aus, wenn gilt

$$\langle\chi_1|\chi_2\rangle = 0 \qquad \text{und} \qquad \langle\chi_2|\chi_1\rangle = 0 \ . \tag{3.3.1}$$

Physikalisch bedeutet dies: Nach Präparieren von χ_2 verschwindet die Wahrscheinlichkeit für χ_1, d. h. bei einer Messung tritt χ_1 mit Sicherheit nicht auf. Das gleiche gilt, wenn χ_1 und χ_2 vertauscht werden.
Beispiele:

---

[3] Vgl. etwa S. Großmann, Funktionalanalysis I (Akademische Verlagsgesellschaft, Stuttgart 1970), S. 130.

1. Es seien V und V' zwei Volumina im Ortsraum mit $V \cap V' = \emptyset$. In V befinde sich ein Elektron. Dann ist die Wahrscheinlichkeit, dieses Elektron in V' zu messen, gleich Null:

$$\langle e^-, V' | e^-, V \rangle = 0 \; . \tag{3.3.2}$$

2. In V befinde sich nur ein Positron. Dann ist die Wahrscheinlichkeit, in V ein Elektron zu messen, gleich Null:

$$\langle e^-, V | e^+, V \rangle = 0 \; . \tag{3.3.3}$$

3. In V befinde sich ein Positron und ein Elektron. Dann ist die Wahrscheinlichkeit, nur ein Elektron zu messen, gleich Null:

$$\langle e^-, V | e^-, e^+, V \rangle = 0 \; . \tag{3.3.4}$$

4. Sei $|E_n\rangle = |$H-Atom im Zustand mit der Energie $E_n\rangle$. Dann ist $\langle E_n | E_m \rangle = 0$ für $m \neq n$. Wir wollen $\langle E_n | E_n \rangle = 1$ normieren, so daß wir ingesamt erhalten: $\langle E_m | E_n \rangle = \delta_{mn}$

Gerade das letzte Beispiel erinnert an die Begriffe „Orthogonalität" und „Normierung" der linearen Algebra. Wir machen dies explizit durch die Definition: Die Zustände ψ und φ heißen **orthogonal**, wenn für die zugeordneten Vektoren gilt

$$\langle \varphi | \psi \rangle = 0 \; ,$$

der Zustand ψ heißt **normiert**, wenn

$$\langle \psi | \psi \rangle = 1$$

ist. Damit müssen die Vektoren $|E_n\rangle$ aus Beispiel 4) linear unabhängig sein. Denn wie in der linearen Algebra folgt nämlich aus der Orthogonalität zweier Vektoren $|\chi_1\rangle$ und $|\chi_2\rangle$ ihre lineare Unabhängigkeit:

Wären diese kets linear abhängig, so müßte eine lineare Relation der Form

$$c_1 |\chi_1\rangle + c_2 |\chi_2\rangle = 0$$

gelten. Dann folgt aber aus (3.3.1)

$$0 = \langle \chi_1 | (c_1 |\chi_1\rangle + c_2 |\chi_2\rangle) = c_1 \langle \chi_1 | \chi_1 \rangle$$

und wegen $\langle \chi_1 | \chi_1 \rangle \neq 0$

$$c_1 = 0 \; .$$

Analog folgt

$$c_2 = 0 \; .$$

Daher müssen die verschiedenen gebundenen Zustände des H-Atoms linear unabhängig sein; und wir benötigen zur quantenmechanischen Beschreibung dieses einfachsten Atoms einen unendlich dimensionalen Zustandsraum.

Andererseits hat es sich gezeigt, daß man alle mikrophysikalischen Zustände durch abzählbar unendliche Basissysteme

$$\{|\chi_1\rangle, |\chi_2\rangle, \ldots\}; \quad \text{kurz} \quad \{|\chi_n\rangle | n \in \mathbb{N}\} \tag{3.3.5}$$

erfassen kann. Genauer: jeder Vektor $|\psi\rangle \in V$ läßt sich gemäß

$$|\psi\rangle = \sum_{n=1}^{\infty} a_n |\chi_n\rangle \tag{3.3.6}$$

entwickeln.

Diese Basisvektoren können als orthogonal und normiert gewählt werden

$$\langle \chi_n | \chi_m \rangle = \delta_{nm} . \tag{3.3.7}$$

Um diese Darstellung zu garantieren, fordern wir die Gültigkeit des folgenden

> **Vollständigkeitsaxiom** (3.3.8)
> Im Vektorraum V existiert (mindestens) eine orthonormale Basis (3.3.5) mit (3.3.7), so daß sich jedes $|\psi\rangle \in V$ gemäß (3.3.6) entwickeln läßt.

Wir müssen noch den genauen Sinn der unendlichen Reihe in (3.3.6) angeben. Dazu betrachten wir die Partialsummen

$$\sum_{n=1}^{N} a_n |\chi_n\rangle$$

und die Differenzen

$$|\varphi_n\rangle := \sum_{n=1}^{N} a_n |\chi_n\rangle - |\psi\rangle . \tag{3.3.9}$$

Falls gilt

$$\lim_{N \to \infty} \langle \varphi_N | \varphi_N \rangle = 0 \tag{3.3.10}$$

sagen wir: Die Vektorfolge (3.3.9) konvergiert gegen den Nullvektor und es gilt:

$$|\psi\rangle = \lim_{N \to \infty} \sum_{N=1}^{N} a_n |\chi\rangle . \tag{3.3.11}$$

Diese Gleichung gibt den präzisen Sinn von (3.3.6) wieder.

Nach dieser Klarstellung berechnen wir die Entwicklungskoeffizienten a_n. Mit Hilfe der Orthogonalität (3.3.7) folgt aus (3.3.6)

$$\langle \chi_m | \psi \rangle = \sum_n a_n \langle \chi_n | \chi_m \rangle = \sum_n a_n \delta_{mn} ,$$

also

$$a_n = \langle \chi_n | \psi \rangle \quad (n = 1, 2, \ldots)$$ (3.3.12)

Nach dieser Beziehung *stellen die Entwicklungskoeffizienten die Wahrscheinlichkeitsamplituden* dar, im Zustand ψ die Znstände χ_n zu messen. Die Gleichungen (3.3.6) und (3.3.12) fassen wir zusammen zu

$$|\psi\rangle = \sum_{n=1}^{\infty} |\chi_n\rangle\langle\chi_n|\psi\rangle$$ (3.3.13)

Dies ist eine der wichtigsten Hilfsformeln der allgemeinen Quantenmechanik. Wir leiten daraus zunächst eine fundamentale Eigenschaft der Wahrscheinlichkeitsamplitude $\langle\varphi|\psi\rangle$ ab. Dazu schreiben wir (3:3.13) noch einmal für $|\varphi\rangle$ auf:

$$|\varphi\rangle = \sum_m |\chi_m\rangle\langle\chi_m|\varphi\rangle$$ (3.3.14)

Geht man mit Hilfe der †-Abbildung zu $\langle\varphi|$ über, so folgt wegen der Antilinearität (3.2.18)

$$|\varphi\rangle^{\dagger} = \sum_m \langle\chi_m|\varphi\rangle^*\langle\chi_m|$$ (3.3.15)

Mit Hilfe dieser Darstellung kann die Wahrscheinlichkeitsamplitude $\langle\varphi|\psi\rangle$ umgeformt werden

$$\begin{aligned}
\langle\varphi|\psi\rangle &= \left(\sum_m \langle\chi_m|\varphi\rangle^*\langle\chi_m|\right)\left(\sum_n |\chi_n\rangle\langle\chi_n|\psi\rangle\right) \\
&= \sum_{m,n} \langle\chi_m|\varphi\rangle^*\langle\chi_m|\chi_n\rangle\langle\chi_n|\psi\rangle \\
&= \sum_{m,n} \langle\chi_m|\varphi\rangle^*\delta_{mn}\langle\chi_n|\psi\rangle \\
&= \sum_n \langle\chi_n|\varphi\rangle^*\langle\chi_n|\psi\rangle
\end{aligned}$$ (3.3.16)

Berechnen wir auf die gleiche Weise $\langle\psi|\varphi\rangle$

$$\begin{aligned}
\langle\psi|\varphi\rangle &= \sum_{m,n} \langle\chi_n|\psi\rangle^*\langle\chi_n|\chi_m\rangle\langle\chi_m|\varphi\rangle \\
&= \sum_n \langle\chi_n|\psi\rangle^*\langle\chi_n|\varphi\rangle,
\end{aligned}$$

so erkennen wir die Beziehung

$$\langle\psi|\varphi\rangle = \overline{\langle\varphi|\psi\rangle}$$ (3.3.17)

die als **Hermitizität der Wahrscheinlichkeitsamplitude** bezeichnet wird. Sie führt zur Symmetrie der Wahrscheinlichkeit

$$W(\varphi, \psi) = |\langle \varphi | \psi \rangle|^2 = \langle \varphi | \psi \rangle \langle \varphi | \psi \rangle^* = \langle \varphi | \psi \rangle \langle \psi | \varphi \rangle = \langle \psi | \varphi \rangle^* \langle \psi | \varphi \rangle$$
$$= W(\psi, \varphi) \,. \tag{3.3.18}$$

Diese Eigenschaft ist entscheidend durch die Antilinearität der †-Abbildung bedingt. Sie zeigt eine gewisse Symmetrie der ket- und bra-Vektoren. Ein Spezialfall von (3.3.17) ist

$$\langle \chi_n | \varphi \rangle^* = \langle \varphi | \chi_n \rangle \,. \tag{3.3.19}$$

Damit können wir (3.3.16) wie folgt umformen

$$\boxed{\langle \varphi | \psi \rangle = \sum_n \langle \varphi | \chi_n \rangle \langle \chi_n | \psi \rangle} \,. \tag{3.3.20}$$

Diese als **Vollständigkeitsrelation** bekannte Beziehung ist ein wichtiges Hilfsmittel für viele Rechnungen. Man kann die Relation verbal wie folgt beschreiben: Zur Berechnung der Wahrscheinlichkeitsamplitude $\langle \varphi | \psi \rangle$ setzt man zwischen bra- und ket-Vektor ein vollständiges System orthonormaler Basiszustände ein und wird zu (3.3.20) geführt. Wendet man die Vollständigkeitsrelation (3.3.20) auf einen normierten Zustand $|\varphi\rangle = |\psi\rangle$ an, so folgt nach (3.1.7)

$$\langle \psi | \psi \rangle = \sum_n \langle \psi | \chi_n \rangle \langle \chi_n | \psi \rangle = \sum_n \langle \chi_n | \psi \rangle^* \langle \chi_n | \psi \rangle = \sum_n |\langle \chi_n | \psi \rangle|^2$$
$$= \sum_n W(\chi_n, \psi) = 1 \,. \tag{3.3.21}$$

Diese Gleichung hat eine einfache physikalische Bedeutung: Die Summe der Einzelwahrscheinlichkeiten, ψ in den Zuständen χ_n zu messen, ist gleich eins. Gleichung (3.3.21) enthält auch die Beziehung

$$\sum_n |\langle \chi_n | \psi \rangle|^2 = \sum_n |a_n|^2 = 1 \,. \tag{3.3.22}$$

Die Summe über die Betragsquadrate der Entwicklungskoeffizienten konvergiert also.

3.4 Beschreibung des Meßprozesses

3.4.1 Präparierung eines Zustands, Projektionsoperator

Wir wollen nun genauer analysieren, wie ein Meßprozeß quantenmechanisch beschrieben werden muß. Dazu nehmen wir an, daß eine Apparatur [A] den Zustand $|\psi\rangle$ in einer großen Anzahl von N_ψ Systemen präpariert hat, die mit N_ψ bezeichnet sei. Weiterhin soll eine Apparatur [B] messen, ob sich ein System in dem Zustand $|\varphi\rangle$ befindet. Die Anzahl der Systeme, die sich nach der Messung durch [B] im Zustand $|\varphi\rangle$ befinden, bezeichnen wir mit N_φ.

A   präpariert N_ψ Systeme im Zustand $|\psi\rangle$
B   mißt N_φ Systeme im Zustand $|\varphi\rangle$.

Nach (3.1.2) bestimmt das Verhältnis der Zahl B_φ und N_ψ das Quadrat der Wahrscheinlichkeitsamplitude

$$\frac{N_\varphi}{N_\psi} = |\langle\varphi|\psi\rangle|^2 \,, \tag{3.4.1}$$

wenn wir noch die Normierung $\langle\varphi|\varphi\rangle = \langle\psi|\psi\rangle = 1$ voraussetzen.

Meßergebnisse müssen reproduziert werden können. Ohne diese Tatsache wäre die Physik als Wissenschaft nicht möglich. Daher fordern wir die Gültigkeit des

Prinzips der Reproduzierbarkeit
Wenn man direkt hinter $[B]$ eine gleiche Apparatur $[B']$ aufstellt, muß sich das gleiche Resultat ergeben; man muß also wieder N_φ-mal den Zustand $|\varphi\rangle$ messen.

Daraus kann man schließen, daß sich das System nach der Messung von $[B]$ in einem Zustand $|\chi\rangle$ befindet, der proportional zu $|\varphi\rangle$ ist, denn nur dann ändert sich die Wahrscheinlichkeitsamplitude nach einer zweiten Messung von $[B]$ nicht. Der Proportionalitätsfaktor muß gleich $\langle\varphi|\psi\rangle$ sein, damit (3.4.1) garantiert ist. Es gilt also[4]

$$|\chi\rangle := |\varphi\rangle\langle\varphi|\psi\rangle \,. \tag{3.4.2}$$

Die Messung von φ wird also durch die Abbildung

$$\boxed{P_\varphi : V \to V : |\psi\rangle \mapsto P_\varphi(|\psi\rangle) = |\varphi\rangle\langle\varphi|\psi\rangle} \tag{3.4.3}$$

beschrieben.

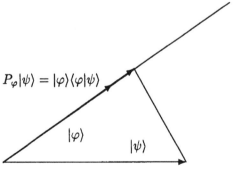

$P_\varphi|\psi\rangle = |\varphi\rangle\langle\varphi|\psi\rangle$

$|\varphi\rangle$ $|\psi\rangle$

Bild 3.2
Geometrische Deutung eines Projektionsoperators

Durch P_ϕ wird $|\psi\rangle$ auf seine Komponente parallel zu $|\varphi\rangle$ abgebildet. P_φ kann gemäß 3.2 geometrisch gedeutet werden. Daher nennt man P_φ **Projektionsoperator** oder **Projektor**. P_φ projiziert den Zustand $|\psi\rangle$ auf seine Komponente in Richtung von $|\varphi\rangle$. Die Reproduzierbarkeit kann man auch durch die Feststellung kennzeichnen, daß zweite Messung die erste nicht stört. Dies bedeutet mathematisch: Das zweimalige Anwenden von P_φ muß die gleiche Wirkung wie das einmalige Anwenden haben

---

[4] Eine genaue Begründung für den Wert des Proportionalitätsfaktors wird im Abschnitt 3.5.2 gegeben werden.

$$P_\varphi^2 = P_\varphi \qquad \text{Idempotenz}.\qquad (3.4.4)$$

Diese Relation kann man direkt nachprüfen

$$P_\varphi^2(|\psi\rangle) = P_\varphi(|\varphi\rangle\langle\varphi|\psi\rangle) = |\varphi\rangle\langle\varphi|(|\varphi\rangle\langle\varphi|\psi\rangle)$$
$$= |\varphi\rangle\langle\varphi|\psi\rangle .$$

Diese Idempotenz kann auch als Definition eines Projektionsoperators verwendet werden. Die geometrische Deutung im Bild 3.2 läßt diese Eigenschaft auch als „trivial" richtig erscheinen.

Dirac führte für den Projektionsoperator die Schreibweise

$$\boxed{P_\varphi := |\varphi\rangle\langle\varphi|} \qquad (3.4.5)$$

ein, die automatisch die Definition (3.4.3) ergibt. Mit Hilfe der auf eine vollständige Basis bezogenen Projektionsoperatoren

$$P_{\chi_n} := |\chi_n\rangle\langle\chi_n| \qquad (3.4.6)$$

kann auch die Vollständigkeitsrelation in einfacher Weise geschrieben werden. Wegen

$$\langle\varphi|\chi_n\rangle\langle\chi_n|\psi\rangle = \langle\varphi|P_{\chi_n}|\psi\rangle$$

folgt aus (3.3.20)

$$\sum_n \langle\varphi|P_{\chi_n}|\psi\rangle = \langle\varphi|\sum_n P_{\chi_n}|\psi\rangle = \langle\varphi|\psi\rangle , \qquad (3.4.7)$$

wobei wir die Summe von Projektionsoperatoren durch

$$\left(\sum_n P_{\chi_n}\right)|\psi\rangle \overset{\text{def}}{=} \sum_n (P_{\chi_n}|\psi\rangle)$$

definiert haben. Aus (3.4.7) ergibt sich

$$\sum_n P_{\chi_n} = 1 , \qquad (3.4.8)$$

wobei rechts der Einsoperator, die identische Abbildung im Vektorraum V, steht

$$1|\psi\rangle = |\psi\rangle . \qquad (3.4.9)$$

Mit der Diracschen Notation schreibt man für (3.4.8) auch

$$\boxed{\sum_n |\chi_n\rangle\langle\chi_n| = 1} . \qquad (3.4.10)$$

Hierin kommt die Möglichkeit der Darstellung des Einsoperators als Summe über ein vollständiges System von orthonormalen „Zwischen"- Zuständen zum Ausdruck. Die Mathematiker sprechen auch von der **Zerlegung der Einheit**.

3.4.2 Messung einer Observablen

Wir betrachten eine idealisierte Meßapparatur, die eine Observable $\mathfrak{A}$ mißt, deren mögliche Meßwerte diskret liegen.

$$a_1, a_2, \ldots a_n, \ldots \quad \text{mit} \quad a_i \in \mathbb{R} .$$

Das betrachtete System sei in den Zustand ψ gebracht worden. Quantenmechanisch können wir nur eine statistische Beschreibung der Meßergebnisse erstellen und betrachten daher eine Gesamtheit von N Systemen im Zustand ψ. An jedem dieser Systeme mißt die Apparatur die Observable $\mathfrak{A}$ und stellt einen bestimmten Meßwert a_k fest. Es kann für mehrere Systeme – etwa N_k Systeme – der gleiche Wert a_k gemessen werden. Dann gilt für a_k die Wahrscheinlichkeit (= statistische Häufigkeit)

$$w_k = \frac{N_k}{N} .$$

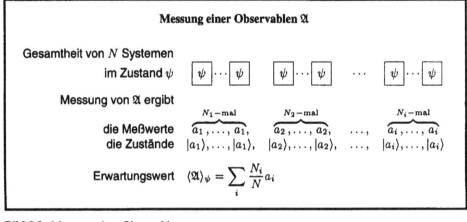

Bild 3.3 Messung einer Observablen

Nach der allgemeinen Definition (vergl. Gleichung (2.1.8)) wird der Erwartungswert einer Observablen $\mathfrak{A}$ im Zustand ψ durch

$$\langle \mathfrak{A} \rangle_\psi = \sum_k w_k a_k \tag{3.4.11}$$

definiert. Nach der Messung von a_k befindet sich das System nach im Zustand $|a_k\rangle$, und w_k wird durch

$$w_k = |\langle a_k | \psi \rangle|^2 = \langle \psi | a_k \rangle \langle a_k | \psi \rangle \tag{3.4.12}$$

gegeben, wobei (3.3.17) benutzt wurde. Dabei sind die Zustände $|a_l\rangle$ zu einander orthogonal

$$\langle a_l | a_k \rangle = 0 \quad \text{für} \quad l \neq k .$$

Mit (3.4.12) können wir jetzt den Erwartungswert von $\mathfrak{A}$ wie folgt darstellen:

$$\langle \mathfrak{A} \rangle_\psi = \sum_k w_k a_k = \sum_k \langle \psi | a_k \rangle a_k \langle a_k | \psi \rangle$$

$$= \langle \psi | (\sum_k | a_k \rangle a_k \langle a_k |) | \psi \rangle \ . \tag{3.4.13}$$

Definiert man den zur Observablen $\mathfrak{A}$ gehörenden Operator A durch

$$A := \sum_k | a_k \rangle a_k \langle a_k | \ . \tag{3.4.14}$$

so erhält man

$$\langle \mathfrak{A} \rangle_\psi = \langle \psi | A | \psi \rangle \ . \tag{3.4.15}$$

Für A werden wir auch die Form

$$A = \sum_k a_k P_{a_k} \qquad \text{mit} \quad P_{a_k} = | a_k \rangle \langle a_k | \tag{3.4.16}$$

benutzen. Der Operator A hat folgende allgemeine Eigenschaften:

1. A **ist ein linearer Operator**, d. h.

$$A(c_1 | \psi_1 \rangle + c_2 | \psi_2 \rangle) = c_1 A | \psi_1 \rangle + c_2 A | \psi_2 \rangle \ ,$$

was durch Einsetzen der Definition von A leicht zu beweisen ist.

2. A **ist hermitesch**, d. h. für beliebige $| \psi \rangle$, $| \varphi \rangle$ gilt
$\langle \varphi | A | \psi \rangle = \langle \psi | A | \varphi \rangle^*$,
was wegen der Realität der Meßwerte von $\mathfrak{A}$ erfüllt ist:

$$\left(\sum_k \langle \psi | a_k \rangle a_k \langle a_k | \varphi \rangle \right)^* = \sum_k \langle \varphi | a_k \rangle a_k^* \langle a_k | \psi \rangle$$

$$= \sum_k \langle \varphi | a_k \rangle a_k \langle a_k | \psi \rangle \ .$$

3. **Die Vektoren** $| a_n \rangle$ **sind Eigenvektoren von** A **zum Eigenwert** a_n. Denn:

$$A | a_n \rangle = \sum_m | a_m \rangle a_m \underbrace{\langle a_m | a_n \rangle}_{\delta_{mn}}$$

oder

$$A | a_n \rangle = a_n | a_n \rangle \ . \tag{3.4.17}$$

In der Formel für den Operator A sind die Meßwerte der Observablen $\mathfrak{A}$ enthalten. Im nächsten Abschnitt werden wir allgemein (auch für nicht-diskrete, also kontinuierlich liegende Meßwerte) physikalisch begründen und axiomatisch formulieren, wie der hermitesche Operator A mit den Meßwerten der Observablen $\mathfrak{A}$ zusammenhängt.

3.5 Die allgemeinen Axiome der Quantenmechanik

Die bisherigen Abschnitte dieses Kapitels dienten der Motivation dafür, daß in der Quantenmechanik physikalische Zustände durch Vektoren dargestellt werden. Schon darin unterscheidet sie sich grundsätzlich von der klassischen Mechanik. Der Begriff „Vektor" entstammt der Geometrie und wir haben auch geometrische Begriffe wie „Orthogonalität" benutzt, um Eigenschaften von Wahrscheinlichkeitsamplituden zu kennzeichnen. Allgemeiner kann man feststellen, daß die Wahrscheinlichkeits-Amplituden $\langle \varphi | \psi \rangle$ die Eigenschaften von Skalarprodukten der linearen Algebra oder analytischen Geometrie besitzen. Dieser Zusammenhang soll jetzt mit Hilfe des Begriffes „Hilbertraum" genauer herausgestellt werden und dabei eine kompakte, axiomatische Formulierung der in den Abschnitten 3.1 bis 3.4 erarbeiteten Ergebnisse gegeben werden.

3.5.1 Das Zustandsaxiom

Im folgenden beginnen wir mit schlagwortartigen Formulierungen, die wir anschließend erläutern und durch Folgerungen und Beispiele illustrieren werden.

> Physikalische Zustände werden durch die Vektoren eines Hilbertraumes $\mathcal{H}$ beschrieben. Genauer: Physikalische Zustände werden injektiv auf die Strahlen von $\mathcal{H}$ abgebildet.   (3.5.1)

Die **Definition eines Hilbertraumes** $\mathcal{H}$ kann man wie folgt zusammenfassen: $\mathcal{H}$ ist

-         ein vollständiger komplexer Vektorraum   (3.5.2)
- mit einem hermiteschen, positiv-definiten Skalarprodukt,   (3.5.3)
-         der eine abzählbare Basis besitzt.   (3.5.4)

Erläuterungen und Folgerungen

Die Elemente des Hilbertraumes werden wir ket-Vektoren, oder kurz „kets" bzw. Vektoren nennen und mit $|\psi\rangle$, $|\varphi\rangle$ etc. oder auch nur mit ψ, φ etc. bezeichnen.

Zum Zustands-Axiom (3.5.1)

Dieses Axiom bedeutet, daß jedem Zustand ψ ein eindimensionaler Teilraum von $\mathcal{H}$ zugeordnet wird, der aus den Vielfachen eines Vektors $|\psi\rangle$ besteht und als Strahl bezeichnet wird

$$\psi \mapsto \text{Strahl}(\psi) = \{ c|\psi\rangle \,|\, c \in \mathbb{C} \} \ .$$

Dieser Teilraum kann auch durch den Projektionsoperator P_ψ mathematisch beschrieben werden, so daß man (3.5.1) auch in die Form bringen kann

Jedem Zustand ψ wird ein Projektionsoperator

$$P_\psi = |\psi\rangle\langle\psi| \qquad (3.5.5)$$

zugeordnet, der auf einen eindimensionalen Teilraum von $\mathcal{H}$ projiziert.

Im Abschnitt 3.15 werden wir dieses Axiom auf sog. **statistische Gemische von Zuständen** verallgemeinern.

Axiom (3.5.2) für den Hilbertraum bedeutet: $\mathcal{H}$ ist ein komplexer Vektorraum, in dem jede „Cauchy-Folge" von Vektoren einen Grenzwert besitzt.[5]

Axiom (3.5.3) für den Hilbertraum bedeutet: Jedem Paar von Vektoren $|\psi\rangle$, $|\varphi\rangle$ wird eine komplexe Zahl, das **Skalarprodukt** zugeordnet

$$(|\psi\rangle, |\varphi\rangle) \quad \rightarrow \quad \langle\varphi|\psi\rangle \quad \in \mathbb{C}$$

mit den folgenden Eigenschaften

1. $\langle\varphi|\psi\rangle$ ist bezüglich des rechten Vektors linear:

$$\langle\varphi|c_1\psi_1 + c_2\psi_2\rangle = c_1\langle\varphi|\psi_1\rangle + c_2\langle\varphi|\psi_2\rangle .$$

2. $\langle\varphi|\psi\rangle$ ist hermitesch

$$\langle\varphi|\psi\rangle = \langle\psi|\varphi\rangle^* .$$

3. $\langle\psi|\psi\rangle$ ist positiv definit:

$$\langle\psi|\psi\rangle \quad \geq \quad 0 \text{ und}$$
$$\langle\psi|\psi\rangle = 0 \Longleftrightarrow |\psi\rangle = 0 .$$

Aus (1) und (2) folgt, daß $\langle\varphi|\psi\rangle$ bezüglich des linken Vektors antilinear ist[6]

$$\langle c_1\varphi_1 + c_2\varphi_2|\psi\rangle = c_1^*\langle\varphi_1|\psi\rangle + c_2^*\langle\varphi_2|\psi\rangle . \qquad (3.5.6)$$

Aus den Eigenschaften (1) bis (3) folgt die **Schwarzsche Ungleichung**

$$|\langle\varphi|\psi\rangle|^2 \quad \leq \quad \langle\varphi|\varphi\rangle\langle\psi|\psi\rangle . \qquad (3.5.7)$$

Sie ist eine Verallgemeinerung der bekannten Ungleichung für Vektoren des $\mathbb{R}^3$

$$|\vec{a} \cdot \vec{b}| = |\vec{a}|\,|\vec{b}|\,|\cos\alpha| \leq |\vec{a}|\,|\vec{b}| ,$$

wobei α den Winkel zwischen $\vec{a}$ und $\vec{b}$ bezeichnet.

---

[5] Für eine genaue Behandlung dieser Begriffe vgl. z. B.: Großmann, Funktionalanalysis I, Abschnitte 2.5.1; 2.6.1 und 2.8.

[6] Man beachte, daß in der mathematischen Literatur oft die Rollen des rechten und linken Vektors in $\langle\varphi|\psi\rangle$ vertauscht werden.

Wegen ihrer großen Bedeutung für folgende Argumente führen wir den allgemeinen Beweis für die Ungleichung (3.5.7) vor:

Für alle Vektoren

$$|\psi_\lambda\rangle = |\psi\rangle + \lambda|\varphi\rangle \quad \text{mit} \quad \lambda \in \mathbb{C}$$

gilt wegen der Positiv-Definitheit (III.5.6)

$$\langle\psi_\lambda|\psi_\lambda\rangle \;\geq\; 0 \,.$$

Da für $|\varphi\rangle = 0$ ((3.5.7)) trivial erfüllt ist, setzen wir $|\varphi\rangle \neq 0$ voraus und fragen nach dem kleinsten Wert dieses Ausdrucks, der nach „Ausquadrieren" – mit Hilfe der postulierten Rechenregeln für das Skalarprodukt die folgende Form hat

$$\langle\psi_\lambda|\psi_\lambda\rangle = \langle\psi|\psi\rangle + \lambda\langle\psi|\varphi\rangle + \lambda^*\langle\varphi|\psi\rangle + \lambda^*\lambda\langle\varphi|\varphi\rangle \,.$$

Durch Differenzieren – etwa nach λ^* findet man, daß $\langle\psi_\lambda|\psi_\lambda\rangle$ für den Wert

$$\lambda = -\frac{\langle\varphi|\psi\rangle}{\langle\varphi|\varphi\rangle}$$

minimal wird. Es folgt

$$
\begin{aligned}
0 \leq \langle\psi_\lambda|\psi_\lambda\rangle &= \left\langle \psi - \frac{\langle\varphi|\psi\rangle}{\langle\varphi|\varphi\rangle}\varphi \;\Big|\; \psi - \frac{\langle\varphi|\psi\rangle}{\langle\varphi|\varphi\rangle}\varphi \right\rangle \\
&= \langle\psi|\psi\rangle + \langle\varphi|\varphi\rangle\frac{|\langle\varphi|\psi\rangle|^2}{|\langle\varphi|\varphi\rangle|^2} - \frac{|\langle\varphi|\psi\rangle|^2}{\langle\varphi|\varphi\rangle} - \frac{|\langle\varphi|\psi\rangle|^2}{\langle\varphi|\varphi\rangle} \\
&= \langle\psi|\psi\rangle - \frac{|\langle\varphi|\psi\rangle|^2}{\langle\varphi|\varphi\rangle} \,,
\end{aligned}
$$

woraus sich

$$|\langle\varphi|\psi\rangle|^2 = \langle\psi|\psi\rangle\langle\varphi|\varphi\rangle - \langle\psi_\lambda|\psi_\lambda\rangle$$

ergibt, woraus man ((3.5.7)) ablesen kann. Außerdem sieht man, daß das Gleichheitszeichen gilt, wenn

$$\langle\psi_\lambda|\psi_\lambda\rangle = 0$$

ist, also nach der Eigenschaft 3.) des Skalarproduktes genau dann, wenn der Vektor

$$|\psi_\lambda\rangle \;=\; |\psi\rangle - \frac{\langle\varphi|\psi\rangle}{\langle\varphi|\varphi\rangle}|\varphi\rangle \;=\; 0$$

verschwindet, d. h. wenn $|\psi\rangle$ und $|\varphi\rangle$ linear abhängig sind.

Nach diesen Ergebnissen hat $\langle\psi|\psi\rangle$ alle Eigenschaften, die man vom Quadrat einer Länge oder einer Norm verlangt. Man führt daher die **Norm** $|\psi|$ des Vektors ψ durch

$$|\psi| := +\sqrt{\langle\psi|\psi\rangle} \tag{3.5.8}$$

ein. Aus (III.5.4) bis (III.5.6) und ((3.5.7)) folgen die Eigenschaften

$$\|\psi\| \geq 0; \quad \|\psi\| = 0 \quad \Longleftrightarrow \quad |\psi\rangle = 0$$
$$\|\psi + \varphi\| \leq \|\psi\| + \|\varphi\|$$
$$\|c\psi\| = |c|\|\psi\| \, ,$$

die als Definitionsgleichungen einer Norm betrachtet werden.[7]

Axiom (3.5.4) des Hilbertraums bedeutet: es gibt ein System von abzählbar vielen, linear unabhängigen Vektoren

$$\{|\chi_n\rangle \quad |n \in \mathbb{N}\} \, ,$$

so daß für jeden Vektor $|\psi\rangle$ die Entwicklung

$$|\psi\rangle = \sum_{n=1}^{\infty} a_n |\chi_n\rangle$$

möglich ist, wobei die Konvergenz bezüglich der Norm (3.5.8) zu verstehen ist, vgl.(3.3.10). Mit Hilfe des **Erhard Schmidtschen Orthogonalisierungsverfahrens**,[8] können die Vektoren orthogonalisiert und normiert werden, d. h. so gewählt werden, daß

$$\langle \chi_m | \chi_n \rangle = \delta_{mn} \tag{3.5.9}$$

gilt. Damit folgt für die Entwicklungskoeffizienten a_n

$$a_n = \langle \chi_n | \psi \rangle \tag{3.5.10}$$

und

$$\langle \psi | \psi \rangle = \sum_n |\langle \chi_n | \psi \rangle|^2 \, . \tag{3.5.11}$$

Als Verallgemeinerung gilt die Vollständigkeitsrelation (3.3.20)

$$\langle \varphi | \psi \rangle = \sum_n \langle \varphi | \chi_n \rangle \langle \chi_n | \psi \rangle \, , \tag{3.5.12}$$

die wir oft in der abgekürzten Form

$$\sum_n |\chi_n\rangle\langle \chi_n| = 1 \tag{3.5.13}$$

verwenden werden.

---

[7] Vgl. z. B. Großmann, Funktionalanalysis I, Abschnitt 2.3.1.

[8] Vgl. jedes Lehrbuch der linearen Algebra z. B. T. R. Lingenberg, Lineare Algebra. (BI-Hochschultaschenbücher, Mannheim 1970)

Beispiele für Hilberträume

1. Der **Folgenraum** ℓ_2 besteht aus den komplexen Zahlenfolgen

$$|\psi\rangle = (\psi_1, \psi_2, \ldots) \quad \text{mit} \quad \psi_i \in \mathbb{C}, \tag{3.5.14}$$

für die die Summen

$$\sum_n |\psi_n|^2 < \infty \tag{3.5.15}$$

konvergieren. Daraus folgt durch Anwenden der Schwarzschen Ungleichung, daß auch das Skalarprodukt

$$\langle \varphi|\psi\rangle \quad := \quad \sum_n \varphi_n^* \psi_n < \infty \tag{3.5.16}$$

konvergiert.[9] Eine orthonormale Basis wird durch die Einheitsfolgen

$$|\chi_1\rangle := (1, 0, 0, 0, \ldots)$$
$$|\chi_2\rangle := (0, 1, 0, 0, \ldots)$$
$$|\chi_3\rangle := (0, 0, 1, 0, \ldots)$$
$$\vdots$$

gegeben.

2. Der **Raum der quadratintegrablen Funktionen** $\mathcal{L}_2(\mathbb{R}^n)$ besteht aus allen komplexwertigen Funktionen

$$\psi : \mathbb{R}^n \to \mathbb{C}$$
$$(x_1, x_2, \ldots, x_n) \to \psi(x_1, x_2, \ldots, x_n)$$

mit

$$\int_{\mathbb{R}^n} \psi^*(x_1, x_2, \ldots, x_n)\psi(x_1, x_2, \ldots, x_n)\, \mathrm{d}^n x < \infty, \tag{3.5.17}$$

wobei das Integral im Lebesgueschen Sinne zu verstehen ist.[10] Das Skalarprodukt ist wie folgt definiert

$$\langle \varphi|\psi\rangle = \int_{\mathbb{R}^n} \varphi^*(x_1, x_2, \ldots, x_n)\psi(x_1, x_2, \ldots, x_n)\, \mathrm{d}^n x \tag{3.5.18}$$

und konvergiert wegen (3.5.17) aufgrund der Schwarzschen Ungleichung. Für die Quantenmechanik sind speziell die Dimensionen $n = 1$ und $n = 3$ wichtig.

---

[9] Für den Beweis der Vollständigkeit des Folgenraumes sei auf die Literatur verwiesen; z.B. Großmann I, 2.5.2.c
[10] Die Vollständigkeit des so definierten Raumes wird durch den Satz von Fischer-Riesz garantiert, vgl. z.B. Großmann I, 2.5.2.e.

(a) Für $n = 1$ werden die Vektoren des Hilbertraumes durch die Funktionen

$$x \rightarrow \psi(x)$$

dargestellt und das Skalarprodukt wird durch

$$\langle \varphi | \psi \rangle = \int_R \varphi^*(x)\psi(x)\,\mathrm{d}x$$

gegeben. Eine Basis von $\mathcal{L}_2(\mathbb{R})$ wird z. B. durch die **Hermiteschen Orthogo-nalfunktionen**

$$\varphi_n(x) = H_n(x)\mathrm{e}^{-\frac{1}{2}x^2} \qquad (3.5.19)$$

mit

$$H_n(x) = \frac{(-1)^n}{\sqrt{2^n n! \sqrt{\pi}}}\mathrm{e}^{x^2}\frac{\mathrm{d}^n}{\mathrm{d}x^n}\mathrm{e}^{-x^2} \qquad (n = 1, 2, \ldots) \qquad (3.5.20)$$

gegeben. Diese orthonormale Basis kann durch Orthonormierung der nicht-orthogonalen Basis

$$\tilde{\varphi}_n(x) := x^n \mathrm{e}^{-\frac{1}{2}x^2} \qquad (3.5.21)$$

konstruiert werden.

Die Orthonormalität von (3.5.20) kann man direkt mit Hilfe partieller Integration verifizieren. (Dies wurde im Abschnitt 2.10.4 explizit durchgeführt.) Für den Beweis der Vollständigkeit benutzt man den Weierstraßschen Approxima-tionssatz,[11]

(b) Für $n = 3$ werden wir auf die im Kapitel 2 behandelten Wellenfunktionen geführt

$$\vec{r} \rightarrow \psi(\vec{r})\,,$$

und das Integral

$$\langle \varphi | \psi \rangle = \int_{\mathbb{R}^3} \varphi^*(\vec{r})\psi(\vec{r})\,\mathrm{d}^3r\,,$$

das schon im Kapitel 2 verwendet wurde.

Das erste Beispiel, der Folgenraum ℓ_2 hat Modell-Charakter, denn jedem Hilbertraum kann man (auf unendlich viele verschiedene Weisen) einen Folgenraum zuordnen. Dazu muß man eine orthonormale Basis $\{|\chi_n\rangle\}_{n\in\mathbb{N}}$ wählen und jeden Vektor $|\psi\rangle$ durch die Skalarprodukte

$$\psi_n := \langle \chi_n | \psi \rangle$$

darstellen. Mit Hilfe der Vollständigkeitsrelation (3.5.12) folgt

$$\langle \psi | \psi \rangle = \sum_n \langle \psi | \chi_n \rangle \langle \chi_n | \psi \rangle = \sum_n |\langle \chi_n | \psi \rangle|^2\,.$$

Daher konvergiert die rechts stehende Reihe und die Folge

$$\langle \chi_1 | \psi \rangle, \langle \chi_2 | \psi \rangle, \cdots$$

kann zur Definition eines Folgenraumes gewählt werden.

---

[11] Vgl. Großmann, Funktionalanalysis I, Seite 78 und 79.

3.5.2 Lineare Operatoren im Hilbertraum

Nach den Erfahrungen der ersten beiden Kapitel und dem allgemeinen Argument im Abschnitt (3.4.2) werden Observable durch lineare Operatoren dargestellt. Als Paradigmen dafür erinnern wir an die Operatoren für Impuls und Ort

$$(P\psi)(x) = \frac{\hbar}{i}\frac{d\psi(x)}{dx} \quad \text{und} \quad (Q\psi)(x) = x\,\psi(x) .$$

Aber diese Typen von Operatoren reichen nicht aus, um alle Observablen der Quantentheorie zu beschreiben. Daher müssen wir Operatoren in möglichst allgemeiner Weise definieren. Dafür stellt die Mathematik den Begriff „Abbildung" zur Verfügung. In der Tat definieren P und Q Abbildungen im Funktionen-Raum, die der Funktion $\psi(x)$ ihre Ableitung bzw. $x\psi(x)$ zuordnen.

Im folgenden stellen wir die wichtigsten Begriffe über lineare Operatoren zusamm und beginnen mit der allgemeinen Definition.

Eine Abbildung eines Teilraumes $\mathcal{D}_A \subset \mathcal{H}$ in den Hilbertraum $\mathcal{H}$

$$A: \quad \mathcal{D}_A \to \mathcal{H}$$
$$|\psi\rangle \mapsto A|\psi\rangle$$

heißt **linearer Operator**, wenn für alle $|\psi_1\rangle, |\psi_2\rangle \in \mathcal{D}_A$ und $c_1, c_2 \in \mathbb{C}$ gilt

$$A(c_1|\psi_1\rangle + c_2|\psi_2\rangle) = c_1 A|\psi_1\rangle + c_2 A|\psi_2\rangle .$$

Man beachte: Da $\mathcal{D}_A$ Teilraum von $\mathcal{H}$ ist, liegt $c_1|\psi_1\rangle + c_2|\psi_2\rangle$ immer in $\mathcal{D}_A$, so daß die linke Seite dieser Gleichung definiert ist.

In der physikalischen Literatur wird vom Definitionsbereich der Operatoren oft garnicht gesprochen. Aber schon die einfachsten physikalisch wichtigen Operatoren sind nur auf Teilen des zugeordneten Hilbertraumes definiert. So ergibt der Ortsoperator Q nicht für alle Funktionen aus $\mathcal{L}_2$, sondern nur für solche $\psi(x)$ wieder einen Hilbertraum-Vektor, für die

$$\int\limits_{-\infty}^{\infty} x^2 |\psi(x)|^2 dx < \infty$$

konvergiert.

Zum konkreten Umgang mit Operatoren sind die **Matrixelemente des Operators A** wichtig. Allgemein meint man damit die komplexen Zahlen

$$\langle \varphi | A | \psi \rangle \quad \text{mit} \quad |\psi\rangle \in \mathcal{D}_A; |\varphi\rangle \in \mathcal{H} .$$

Falls $\mathcal{D}_A = \mathcal{H}$ ist, kann man die Matrixelemente für eine Orthonormal-Basis $\{|\chi_n\rangle\}_{n\in\mathbb{N}}$ angeben

$$\boxed{A_{nm} \stackrel{\text{def}}{=} \langle \chi_n | A | \chi_m \rangle .} \qquad (3.5.22)$$

Die Gesamtheit der A_{nm} bildet eine Matrix mit unendlich vielen Zeilen und Spalten. Jedes allgemeine Matrixelement kann durch die A_{nm} ausgedrückt werden. Dazu verwendet man in $\langle \varphi | A | \psi \rangle$ zweimal die Vollständigkeitsrelation (3.5.13)

$$\langle\varphi|A|\psi\rangle = \langle\varphi|A\,1|\psi\rangle = \sum_m \langle\varphi|\,1A|\chi_m\rangle\langle\chi_m|\psi\rangle$$
$$= \sum_{m,n} \langle\varphi|\chi_n\rangle\langle\chi_n|A|\chi_m\rangle\langle\chi_m|\psi\rangle \ .$$

Bezeichnet man mit

$$\varphi_n := \langle\chi_n|\varphi\rangle \qquad ,n = 1,2,3,\ldots$$
$$\psi_m := \langle\chi_m|\psi\rangle \qquad ,m = 1,2,3,\ldots$$

die Entwicklungskoeffizienten von $|\varphi\rangle$ und $|\psi\rangle$, so kann man schreiben

$$\langle\varphi|A|\psi\rangle = \sum_{n,m} \varphi_n^* A_{nm}\psi_m \ . \tag{3.5.23}$$

Dieses Ergebnis ist eine Verallgemeinerung der üblichen Matrixmultiplikation

$$\langle\varphi|A|\psi\rangle = (\varphi_1^*, \varphi_2^*, \ldots, \varphi_N^*) \begin{pmatrix} A_{11}, & A_{12}, & \cdots A_{1N} \\ A_{21}, & A_{22}, & \cdots A_{2N} \\ \vdots & \vdots & \vdots \\ A_{11}, & A_{12}, & \cdots A_{NN} \end{pmatrix} \begin{pmatrix} \psi_1 \\ \psi_2 \\ \vdots \\ \psi_N \end{pmatrix} \ . \tag{3.5.24}$$

Bei der Begründung von (3.5.23) wurde großzügig mit i. a. unendlichen Summen umgegangen. Man kann die Manipulationen für sogenannte stetige oder beschränkte (lineare) Operatoren mathematisch rechtfertigen, die die Ungleichung

$$|A|\psi\rangle| \le c|\psi| \quad \text{für alle} \quad |\psi\rangle \in \mathcal{D}_A$$

erfüllen. Unter dieser Voraussetzung darf man insbesondere in

$$A \sum_n |\chi_n\rangle\langle\chi_n|\psi\rangle = \sum_n A|\chi_n\rangle\langle\chi_n|\psi\rangle \tag{3.5.25}$$

den Operator in die unendliche Reihe hineinziehen, was für unbeschränkte Operatoren nicht immer erlaubt ist. Leider sind – wie erwähnt – die wichtigsten Operatoren der Quantenmechanik wie der Orts- und der Impulsoperator unbeschränkt.[12]
Die Matrix-Darstellung von Operatoren ist dem Folgenraum ℓ_2 angepaßt. Für den Funktionenraum $\mathcal{L}_2$ ist es praktischer, Operatoren als Differentialoperatoren, z. B. für $\mathcal{L}_2(\mathbb{R})$

$$D\psi(x) = F\left(x, \frac{\mathrm{d}}{\mathrm{d}x}\right)\psi(x) \tag{3.5.26}$$

oder als Integraloperatoren

$$I\psi(x) = \int\limits_{-\infty}^{\infty} K(x,x')\psi(x')\mathrm{d}x' \tag{3.5.27}$$

---

[12] Vgl. Großmann, Funktionalanalysis II. Kap.10.10

anzugeben. In beiden Fällen prüft man die Linearität sofort nach.

Als historischer Hinweis sei angemerkt, daß bei der Entwicklung der Quantenmechanik die Unterscheidung von **Wellenmechanik** und **Matrizenmechanik** eine wichtige Rolle gespielt hat. Schrödinger arbeitete im Hilbertraum $\mathcal{L}_2(\mathbb{R}^3)$ und daher mit den Differentialoperatoren für Ort und Impuls, während Heisenberg den Raum ℓ_2 und Matrizen

$$q_{nm} \tag{3.5.28}$$

verwendete. Allerdings war er nicht vom Begriff der Matrix dazu gekommen – diesen Begriff lernte er erst später von Max Born kennen – sondern die q_{nm} bezeichneten Übergangsamplituden von einem Energiezustand E_n zu einem anderen E_m.

Eine zentrale Rolle wird der Begriff des **zu A adjungierten Operators** $A^\dagger$ (in der mathematischen Literatur mit A^* bezeichnet) spielen, der durch folgende Gleichung für Matrixelemente definiert ist:

$$\langle\varphi|A^\dagger|\psi\rangle \quad := \quad \langle A\varphi|\psi\rangle = \langle\psi|A|\varphi\rangle^* \,. \tag{3.5.29}$$

Damit diese Definition sinnvoll ist, muß $|\varphi\rangle$ in $\mathcal{D}_A$ liegen. Ferner muß es für alle $|\varphi\rangle \in \mathcal{D}_A$ ein $|\hat\psi\rangle$ derart geben, daß

$$\langle A\varphi|\psi\rangle = \langle\varphi|\hat\psi\rangle$$

gilt. Dann kann man $A^\dagger|\psi\rangle = |\hat\psi\rangle$ definieren. Die Definitionsgleichung kann man durch Übergang zum konjugiert Komplexen auch in der Form

$$\langle\psi|A|\varphi\rangle = \langle A^\dagger\psi|\varphi\rangle$$

schreiben.[13] Diese Formel kann man verbal wie folgt beschreiben: Den Operator A kann man von der rechten Seite des Matrixelements auf die linke Seite als $A^\dagger$ „überwälzen". Die Menge der $|\psi\rangle$, für die $|\hat\psi\rangle$ existiert, bestimmt den Definitionsbereich $\mathcal{D}_{A^\dagger}$ von $A^\dagger$.

Der zu $A^\dagger$ adjungierte Operator $(A^\dagger)^\dagger$ ist gleich A, Dies folgt durch eine kleine Übung mit dem „Überwälzen":

$$\langle\varphi|(A^\dagger)^\dagger|\psi\rangle = \langle A^\dagger\varphi|\psi\rangle = \langle\psi|A^\dagger|\varphi\rangle^* = \langle A\psi|\varphi\rangle^*$$
$$= \langle\varphi|A|\psi\rangle \,.$$

Allerdings haben wir hier „naiv" gerechnet, was erlaubt ist, wenn der Definitionsbereich $\mathcal{D}_{(A^\dagger)^\dagger}$ von $(A^\dagger)^\dagger$ gleich dem Definitionsbereich $\mathcal{D}_A$ von A ist. Erst wenn $\mathcal{D}_{(A^\dagger)^\dagger} = \mathcal{D}_A$ gilt, kann man schreiben

$$(A^\dagger)^\dagger = A \,. \tag{3.5.30}$$

Aus der Definition (3.5.29) folgt für die Matrix des Operators $A^\dagger$ bezüglich einer Basis, wenn man die Definition (3.5.22) verwendet

---

[13] An dieser und vielen anderen Stellen halten wir uns nicht bürokratisch an die Diracsche Notation. Nach der müßten wir für die rechte Seite

$$\langle(A^\dagger|\psi\rangle)|\varphi\rangle$$

schreiben, was weder praktisch noch ästhetisch ist.

$$(A^\dagger)_{nm} = A^*_{mn} \,, \tag{3.5.31}$$

d. h. man bildet die Matrix des adjungierten Operators, indem man Zeilen und Spalten vertauscht und die Matrixelemente komplex konjugiert. Der zum Integraloperator I aus Gleichung (3.5.27) adjungierte Integraloperator ist

$$I^\dagger \psi(x) = \int\limits_{-\infty}^{\infty} K^*(x',x)\psi(x')\,\mathrm{d}x' \,, \tag{3.5.32}$$

was man wie folgt beweisen kann

$$\begin{aligned}
\langle \varphi | I^\dagger | \psi \rangle &= \int \mathrm{d}x \varphi^*(x) \int K^*(x',x)\psi(x')\,\mathrm{d}x' \\
&= \int \mathrm{d}x' \psi(x') \int K^*(x',x)\varphi^*(x)\,\mathrm{d}x \\
&= \left(\int \mathrm{d}x' \psi^*(x') \int K(x',x)\varphi(x) \right)^* \,\mathrm{d}x' \\
&= \langle \psi | I | \varphi \rangle^* \,.
\end{aligned}$$

Falls

$$A^\dagger = A \tag{3.5.33}$$

gilt, heißt A **hermitesch** oder **selbstadjungiert**. Diese Gleichung enthält auch die Aussage über die Definitionsbereiche

$$\mathcal{D}_{A^\dagger} = \mathcal{D}_A \,.$$

Falls nur für die Matrixelemente

$$\langle \varphi | A^\dagger | \psi \rangle = \langle \varphi | A | \psi \rangle = \langle \psi | A | \varphi \rangle^* \tag{3.5.34}$$

gilt, heißt A **symmetrisch**. Auf jedem Falle gilt

$$\mathcal{D}_{A^\dagger} \supseteq \mathcal{D}_A \,,$$

denn nach (3.5.34) ist $A^\dagger$ auf jeden Fall für die Vektoren $|\psi\rangle$ definiert, die im Definitionsbereich von A liegen. Für die Matrixelemnete von hermiteschen Operatoren gilt

$$A_{nm} = A^*_{mn} \,.$$

Operatoren mit der Eigenschaft

$$A^\dagger = -A \,, \tag{3.5.35}$$

heißen **antihermitesch**. Jeder Operator mit $\mathcal{D}_{A^\dagger} = \mathcal{D}_A$ läßt sich durch

$$A = \underbrace{\frac{1}{2}(A + A^\dagger)}_{A_1} + \underbrace{\frac{1}{2}(A - A^\dagger)}_{A_2} \tag{3.5.36}$$

zerlegen, wobei A_1 hermitesch und A_2 antihermitesch ist.

Wir zeigen als Beispiel, daß der Projektionsoperator

$$P_\varphi |\psi\rangle = |\varphi\rangle\langle\varphi|\psi\rangle$$

hermitesch ist:

Zunächst ist P_φ für jedes $|\psi\rangle \in \mathcal{H}$ definiert

$$\mathcal{D}_{P_\varphi} = \mathcal{H}$$

und es gilt

$$\langle\psi_1|P_\varphi|\psi_2\rangle = \langle\psi_1|\varphi\rangle\langle\varphi|\psi_2\rangle = \langle\varphi|\psi_1\rangle^*\langle\psi_2|\varphi\rangle^* = (\langle\psi_2|\varphi\rangle\langle\varphi|\psi_1\rangle)^* = \langle\psi_2|P_\varphi|\psi_1\rangle^*$$
$$= \langle\psi_2|P_\varphi^\dagger|\psi_1\rangle^* \ ,$$

wobei wir in der letzten Zeile die Definition des adjungierten Operators wiederholt haben.

Regeln über Addition und Multiplikation von Operatoren

Wir haben schon Summen von Operatoren intuitiv verwendet. Jetzt holen wir eine genaue Definition nach, die wir auch gleich für Produkte von Operatoren geben: Die Summe und das Produkt von Operatoren A und B werden durch

$$(A + B)|\psi\rangle \stackrel{\text{def}}{=} A|\psi\rangle + B|\psi\rangle$$
$$(AB)|\psi\rangle \stackrel{\text{def}}{=} A(B|\psi\rangle)$$

definiert. Damit diese Definitionsgleichungen sinnvoll sind, müssen die Definitions- und Wertebereiche der Operatoren offensichtlich gewissen Bedingungen genügen: Für $A + B$ darf der Durchschnitt der Definitionsbereiche nicht leer sein und $A + B$ kann nur angewandt werden auf Zustände $|\psi\rangle$, die in diesem Durchschnitt liegen. Das Produkt AB wird durch das Hintereinander-Ausführen der zughörigen Abbildungen definiert. Daher müssen der Wertebereich von B und der Definitionsbereich von A gemeinsame Vektoren besitzen. In Zukunft werden wir diese Voraussetzungen nicht explizit nennen, sondern stillschweigend annehmen.

Für die Addition und Multiplikation der adjungierter Operatoren gilt

$$(A + B)^\dagger = A^\dagger + B^\dagger$$
$$(AB)^\dagger = B^\dagger A^\dagger \ .$$

Die letzte Beziehung folgt aus

$$\langle\varphi|(AB)^\dagger|\psi\rangle = \langle(AB)\varphi|\psi\rangle = \langle A(B\varphi)|\psi\rangle = \langle B\varphi|A^\dagger|\psi\rangle$$
$$= \langle\varphi|B^\dagger A^\dagger|\psi\rangle \ .$$

Wegen

$$\langle\varphi|(cA)^\dagger|\psi\rangle = \langle cA\varphi|\psi\rangle = c^*\langle A\varphi|\psi\rangle = c^*\langle\varphi|A^\dagger|\psi\rangle$$
$$= \langle\varphi|c^* A^\dagger|\psi\rangle$$

gilt ferner

$$(cA)^\dagger = c^* A^\dagger \,.$$

Aus diesen Regeln folgt: Die Summe zweier hermitescher Operatoren ist wieder hermitesch und auch bei Multiplikation mit einer reellen Zahl a bleibt die Hermitizität erhalten

$$(A + B)^\dagger = A^\dagger + B^\dagger = A + B \,; (a\,A)^* = aA \,,$$

wobei der Definitionsbereich von $A + B$ der Durchschnitt von $\mathcal{D}_A$ und $\mathcal{D}_B$ ist. Daraus kann man schließen, daß die Summe von Projektions-Operatoren und auch

$$A = \sum_n a_n P_n = \sum_n a_n \,|a_n\rangle\langle a_n|$$

mit reellen a_n hermitesch ist. Dieses Beispiel ist insofern bemerkenswert, als – wie wir sehen werden – eine große Klasse von hermiteschen Operatoren sich in der Form schreiben läßt.

Der Kommutator und seine Regeln

Die Addition von Operatoren ist kommutativ

$$A + B = B + A \,, \tag{3.5.37}$$

da die Addition in $\mathcal{H}$ kommutativ ist. Dagegen gilt i. a.

$$AB \neq BA \,. \tag{3.5.38}$$

Insbesondere ist im Gegensatz zur Summe das Produkt zweier hermitescher Operatoren i. a. nicht hermitesch

$$(AB)^\dagger = B^\dagger A^\dagger = BA \neq AB$$

Daher ist der Begriff des **Kommutators** $[A, B]$ zweier Operatoren von großer Bedeutung

$$[A, B] := AB - BA \,. \tag{3.5.39}$$

Wenn z. B. A proportional dem Einsoperator ist

$$A = c\,\mathbf{1} \tag{3.5.40}$$

verschwindet $[A, B]$ für alle B.

Historisch hat sich in der Physik die Bezeichnung **c-Zahl** für $A = c\,\mathbf{1}$ eingebürgert, die von „classical number", d.h. aus der Klassischen Physik stammend, abgeleitet ist. Ein allgemeiner Operator wird auch als **q-Zahl** bezeichnet, was wohl von Heisenbergs q_{nm} stammt, aber auch von „query number" abgeleitet wird.

Für den Kommutator gelten die folgenden Rechenregeln, die direkt aus der Definition folgen und für das praktische Rechnen wichtig sind:

$$[A, B] = -[B, A] \tag{3.5.41}$$

$$[cA, B] = [A, cB] = c[A, B] \tag{3.5.42}$$

$$[(A_1 + A_2), B] = [A_1, B] + [A_2, B] \tag{3.5.43}$$

$$[A_1 A_2, B] = [A_1, B] A_2 + A_1 [A_2, B] . \tag{3.5.44}$$

Bei (3.5.44) ist streng auf die Reihenfolge der Operatoren zu achten. Durch Einsetzen der Definition läßt sich auch die Gültigkeit der **Jacobi-Identität** nachrechnen

$$[A, [B, C]] + [B, [C, A]] + [C, [A, B]] = 0 . \tag{3.5.45}$$

Bei „Doppelkommutatoren" verschwindet also die Summe über die zyklischen Vertauschungen.

Neben dem Kommutator spielt der **Antikommutator**

$$\{A, B\} := A B + B A \tag{3.5.46}$$

eine wichtige Rolle. So kann jedes Produkt zweier Operatoren als Summe von Kommutator und Antikommutator geschrieben werden

$$A B = \frac{1}{2}([A, B] + \{A, B\}) . \tag{3.5.47}$$

Für zwei hermitesche Operatoren ist der Kommutator antihermitesch und der Antikommutator antihermitesch, was man direkt nachprüft: Mit der Regel über das Konjugieren eines Produktes und (3.5.41) folgt

$$([A B])^\dagger = [B^\dagger, A^\dagger] = [B, A] = -[A, B] . \tag{3.5.48}$$

Analog findet man

$$\{A, B\}^\dagger = \{B^\dagger, A^\dagger\} = \{B, A\} = \{A, B\} . \tag{3.5.49}$$

3.5.3 Das Observablenaxiom

Nach diesen mathematischen Vorbereitungen können wir das **Observablenaxiom** allgemein formulieren

1. Jede physikalische Observable $\mathfrak{A}$ wird durch einen linearen hermiteschen Operator A des Zustandsraumes $\mathcal{H}$ dargestellt.

2. Der Erwartungswert $\langle \mathfrak{A} \rangle_\psi$ von $\mathfrak{A}$ im Zustand ψ wird durch

$$\langle \mathfrak{A} \rangle_\psi \quad = \sum_i a_i w_i == \quad \frac{\langle \psi | A | \psi \rangle}{\langle \psi | \psi \rangle} \tag{3.5.50}$$

gegeben. Falls $\|\psi\| = 1$ gilt, ist

$$\langle \mathfrak{A} \rangle_\psi = \langle \psi | A | \psi \rangle \tag{3.5.51}$$

Wegen der vorausgesetzten Hermitizität gilt $\langle\psi|A|\psi\rangle = \langle\psi|A|\psi\rangle^*$, so daß die Realität des Erwartungswertes garantiert ist.

Nach diesem Axiom muß in der Quantenmechanik für jede physikalisch beobachtbare Größe durch ein hermitescher Hilbertraum-Operator konstruiert werden. Im Kapitel 2 haben wir bereits gezeigt, wie dies für Differentialoperatoren geschehen kann. Interessant ist die Frage, ob auch die Umkehrung gilt, ob also jedem hermiteschen Operator eine Observable entspricht. Wie bei den Zuständen – vergl. 3.2 – muß diese Frage allgemein verneint werden. Dennoch empfiehlt es sich zunächst die Menge aller hermiteschen Operatoren in Betracht zu ziehen und später eventuell „Superauswahlregeln" einzuführen.

Für die weiteren Überlegungen benötigen wir den Begriff der **statistischen Streuung**. Dies ist eine (reelle) Zahl, die im Zustand ψ die mittlere quadratische Abweichung der Meßwerte a_i – der Observablen $\mathfrak{A}$ – von ihrem Mittel- oder Erwartungswert $\langle A\rangle_\psi$ angibt. Wenn a_i im Zustand ψ mit der Wahrscheinlichkeit w_i gemessen wurde, definiert man die **Streuung $\Delta_\psi A$ der Observablen $\mathfrak{A}$ im Zustand** ψ durch

$$(\Delta_\psi A)^2 \ \overset{\text{def}}{=}\ \sum_i (a_i - \langle A\rangle_\psi)^2 w_i \ . \tag{3.5.52}$$

Das Quadrat der Streuung ist also durch die Summe der mit der jeweiligen Wahrscheinlichkeit w_i gewichteten quadratischen Abweichungen der Meßwerte a_i vom Mittelwert $\langle\mathfrak{A}\rangle_\psi$ gegeben. Die quadratischen Abweichungen $(a_i - \langle A\rangle_\psi)^2$ sind die Meßwerte einer Observablen, die durch den Operator

$$(A - \langle A\rangle_\psi \, 1)^2$$

beschrieben wird. Daher schließen wir aus (3.5.52) und (3.5.51)

$$(\Delta_\psi A)^2 = \langle\psi|(A - \langle A\rangle_\psi \, 1)^2|\psi\rangle \tag{3.5.53}$$

Es folgt durch Ausquadrieren:

$$\begin{aligned}(A - \langle A\rangle_\psi \, 1)^2 &= A^2 - 2\langle A\rangle_\psi A - (\langle A\rangle_\psi)^2\\ &= \langle\psi|A^2|\psi\rangle - 2\langle A\rangle_\psi\langle\psi|A|\psi\rangle + \langle\psi|\langle A\rangle_\psi^2 \, 1|\psi\rangle\\ &= \langle\psi|A^2|\psi\rangle - 2\langle\psi|A|\psi\rangle^2 + \langle\psi|A|\psi\rangle^2\langle\psi|\psi\rangle \ .\end{aligned}$$

Also

$$\boxed{(\Delta_\psi A)^2 = \langle\psi|A^2|\psi\rangle - \langle\psi|A|\psi\rangle^2} \ , \tag{3.5.54}$$

wobei wir $|\psi\rangle$ gemäß $\langle\psi|\psi\rangle = 1$ auf eins normiert haben.

Mit Hilfe der Streuung können wir den Zusammenhang zwischen Operatoren (Observablen), Vektoren (Zuständen) und Meßwerten genauer studieren. Wie oft betont, hat in der Quantenphysik eine Observable in einem gegebenen Zustand i. a. keinen „scharfen" Wert. Messungen ergeben eine Statistik von Meßwerten, für die Erwartungswert und Streuung ermittelt werden können. Durch geeignete empirische Verfahren kann man aber jedes System in einen Zustand zwingen, in dem eine bestimmte Observable $\mathfrak{A}$ einen beliebig scharfen Meßwert hat, die Streuung also beliebig klein ist. Hat man etwa in einem System für die Observable $\mathfrak{A}$ den Wert a gemessen, so muß sich unmittelbar nach der Messung das System in einem Zustand befinden, in dem ΔA entweder exakt gleich Null oder aber kleiner als die Meßgenauigkeit ist. Dies folgt aus dem schon im Abschnitt 3.4.1 verwendeten

---

Grundprinzip der empirischen Wissenschaften
Messungen müssen reproduzierbar sein.

$\Delta A = 0$ ist exakt nur erreichbar, wenn a ein diskreter Meßwert von $\mathcal{A}$ ist, wenn also a von den möglichen benachbarten Meßwerten durch ein endliches Intervall getrennt ist. In diesem Abschnitt betrachten wir zunächst nur diesen Fall. Nach der Messung befindet sich das System im Zustand $|a\rangle$ und es gilt

$$\Delta_a A = 0 \qquad (3.5.55)$$

oder nach (3.5.54)

$$\langle a|A^2|a\rangle = \langle a|A|a\rangle^2 \ .$$

Setzt man

$$|b\rangle := A|a\rangle \ ,$$

so folgt wegen der Hermitizität von A

$$\langle b|b\rangle = |\langle a|b\rangle|^2 \ . \qquad (3.5.56)$$

Hierbei wurde benutzt, daß $\langle a|A|a\rangle$ reell ist. Wegen der Normierung $\langle a|a\rangle = 1$ kann man für (3.5.56) auch schreiben

$$|\langle a|b\rangle|^2 = \langle a|a\rangle\langle b|b\rangle \ .$$

Interpretiert man diese Gleichung als Spezialfall der Schwarzschen Ungleichung, so folgt daß $|b\rangle$ und $|a\rangle$ linear abhängig sein müssen:

$$|b\rangle = c|a\rangle$$
$$\text{bzw.} \qquad A|a\rangle = c|a\rangle \ .$$

Wir erhalten nach Bilden des Skalarprodukts mit $|a\rangle$

$$\langle a|A|a\rangle = c\langle a|a\rangle = c \ .$$

Da im Zustand $|a\rangle$ der scharfe Meßwert a vorliegt, stimmt der Mittelwert $\langle a|A|a\rangle$ mit a überein. Daher folgt

$$a = c \ ,$$

und es gilt

$$A|a\rangle = a|a\rangle \ .$$

Diese Gleichung ist die allgemeine Form eines Eigenwert-Problems, wobei die Zahl a „Eigenwert" und der Vektor $|a\rangle$ Eigenvektor genannt wird. Damit haben wir das folgende Theorem bewiesen

Durch Messung eines diskreten Meßwertes der Observablen $\mathfrak{A}$ stellt man einen Eigenzustand $|a\rangle$ des zugeordneten Operators A her:

$$A|a\rangle = a|a\rangle . \tag{3.5.57}$$

Die möglichen Meßwerte von $\mathfrak{A}$ sind die Eigenwerte von A.

Für einen Eigenzustand stimmt der Eigenwert mit dem Erwartungswert überein, so daß die Realität der Eigenwerte garantiert ist. Zwei verschiedene Meßwerte a und a' derselben Observablen schließen einander aus. Daher müssen die Wahrscheinlichkeiten

$$\langle a'|P_a|a'\rangle = |\langle a'|a\rangle|^2 = 0 \quad \text{und} \quad \langle a|P_{a'}|a\rangle = |\langle a|a'\rangle|^2 = 0$$

verschwinden. Dies wird aber mathematisch durch die Hermitizität gesichert. Denn aus

$$\langle a'|A|a\rangle = \langle a|A|a'\rangle^*$$

folgt aufgrund der Eigenwertgleichungen

$$a\langle a'|a\rangle = a'\langle a|a'\rangle^* \quad \text{und} \quad a' \neq a : \quad \langle a'|a\rangle = 0$$

die Orthogonalität der zu verschiedenen Eigenwerten gehörenden Eigenvektoren.

Die gewonnenen Ergebnisse wollen wir am Beispiel des mathematisch einfachsten Operators, den Projektions-Operator $P_\varphi = |\varphi\rangle\langle\varphi|$ illustrieren. Da er ein hermitescher Operator ist, sollte ihm nach dem Observablen-Axiom eine beobachtbare Größe entsprechen. Zur Klärung der physikalischen Bedeutung dieser Observablen bestimmen wir als erstes seine möglichen Eigenwerte. Diese folgen aus der Idempotenz-Eigenschaft der Projektoren

$$P_\varphi^2 = P_\varphi .$$

Wendet man diese Operatorgleichung auf einen Eigenvektor an, so folgt, daß für die Eigenwerte λ dieselbe algebraische Gleichung gelten muß

$$\lambda^2 = \lambda ,$$

deren Lösungen

$$\lambda = 0 \quad \text{und} \quad \lambda = 1$$

sind. Es lassen sich auch leicht die dazu gehörenden Eigenvektoren angeben: $\lambda = 1$ gilt für den Vektor $|\varphi\rangle$ und $\lambda = 0$ für alle Vektoren, die orthogonal zu $|\varphi\rangle$ sind. Die zum Projektionsoperator P_φ gehörende Observable legt also fest, ob der Zustand $|\varphi\rangle$ vorliegt oder nicht. Dem entspricht, daß sein Erwartungswert – mit der Voraussetzung $\|\varphi\| = 1$ – nach (3.5.51) den Wert

$$\langle P_\varphi\rangle_\psi = \langle\psi|P_\varphi|\psi\rangle = \langle\psi|\varphi\rangle\langle\varphi|\psi\rangle = |\langle\psi|\varphi\rangle|^2$$

hat. Dies ist genau die Wahrscheinlichkeit dafür, den Zustand φ zu messen, wenn vorher der Zustand *psi* hergestellt wurde. P_φ ist also die Observable, die der Messung des Zustandes φ entspricht. Damit haben wir das im Abschnitt 3.4.1 durch die Diskussion des Meßprozesses begründete Ergebnis als Konsequenz des Observablen-Axioms gewonnen.

Betrachten wir jetzt die **gleichzeitige Messung** von zwei Observablen an einen System, das sich in einem Zustand ψ befindet. Mit „gleichzeitig" ist Folgendes gemeint: Wir präparieren eine große Zahl N von identischen Systemen im gleichem Zustand. An einem Teil von ihnen – etwa an N_A Systemen – wird die Oberservable $\mathfrak{A}$ gemessen und an dem anderen Teil – mit der Anzahl $N_B = N - N_A$ – gleichzeitig die Observable $\mathfrak{B}$. In beiden Fällen wird man eine Statistik von Meßwerten erhalten, aus der man die Mittelwerte und die Streuungen berechnen kann

$$\langle\mathfrak{A}\rangle_\psi \quad \text{und} \quad \Delta_\psi A \quad \text{für} \quad A$$
$$\langle\mathfrak{B}\rangle_\psi \quad \text{und} \quad \Delta_\psi B \quad \text{für} \quad B \ .$$

In der klassischen Physik könnten beide Streuungen durch geeignete Wahl des Zustands beliebig klein gemacht werden. In der Quantenmechanik ist dies nicht mehr möglich, wie die Heisenbergsche Unschärferelation zeigt. Diese Tatsache begründen wir jetzt allgemein und beweisen das folgende

---

Allgemeine Unschärfe-Theorem

Für die Streuung zweier Observablen $\mathfrak{A}$ und $\mathfrak{B}$

$$(\Delta A)^2 = \langle\psi|(A - \langle\psi|A|\psi\rangle)^2|\psi\rangle$$
$$(\Delta B)^2 = \langle\psi|(B - \langle\psi|B|\psi\rangle)^2|\psi\rangle$$

gilt

$$\Delta A \cdot \Delta B \geq \frac{1}{2}|\langle\psi|[A, B]|\psi\rangle| \ . \tag{3.5.58}$$

Beweis:
Wir setzen

$$\hat{A} := A - \langle\psi|A|\psi\rangle,$$
$$\hat{B} := B - \langle\psi|B|\psi\rangle \ .$$

Dann gilt

$$(\Delta A)^2 = \langle\psi|\hat{A}^2|\psi\rangle = \langle\hat{A}\psi|\hat{A}\psi\rangle = \langle\phi|\phi\rangle$$
$$(\Delta B)^2 = \langle\psi|\hat{B}^2|\psi\rangle = \langle\hat{B}\psi|\hat{B}\psi\rangle = \langle\chi|\chi\rangle$$
$$\text{mit} \quad |\phi\rangle := \hat{A}|\psi\rangle \text{ und } \quad |\chi\rangle := \hat{B}|\psi\rangle \ .$$

Nach der Schwarzschen Ungleichung folgt

$$\Delta A \cdot \Delta B = \|\varphi\| \cdot \|\chi\| \geq |\langle\varphi|\chi\rangle| = |\langle\psi|\hat{A}\hat{B}|\psi\rangle| \ . \tag{3.5.59}$$

Wir zerlegen jetzt das Produkt $\hat{A}\hat{B}$ in seinen symmetrischen und einen antisymmetrischen Anteil

$$\hat{A}\hat{B} = \frac{1}{2}(\hat{A}\hat{B} + \hat{B}\hat{A}) + \frac{1}{2}(\hat{A}\hat{B} - \hat{B}\hat{A})$$
$$= \frac{1}{2}\{\hat{A}, \hat{B}\} + \frac{1}{2}[\hat{A}, \hat{B}] \ .$$

Dabei haben wir den Antikommutator und den Kommutator verwendet. Nach (3.5.49) und (3.5.48) ist der Antikommutator hermitesch und der Kommutator antihermitesch. Daher ist in

$$\langle\psi|\hat{A}\hat{B}|\psi\rangle = \frac{1}{2}\langle\psi|\{\hat{A}\hat{B}\}|\psi\rangle + \frac{1}{2}\langle\psi|[\hat{A}\hat{B}]|\psi\rangle$$

der erste Summand eine reelle, der zweite eine imaginäre Zahl, und wir können das Absolutquadrat leicht berechnen

$$|\langle\psi|\hat{A}\hat{B}|\psi\rangle|^2 = \frac{1}{4}|\langle\psi|\{\hat{A}\hat{B}\}|\psi\rangle|^2 + \frac{1}{4}|\langle\psi|[\hat{A}\hat{B}]|\psi\rangle|^2$$
$$\geq \frac{1}{4}|\langle\psi|[\hat{A}\hat{B}]|\psi\rangle|^2 \ ,$$

also

$$|\langle\psi|\hat{A}\hat{B}|\psi\rangle| \geq \frac{1}{2}|\langle\psi|[\hat{A}\hat{B}]|\psi\rangle| \ . \tag{3.5.60}$$

Nach der Definition von $\hat{A}$ und $\hat{B}$ gilt

$$[\hat{A}, \hat{B}] = [(A - \langle A\rangle_\psi\, \mathbf{1}), (B.\langle B\rangle_\psi)] = [A, B] \ ,$$

da der Einsoperator mit allen Operatoren kommutiert.[14] Aus (3.5.59) und (3.5.60) folgt die Behauptung (3.5.58).

Nach dem Beweis könnte man auch eine Ungleichung ableiten, in der der Antikommutator

$$\{A, B\} = AB + BA \quad \text{in der Form} \quad |\langle\psi|\{\hat{A}, \hat{B}\}|\psi\rangle$$

auftritt. Aber in diesem Falle hängt das Ergebnis von den eingehenden Erwartungswerten ab, was allgemeine Schlußfolgerungen nicht möglich macht. Eine solche allgemeine Konsequenz aus dem Unschärfe-Theorem ist:

Zwei Observable können nur dann gleichzeitig scharfe Meßwerte besitzen, wenn ihre Operatoren kommutieren:

$$AB = BA \ .$$

Die Stärke der Vertauschbarkeits-Bedingung liegt darin, daß auch die Umkehrung gilt

---

[14] Zur Berechnung des Kommutators verwendet man am besten die in (3.5.41) bis (3.5.44) angegebenen Rechenregeln.

Wenn zwei Observable kommutieren, können sie gleichzeitig gemessen werden. Es gibt Vektoren, die gleichzeitig Eigenvektoren der zugehörigen Operatoren sind.

Um den damit gemeinten Sachverhalt genau zu beschreiben, müssen wir zunächst beachten, daß ein Eigenwert a eines Operators A im allgemeinen mehrere linear unabhängige Eigenvektoren besitzt; er kann **entartet** sein. Daher bezeichnen wir sie mit $|a, \lambda\rangle$, wobei der Parameter λ die verschiedenen unabhängigen Eigenvektoren „durchnumeriert". λ kann endlich viele, aber auch unendlich viele Werte annehmen.[15] Dies gilt natürlich auch, wenn man Vektoren betrachtet, die gleichzeitig Eigenvektoren von zwei Observablen $\mathfrak{A}$ und $\mathfrak{B}$ sind. Wir bezeichnen sie mit

$$|a, b, \lambda\rangle .$$

Wir setzen jetzt voraus, daß der Kommutator

$$[A, B] = 0$$

verschwindet und wollen den folgenden Teil dieses Abschnittes dem folgenden Satz widmen.

(3.5.61)

Satz über vertauschbare hermitesche Operatoren

Hermitesche, vertauschbare Operatoren A und B sind gleichzeitig meßbar und besitzen ein System von **simultanen Eigenvektoren** $|a, b, \lambda\rangle$, d. h. es gilt

$$A|a, b, \lambda\rangle = a|a, b, \lambda\rangle$$
$$B|a, b, \lambda\rangle = b|a, b, \lambda\rangle .$$

Wir beginnen mit einer Vorbemerkung:
$|a, \lambda\rangle$ sei Eigenvektor von A, dann folgt aus

$$\begin{aligned}
A(B|a, \lambda\rangle) &= B(A|a, \lambda\rangle) \\
&= B(a|a, \lambda\rangle) \\
&= a(B|a, \lambda\rangle) ,
\end{aligned}$$

daß auch $B|a, \lambda\rangle$ ein Eigenvektor von A ist.

Um das Theorem zu begründen, nehmen wir zunächst an, daß sämtliche Eigenwerte von A einfach, also *nicht entartet* sind. Da mit $|a\rangle$ auch $B|a\rangle$ ein Eigenvektor zu A ist, a aber nicht entartet ist, muß gelten

$$B|a\rangle = const \cdot |a\rangle$$

---

[15] Im Kapitel 2 haben wir im Abschnitt 2.10.5 den Fall der Drehimpulsentartung ausführlich dargestellt.

d. h.: $B|a\rangle$ und $|a\rangle$ sind linear abhängig. Wir bezeichnen die Proportionalitätskonstante mit b

$$B|a\rangle = b|a\rangle \; ,$$

da sie offensichtlich ein Eigenwert von B ist.
Insgesamt ist

$$|a,b\rangle := |a\rangle$$

ein simultaner Eigenvektor von A und B. Wir haben also jetzt für nicht entartete Eigenwerte erhalten

$$A|a,b\rangle = a|a,b\rangle$$
$$B|a,b\rangle = b|a,b\rangle \; .$$

Für den Fall der Entartung wird der Beweis komplizierter. Mit

$$|a,\mu\rangle \quad \text{wobei} \quad \mu = 1,2,\dots$$

seien ein System linear unabhängiger Eigenvektoren von A zum Eigenwert a bezeichnet. Wieder ist

$$B|a,\mu\rangle$$

ein Eigenvektor von A zum gleichen Eigenwert a. Daher kann man diesen Vektor nach den $|a,\mu\rangle$ entwickeln

$$B|a,\mu\rangle = \sum_{\mu'} |a,\mu'\rangle B_{\mu'\mu} \; .$$

Diese Gleichung bedeutet, daß der Operator B in dem Teilraum des Hilbertraumes, der von den Eigenvektoren $|a,\mu\rangle$ aufgespannt wird

$$\{|a,1\rangle, |a,2\rangle, \dots\}$$

durch die Matrix $B_{\mu'\mu}$ dargestellt wird, die wie B selbst hermitesch ist. Man kann daher – nach Sätzen aus der linearen Algebra – das Eigenwertproblem für den Operator B ganz in diesem Teilraum formulieren und lösen. Man erhält durch Diagonalisierung der Matrix

$$(B_{\mu'\mu})$$

die Eigenvektoren von B als Linearkombinationen der $|a,\mu\rangle$, wobei die Koeffizienten auch vom gesuchten Eigenwert b von B abhängen.

$$|a,b,\lambda\rangle = \sum_{\mu'} |a,\mu'\rangle c_{\mu'}(b) \; ,$$

Diese Zustände besitzen die im Theorem genannten Eigenschaften.
   Diese Konstruktion kann man auf n vertauschbare Operatoren A_i verallgemeinern

$$[A_i, A_j] = 0 \; ,$$

und man gelangt zu einem Eigenvektorsystem

$$|a_1, a_2, \ldots, a_n, \lambda\rangle \tag{3.5.62}$$

mit

$$A_i|a_1, a_2, \ldots, a_n, \lambda\rangle = a_i|a_1, a_2, \ldots, a_n, \lambda\rangle \quad \text{für} \quad i = 1, 2, \ldots, n \,. \tag{3.5.63}$$

Immer noch kann es zu einem bestimmten Satz von Eigenwerten $(a_1, a_2, \ldots, a_n)$ mehrere Eigenvektoren geben. Aber mit wachsendem n wird der Bereich von λ, der Entartungsgrad immer kleiner. Schließlich kann es geschehen, daß die simultanen Eigenvektoren – bis auf einen Faktor – durch die Eigenwerte $(a_1, a_2, \ldots, a_n)$ eindeutig bestimmt sind. Dann nennt man die Menge $\{A_1, A_2, \ldots, A_n\}$ der Operatoren ein **vollständiges System vertauschbarer Observabler**, kurz v.S.v.O.

Nach diesen Ergebnissen haben vertauschbare Operatoren eine wichtige physikalische Bedeutung: Sie beschreiben Observablen, die gleichzeitig meßbar, „kommensurabel" sind. Bei einer Messung stellt man Eigenzustände der jeweiligen Observablen her. Nach dem gerade bewiesenen Satz können diese Zustände so hergestellt werden, daß sie gleichzeitig Eigenzustände aller vertauschbaren Observablen sind. Eine wichtige und nicht einfache physikalische Aufgabe ist es, für ein spezielles physikalisches System ein v.S.v.O. zu finden, durch deren Messung die physikalischen Zustände eindeutig festgelegt werden. Im Laufe der Entwicklung der Mikro-Physik wuchs die Kenntnis des Systems dieser kommensurablen Observablen ständig. Die Entdeckung des Spins ist ein wichtiges Beispiel dafür.

3.5.4   Uneigentliche Eigenvektoren

Wir wollen nun Meßwerte a betrachten, die im Kontinuum des zu A gehörenden Meßwert-Spektrums liegen. Für sie kann (3.5.55) nicht begründet werden. Jede Meßapparatur hat nämlich eine endliche Meßgenauigkeit, die im Idealfall zwar beliebig klein gemacht werden kann, aber doch endlich bleibt. Bei der Messung von diskret liegenden Meßwerten braucht man die Meßgenauigkeit nur kleiner als ihren kleinsten Abstand zu machen, um (3.5.55) zu erreichen. Liegt der Meßwert im Kontinuum (oder ist er ein Häufungspunkt – wie $E = 0$ – im Wasserstoffspektrum), so kann man zwar durch Verbesserung der Meßgenauigkeit die Streuung $\Delta_\psi A$ immer weiter verkleinern, erreicht aber den Wert $\Delta_\psi A = 0$ streng nie. Vielmehr kann man bestenfalls eine Reihe von Experimenten durchführen, die zu Zuständen $|b_n\rangle$ führen, die immer kleinere Streuungen ergeben. Idealisierend kann man von einer Folge $|b_n\rangle$ sprechen mit

$$\Delta_{b_n} A \to 0 \quad \text{für} \quad n \to \infty \,. \tag{3.5.64}$$

Dieser Grenzprozeß ist praktisch nicht durchführbar.

Auch mathematisch bringt er Probleme. Hermann Weyl benutzte den Begriff „Eigendifferential", David Hilbert und Johann von Neumann entwickelten eine exakte Theorie, die zur „Spektralzerlegung von hermiteschen Operatoren" führte. P. A. M. Dirac erfand ein Rechenverfahren, das zwar nicht so exakt, aber sehr bequem ist und daher von den Physikern in der Regel benutzt wird.

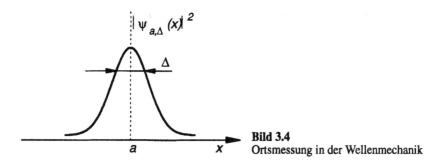

Bild 3.4
Ortsmessung in der Wellenmechanik

Der Ursprung der mathematischen Schwierigkeiten liegt darin, daß die Folge der Zustände $|b_n\rangle$ in (3.5.64) aus dem Hilbertraum herausführt, d. h. nicht gegen einen Hilbertraumvektor konvergiert. Diese Behauptung begründen wir mit der

Ortsmessung in der Wellenmechanik

Wenn man nur festgestellt hat, daß die gemessene Ortskoordinate x in einem Intervall der Breite Δ liegt, wird man das Meßergebnis etwa durch die Wellenfunktion [16]

$$\psi_{a,\Delta}(x) = \frac{1}{\sqrt{\sqrt{\pi}\Delta}} e^{-\frac{1}{2}\frac{(x-a)^2}{\Delta^2}} \tag{3.5.65}$$

darstellen, wobei der Faktor $(\sqrt{\pi}\Delta)^{-\frac{1}{2}}$ zur Normierung

$$\int_{-\infty}^{\infty} |\psi_{a,\Delta}(x)|^2 dx = 1$$

angebracht wurde. Offenbar gilt im Grenzfall beliebig großer Genauigkeit $\Delta \to 0$:

$$\lim_{\Delta\to 0} \psi_{a,\Delta}(x) = \begin{cases} 0 & \text{für} \quad x \neq a \\ \infty & \text{für} \quad x = a \end{cases}.$$

Für die Grenzfunktion kann man symbolisch

$$\lim_{\Delta\to 0} \psi_{a,\Delta}(x) = \sqrt{\delta(x-a)} \tag{3.5.66}$$

schreiben. Sie ist kein Element des Hilbertraumes $\mathcal{L}_2(\mathbb{R})$.

Nach Dirac kann man diese Situation mit Hilfe **uneigentlicher Hilbertraumvektoren** beschreiben. Dem Meßwert a im kontinuierlichen Meßbereich entspricht danach ein „Vektor" $|a\rangle$ mit unendlicher Norm

$$\langle a|a\rangle = \infty . \tag{3.5.67}$$

---

[16] Die folgende Darstellung beschreibt die Messung mit endlicher Auflösung nicht genau. Eigentlich muß man dazu eine Summe von Projektionsopèratoren verwenden, wie dies im Abschnitt 3.5.5 angegeben ist. An dieser Stelle wollen wir aber nur den Diracschen Ansatz motivieren, ohne weitere Schlüsse zu ziehen.

Um diese Aussage zu präzisieren, gehen wir von der Orthonormalitätsrelation für die diskreten Meßwerte a_n aus

$$\langle a_n | a_m \rangle = \delta_{nm} \, . \tag{3.5.68}$$

Für zwei Vektoren $|a\rangle$ und $|a'\rangle$ im kontinuierlichen Bereich postulieren wir im Hinblick auf (3.5.67)

$$\boxed{\langle a' | a \rangle = \delta(a - a')} \tag{3.5.69}$$

und für einen Hilbertvektor $|a_n\rangle$ im diskreten Bereich.

$$\langle a | a_n \rangle = 0 \, . \tag{3.5.70}$$

Die mathematische Bedeutung von (3.5.69) wird deutlich, wenn wir einen beliebigen Vektor $|\psi\rangle$ durch die Zustände $|a_n\rangle$ und $|a\rangle$ darzustellen versuchen. Wir verallgemeinern die Entwicklung

$$|\psi\rangle = \sum_n c_n |a_n\rangle$$

zu

$$|\psi\rangle = \sum_n c_n |a_n\rangle + \int c(a) |a\rangle \mathrm{d}a \, , \tag{3.5.71}$$

wobei das Integral über den kontinuierlichen Meßbereich zu erstrecken ist.

diskrete Meßwerte   kontinuierliche Meßwerte

Bild 3.5 Diskrete und kontinuierliche Meßwerte

Mit Hilfe der verallgemeinerten Orthonormierungsbedingung (3.5.69) folgt für einen Meßwert a' aus dem Kontinuum

$$\langle a' | \psi \rangle = \sum_n c_n \underbrace{\langle a' | a_n \rangle}_{0} + \int c(a) \underbrace{\langle a' | a \rangle}_{\delta(a-a')} \mathrm{d}a \, ,$$

also

$$\langle a' | \psi \rangle = c(a') \, .$$

Damit können wir für $|\psi\rangle$ schreiben

$$\boxed{|\psi\rangle = \sum_n |a_n\rangle \langle a_n | \psi \rangle + \int |a_n\rangle \mathrm{d}a \langle a | \psi \rangle} \tag{3.5.72}$$

und für das Skalarprodukt $\langle \varphi | \psi \rangle$

$$\langle\varphi|\psi\rangle = \sum_n \langle\varphi|a_n\rangle\langle a_n|\psi\rangle + \int \langle\varphi|a\rangle\mathrm{d}a\langle a|\psi\rangle . \qquad (3.5.73)$$

Speziell erhält man für $|\varphi\rangle = |\psi\rangle$

$$\langle\psi|\psi\rangle = \sum_n |\langle a_n|\psi\rangle|^2 + \int |\langle a|\psi\rangle|^2\mathrm{d}a . \qquad (3.5.74)$$

In den Formeln (3.5.73) und (3.5.74) treten die uneigentlichen Eigenvektoren $|a\rangle$ nicht mehr direkt auf, sondern nur die Größen

$$\langle a|\psi\rangle \quad \text{und} \quad \langle a|\varphi\rangle ,$$

die komplexwertige Funktionen über dem kontinuierlichen Teil des Spektrums von A sind. In (3.5.69) stellt

$$w_n := |\langle a_n|\psi\rangle|^2$$

die Wahrscheinlichkeit dar, den diskreten Wert a_n zu messen. Für den kontinuierlichen Bereich wird die entsprechende Wahrscheinlichkeit, einen Wert von A zwischen a und $a + \mathrm{d}a$ zu messen, durch

$$w(a)\mathrm{d}a := |\langle a|\psi\rangle|^2\mathrm{d}a$$

gegeben. $w(a)$ kann daher als Wahrscheinlichkeitsdichte gedeutet werden; vgl. dazu die Betrachtungen in Abschnitt 1.8.1. Die Gleichung (3.5.74) drückt damit aus, daß die Gesamtwahrscheinlichkeit gleich eins ist.

$$\sum_n w_n + \int w(a)\mathrm{d}a = 1 . \qquad (3.5.75)$$

Die uneigentlichen Zustände $|a\rangle$ kann man als Eigenvektoren von A entsprechend der Eigenwertgleichung (3.5.57) betrachten. Tatsächlich folgt aus

$$A|a\rangle = a|a\rangle$$
$$A|a_n\rangle = a_n|a_n\rangle$$

für einen beliebigen Zustand $|\psi\rangle$ nach (3.5.72)

$$A|\psi\rangle = \sum_n a_n|a_n\rangle\langle a_n|\psi\rangle + \int a|a\rangle \, \mathrm{d}a\langle a|\psi\rangle . \qquad (3.5.76)$$

Aus dieser Gleichung entnehmen wir die folgende Formel

$$A = \sum_n |a_n\rangle a_n\langle a_n| + \int |a\rangle a\langle a| \, \mathrm{d}a , \qquad (3.5.77)$$

die **Spektraldarstellung** des Operators A genannt wird. Nach (3.5.74) erhalten wir für den 1-Operator die Darstellung

$$\boxed{1 = \sum_n |a_n\rangle\langle a_n| + \int |a\rangle\,\mathrm{d}a\langle a| \ .}$$

(3.5.78)

Diese Beziehung ist die allgemeine Form der **Vollständigkeitsrelation**. Für den Erwartungswert folgt aus (3.5.76)

$$\langle\psi|A|\psi\rangle = \sum_n a_n|\langle a_n|\psi\rangle|^2 + \int a|\langle a|\psi\rangle|^2\,\mathrm{d}a \ .$$

(3.5.79)

Diese Formel gibt den Mittelwert der Meßwerte a_n bzw. a an, wobei die Wahrscheinlichkeit w_n bzw. die Wahrscheinlichkeitsdichte $w(a)$ als Wichtungsfunktion auftreten.

Schließlich geben wir die Formel für die Streuung $\Delta_\psi A$ an, wobei wir uns der Einfachheit halber auf den Fall einer Observablen mit rein kontinuierlichen Spalten beschränken

$$(\Delta_\psi A)^2 = \int a^2 w(a)\,\mathrm{d}a - \left(\int a w(a)\,\mathrm{d}a\right)^2 \ .$$

Für den Grenzfall beliebig scharfer Messung, etwa des Wertes a_0, erwarten wir nach (3.5.66)

$$w(a) \to \delta(a - a_0) \ .$$

Setzen wir dies in die vorletzte Gleichung ein, so folgt tatsächlich

$$(\Delta_\psi A)^2 = 0 \ .$$

Normierung im Kontinuum für s-Wellen – Eigenfunktionen in der Wellenmechanik

Um den Umgang mit uneigentlichen Hilbertraum-Vektoren zu illustrieren, wollen wir die uneigentliche Normierung nach Gleichung (3.5.69) am Beispiel der Energieeigenfunktionen im kontinuierlichen Spektrum nachrechnen, wobei wir uns auf den Drehimpuls $l = 0$, also radialsymmetrische Wellenfunktionen beschränken. Im Abschnitt 2.11 über die stationäre Streuung wurde schon darauf hingewiesen, daß diese Eigenfunktionen nicht normierbar sind, daß also

$$\langle\psi_E|\psi_E\rangle = \int |\psi_E(\vec{r})|^2\mathrm{d}^3r$$

divergiert. Entsprechend (3.5.69) sollte im Energie-Kontinuum gelten

$$\langle\psi_{E'}|\psi_E\rangle = \int \psi_{E'}^*(\vec{r})\psi_E(\vec{r})\,\mathrm{d}^3r = \delta(E - E') = \frac{2m}{\hbar^2}\delta(k^2 - k'^2)$$

$$= \frac{m}{\hbar^2 k}\delta(k - k') \ ,$$

(3.5.80)

wobei $E = \dfrac{\hbar^2}{2m}k^2$ verwendet wurde. Diese Normierung wollen wir jetzt verifizieren. Dazu ist allerdings eine etwas längere, wenn auch elementare Rechnung erforderlich.

Das Integral in (3.5.80) kann mit Hilfe von

$$\psi_E(r) = \frac{1}{r}\varphi_E(r) \quad \text{mit} \quad \varphi_E(0) = 0, \varphi_E(r) = \text{reell}$$

umgeschrieben werden in

$$\langle \psi_{E'} | \psi_E \rangle = \int \psi_{E'}^*(\vec{r})\psi_E(\vec{r})\mathrm{d}^3r \tag{3.5.81}$$

$$= 4\pi \int_0^\infty \varphi_{E'}(r)\varphi_E(r)\mathrm{d}r \ .$$

Nach Gleichung (2.8.22), die wir beim Beweis der Knotensätze abgeleitet hatten, gilt mit $b = r$, $a = 0$, $E_2 = E'$ und $E_1 = E$

$$\int_0^R \varphi_{E'}(r)\varphi_E(r)\mathrm{d}r = \frac{\hbar^2}{2m}\frac{1}{E'-E}[\varphi_{E'}(r)\varphi_E'(r) - \varphi_E(r)\varphi_{E'}'(r)]_0^R$$

$$= \frac{1}{k'^2 - k^2}[\varphi_{E'}(R)\varphi_E'(R) - \varphi_E(R)\varphi_{E'}'(R)] \ .$$

Für große R kann die asymptotische Form der Wellenfunktion verwendet werden, nach der gilt (vgl. Abschnitt 2.11)

$$\varphi_E(r) = A(k)\sin(kr + \delta(k)) \ .$$

Dabei haben wir einen noch offenen Normierungfaktor $A(k)$ eingeführt. Daher folgt

$$\int_0^R \varphi_{E'}(r)\varphi_E(r) \, \mathrm{d}r = \tag{3.5.82}$$

$$\frac{A(k')A(k)}{k'^2 - k^2}[k\sin(k'R + \delta')\cos(kR + \delta) - k'\sin(kR + \delta)\cos(k'R + \delta')] \ .$$

Dabei wurde die Abkürzung $\delta' \equiv \delta(k')$ verwendet. Mit Hilfe der Additionstheoreme für die trigonometrischen Funktionen

$$k\sin(k'R + \delta')\cos(kR + \delta) = \frac{k}{2}[\sin((k + k')R + \delta + \delta') + \sin((k' - k)R + \delta' - \delta)]$$

$$k'\sin(kR + \delta)\cos(k'R + \delta') = \frac{k'}{2}[\sin((k + k')R + \delta + \delta') - \sin((k' - k)R + \delta' - \delta)]$$

ergibt sich aus (3.5.82)

$$\int_0^R \varphi_{E'}(r)\varphi_E(r) \, \mathrm{d}r = \frac{A(k')A(k)}{2}\left[\frac{\sin((k + k')R + \delta + \delta')}{k + k'} + \frac{\sin((k' - k)R + \delta' - \delta)}{k' - k}\right] \ .$$

Für den Limes $R \to \infty$ machen wir von (1.5.24) Gebrauch, welche Relation wir in Real- und Imaginärteil zerlegen

$$\lim_{R\to\infty} \frac{\sin(KR)}{K} = \pi\delta(K) \quad \text{und} \quad \lim_{R\to\infty} \frac{\cos(KR)}{K} = 0 \; .$$

Damit haben wir gefunden

$$\lim_{R\to\infty} \int_0^R \varphi_{E'}(r)\varphi_E(r)\,\mathrm{d}r$$

$$= \frac{A(k')A(k)}{2} \left[\cos(\delta + \delta') \lim_{R\to\infty} \frac{\sin(k'+k)R}{k'+k} + \cos(\delta'-\delta) \lim_{R\to\infty} \frac{\sin(k'-k)R}{k'-k} \right]$$

$$= \pi \frac{A(k')A(k)}{2} [\, \cos(\delta+\delta') \underbrace{\delta(k+k')}_{=0,\text{ weil } k,k'>0} + \cos(\delta'-\delta)\delta(k'-k)]$$

$$= \frac{\pi A(k)^2}{2}\delta(k'-k) \; . \tag{3.5.83}$$

Insgesamt folgt aus (3.5.80) und (3.5.83)

$$\frac{\pi A(k)^2}{2} = \frac{m}{\hbar^2 k}\delta(k-k') \; .$$

Diese Gleichung legt $A(k)^2$ fest. Wählt man $A(k)$ positiv, so findet man schließlich

$$A(k) = \sqrt{\frac{m}{2\pi^2 k\hbar^2}} \; .$$

Damit haben wir für die Streuwellenfunktionen nachgewiesen, daß die δ-Funktions-Normierung (3.5.80) tatsächlich durchführbar ist. Sie legt die asymptotische Form der Energie-Eigenfunktionen wie folgt fest

$$\varphi_E(r) \quad = \quad \sqrt{\frac{m}{2\pi^2 k\hbar^2}}\,\sin(kr+\delta) \; . \tag{3.5.84}$$

Allgemeine Form der Spektralzerlegung

Abschließend müssen wir die Spektraldarstellung eines hermiteschen Operators (3.5.76) verallgemeinern, in dem wir die mögliche Entartung der Eigenwerte berücksichtigen. Dazu müssen wir (3.5.72) und (3.5.77) ersetzen durch

$$|\psi\rangle = \sum_{n,k} |a_n, \lambda\rangle\langle a_n, \lambda|\psi\rangle + \int \sum_\lambda |a, \lambda\rangle\mathrm{d}a\langle a, \lambda|\psi\rangle \tag{3.5.85}$$

und

$$1 = \sum_{n,k} |a_n, \lambda\rangle\langle a_n, \lambda| + \int \sum_{\lambda} |a, \lambda\rangle da\langle a, \lambda| \; . \qquad (3.5.86)$$

Entsprechend lautet die allgemeine Spektraldarstellung von A

$$A = \sum_{n,\lambda} |a_n, \lambda\rangle a_n \langle a_n, \lambda| + \int \sum_{\lambda} |a, \lambda\rangle a \langle a, \lambda| da \; . \qquad (3.5.87)$$

In allen λ-Summen läuft λ von 1 bis $N(a)$, wobei $N(a)$ den Entartunggrad von a bezeichnet. Wie durch die Bezeichnung angedeutet, kann $N(a)$ durchaus vom Eigenwert a bzw. a_n abhängen. Die Verallgemeinerung zu unendlichen Entartungsgraden ist ebenfalls möglich, λ läuft dann über abzählbar viele Werte $\lambda = 1, 2, 3, \ldots$. Tatsächlich liegt dieser Fall in der Regel im kontinuierlichen Spektrum von A vor. Zum Beispiel sind die Energieeigenwerte im Kontinuum i. a. unendlichfach entartet: Für jedes $E > 0$ treten alle Drehimpulse $l = 0, 1, 2, \ldots$ auf.

3.5.5 Exakte Theorie der Spektraldarstellung

Kehren wir zu den allgemeinen Überlegungen zurück. Wir hatten mit der Gleichung (3.5.76) die Spektraldarstellung eines hermiteschen Operators hergeleitet. Wir wollen nun den Zusammenhang mit der in der mathematischen Literatur üblichen Darstellung aufzeigen. Zur Vereinfachung nehmen wir an, daß der Operator A nur ein kontinuierliches Spektrum besitzt, und zwar das Intervall $[a_0, \infty)$. Aus den Projektionsoperatoren $P_a = |a\rangle\langle a|$ konstruieren wir neue Operatoren E durch

$$E_a := \int\limits_{a_0}^{a} |a'\rangle da'\langle a'| \qquad \text{für alle} \quad a \in [a_0, \infty) \; . \qquad (3.5.88)$$

Die Operatoren E_a bilden bezüglich der Integrationsgrenze a eine Schar hermitescher Operatoren und es gilt

$$E_{a1} \cdot E_{a2} = E_{a1} \qquad \text{für} \quad a_1 \leq a_2 \; . \qquad (3.5.89)$$

Denn

$$E_{a1} \cdot E_{a2} = \int\limits_{a_0}^{a_1} da' \int\limits_{a_0}^{a_2} da'' |a'\rangle\langle a'|a''\rangle\langle a''| = \int\limits_{a_0}^{a_1} da' \int\limits_{a_0}^{a_2} da'' |a'\rangle\delta(a' - a'')\langle a''|$$

$$= \int\limits_{a_0}^{a_1} da' |a'\rangle\langle a'| = E_{a1} \; .$$

Wegen $a_1 \leq a_2$ liegen die Argumente der Deltafunktion innerhalb der Integrationsgrenzen $[a_0, a_2]$ und das Integral über a'' kann wie gezeigt ausgeführt werden. Für $a_1 = a_2$ erhält man den Spezialfall

$$E_{a1}^2 = E_{a1} \, . \tag{3.5.90}$$

Die E_a sind also Projektionsoperatoren. Aus der Definition (3.5.88) folgt formal

$$dE_a = |a\rangle\langle a| \, da \, . \tag{3.5.91}$$

Die Vollständigkeitsrelation (3.5.78) lautet damit

$$\int_{a_0}^{\infty} |a\rangle\langle a| da = \mathbf{1} = \int_{a_0}^{\infty} dE_a \, . \tag{3.5.92}$$

Mathematisch stellt das rechts stehende Integral ein sogenanntes **Stieltjes-Integral** dar. Einen Operator A können wir damit in die Form

$$A = \int_{a_0}^{\infty} a \, dE_a \tag{3.5.93}$$

bringen. Die Ergebnisse (3.5.89), (3.5.92), und (3.5.93), die wir mit Hilfe uneigentlicher Vektoren motiviert haben, lassen sich streng formulieren und beweisen:

> Für jeden hermiteschen Operator A existiert eine „Spektralschar" E_a von Projektionsoperatoren, für die (3.5.89) und (3.5.92) gilt, und A läßt sich als Operator – Stieltjes-Integral (3.5.93) darstellen.

Eine genaue Diskussion dieses **Hilbertschen Spektralsatzes** findet man in der Literatur [17] Er wurde zunächst von David Hilbert – im Zusammenhang mit einer Theorie der Integralgleichungen – für sogenannte „beschränkte" Operatoren bewiesen und später von John von Neumann auf unbeschränkte Operatoren verallgemeinert.[18]

3.6 Funktionen von Operatoren

Zur Konstruktion von physikalischen Observablen müssen wir Funktionen von Operatoren bilden. Die kinetische Energie $\dfrac{\hbar^2}{2m} \vec{P}^2$ ist eine der einfachsten Funktionen und das einfachste Beispiel für Potenzen und Polynome eines Operators A, die wir direkt definieren können

$$A^n \quad \text{mit} \quad A^0 = \mathbf{1}$$

bzw.

$$\sum_{n=0}^{N} c_n A^n \, . \tag{3.6.1}$$

---

[17] Z.B. bei Großmann, Funktionalanalysis II, 13.3 und 15.
[18] Vgl. N. I. Achieser und I. M. Glasmann, Theorie der linearen Operatoren im Hilbertraum (Akademie Verlag, Berlin 1965), n° 26 und 27.

Dies läßt sich auf unendliche Reihen verallgemeinern, z. B.

$$\mathrm{e}^A = \sum_{n=0}^{\infty} \frac{1}{n!} A^n \, ,$$
(3.6.2)

sofern die Reihen konvergieren.

Für hermitesche Operatoren haben wir in der Spektraldarstellung ein allgemeines Hilfs-mittel für die Definition einer Funktion $F(A)$

$$F(A) \;\stackrel{\text{def}}{=}\; \sum_{n,k} |a_n, k\rangle F(a_n) \langle a_n, k| + \int \sum_k |a, k\rangle F(a) \langle a, k| \mathrm{d}a \, ,$$

es gilt insbesondere

$$F(A)|a, k\rangle = F(a)|a, k\rangle \, .$$
(3.6.3)

Diese Ausdrücke sind sinnvoll, wenn $F(a)$ für sämliche Eigenwerte definiert ist. Dies ist zum Beispiel für ganze Funktionen wie

$$F(A) = \mathrm{e}^{iA} \quad \text{und} \quad \sin(A)$$

der Fall. Man sieht aber auch, das der reziproke Operator $\dfrac{1}{A}$ zunächst nur definiert ist, wenn keiner der Eigenwerte verschwindet. Falls es solche gibt, kann man den Operator aber immer noch auf dem Teilraum definieren, der orthogonal zu allen Eigenvektoren mit verschwindenden Eigenwerten steht.

3.6.1 Isometrische und unitäre Operatoren

Neben hermiteschen Operatoren A sind in der Quantenmechanik Operatoren der Form e^{iA} von besonderer Bedeutung. Für die Eigenwerte gilt

$$\left| \mathrm{e}^{ia} \right| = \mathrm{e}^{-1a} \mathrm{e}^{ia} = 1 \, .$$

Diese Operatoren sind für sämtliche hermiteschen Operatoren definiert. Sie haben die Eigenschaft, die Skalarprodukte unverändert zu lassen.

$$\langle \mathrm{e}^{iA} \varphi | \mathrm{e}^{iA} \psi \rangle = \langle \varphi | \psi \rangle \, .$$

Es empfiehlt sich allgemein Operatoren V zu betrachten, für die man zunächst nur voraus-setzt, daß

$$\langle V\varphi | V\psi \rangle = \langle \varphi | \psi \rangle$$
(3.6.4)

gilt. Diese Operatoren V heißen **isometrisch**, wenn (3.6.4) für alle Vektoren $|\varphi\rangle, |\psi\rangle$ aus $\mathcal{D}_V$ gilt. Sie sind Verallgemeinerungen der orthogonalen Transformationen im $\mathbb{R}^3$, die die dreidimensionalen Skalarprodukte invariant lassen

$$\vec{r_1}' \cdot \vec{r_2}' = \vec{r_1} \cdot \vec{r_2} \, .$$

Solche Operatoren V sind linear, da für

$$|\psi\rangle = c_1|\psi_1\rangle + c_2|\psi_2\rangle$$

folgt

$$\langle V\varphi|V\psi\rangle = \langle\varphi|(c_1\psi_1 + c_2\psi_2)\rangle = c_1\langle\varphi|\psi_1\rangle + c_2\langle\varphi|\psi_2\rangle$$
$$= c_1\langle V\varphi|V\psi_1\rangle + c_2\langle V\varphi|V\psi_2\rangle = \langle V\varphi|(c_1V\psi_1 + c_2V\psi_2)\rangle ,$$

also $V|\psi\rangle = c_1 V|\psi_1\rangle + c_2 V|\psi_2\rangle .$

Weiterhin existiert der inverse Operator V^{-1}. Dazu zeigen wir, daß die Abbildung

$$|\psi\rangle \;\;\mapsto\;\; V|\psi\rangle$$

injektiv ist: Verschiedene Vektoren $|\psi_1\rangle$ und $|\psi_2\rangle$ werden durch V auf verschiedene Vektoren abgebildet. Denn aus

$$|\psi\rangle := |\psi_1\rangle - |\psi_2\rangle \neq 0$$

folgt wegen der Isometrie

$$\langle V\psi|V\psi\rangle = \langle\psi|\psi\rangle \neq 0 ,$$

daß auch $V|\psi\rangle \neq 0$ ist. Aus (3.6.4) folgt

$$\langle\varphi|V^\dagger V|\psi\rangle = \langle\varphi|\psi\rangle .$$

Falls $\mathcal{D}_V = \mathcal{H}$ ist, ergibt sich daraus $V^\dagger V = \mathbf{1}$. Aber hieraus kann i. a. nicht gefolgert werden, daß auch $VV^\dagger = \mathbf{1}$ gilt!

Wir betrachten als Beispiel eines isometrischen Operators den Leiteroperator V, der für ein Orthonormalsystem $\{|\chi_n\rangle|n = 1, 2, \ldots\}$ definiert ist durch

$$V|\chi_n\rangle \overset{\text{def}}{=} |\chi_{n+1}\rangle \qquad n = 1, 2, \ldots$$

Wenn wir V als linear annehmen, gilt für ein beliebiges $|\psi\rangle = \sum_n |\chi_n\rangle\langle\chi_n|\psi\rangle$

$$V|\psi\rangle = \sum_n V|\chi_n\rangle\langle\chi_n|\psi\rangle$$
$$= \sum_n |\chi_{n+1}\rangle\langle\chi_n|\psi\rangle .$$

Also ist V auf dem ganzen Hilbertraum definiert. Man prüft nach, daß V das Skalarprodukt unverändert läßt. Für die Basisvektoren liest man dies direkt aus der Definition ab. Zum allgemeinen Beweis bildet man die Skalarprodukte von $V|\psi\rangle$ mit den Basisvektoren und erhält

$$\langle\chi_n|V|\psi\rangle = \langle\chi_{n-1}|\psi\rangle \quad \text{für} \quad n = 2, 3, \ldots$$
$$\langle\chi_1|V|\psi\rangle = 0 ,$$

woraus folgt

$$\|V|\psi\rangle\|^2 = \sum_1^\infty |\langle\chi_{n-1}|V|\psi\rangle|^2 = \sum_2^\infty |\langle\chi_{n-1}|V|\psi\rangle|^2 = \sum_1^\infty |\langle\chi_n|V|\psi\rangle|^2$$
$$= \||\psi\rangle\|^2 .$$

Damit haben wir $\langle V\psi|V|\psi\rangle = \langle\psi|\psi\rangle$ bewiesen. Daraus kann man durch Auswertung von

$$\langle V(\psi\pm\varphi)|V|(\psi\pm\varphi)\rangle = \langle(\psi\pm\varphi)|(\psi\pm\varphi)\rangle$$

auch auf $\langle V\varphi|V|\psi\rangle = \langle\varphi|\psi\rangle$ schließen.

Der inverse Operator V^{-1} ist nur auf dem (echten) Teilraum $\mathcal{H} - \{c|\chi_1\rangle | c \in C\}$ von $\mathcal{H}$ definiert und es gilt

$$V^{-1}|\chi_n\rangle = |\chi_{n-1}\rangle \qquad \text{für } n = 2, 3, \ldots$$

Auch der adjungierte Operator $V^\dagger$ ist zunächst nur auf $\mathcal{D}_{V^{-1}}$ definiert:

$$\langle\chi_m|V^\dagger\chi_n\rangle = \langle V\chi_m|\chi_n\rangle = \langle\chi_{m+1}|\chi_n\rangle = \left\{ \begin{array}{ll} = 1 \text{ für} & m = n-1 \\ = 0 \text{ für} & m \neq n-1 \end{array} \right\} \quad (n \geq 2) .$$

Für $n = 1$ muß

$$\langle\chi_m|V^\dagger|\chi_1\rangle = 0 \quad \text{für alle} \quad m \quad \text{gelten} \qquad .$$

Es gibt keinen Vektor $|\hat\psi\rangle$ mit $\langle\chi_m|\hat\psi\rangle$, so daß $V^\dagger|\chi_1\rangle$ zunächst noch nicht definiert ist. Aber wenn man

$$V^\dagger|\chi_1\rangle = 0$$

setzt, ist $V^\dagger$ in ganz $\mathcal{H}$ definiert:

$$V^\dagger|\chi_n\rangle = |\chi_{n-1}\rangle \quad \text{für} \quad n = 2, 3, \ldots$$
$$V^\dagger|\chi_1\rangle = 0 .$$

Daraus folgt einerseits

$$V^\dagger V = 1 ,$$

denn für alle $|\psi\rangle$ gilt

$$\langle\varphi|V^\dagger V|\psi\rangle = \langle V\varphi|V\psi\rangle = \langle\varphi|\psi\rangle .$$

Andererseits gilt

$$VV^\dagger|\chi_1\rangle = 0 \quad \text{wegen} \quad V^\dagger|\chi_1\rangle = 0$$

und für $n \leq 2$

$$VV^\dagger|\chi_n\rangle = V(V^\dagger|\chi_n\rangle) = V|\chi_{n-1}\rangle = |\chi_n\rangle ,$$

was zusammengefaßt bedeutet

$$VV^\dagger = 1 - |\chi_1\rangle\langle\chi_1| .$$

Insgesamt hat sich

$$VV^\dagger \neq V^\dagger V$$

ergeben. Der Operator V ist isometrisch, aber nicht unitär. Isometrische Vektoren, die die letzte Eigenschaft besitzen, spielen in der allgemeinen Streutheorie eine wichtige Rolle.[19]

In den meisten Fällen treten jedoch die besprochenen Komplikationen für $VV^\dagger$ nicht auf. Man hat es mit **unitären Operatoren** zu tun: Ein Operator U heißt unitär, wenn $\mathcal{D}_U = \mathcal{D}_{U^\dagger} = \mathcal{H}$ ist und

$$\boxed{U^\dagger U = \mathbf{1} = UU^\dagger} \tag{3.6.5}$$

gilt. Daraus folgt nach Multiplikation mit U^{-1}

$$\boxed{U^\dagger = U^{-1}} . \tag{3.6.6}$$

Ein unitärer Operator ist per Definition isometrisch. Das Beispiel des Leiteroperators zeigt, daß es isometrische Operatoren gibt, die nicht unitär sind.

Physikalisch besonders wichtige unitäre Operatoren sind

$$U(t) = \mathrm{e}^{-\frac{i}{\hbar}Ht} , \tag{3.6.7}$$

wobei H den (hermiteschen) Hamiltonoperator darstellt, und

$$U(\vec{a}) = \mathrm{e}^{-\frac{i}{\hbar}\vec{P}\cdot\vec{a}} ,$$

wobei $\vec{P}$ der Impulsoperator ist, und

$$U(\theta_1, \theta_2, \theta_3) = \mathrm{e}^{i\sum_k \theta_k L_k} , \tag{3.6.8}$$

wobei $\vec{L}$ der Drehimpulsoperator ist.

3.6.2 Die Campbell-Hausdorff-Formel

Bei Verknüpfungen von Operator-Polynomen wie (3.6.1) und (3.6.2) ist streng auf die Reihenfolge der Operatoren zu achten, z. B. ist $A^n B$ i. a. verschieden von $A^{n-1}BA$.

Als wichtiges Beispiel betrachten wir die Funktionen

$$\mathrm{e}^A, \mathrm{e}^B \quad \text{und} \quad \mathrm{e}^{A+B} ,$$

die entsprechend (3.6.2) definiert seien. Speziell gilt

$$\mathrm{e}^{A+B} = \sum_n \frac{1}{n!}(A + B)^n$$

---

[19] Vorsicht! In der Theorie des harmonischen Oszillators spielen auch Leiter-Operatoren A und $A^\dagger$ eine wichtige Rolle, aber ihre Rollen sind vertauscht:

$$A \leftrightarrow V^\dagger \quad ; \quad A^\dagger \leftrightarrow V$$

und sie sind nicht isometrisch.

Wenn A und B nicht vertauschbar sind, ist jedoch i. a.

$$e^A \cdot e^B \neq e^{A+B} \,.$$

Falls der Kommutator zwischen A und B

$$[A, B] = c\,\mathbf{1} \tag{3.6.9}$$

eine c-Zahl ist, gilt die **Campbell-Hausdorff-Formel**, die vielfältige Anwendung findet:

$$e^{A+B} = e^A e^B e^{-\frac{1}{2}[A,B]} \,. \tag{3.6.10}$$

Zum Beweis von (3.6.10) führen wir die „Operatorschar"

$$f(x) = e^{Ax} e^{Bx}$$

ein. Für $x = 0$ bzw. $x = 1$ hat man

$$f(0) = 1$$
$$f(1) = e^A e^B$$

Bilden wir jetzt die Ableitung nach x

$$f'(x) = Ae^{Ax}e^{Bx} + e^{Ax}Be^{Bx} = Ae^{Ax}e^{Bx} + e^{Ax}Be^{-Ax}e^{Ax}e^{Bx}$$
$$= (A + e^{Ax}Be^{-Ax})f(x) \,.$$

Auf dieses Ergebnis wenden wir die allgemeine Formel

$$e^{Ax}Be^{-Ax} = B + x[A, B] + \frac{1}{2}x^2[A, [A, B]] + \cdots + \frac{1}{n!}x^n[A, [A, \ldots [A, B]\ldots]] + \cdots \tag{3.6.11}$$

an, die z. B. durch Entwicklung der e-Funktion bewiesen werden kann. Für $[A, B] = c\,\mathbf{1}$ verschwinden die höheren Kommutatoren und es folgt

$$e^{Ax}Be^{-Ax} = B + x[A, B] \,.$$

Damit erhalten wir

$$f'(x) = (A + B + cx)f(x)$$
$$f(x) = e^{(A+B)x + \frac{c}{2}x^2}$$

und endgültig

$$f(1) = e^A \cdot e^B = e^{A+B+\frac{1}{2}[A,B]}$$
$$= e^{A+B} \cdot e^{\frac{1}{2}[A,B]} \,.$$

Der letzte Schritt ist erlaubt, da der Kommutator $[A, B]$ als c-Zahl mit allen Operatoren kommutiert.

3.7 Beschreibung physikalischer Symmetrien

Die Rolle von Symmetrien in der heutigen Physik kann kaum überschätzt werden. Früher wurden sie mehr bei der Lösung konkreter Probleme verwandt, um etwa bei einem System, das um eine Achse drehsymmetrisch ist, geeignete Koordinaten einzuführen und damit die mathematische Behandlung zu vereinfachen. Heute dagegen sind Symmetrie-Eigenschaften bereits Ausgangspunkt bei der Formulierung allgemeiner Naturgesetze. Seinen vielleicht wichtigsten Ausdruck findet dies in dem von der Mathematikerin *Emmy Noether*[20] gefundenen Theorem, nachdem Symmetrien direkt mit physikalischen Erhaltungssätzen verbunden sind.

Symmetrien liegen immer dann vor, wenn man ein physikalisches System Transformationen unterwerfen kann, unter denen seine inneren Eigenschaften sich nicht ändern. Für die Grundlegung der Physik spielen vor allem die folgenden Transformationen eine Rolle, die aufgrund von Symmetrie-Eigenschaften von Raum und Zeit physikalisch erlaubt sind:

1. Räumliche und zeitliche Verschiebungen, „Translationen", die eine räumliche und zeitliche Homogenität ausdrücken.

2. Räumliche Drehungen, die eine Isotropie des Raumes beschreiben.

3. Galilei- bzw. Lorentztransformationen, die den Übergang zu gleichförmig Bewegungen beschreiben und die Basis der Newtonschen bzw. Einsteinschen Dynamik darstellen.

4. räumliche Spiegelungen, sind „diskrete" Transfomationen, die schon Kant fasziniert haben und die seit der Entdeckung des „Sturzes der Parität" in den Zerfallswechselwirkungen die Formulierung der Grundgesetze der Physik mitbestimmen.

Eine genaue Beschreibung von Symmetrie-Operationen ist daher auch in der Quantenmechanik von zentraler Bedeutung. Der jetzige Abschnitt erläutert, in welcher Weise sie in der Quantenmechanik dargestellt werden müssen. Dabei werten wir in allgemeiner – und damit recht abstrakter – Weise die offensichtliche Forderung aus, daß Symmetrietransformationen quantenmechanische Wahrscheinlichkeits-Aussagen nicht ändern dürfen. Als Ergebnis wird die wichtige Rolle von unitären und anti-unitären Operatoren im Hilbertraum deutlich werden. In den dann folgenden Abschnitten 3.8 und 3.9 werden wir dann konkreter werden und die Tranlationsinvarianz zur Begründung der quantenmechanischen Grundgesetze verwenden.

3.7.1 Das Wignersche Theorem

Wir müssen zunächst untersuchen, wie sich physikalische Zustände und die ihnen zugeordneten Hilbertraum-Vektoren unter Symmetrieoperationen verhalten. Dabei wird die Wirkung einer Symmetrietransformation, die wir generisch mit T bezeichnen wollen, zunächst

---

[20] Amalie Emmy Noether, 1982 bis 1935, vielleicht die erste deutsche Mathematikerin, der es unter großen Schwierigkeiten gelang, in Deutschland zu studieren, zu promovieren und schließlich in Göttingen Professor zu werden. 1933 mußte sie in die USA emigrieren. „Ihr" Theorem fand sie im Umkreis von David Hilbert beim Studium von Invarianten in der allgemeinen Relativitätstheorie.

eine Abbildung im Hilbertraum sein. Eine solche Abbildung ordnet jedem Zustandsvektor ψ einen i.a. verschiedenen Zustandsvektor ψ' zu. Damit sie einer allgemein gültigen physikalischen Symmetrie entsprechen kann, muß sie auf jeden Zustandsvektor anwendbar sein können und jeder Zustand muß genau einmal erreicht werden. Es muß sich also um eine bijektive Abbildung handeln. Wir beschreiben sie durch einen Operator

$$U : \mathcal{H} \to \mathcal{H}$$

mit

$$U : \qquad |\psi\rangle \quad \to \quad |\psi'\rangle = U|\psi\rangle \ . \tag{3.7.1}$$

Als allgemeine Bedingung für den Operator U müssen wir – wie schon gesagt – die physikalischen Forderung stellen, daß Symmetrietransformationen Wahrscheinlichkeitsaussagen nicht ändern. Daher muß für die Abbildung von allen Hilbertvektoren $|\psi\rangle$ und $|\varphi\rangle$ gelten

$$|\langle\varphi'|\psi'\rangle|^2 = |\langle\varphi|\psi\rangle|^2 \ , \tag{3.7.2}$$

wobei wir zur Vereinfachung der Formeln, die Vektoren auf die Länge 1 normiert haben

$$\|\psi\| = \|\varphi\| = 1 \ .$$

Gleichung (3.7.2) ist eine quadratische Bedingung an das Skalarprodukt $\langle\varphi|\psi\rangle$, die keine eindeutige Lösung haben wird. Offensichtlich ist, daß diese Gleichung durch die beiden folgenden Ansätze erfüllt wird:

$$\langle\varphi'|\psi'\rangle = \langle\varphi|\psi\rangle \tag{3.7.3}$$

und

$$\langle\varphi'|\psi'\rangle = \langle\varphi|\psi\rangle^* = \langle\psi|\varphi\rangle \ . \tag{3.7.4}$$

Man kann sich zunächst noch viele andere Lösungen von (3.7.2) vorstellen, z.B. die Multiplikation des Skalarproduktes $\langle\phi|\psi\rangle$ mit einer beliebigen Phase. Tatsächlich hat aber Eugene Wigner[21] bewiesen, daß in einem genau festgelegten Sinne diese Gleichungen die einzigsten Lösungen sind. Eine Symmetrietransformation $\mathcal{T}$ wird also durch einen Operator U dargestellt, der entweder (3.7.3) oder (3.7.4) erfüllt. Im ersten Falle nennen wir U einen unitären Operator, im zweiten Falle anti-unitär.

Die genaue Formulierung des Wignerschen Satzes ist in beistehendem Kasten angegeben. Für den Beweis dieses Theorems sind einige detaillierte technische Überlegungen erforderlich, die für das Verständnis der Quantenmechanik wenig betragen. Daher verweisen wir auf die Literatur.[22]

---

[21] Eugene Paul Wigner, geb. 1902 in Budapest, seit 1930 in Princeton,USA, hat entscheidende Beiträge zur „Gruppentheorie und Quantenmechanik" geleistet.

[22] Für einen Beweis vgl. z.B.: S. Großmann: Funktionalanalysis II, S. 206 ff , A. Messiah: Quantenmechanik Band 2 (W. de Gruyter Verlag, Berlin 1985), S. 633 ff

Symmetrietransformationen eines bestimmten Typs bilden immer eine Gruppe, wenn man die Gruppenmultiplikation durch das Hintereinander-Ausführen zweier Transformationen realisiert. So erhält man durch das Nacheinander-Ausführen zweier Drehungen wieder eine Drehung. Die Drehung in der entgegengesetzten Richtung bildet das inverse Element. Diese Gruppeneigenschaften sind bei allen unseren Anwendungen so evident, daß wir uns ersparen, die Gruppenaxiome zu deklamieren. Die mathematischen Folgerungen aus der Gruppennatur der Symmetrietransformationen werden in den folgenden Unterabschnitten erläutert.

Das Theorem von E. Wigner

Sei θ eine bijektive Abbildung, die jedem Strahl $S = \{c|\psi\rangle | c \in \mathbb{C}\}$ des Hilbertraumes $\mathcal{H}$ der Zustandsvektoren ($|\psi\rangle \in \mathcal{H}$) einen Strahl $\theta S = S'$ zuordnet und durch einen Operator $U : \mathcal{H} \to \mathcal{H}$ realisiert wird, d. h. $\theta S = \{U|\psi\rangle | |\psi\rangle \in S\}$ für alle $S \subset \mathcal{H}$. Ferner gelte für alle $|\psi\rangle, |\phi\rangle \in \mathcal{H}$ mit $\||\psi\| = \||\phi\| = 1$

$$|\langle\phi'|\psi'\rangle|^2 = |\langle\phi|\psi\rangle|^2 \, , \tag{3.7.5}$$

wobei $|\phi'\rangle = U|\phi\rangle$, $|\psi'\rangle = U|\psi\rangle$ gesetzt worden ist. Dann gilt:
Durch geeignete Wahl der Phasen der normierten Zustände kann man erreichen, daß U entweder unitär oder antiunitär ist, d. h. daß

$$\text{entweder} \quad \langle\phi'|\psi'\rangle = \langle\phi|\psi\rangle \tag{3.7.6a}$$

$$\text{oder} \quad \langle\phi'|\psi'\rangle = \langle\phi|\psi\rangle^* = \langle\psi|\phi\rangle \tag{3.7.6b}$$

gilt (für alle $|\phi\rangle, |\psi\rangle \in \mathcal{H}$). Der so gewählte Operator U ist bis auf eine konstante Phase eindeutig bestimmt.

Wir erinnern daran, daß aus der Isometrie eines Operators auf seine Linearität geschlossen werden kann, vgl. Abschnitt 3.6.1. Daher sind die unitären Symmetrieoperatoren U linear

$$U(c_1|\psi_1\rangle + c_2|\psi_2\rangle) = c_1 U|\psi_1\rangle + c_2 U|\psi_2\rangle$$

und man kann den adjungierten Operator $U^\dagger$ gemäß (3.5.29) definieren. Dann läßt sich (3.7.3) in der Form

$$|\psi'\rangle = U|\psi\rangle \quad \text{und} \quad \langle U\varphi|U\psi\rangle = \langle\varphi|\psi\rangle$$

schreiben und man kann auf die Gleichung

$$U^\dagger U = U U^\dagger = 1 \tag{3.7.7}$$

schließen. Die folgenden Abschnitte sind einem genauen Studium der unitären Operatoren gewidmet.

Für antiunitäre Operatoren V kann man aus (3.7.4) analog schließen, daß sie antilinear sind, daß also

$$V(c_1|\psi_1\rangle + c_2|\psi_2\rangle) = c_1^* V|\psi_1\rangle + c2^* V|\psi_2\rangle \tag{3.7.8}$$

gilt. Für sie wird der adjungierte Operator $V^\dagger$ durch

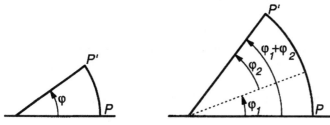

Bild 3.6 Drehungen um eine feste Achse (senkrecht zur Papierebene)

$$\langle\varphi|V^{\dagger}|\psi\rangle := \langle V\varphi|\psi\rangle^{*} = \langle\psi|V|\varphi\rangle \tag{3.7.9}$$

definiert. Aus der Definitionsgleichung der antiunitären Abbildungen (3.7.4), die mit

$$|\psi'\rangle = V|\psi\rangle \quad \text{und} \quad \langle V\varphi|V\psi\rangle = \langle\varphi|\psi\rangle^{*}$$

gleichbedeutend ist, folgt aufgrund der (neuen!) Definition des adjungierten Operators

$$\langle\varphi|V^{\dagger}V\psi\rangle = \langle\varphi|\psi\rangle^{*}$$

und damit wieder

$$V^{\dagger}V = VV^{\dagger} = 1 \,. \tag{3.7.10}$$

Die formale Gleichheit mit der Bedingung (3.7.7) darf den Unterschied zwischen U und V nicht vergessen lassen: U ist linear V ist antilinear.

Glücklicherweise kann man die Eigenschaften von antiunitären Operatoren weitgehend auf die der unitären zurückführen und braucht sie nicht neu zu studieren. Denn jeder antiunitäre Operator V kann mit Hilfe eines fest gewählten, speziellen antiunitären Operators K und eines unitären Operators U dargestellt werden durch

$$V = KU \,. \tag{3.7.11}$$

Denn

$$K^{-1}V$$

ist ein linearer Operator und damit unitär, wie man durch zweimalige Anwendung von (3.7.8) sieht.

Für den Hilbertraum der Wellenfunktionen $\mathcal{L}_2(\mathbb{R}^3)$ kann man den Operator K z. B. als komplexe Konjugation

$$K\psi(\vec{r}) = \psi^{*}(\vec{r}) \tag{3.7.12}$$

wählen.

3.7.2 Von einem Parameter abhängende Symmetrietransformationen

Im folgenden wollen wir uns mit Symmetrietransformationen befassen, die durch unitäre Operatoren U realisiert werden. Eine besonders wichtige Klasse von Symmetrieoperationen besteht aus Transformationen, die stetig von einem oder mehreren Parametern abhängen. Fast alle oben angeführten Beispiele gehören dazu.

Zur Illustration des Folgenden sollen uns die Drehungen um eine feste Achse dienen, vgl. Bild 3.6. Sie werden durch den Drehwinkel φ gekennzeichnet, der die Rolle des kontinuierlichen Parameters spielt. Allgemein betrachten wir eine Operatoren-Schar

$$U(\lambda) \,,$$

wobei der reelle Parameter λ das Intervall $[\lambda_0, \lambda_1]$ überstreichen möge. Außerdem soll $\lambda = 0$ in diesem Intervall enthalten sein. Die Operatoren $U(\lambda)$ mögen eine Gruppe bilden. Die Parameter λ wählen wir so, daß für das neutrale Element **1** dieser (multiplikativ geschriebenen) Gruppe gilt

$$U(\lambda = 0) = \mathbf{1} \,. \tag{3.7.13}$$

Wir fordern, daß $U(\lambda)$ von λ stetig und stetig differenzierbar abhängt, d. h. daß diese Eigenschaften für jedes Matrixelement[23]

$$\langle \varphi | U(\lambda) | \psi \rangle$$

gelten.

Diese Eigenschaften sind für alle physikalisch wichtigen Fälle erfüllt. Aufgrund der Stetigkeit von $U(\lambda)$ und $U(\lambda = 0) = \mathbf{1}$, kommt für $U(\lambda)$ nur die unitäre Lösung von (3.7.2) in Betracht, denn der Eins-Operator ist linear und der Übergang von der Linearität zur Antilinearität ist ein unstetiger Schritt.

Da $U(\lambda)$ für $\lambda = 0$ differenzierbar ist, kann man $U(\lambda)$ an dieser Stelle linear entwickeln

$$\boxed{U(\lambda) = \mathbf{1} + i\lambda X + O(\lambda^2) \,,} \tag{3.7.14}$$

wobei X nicht mehr von λ abhängt. Explizit gilt für X

$$X = \lim_{\lambda \to 0} \frac{U(\lambda) - \mathbf{1}}{i\lambda} = \frac{1}{i} \frac{\mathrm{d}}{\mathrm{d}\lambda} U(\lambda)|_{\lambda=0} \,. \tag{3.7.15}$$

X heißt **die infinitesimal Erzeugende** der Operator-Schar $U(\lambda)$ und spielt für Auswertung von Symmetrie-Eigenschaften eine führende Rolle. Aus der Unitarität von $U(\lambda)$ folgt daß X ein hermitescher Operator ist

$$X^\dagger = X \,. \tag{3.7.16}$$

Beweis: Aus (3.7.14) und $U^\dagger U = \mathbf{1}$ folgt

---

[23] Bzgl. verschiedener anderer Konvergenzdefinitionen für Operatoren, die zu verschiedenen Stetigkeits- und Ableitungsbegriffen führen, vgl. S. Großmann: Funktionalanalysis II, Kapitel 9

$$(1 - i\lambda X^\dagger)(1 + i\lambda X) + O(\lambda^2) = 1$$

oder

$$i\lambda(X - X^\dagger) + O(\lambda^2) = 0$$
$$\Rightarrow X = X^\dagger .$$

Die Parameter λ kann man in allen physikalisch wichtigen Fällen so wählen, daß die folgende additive Verknüpfungsrelation gilt

$$U(\lambda_1) \cdot U(\lambda_2) = U(\lambda_1 + \lambda_2) = U(\lambda_2) \cdot U(\lambda_1) . \tag{3.7.17}$$

Für Drehungen ist diese Relation evident und im Bild 3.6 illustriert. Mit Hilfe der Relation (3.7.17) kann man $U(\lambda)$ in einer Weise aus X erzeugen, die immer wieder angewendet werden wird. Sie geht vom endlichen Parameter λ zu einem infinitesimalen λ/n durch Wahl von großen n-Werten über

$$U(\lambda) = \left(U\left(\frac{\lambda}{n}\right) \right)^n \quad , n \in \mathbb{N} . \tag{3.7.18}$$

Für sehr große n kann man (3.7.14) verwenden und erhält

$$U(\lambda) = \lim_{n \to \infty} \left(U(\frac{\lambda}{n}) \right)^n = \lim_{n \to \infty} \left(1 + i\frac{\lambda}{n} X \right)^n .$$

Für den hier auftretenden Limes[24] kann man mit Hilfe der Exponentialfunktion

$$\mathrm{e}^x = \lim_{n \to \infty} \left(1 + \frac{x}{n} \right)^n$$

schreiben

$$\boxed{U(\lambda) = \mathrm{e}^{i\lambda X} .} \tag{3.7.19}$$

Als illustratives Beispiel beschreiben wir die **räumliche Translationen** in einer Dimension in ihrer Wirkung auf eine Wellenfunktion $\psi(x)$. Wie die Anschauung lehrt und aus Bild

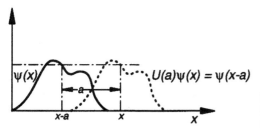

$U(a)\psi(x) = \psi(x-a)$

Bild 3.7
Illustration des räumlichen Translationsoperators

3.7 zu ersehen ist, muß der Operator $U(a)$, der eine räumliche Translation einer Funktion $\psi(x)$ um den Betrag a in positiver x-Richtung bewirkt, wie folgt definiert werden

---

[24] Für die Diskussion der Konvergenz dieses Grenzprozesses muß auf die mathematische Literatur verwiesen werden; z. B. J. Hilgert und K.-H. Neeb, Lie-Gruppen und Lie-Algebren, Vieweg Verlag (1991)

$$U(a)\psi(x) = \psi(x - a) \, . \tag{3.7.20}$$

Daraus folgt für den erzeugenden Operator gemäß (3.7.15)

$$X\psi(x) = \frac{1}{i} \lim_{a \to 0} \left(\frac{U(a) - 1}{a} \right) \psi(x) = \frac{1}{i} \lim_{a \to 0} \frac{\psi(x - a) - \psi(x)}{a}$$

$$= -\frac{1}{i} \frac{\mathrm{d}}{\mathrm{d}x} \psi(x) \, .$$

An dieser Stelle erinnern wir uns an Abschnitt 2.2 der Wellenmechanik, wo aufgrund der de-Broglie-Beziehung der Impulsoperator als räumlicher Gradient eingeführt wurde (vgl. 2.2). Daher ist die infinitesimale Erzeugende X der räumlichen Translationen direkt mit dem Impulsoperator verbunden:

$$X = -\frac{1}{i} \frac{\mathrm{d}}{\mathrm{d}x} = -\frac{1}{\hbar} P \, . \tag{3.7.21}$$

Da für räumliche Translationen, d. h. für $U(a)$, (3.7.17) erfüllt ist, gilt nach (3.7.19)

$$U(a) = \mathrm{e}^{-\frac{i}{\hbar} a P} = \mathrm{e}^{-a \frac{\mathrm{d}}{\mathrm{d}x}} \, . \tag{3.7.22}$$

Diese wichtige Beziehung kann man auch explizit nachprüfen. Denn es gilt

$$U(a)\psi(x) = \mathrm{e}^{-a \frac{\mathrm{d}}{\mathrm{d}x}} \psi(x) = \sum_{n=0}^{\infty} \frac{(-a)^n}{n!} \frac{\mathrm{d}^n}{\mathrm{d}x^n} \psi(x)$$

$$= \psi(x - a) \, ,$$

wobei im letzten Schritt die Taylorreihe verwendet wurde. Diese Darstellung von $U(a)$ ist natürlich nur dann sinnvoll, wenn man $\psi(x)$ als beliebig oft differenzierbare Funktion voraussetzt.

Bevor wir die Transformationen von Observablen untersuchen, ist es nützlich, sich an die Mehrdeutigkeit bei der Beschreibung von Transformationen zu erinnern.

3.7.3 Aktive und passive Transformationen

Eine Symmetrietransformation kann man auf zweierlei Weisen einführen, die zunächst am Beispiel einer Drehung in einer Ebene illustriert werden sollen:

1. **aktive Drehung:** Ein Objekt, z. B. der Punkt P in Bild 3.8a wird durch die Rotation um den Winkel φ zum Punkte P' gebracht. In bezug auf das eingezeichnete zweidimensionale Koordinatensystem hat P die Koordinaten (x, y) und P' die Koordinaten (x', y').

2. **passive Drehung:** Das Objekt, z. B. der Punkt P in Abb.3.8b bleibt fest; das Koordinatensystem wird um den Winkel $-\varphi$ gedreht. Der (festgebliebene) Punkt P hat nun in bezug auf das gedrehte Koordinatensystem die Koordinaten (x', y'), die mit denen übereinstimmen, die im Falle der aktiven Drehung der gedrehte Punkt P' in bezug auf das feste Koordinatensystem hat.

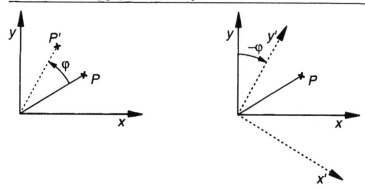

Bild 3.8 a) Aktive (links) und b) passive (rechts) Drehung

Diese beiden Deutungen einer Drehung sind physikalisch äquivalent; denn eine Aussage über die absolute Lage eines Punktes im Raum ist physikalisch leer. Im Prinzip meßbar und daher allein physikalisch relevant ist die Lage eines Punktes relativ zu anderen Objekten. Die Lage des Punktes P' relativ zum nichttransformierten Koordinatensystem – Bild 3.8a – ist aber die gleiche, wie die von P relativ zum transformierten Koordinatensystem – Bild 3.8b –. Daher beschreiben beide Bilder die gleiche physikalische Situation.

Anhand unseres Beispiels wollen wir noch das Verhalten von Funktionen unter Symmetrietransformationen illustrieren. Betrachtet man Funktionen über der (x, y)-Ebene, so kann man die Wirkung der Rotation auf diese Funktionen studieren. Sei f – der Einfachheit halber – eine reellwertige Funktion, so daß ihr Funktionswert für den Punkt P durch

$$f(P) = f(x, y) \quad \in \mathbb{R}$$

gegeben ist. Einerseits kann man die „rotierte" Funktion f' durch

$$f'(P) := f(P') \quad \text{oder} \quad f'(x, y) := f(x', y') \tag{3.7.23}$$

definieren; d. h. f' ordnet P den Funktionswert des rotierten Punktes P' zu. Diese Definition entspricht der aktiven Deutung der Drehung. Andererseits kann man eine „passiv rotierte" Funktion f'' durch

$$f''(x', y') := f(x, y) \tag{3.7.24}$$

einführen; f'' gibt für den (festen) Punkt P den (festen) Funktionswert $f(x, y)$ im gedrehten Koordinatensystem.

Diese beiden Möglichkeiten treten auch auf, wenn man in der Quantenmechanik die Transformation von Observablen beschreibt.

3.7.4 Verhalten von Observablen unter Symmetrietransformationen

In der Quantenmechanik werden physikalische Aussagen mit Hilfe der Erwartungswerte von Operatoren in einem bestimmten Zustand des betrachteten Systems gemacht

$$\langle \psi | A | \psi \rangle \, .$$

wobei normierte Zustände verwendet werden: $\langle \psi | \psi \rangle = 1$.

i) Aktive Transformation eines Operators Unterwerfen wir den Zustand ψ einer Transformation (3.7.1), so *ändert* sich der Erwartungswert gemäß

$$\langle\psi|A|\psi\rangle \quad \rightarrow \quad \langle\psi'|A|\psi'\rangle = \langle U\psi|A|U\psi\rangle \; . \tag{3.7.25}$$

Falls A z. B. der Ortsoperator ist und U eine Drehung beschreibt, kommt in dieser Änderung des Erwartungswertes die neue Lage des gedrehten physikalischen Systems zum Ausdruck. Aus (3.7.25) folgt wegen der vorausgesetzten Unitarität des Operators U

$$\langle U_\psi|A|U_\psi\rangle = \langle\psi|U^\dagger AU|\psi\rangle = \langle\psi|U^{-1}AU|\psi\rangle = \langle\psi|A'|\psi\rangle$$

mit

$$\boxed{A' := U^{-1}AU \; .} \tag{3.7.26}$$

Diesen Operator A' bezeichnet man als den **aktiv transformierten Operator** der Observablen. Sein Erwartungswert im ursprünglichen Zustand $|\psi\rangle$ stimmt mit dem Erwartungswert des ursprüngliche Operators A im transformierten Zustand $|\psi'\rangle$ überein.

ii) Passive Transformation eines Operators Andererseits kann man bei passiver Betrachtungsweise einen transformierten Operator A'' auf die folgende Weise einführen: Man sucht einen Operator A'', der in bezug auf die transformierten Zustände $|\psi'\rangle$ die gleichen Erwartungswerte liefert, wie der ursprüngliche Operator A in bezug auf die Zustände $|\psi\rangle$ vor ihrer Transformation. Dieser Operator wird demnach durch die Beziehung

$$\langle\psi'|A''|\psi'\rangle = \langle\psi|A|\psi\rangle \tag{3.7.27}$$

definiert. Es folgt

$$\langle\psi'|A''|\psi'\rangle = \langle\psi|U^\dagger A''U|\psi\rangle = \langle\psi|A|\psi\rangle$$

oder

$$U^\dagger A''U = U^{-1}A''U = A$$

und schließlich

$$\boxed{A'' = UAU^{-1} \; .} \tag{3.7.28}$$

A'' wird als der **passiv transformierte Operator** der Observablen bezeichnet. Man beachte die verschiedene Stellung von U und U^{-1} in (3.7.26) und (3.7.28). Daher äußert sich der Unterschied von A' und A'' oft nur durch ein Vorzeichen im Exponenten der e-Funktion (vgl. 3.7.19). Die beiden Möglichkeiten der Transformation eines Operators wollen wir nun anhand des Ortsoperators Q illustrieren.

Vor der Transformation

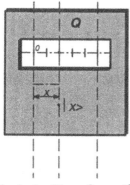

Zustand | ψ > "gesehen" von
der Observablen A
Erwartungswert < ψ| A| ψ >

Nach der Transformation des Zustandes und der Observablen

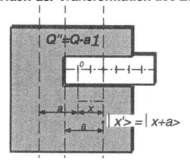

Zustand | ψ' > "gesehen" von
der Observablen A", die so gewählt wird,
daß für den Erwartungswert gilt:
< ψ'| A"| ψ' > = < ψ| A| ψ >

Auf der Skala von Q" sind die Meßwerte um den
Betrag a kleiner als auf der Skala von Q.

⊢·—·—·⊣ : Meßwert

Bild 3.9 Illustration der Gleichung $\langle \psi'|A''|\psi'\rangle = \langle \psi|A|\psi\rangle$ für die passive Transformation

Verhalten des Ortsoperators Q unter einer Translation

Die räumliche Verschiebung um eine Strecke a werde wie in (3.7.20) durch den unitären Operator $U(a)$ beschrieben. Die aktive bzw. passive Translation sind in Bild 3.9 und Bild 3.10 illustriert. Bei aktiver Verschiebung des Ortsoperators Q um a wollen wir einen Operator Q' mit der folgenden Eigenschaft erhalten

$$\langle\psi|Q'|\psi\rangle = \langle\psi|Q|\psi\rangle + a , \qquad (3.7.29)$$

d. h. sämtliche Erwartungswerte von Q' sollen aus denen von Q durch Verschiebung um a hervorgehen. Da

$$\langle\psi|Q|\psi\rangle + a = \langle\psi|Q|\psi\rangle + a\langle\psi|\psi\rangle$$
$$= \langle\psi|Q + a1|\psi\rangle$$

Vor der Transformation

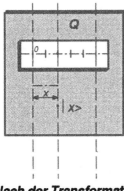

Observable A
Zustand $|\psi>$
Erwartungswert $<\psi|A|\psi>$

Nach der Transformation des Zustandes

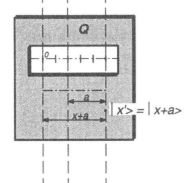

Observable A
Zustand $|\psi'>$
Erwartungswert $<\psi'|A|\psi'>$

Nach der Transformation der Observablen

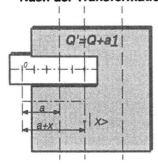

Observable A'
Zustand $|\psi>$
Erwartungswert $<\psi|A'|\psi>$

*Auf der Skala von Q' sind die Meßwerte um den
Betrag a größer als auf der Skala von Q.*

$\longmapsto\!\cdot\!-\!\cdot\!-\!\cdot\!\dashv$: *Meßwert*

Bild 3.10   Illustration der Gleichung $\langle\psi|A'|\psi\rangle = \langle\psi'|A|\psi'\rangle$ für aktive Transformation

gilt, folgt

$$Q' = Q + a\mathbf{1} \ . \tag{3.7.30}$$

Bei passiver Verschiebung von Q soll andererseits

$$\langle \psi'|Q''|\psi'\rangle = \langle \psi|Q|\psi\rangle$$

gelten, wobei $|\psi'\rangle = U(a)|\psi\rangle$ ist. Q'' muß die Translation der Zustände rückgängig machen. Mit $Q = Q' - a\mathbf{1}$ erhält man

$$\begin{aligned} \langle \psi|Q|\psi\rangle &= \langle \psi|U^{-1}QU - a\mathbf{1}|\psi\rangle \\ &= \langle \psi'|Q - a\mathbf{1}|\psi'\rangle \ . \end{aligned}$$

Also

$$Q'' = Q - a\mathbf{1} \ . \tag{3.7.31}$$

Explizit wird $U(a)$ nach (3.7.22) durch

$$U(a) = \mathrm{e}^{-\frac{i}{\hbar}Pa}$$

gegeben. Offenbar gilt für $U(a)$

$$U^{-1}(a) = U(-a) \ . \tag{3.7.32}$$

Darin kommt der Vorzeichenwechsel in den Gleichungen (3.7.30) und (3.7.31) zum Ausdruck.

3.7.5 Verallgemeinerungen, Liesche Gruppen und Algebren

Die Überlegungen der vorstehenden Abschnitte können auf Symmetriegruppen angewandt werden, deren Symmetrietransformationen von mehreren Parametern abhängen

$$U = U(\lambda_1, \lambda_2, \dots, \lambda_n) \quad \text{mit} \quad U(0, 0, \dots, 0) = \mathbf{1} \ . \tag{3.7.33}$$

Als Verallgemeinerung von (3.7.14), (3.7.15) und (3.7.19) erhält man

$$U(\lambda_1, \dots, \lambda_n) = 1 + \sum_{j=1}^{n} \lambda_j X_j + O(\lambda_j)^2 \tag{3.7.34}$$

$$X_j = \frac{1}{i} \left. \frac{\partial U(\lambda_1, \dots, \lambda_n)}{\partial \lambda_j} \right|_{\lambda_1 = \lambda_2 = \dots = \lambda_n = 0} \tag{3.7.35}$$

$$U(\lambda_1, \dots, \lambda_n) = \mathrm{e}^{i \sum_{j=1}^{n} \lambda_j X_j} \ . \tag{3.7.36}$$

Man sagt: Die durch diese Gleichungen definierten Operatoren $U(\lambda_1, \dots, \lambda_n)$ bilden eine **Liesche Gruppe** und die X_j sind ihre **infinitesimalen Erzeugenden**. Da diese Operatoren die Gruppenelemente entscheidend bestimmen, kommt ihren Eigenschaften eine grundsätzliche Bedeutung zu. Wir begründen die wichtigsten von ihnen. Vor allem gilt für den Kommutator von zwei Erzeugenden die folgende Relation

$$[X_j, X_k] = \sum_{l=1}^{n} c_{jk}^l X_l \, , \tag{3.7.37}$$

wobei die c_{ij}^k als **Strukturkonstanten** bezeichnet werden. Zu ihr wird man geführt, wenn man das Produkt von zwei Gruppenelementen

$$U(\alpha) = e^{iA} \quad \text{und} \quad U(\beta) = e^{iB}$$

betrachtet, wobei zur Abkürzung

$$A := \sum_{j=1}^{n} \alpha_j X_j \quad \text{und} \quad B := \sum_{k=1}^{n} \beta_k X_k$$

gesetzt wurde. Vergleichen wir jetzt die Produkte

$$U(\alpha)U(\beta) \quad \text{und} \quad (U(\beta)U(\alpha))^{-1} = U(\alpha)^{-1}U(\beta)^{-1}$$

durch Entwicklung der Exponentialfunktionen und Ausmultiplikation. Für das erste Produkt erhält man

$$U(\alpha)U(\beta) = [1 + iA - \frac{1}{2}A^2 + \cdots][1 + iB - \frac{1}{2}B^2 + \cdots] \tag{3.7.38}$$

$$= 1 + i(A + B) - AB - \frac{1}{2}(A^2 + B^2) + \cdots \, ,$$

wobei Terme von 3. und höherer Ordnung in den Parametern durch Punkte angedeutet sind. Für das zweite Produkt folgt

$$(U(\beta)U(\alpha))^{-1} = [1 - iA - \frac{1}{2}A^2 + \cdots][1 - iB - \frac{1}{2}B^2 + \cdots]$$

$$= 1 - i(A + B) - AB - \frac{1}{2}(A^2 + B^2) + \cdots$$

Die beiden Ausdrücke unterscheiden sich nur im Vorzeichen, der in $A + B$ linearen Terme. Bildet man daher das Produkt

$$U(\alpha)U(\beta)\,(U(\beta)U(\alpha))^{-1} \, , \tag{3.7.39}$$

das auch **Kommutator der Gruppenelemente** genannt wird, so fallen die linearen Terme fort und man erhält

$$1 + (A + B)^2 - 2AB - (A^2 + B^2) =$$
$$1 + A^2 + AB + BA + B^2 - 2AB - A^2 - B^2 =$$
$$1 - AB + BA \, .$$

Andererseits kann man für (3.7.39) als Element der Lie-Gruppe schreiben

$$U(\gamma) = e^{iC} = 1 + iC + \cdots$$

$$\text{mit} \quad C = \sum_l \gamma_l X_l \, .$$

Es folgt

$$C = i(AB - BA) = i[A, B] \, . \tag{3.7.40}$$

Diese Gleichung enthält eine entscheidende Eigenschaft einer Lie-Gruppe:

> Der Kommutator zweier Erzeugender ist wieder eine Erzeugende der Lie-Gruppe.

Dies gilt nicht für das einfache Produkt! In der Tat kann man aus dem Produkt in Gleichung (3.7.38) nur ableiten, daß die Summe $A + B$ wieder ein Generator ist – eine triviale Aussage – und kann nichts über die Produkte AB, A^2 und B^2 aussagen.

Gleichung (3.7.40) lautet ausgeschrieben

$$\sum_l \gamma_l X_l = i \sum_{j,k} \alpha_j \beta_k [X_j, X_k] \, .$$

Die Koeffizienten auf der rechten Seite sind Funktionen

$$\gamma_l = \gamma_l(\alpha_1, \ldots, \alpha_n; \beta_1, \ldots, \beta_n) \, ,$$

die durch die speziellen Eigenschaften der betrachteten Gruppe bestimmt werden. Differenziert man nach den α_j und den β_k so folgt

$$[X_j, X_k] = \sum_{l=1}^{n} c_{jk}^l X_l \, ,$$

wobei die Koeffizienten durch

$$c_{jk}^l := \frac{\partial^2 \gamma_l}{\partial \alpha_j \partial \beta_k}$$

definiert sind. Damit haben wir (3.7.37) bewiesen und allgemeine Ausdrücke für die Strukturkoeffizienten gewonnen. Sie müssen folgenden Relationen genügen

$$c_{ij}^k = -c_{ji}^k$$
$$0 = c_{ij}^k c_{mn}^l + c_{ni}^k c_{mj}^l + c_{jn}^k c_{mi}^l \, .$$

Die erste Relation ergibt sich sofort aus der Antisymmetrie eines Kommutators beim Vertauschen seiner beiden Elemente. Die zweite folgt aus der **Jacobischen Identität** für Zweifach-Kommutatoren, vgl. (3.5.45)

$$[[X_i, X_j] \, X_k] + [[X_j, X_k] \, X_i] + [[X_k, X_i] \, X_j] = 0 \, .$$

Zur Illustration der Bedeutung dieser Bedingungen sei darauf hingewiesen, daß die „Umkehrung" gilt: Gibt man eine Menge von Strukturkonstanten vor, die den obigen Bedingungen genügen, so sind die infinitesimal Erzeugenden und mit ihnen die Liesche Gruppe eindeutig definiert.

Wir wiederholen: Die wichtigste Eigenschaft der infinitesimal Erzeugenden X_i wird in Gleichung (3.7.37) ausgedrückt.

Der Kommutator zweier Erzeugender ist eine Linearkombination der Erzeugenden; die Menge der X_i ist unter Kommutatorbildung abgeschlossen. Wenn man also mit den X_i rechnet und läßt als Operationen nur die Addition, die Multiplikation mit Zahlen und die Kommutatorbildung zu, so kommt man nicht aus dem Bereich von Linearkombinationen der X_i heraus. Daher ist eine eigene Begriffsbildung angemessen:

Eine Menge $\{X_1, \ldots, X_n\}$ von Operatoren bildet eine **Lie-Algebra**, wenn sich ihre Kommutatoren $[X_i, X_j]$ als Linearkombination der X_k wie in (3.7.37) ausdrücken lassen.

Mit diesen wenigen Sätzen haben wir die wichtigsten Begriffe der Theorie der Liegruppen eingeführt, über die es eine eigene Lehrbuchliteratur[25] gibt. Für die Quantenmechanik können wir uns auf das wenige Gesagte beschränken, denn unsere Überlegungen werden entscheidend von konkreten Beispielen leben.

Folgende Beispiele von Lie-Algebren sind uns schon bekannt:

1. Die Drehimpuls-Algebra $\{L_1, L_2, L_3\}$ mit

$$[L_j, L_k] = i\epsilon_{jkl}L_l \ .$$

Die Drehimpulse L_i sind die infinitesimal Erzeugenden der Lieschen Gruppe der Drehungen im dreidimensionalen Raum.[26] Die Elemente der Drehgruppe hängen von drei Parametern $(\theta_1, \theta_2, \theta_3)$ ab, die die Drehachse und den Drehwinkel festlegen

$$U(\theta_1, \theta_2, \theta_3) = \mathrm{e}^{-i\sum_{j=1}^{3} \theta_j L_j} \ .$$

2. Die Heisenberg-Algebra $\{P, Q, 1\}$ mit

$$[P, Q] = \frac{\hbar}{i}\mathbf{1}, \quad [P, 1] = [Q, 1] = 0 \ .$$

Die algebraischen Eigenschaften der Symmetrieoperationen müssen sich in den zugeordneten Hilbertraumoperatoren widerspiegeln. So haben wir schon daraufhingewiesen, daß den Eigenschaften der Drehungen $D(\varphi)$ (vgl. Bild 3.6) die folgende Beziehung zwischen den unitären Operatoren $U(\varphi)$ entsprechen muß

$$U(\varphi_1)U(\varphi) = U(\varphi_1 + \varphi_2) \ .$$

Allgemein kann man diese Tatsache wie folgt formulieren: Den Symmetrietransformationen T, die eine Gruppe bilden, seien die (unitären oder antiunitären) Operatoren $U(T)$ zugeordnet. Dann gilt[27]

$$U(T_1 T_2) = U(T_1)U(T_2) \ . \tag{3.7.41}$$

Man sagt:

---

[25] Vgl. z. B.: J. Hilgert und K.-H.Neeb, Lie-Gruppen und Lie-Algebren, Vieweg Verlag (1991).

[26] Diese Eigenschaft der Drehimpulse werden wir im 2. Band noch ausführlich behandeln

[27] Aus physikalischen Gründen braucht eigentlich nur eine Darstellung bis auf einen Faktor $\lambda \in \mathbb{C}$ gefordert werden, d. h. $U(T_1 T_2) = \lambda(T_1, T_2)U(T_1)U(T_2)$.

Die Operatoren $U(T)$ geben eine **Darstellung der Symmetriegruppe.** Der Hilbertraum $\mathcal{H}$ heißt auch **Darstellungsraum** der Gruppe.

Aus (3.7.41) folgt insbesondere

$$U(T^{-1}) = U^{-1}(T)$$
$$U(E) = \mathbf{1} \,,$$

wobei E das neutrale Element der Symmetriegruppe bezeichnet.

Zusammenfassung:

Die in diesem Abschnitt dargestellten Begriffsbildungen und Ergebnisse kann man im folgenden **Symmetrieaxiom** zusammenfassen:

> Im Hilbertraum $\mathcal{H}$, der die physikalischen Zustände beschreibt, werden die physikalischen Symmetriegruppen durch unitäre oder antiunitäre Operatoren „dargestellt", so daß (3.7.41) gilt.

Welche Symmetriegruppen existieren, kann nur aus der Erfahrung begründet werden. Auf jeden Fall gehören die in der Einleitung zu diesen Abschnitt aufgeführten Gruppen dazu. Aber es können noch Gruppen hinzukommen, die sogenannte **innere Symmetrien** betreffen, nämlich solche, die nichts mit Raum und Zeit sondern mit „inneren Eigenschaften", wie der elektrischen Ladung zusammenhängen. Ein wichtiges Beispiel sind die im Abschnitt 2.13 behandelten Eichtransformationen.

3.8 Folgerungen aus der räumlichen und zeitlichen Translationsinvarianz

In den vorausgegangenen Abschnitten haben wir die Translationen nur als illustrierende Beispiele benutzt. In den folgenden beiden Abschnitten setzen wir die räumliche und zeitliche Translationsinvarianz als physikalische Grundprinzipien voraus und begründen mit ihrer Hilfe die Grundgesetze der Quantenmechanik, aus denen sämtliche Quanteneigenschaften der Observablen und ihrer Dynamik abgeleitet werden können.

Für alle physikalischen Systeme ist nach den bisherigen Erfahrungen die räumliche und zeitliche Translationsinvarianz erfüllt.

Dieser einfachen Feststellung liegt ein komplexer Sachverhalt zugrunde. Zunächst ist damit gemeint, daß die physikalischen Gesetze an jedem Raumpunkt unserer Welt die gleichen sind. Sie gelten auf unserer Erde ebenso wie auf einer weit entfernten Galaxie. Konkret kann man ein isoliertes physikalisches System von einem Raumbereich zu einem anderen „verschieben", ohne daß sich seine physikalischen Eigenschaften ändern. Darüber hinaus enthält die Feststellung auch die Aussage, daß die physikalischen Gesetze zu allen Zeiten in gleicher Form gültig sind.

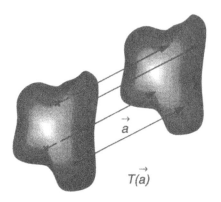

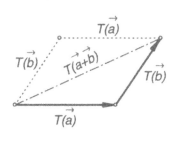

Bild 3.11   Zur räumlichen Translation

Beide Aussagen sind jedoch nur näherungsweise richtig. Denn wenn man den gesamten Kosmos und seine Entwicklung ins Auge faßt, gab es – nach weitgehend anerkannter Lehre – vor etwa 10^{20} Jahren eine „Singularität", den „Urknall", der einen Zeitpunkt auszeichnet. Sobald man Zeitspannen von kosmologischen Dimensionen ins Auge faßt, kann daher die zeitliche Translationsinvarianz Einschränkungen erfahren. In kosmischen Dimensionen ist auch die Raumstruktur kompliziert und weicht von der euklidischen Geometrie ab, so daß auch die räumliche Translationsinvarianz nicht mehr in einfacher Weise gilt.

Beschränkt man sich jedoch auf „normale" Raum- und Zeitdistanzen, so kann man zunächst räumliche und zeitliche Translationen als gültige Symmetrietransformationen voraussehen. Daher müssen nach dem Symmetrieaxiom korrespondierende unitäre Operatoren existieren.

Beginnen wir mit den räumlichen Verschiebungen $T(\vec{a})$, die ein betrachtetes System um den räumlichen Vektor $\vec{a}$ verschieben, vgl. Bild 3.11.

Entsprechend ihrer geometrischen Bedeutung sind Translationen vertauschbar. Man erhält das gleiche Resultat, wenn man zunächst zum Vektor $\vec{b}$ und dann um $\vec{a}$ verschiebt oder umgekehrt:

$$T(\vec{a})T(\vec{b}) = T(\vec{b})T(\vec{a}) \qquad (3.8.1)$$
$$= T(\vec{a} + \vec{b}) \ .$$

Für die zugeordneten unitären Operatoren $(U\vec{a})$ setzen wir entsprechend

$$U(\vec{a})U(\vec{b}) = U(\vec{b})U(\vec{a}) \qquad (3.8.2)$$

voraus. Für kleine Translationen schreiben wir gemäß Beziehung (3.7.34)

$$U(\vec{a}) = 1 + i\vec{a} \cdot \vec{X} + O(a_j^2)$$
$$= 1 + i\sum_{j=1}^{3} a_j X_j + O(a_j)^2 \ , \qquad (3.8.3)$$

wobei der Vektoroperator

$$\vec{X} = \begin{pmatrix} X_1 \\ X_2 \\ X_3 \end{pmatrix} \tag{3.8.4}$$

die hermiteschen infinitesimalen Generatoren der drei Koordinaten zusammenfaßt. Nach (3.7.16) gilt

$$\vec{X}^\dagger = \vec{X} . \tag{3.8.5}$$

Aus der Beziehung (3.8.2) folgt Vertauschbarkeit der drei X_j $(i = 1, 2, 3)$

$$\boxed{[X_j, X_k] = 0 \quad \text{für} \quad j, k = 1, 2, 3 .} \tag{3.8.6}$$

Das heißt: Die X_j beschreiben gleichzeitig meßbaren Observablen. Bevor wir ihre physikalische Bedeutung erörtern, ist es nützlich, das Verhalten der X_j unter zeitlichen Translationen zu studieren. Eine zeitliche Translation, die das betrachtete System vom Zeitpunkt 0 zum Zeitpunkt t verschiebt, stellen wir nach dem Symmetrieaxiom durch einen unitären Operator $U(t)$ dar. Dann wird die zeitliche Veränderung der X_i gemäß der *aktiven* Transformation von Operatoren (3.7.26) durch

$$X_j(t) = U(t)^{-1} X_j U(t) \tag{3.8.7}$$

gegeben, wobei X_j den Operator zum Zeitpunkt $t = 0$ wiedergibt. Nun kommutieren aber $U(\vec{a})$ und $U(t)$, d. h.

$$[U(\vec{a}), U(t)] = 0 , \tag{3.8.8}$$

denn erfahrungsgemäß hat es den gleichen Effekt, ob zunächst zur Zeit $t = 0$ um $\vec{a}$ räumlich verschoben und dann die Zeit um t vorgerückt wird oder umgekehrt. Aus (3.8.8) folgt sofort

$$[X_j, U(t)] = 0 . \tag{3.8.9}$$

Verwendet man dies in der Beziehung (3.8.7) an, so folgt, daß die X_j nicht von der Zeit t abhängen: Die den X_j zugeordneten Observablen erfüllen einen strengen Erhaltungssatz. In der klassischen Mechanik ist die räumliche Translationsinvarianz mit dem Impulserhaltungssatz verbunden. Daher setzen wir

$$\vec{X} = const \cdot \vec{P} ,$$

wobei $\vec{P}$ den Gesamtimpuls des Systems beschreibt. Die Dimension der Konstanten ist eine reziproke Wirkung, denn

$$[const] = \frac{[\vec{X}]}{[\vec{P}]} = \frac{(\text{Länge})^{-1}}{\frac{\text{Energie}}{\text{Geschwindigkeit}}} = \frac{1}{\text{Energie} \cdot \text{Zeit}} .$$

Aus diesem Grunde postulieren wir

Räumliches Translationsaxiom
Zwischen dem Operator $\vec{P}$ des Gesamtimpulses eines Systems und der infinitesimal Erzeugenden der räumlichen Translation, dem Vektoroperator $\vec{X}$, besteht die Beziehung

$$\vec{P} = \hbar \vec{X} \tag{3.8.10}$$

Dieses Axiom erfährt eine weitere Unterstützung durch unsere Erfahrungen in der Wellenmechanik. Dort war für ein Teilchen der Impulsoperator durch $\frac{\hbar}{i}\frac{d}{dx}$ gegeben, vgl. (3.7.21). Man beachte, daß in (3.8.10) der Gesamtimpuls auftritt!

Für eine endliche räumliche Translation erhält man den Operator

$$U(\vec{a}) = e^{-\frac{i}{\hbar}\vec{P}\cdot\vec{a}} , \tag{3.8.11}$$

wenn man von der infinitesimalen Form (3.8.3) gemäß (3.7.36) zu $U(\vec{a})$ übergeht.
Entsprechende Überlegungen können wir für $U(t)$ durchführen: Der durch

$$U(t) = 1 + itX_0 + O(t^2) \tag{3.8.12}$$

definierte Operator X_0 ist zeitlich konstant, da – trivialerweise –

$$[X_0, U(t)] = 0 \tag{3.8.13}$$

gilt. Aufgrund des Zusammenhangs von X_0 mit zeitlichen Verschiebungen postulieren wir

Zeitliches Translationsaxiom
Der Gesamtenergieoperator (Hamilton-Operator) H eines Systems und die infinitesimal Erzeugende X_0 der zeitlichen Translation sind durch folgende Beziehung miteinander verknüpft

$$H = -\hbar X_0 . \tag{3.8.14}$$

Analog zu (3.8.11) gilt für den zeitlichen Translationsoperator $U(t)$

$$U(t) = e^{-\frac{i}{\hbar}Ht} . \tag{3.8.15}$$

Wie die Operatoren $\vec{P}$ und H mit den speziellen Eigenschaften eines bestimmten Systems, z. B. den Massen, Geschwindigkeiten usw. der im System enthaltenen Teilchen zusammenhängen, können diese Überlegungen nicht zeigen. Dazu müssen die speziellen physikalischen Eigenschaften der betrachteten Systeme untersucht werden. Aus der allgemeinen Formel (3.8.15) läßt sich jedoch noch eine für die weiteren Überlegungen wichtige Folgerung ableiten. Differenziert man sie nach der Zeit so folgt

$$\frac{d}{dt}U(t) = -\frac{i}{\hbar}H e^{-\frac{i}{\hbar}Ht} .$$

Diese Rechnung ist auch für Operatoren erlaubt, da sämtliche auftretenden Größen miteinander vertauschbar sind

$$He^{-\frac{i}{\hbar}Ht} = e^{-\frac{i}{\hbar}Ht}H \ .$$

Es ergibt sich die folgende Differentialgleichung für $U(t)$

$$i\hbar\frac{dU(t)}{dt} = HU(t) \ . \tag{3.8.16}$$

Die Gleichung hat formale Ähnlichkeiten mit der Schrödingergleichung der Wellenmechanik (2.7.6). Nur ist die Wellenfunktion ψ durch den Operator U ersetzt. Daher kann man (3.8.16) auch als **Operator-Schrödingergleichung** bezeichnen.

Diese Differentialgleichung kann auch als Definitionsgleichung für $U(t)$ benutzt werden. Durch ihre Lösung wird man auf (3.8.15) zurückgeführt, wenn man noch die Anfangsbedingung $U(0) = 1$ verwendet.

3.9 Die speziellen Axiome der nicht-relativistischen Quantentheorie

Die in diesem Kapitel bisher formulierten Grundannahmen der Quantenmechanik reichen nicht aus, um konkrete quantenphysikalische Probleme zu behandeln. Dazu benötigt man vielmehr zusätzliche spezielle Axiome, die im folgenden Abschnitt für langsam bewegte, spinlose Teilchen entwickelt werden sollen. Um zu übersichtlichen Formeln zu gelangen, behandeln wir zunächst

3.9.1 Ein-Teilchen-Systeme

Wir betrachten ein Teilchen der Masse m, das sich frei oder unter Einfluß eines vorgegebenen Kraftfeldes so langsam bewegen möge, daß der Meßwert seines Impulses der Bedingung

$$|\vec{p}| \ll mc \tag{3.9.1}$$

genügt. Ferner verzichten wir darauf, das Teilchen genauer, als es seine Comptonwellenlänge $h/(mc)$ angibt, zu lokalisieren. Unter dieser Voraussetzung treten die in der Einleitung zu diesem Kapitel erläuterten Schwierigkeiten bei der Ortsmessung nicht auf. Die drei Komponenten des Ortsvektors können gleichzeitig genügend genau gemessen werden. Daher nehmen wir an, daß es für jede Zeit t drei hermitesche Operatoren $Q_1(t), Q_2(t), Q_3(t)$ gibt, die für gleiche Zeiten kommutieren[28]

$$[Q_j(t), Q_k(t)] = 0 \qquad \text{für} \quad j,k = 1,2,3 \ . \tag{3.9.2}$$

Wir fassen sie zu dem Vektor-Operator gemäß

$$\vec{Q}(t) := \begin{pmatrix} Q_1(t) \\ Q_2(t) \\ Q_3(t) \end{pmatrix}$$

---

[28] Man kann zeigen, daß diese Annahme aus der Galilei-Invarianz begründet werden kann; vgl. die Einleitung zum 2. Band.

zusammen. Für ein **spinloses** Teilchen[29] postulieren wir:

> $Q_1(t), Q_2(t), Q_3(t)$ bilden ein vollständiges, kommutie-
> rendes Observablen-System

Danach wird der Zustand eines spinlosen Teilchens durch die Messung der drei Ortskoordinaten allein eindeutig festgelegt.

Andererseits kann man die drei Impulskoordinaten eines Teilchens gleichzeitig messen. Für ein wechselwirkungsfreies Teilchen können wir dies bereits aus der räumlichen Translationsinvarianz schließen, vgl. (3.8.6). Alle Erfahrungen haben gezeigt, daß dies auch für Teilchen in Kraftfeldern gilt. Daher postulieren wir die Existenz von drei hermiteschen Operatoren $P_1(t), P_2(t), P_3(t)$ für jede Zeit t mit

$$[P_j(t), P_k(t)] = 0 \ . \tag{3.9.3}$$

Dagegen sind die Orts- und Impulskoordinaten für die gleiche Raumrichtung nicht gleichzeitig meßbar, wie die Diskussionen in den ersten beiden Kapiteln gezeigt haben. Die Kommutatoren $[P_j, Q_k]$ dürfen daher für $j = k$ nicht verschwinden. Ihr Wert muß durch die Plancksche Konstante $\hbar$ reguliert werden, da für Situationen, wo $\hbar$ vernachlässigt werden kann, die gleichzeitige Messung von P_j und Q_j möglich ist. Ferner ist $[P_j, Q_k]$ ein antihermitescher Operator, vgl. (3.5.35). Der einfachste Ansatz ist daher

$$[P_j(t), Q_k(t)] = \frac{\hbar}{i} \mathbf{1} \delta_{jk} \ . \tag{3.9.4}$$

Er hat sich in der Tat glänzend bewährt. Zusammen mit (3.9.2) und (3.9.3) bildet die Gleichung (3.9.4) die *Grundlage der nichtrelativistischen Quantenmechanik*. Diese Gleichungen sind als System der **kanonischen Vertauschungsrelationen** oder der Heisenbergschen Vertauschungsrelationen bekannt.

Sie stellen Axiome dar und können daher nicht abgeleitet werden; wohl aber gibt es mehrere Motivationen für sie.

Entdeckt (oder „erfunden"?) wurden sie 1925 von Werner Heisenberg bei einer Analyse der Intensitätsregeln für Spektrallinien eines harmonischen Oszillators, vgl. den Exkurs am Ende des 4. Kapitels im 2. Band. Ein Jahr später gab P.A.M. Dirac eine geniale algebraische Begründung, die einen Zusammenhang zwischen den klassischen Poissonklammern und den Kommutatoren herstellte. Wir werden diesen Gedankengang bei der Beschreibung mehrerer Teilchen erläutern.

Für ein *freies Teilchen* kann man (3.9.4) ableiten. In diesem Falle können wir die räumliche Translationsinvarianz auswerten. Der Translationsoperator $U(\vec{a})$ wirkt auf die $\vec{Q}$-Operatoren gemäß

$$\vec{Q}'(t) := U^{-1}(\vec{a})\vec{Q}(t)U(\vec{a}) = \vec{Q} + \vec{a}\mathbf{1} \tag{3.9.5}$$

entsprechend der geometrischen Bedeutung der Translation. In Gl. (3.9.5) ist die Aussage enthalten, daß alle Vektoren $\vec{r}$ des $\mathbb{R}^3$ mögliche Meßwerte von $\vec{Q}(t)$ sind. Für kleine Verschiebungen $\vec{a}$ folgt aus (3.9.5) , (3.8.3) und (3.8.10)

---

[29] Der Spin der Teilchen wird in Kapitel 7 im Band 2 behandelt.

$$\delta\vec{Q}(t) := \vec{Q}'(t) - \vec{Q}(t) = \left(1 + \frac{i}{\hbar}\vec{a}\cdot\vec{P}\right)\vec{Q}(t)\left(1 - \frac{i}{\hbar}\vec{a}\cdot\vec{P}\right) \qquad (3.9.6)$$

und daher

$$\delta\vec{Q}(t) = \frac{i}{\hbar}\left[\vec{a}\cdot\vec{P}, \vec{Q}(t)\right]\ . \qquad (3.9.7)$$

Ein Vergleich mit (3.9.5) ergibt

$$\frac{i}{\hbar}\left[\vec{a}\cdot\vec{P}, \vec{Q}(t)\right] = \vec{a}\mathbf{1}$$

oder

$$\sum_{j=1}^{3} a_j\frac{i}{\hbar}[P_j, Q_k(t)] = a_k\mathbf{1} \qquad \text{für}\quad k = 1, 2, 3\ .$$

Daraus folgt, wie angekündigt, die kanonische Vertauschungsrelation (3.9.4).

Man beachte, daß bei diesen Überlegungen der Impulsoperator gemäß den allgemeinen Argumenten von Abschnitt 3.8 unabhängig von der Zeit war. Für die *Bewegung eines Teilchens in einem Kraftfeld* gelten die Gleichungen (3.9.5) und folgende auch, nur hat in diesem Falle der Translationsoperator eine andere Bedeutung: Er verschiebt nicht mehr das Gesamtsystem, das in diesem Falle Teilchen und Kraftfeld umfaßt, sondern nur das Teilchen allein. Daher sind die Betrachtungen von Abschnitt 3.8 nicht direkt zu übernehmen. Es stellt sich heraus, daß alle Formeln (3.9.5) bis (3.9.7) zwar gelten; der Impulsoperator wird jedoch eine Funktion der Zeit: $\vec{P}(t)$, wie schon in (3.9.4) vorweggenommen wurde.

Als letzten Hinweis für die Gültigkeit von (3.9.4) erinnern wir daran, daß die wellenmechanischen Operatoren

$$\vec{Q} = \vec{r} \quad \text{und} \quad \vec{P} = \frac{\hbar}{i}\vec{\nabla}$$

ebenfalls diesen Gleichungen genügen.

Die zentrale physikalische Bedeutung der kanonischen Vertauschungsrelationen wird in der Unschärferelation deutlich. Wendet man auf sie das allgemeine Unschärfetheorem (3.5.8) an, so folgt mit $A = P_j, B = Q_k$ die Heisenbergsche Unschärferelation

$$\Delta P_j \cdot \Delta Q_k \quad \geq \quad \frac{\hbar}{2}\delta_{jk}\ . \qquad (3.9.8)$$

3.9.2 N-Teilchen-Systeme

In der (nichtrelativistischen) klassischen Mechanik wird ein N-Teilchen-System durch die $6N$ Koordinaten

$$q_1(t), q_2(t), q_3(t); q_4(t), \ldots, q_{3N-1}(t), q_{3N}(t)$$
$$p_1(t), p_2(t), p_3(t); p_4(t), \ldots, p_{3N-1}(t), p_{3N}(t)$$

beschrieben, wobei $3N$ die Zahl der Freiheitsgrade des Systems ist. Diese Beschreibung übersetzen wir in die Quantenmechanik durch folgendes

Axiom der nichtrelativistischen Quantenmechanik

Für ein N-Teilchen-System bilden die Ortsoperatoren

$$Q_1(t), Q_2(t), Q_3(t); Q_4(t), \ldots, Q_{3N-1}(t), Q_{3N}(t)$$

zu jedem Zeitpunkt t ein vollständiges System von vertauschbaren Observablen; dasselbe leisten die Impulsoperatoren

$$P_1(t), P_2(t), P_3(t); P_4(t), \ldots, P_{3N-1}(t), P_{3N}(t) \ .$$

Es gilt also für $j, k = 1, 2, \ldots, 3N$

$$[Q_j(t), Q_k(t)] = [P_j(t), P_k(t)] = 0 \ . \qquad (3.9.9)$$

Ferner postulieren wir in Verallgemeinerung von (3.9.4) die folgenden Vertauschungsrelationen

$$[P_j(t), Q_k(t)] = \frac{\hbar}{2} 1 \delta_{jk} \ . \qquad (3.9.10)$$

Anmerkungen

1. Dieses Axiom gilt wieder nur für Teilchen ohne Spin (= Eigendrehimpuls), den wir später einführen.

2. Die Operatoren $P_j(t)$ und $Q_j(t)$ sind in ihrer Reihenfolge derart aufgeführt, daß für die Vektoroperatoren von Ort und Impuls des i-ten Teilchens $i = 1, \ldots, N$, gilt

$$\vec{Q}_{(i)}(t) = \begin{pmatrix} Q_{3i-2}(t) \\ Q_{3i-1}(t) \\ Q_{3i}(t) \end{pmatrix}, \quad \vec{P}_{(i)}(t) = \begin{pmatrix} P_{3i-2}(t) \\ P_{3i-1}(t) \\ P_{3i}(t) \end{pmatrix} \ .$$

Zur Motivation des Axioms sei folgendes angeführt:

1. Aus (3.9.9) und (3.9.10) folgt, daß für die Koordinaten des Gesamtimpulsoperators

$$\vec{P}(t) = \sum_{j=1}^{N} \vec{P}_{(j)}(t) \qquad (3.9.11)$$

und des Schwerpunkt-Ortsoperators

$$Q(t) = \frac{1}{M} \sum_{j=1}^{N} m_j Q_{(j)}(t) \quad \text{mit} \quad M = \sum_{j=1}^{N} m_j \qquad (3.9.12)$$

die Vertauschungsrelationen gelten, die aufgrund der Translationsinvarianz gefordert werden müssen.

2. Wir erläutern jetzt den *Diracschen Weg zur Begründung der Vertauschungsrelationen*. Die kanonische Form der Grundgleichungen der klassischen Mechanik kann mit Hilfe der Poissonklammern

$$\{F, G\} \overset{\text{def}}{=} \sum_{j=1}^{3N} \left(\frac{\partial F}{\partial p_j} \frac{\partial G}{\partial q_j} - \frac{\partial F}{\partial q_j} \frac{\partial G}{\partial p_j} \right), \qquad (3.9.13)$$

wobei F und G im allgemeinsten Fall beliebige Funktionen der Koordinaten $p_1(t), \ldots,$ $p_{3N}(t), q_1(t), \ldots, q_{3N}(t)$ und der Zeit t sind, in der folgenden Weise geschrieben werden:

$$\{p_j(t), p_k(t)\} = \{q_j(t), q_k(t)\} = 0, \quad \{p_j(t), q_k(t)\} = \delta_{jk} \qquad (3.9.14)$$

$$\frac{\mathrm{d}}{\mathrm{d}t} F(q_j(t), p_k(t); t) = \{H, F\} + \frac{\partial F}{\partial t} . \qquad (3.9.15)$$

Die physikalische Aussage von (3.9.15) ist äquivalent zu der der Hamiltonschen Gleichungen, während sich die Beziehungen (3.9.14) unmittelbar aus der Definition der Poissonklammern ergeben.

Die Poissonklammern $\{., .\}$ erfüllen die gleichen algebraischen Eigenschaften wie ein Komnutator $[., .]$:

$$\{F, G\} = -\{G, F\}$$
$$\{F_1 + F_2, G\} = \{F_1, G\} + \{F_2, G\}$$
$$\{F_1 F_2, G\} = \{F_1, G\} F_2 + F_1 \{F_2, G\} \qquad (3.9.16)$$
$$0 = \{F, \{G, H\}\} + \{G, \{H, F\}\} + \{H, \{F, G\}\}$$
$$\text{Jacobi-Identität} .$$

Aus dieser algebraischen Isomorphie folgerte Dirac (1926), daß man die Poissonklammern mit Hilfe des Kommutators wie folgt quantenmechanisch umdeuten müsse

$$\{F, G\} \quad \rightarrow \quad \frac{i}{\hbar}[F, G] . \qquad (3.9.17)$$

Der Faktor „i" auf der rechten Seite ist wieder wegen der Anti-Hermitizität des Kommutators, der Faktor $\frac{1}{\hbar}$ aus Dimensionsgründen notwendig. Wendet man diese Übersetzungsvorschrift auf die Gleichungen (3.9.14) an, so folgt sofort das Axiom mit (3.9.9) und (3.9.10). Wendet man die Regel (3.9.17) auf Gl. (3.9.15) an, so wird man auf

$$\frac{\mathrm{d}}{\mathrm{d}t} F(P_j(t), Q_k(t), t) = \frac{i}{\hbar}[H, F(P_j(t), Q_k(t), t)] + \frac{\partial}{\partial t} F(P_j(t), Q_k(t), t) \qquad (3.9.18)$$

geführt. Diese Gl. gilt in der Tat, allerdings nur im sog. Heisenbergbild, vgl. Abschnitt 3.11.

Mit Hilfe der entwickelten Begriffe können wir jetzt das im 2. Kapitel ausführlich beschriebene Korrespondenzprinzips in folgender knapper Weise aussprechen

---

Allgemeine Formulierung des Korrespondenzprinzips

Eine Observable, die in der klassischen Mechanik durch eine Funktion $F(\vec{p}_{(j)}, \vec{q}_{(k)}; t)$ beschrieben wird, muß in der Quantenmechanik durch den Operator

$$F(\vec{P}_{(j)}, \vec{Q}_{(k)}, t)$$

dargestellt werden. Insbesondere gilt dies für den Hamiltonoperator.

Beispiel:

Ein System von N Teilchen habe gegenseitige Wechselwirkungen, das durch ein allgemeines Potential V beschrieben sei und befinde sich in einem äußeren elektromagnetischen Feld, das durch die Potentiale Φ und $\vec{A}$ gegeben sei. Die Massen der Teilchen seien mit m_j bezeichnet. Außerdem mögen sie die elektrische Ladung e_j tragen. Dann lautet der Hamiltonoperator

$$H = \sum_{j=1}^{N} \left[\frac{1}{2m_j} \left(\vec{P}_{(j)} - \frac{e_j}{c} \vec{A}(\vec{Q}_{(j)}, t) \right)^2 + e_j \Phi(\vec{Q}_{(j)}, t) \right]$$
$$+ V\left(\vec{Q}_{(1)}, \ldots, \vec{Q}_{(N)} \right) . \tag{3.9.19}$$

Dieser Ausdruck ist eine Verallgemeinerung der Formel (2.4.36) aus dem 2. Kapitel

Wir beschließen diesen Abschnitt mit einigen *Allgemeinen Folgerungen:*

1. Algebraische Folgerungen aus den kanonischen Vertauschungsrelationen

   Zur Vereinfachung der Formeln betrachten wir nur einen Freiheitsgrad, so daß die Relationen (3.9.10) die Form

$$[P, Q] = \frac{\hbar}{i} \mathbf{1} \tag{3.9.20}$$

annehmen. Mit Hilfe der Regel für den Kommutator mit einem Produkt

$$[P, f(Q)g(Q)] = [P, f(Q)]g(Q) + f(Q)[P, g(Q)] \tag{3.9.21}$$

folgt

$$[P, Q^2] = [P, Q]Q + Q[P, Q] = \frac{\hbar}{i} 2Q .$$

Für Q^n ergibt sich daraus – etwa durch vollständige Induktion –

$$[P, Q^n] = \frac{\hbar}{i} n Q^{n-1} .$$

Diese beiden Formeln lassen sich zusammenfassen zu

$$[P, f(Q)] = \frac{\hbar}{i} \frac{\mathrm{d}}{\mathrm{d}Q} f(Q) . \tag{3.9.22}$$

Tatsächlich gilt diese Formel allgemein für jede differenzierbare Funktion. Am elementarsten kann man sie durch eine Potenzreihenentwicklung von $f(Q)$ beweisen. Eine elegantere Begründung, die auch einen tieferen Einblick in die algebraische Struktur gibt, kann durch die Feststellung gegeben werden, daß die Formeln (3.9.20) und (3.9.21) den Differentiationsregeln

$$\frac{\hbar}{i}\frac{\mathrm{d}}{\mathrm{d}Q}Q = \frac{\hbar}{i}1$$

$$\frac{\hbar}{i}\frac{\mathrm{d}}{\mathrm{d}Q}\left(f(Q)g(Q)\right) = \frac{\hbar}{i}\left(\frac{\mathrm{d}}{\mathrm{d}Q}f(Q)\right)g(Q) + f(Q)\frac{\hbar}{i}\frac{\mathrm{d}}{\mathrm{d}Q}g(Q)$$

genau entsprechen, so daß man zu der Korrespondenz

$$[P,\cdot]\frac{\hbar}{i} \longleftrightarrow \frac{\mathrm{d}}{\mathrm{d}Q}. \tag{3.9.23}$$

geführt wird. Sämtliche Differentiationsregeln kann man aus der Leibnizschen Produktregel (3.9.21) und der „Anfangsbedingung" (3.9.20) herleiten. Da diese auch für den Kommutatoroperator

$$[P,\cdot]$$

gelten, kann man auf die allgemeine Gültigkeit von (3.9.22) schließen.

Analog kann man

$$[Q,g(P)] = -\frac{\hbar}{i}\frac{\mathrm{d}}{\mathrm{d}P}g(P) \tag{3.9.24}$$

beweisen und auch die weiteren Verallgemeinerungen

$$[P,F(P,Q)] = \frac{\hbar}{i}\frac{\partial F(P,Q)}{\partial Q} \tag{3.9.25}$$

$$[Q,F(P,Q)] = -\frac{\hbar}{i}\frac{\partial F(P,Q)}{\partial P} \tag{3.9.26}$$

begründen. Bei den partiellen Differentiationen muß man aber auf die Reihenfolge der Impuls- und Ortsoperatoren achten.

2. Für Einteilchensysteme ($N = 1$)

   (a) Die Eigenvektoren $|\vec{r}\rangle$ von $\vec{Q}$ bilden ein vollständiges Basissystem des Hilbertraumes

$$\vec{Q}|\vec{r}\rangle = \vec{r}|\vec{r}\rangle\,. \tag{3.9.27}$$

   (b) Mit $\vec{r}$ ist auch $\vec{r} + \vec{a}$ ein Eigenwert von $\vec{Q}$.

Denn für den Zustand

$$|\psi\rangle := U(a)|\vec{r}\rangle = e^{-\frac{i}{\hbar}\vec{P}\cdot\vec{a}}|\vec{r}\rangle \tag{3.9.28}$$

folgt nach

$$\vec{Q}|\psi\rangle = e^{-\frac{i}{\hbar}\vec{P}\cdot\vec{a}}U(a)^{-1}\vec{Q}U(a)|\vec{r}\rangle$$

wegen (3.9.5)

$$\vec{Q}|\psi\rangle = e^{-\frac{i}{\hbar}\vec{P}\cdot\vec{a}}\left((\vec{Q}+\vec{a}\mathbf{1})\right)|\vec{r}\rangle = e^{-\frac{i}{\hbar}\vec{P}\cdot\vec{a}}(\vec{r}+\vec{a})|\vec{r}\rangle$$

oder

$$\vec{Q}|\psi\rangle = (\vec{r}+\vec{a})|\psi\rangle \,, \tag{3.9.29}$$

womit bewiesen ist, daß $U(\vec{a})|\vec{r}\rangle$ Eigenvektor von $\vec{Q}$ zum Eigenwert $\vec{r}+\vec{a}$ ist.

Aufgrund von (3.9.29) schreiben wir

$$U(\vec{a})|\vec{r}\rangle = e^{-\frac{i}{\hbar}\vec{P}\cdot\vec{a}}|\vec{r}\rangle \quad =: \quad |\vec{r}+\vec{a}\rangle \,. \tag{3.9.30}$$

Man kann daher vom Zustand $|\vec{O}_r\rangle$ mit einem einem Teilchen im Koordinatenursprung ausgehen und alle Eigenzustände durch

$$|\vec{r}\rangle = e^{-\frac{i}{\hbar}\vec{P}\cdot\vec{r}}|\vec{O}_r\rangle, \quad \vec{Q}|\vec{O}_r\rangle = \vec{O}_r \tag{3.9.31}$$

konstruieren.

Weiterhin enthält (3.9.29) die Aussage, daß das Spektrum von $\vec{Q}$ kontinuierlich ist und sich über den gesamten $\mathbb{R}^3$ erstreckt.

(c) Auch die Eigenvektoren $|\vec{p}\rangle$ des Impulsoperators $\vec{P}$ bilden ein vollständiges Basissystem des Hilbertraumes:

$$\vec{P}|\vec{p}\rangle = \vec{p}|\vec{p}\rangle \,. \tag{3.9.32}$$

Ebenso besitzt $\vec{P}$ ein rein kontinuierliches Spektrum, das sich über den gesamten $\mathbb{R}^3$ erstreckt, da mit $\vec{p}$ auch $\vec{p}+\vec{b}$ Eigenwert ist, nämlich zum Eigenvektor

$$|\tilde{\psi}\rangle = e^{+\frac{i}{\hbar}\vec{Q}\cdot\vec{b}}|\vec{p}\rangle \,. \tag{3.9.33}$$

Die Begründung kann wie für den Ortsoperator geführt werden. Es ändert sich nur ein Vorzeichen im Exponenten wegen

$$[Q_j, P_k] = -\frac{\hbar}{i}\delta_{jk}\mathbf{1} \,.$$

Es gilt also

$$\vec{P}|\tilde{\psi}\rangle = (\vec{p}+\vec{b})|\tilde{\psi}\rangle \,.$$

Man kann daher vom Zustand $|\vec{O}_p\rangle$, der ein Teilchen mit verschwindendem Impuls enthält, ausgehen und alle Eigenzustände durch

$$|\vec{p}\rangle = e^{\frac{i}{\hbar}\vec{Q}\cdot\vec{p}}|\vec{O}_p\rangle \tag{3.9.34}$$

konstruieren.

(d) Für beliebiges N-Teilchensystem gilt analog: Die Eigenvektoren $|\vec{r}_1, \vec{r}_2, \ldots, \vec{r}_N\rangle$ mit

$$\vec{Q}_i|\vec{r}_1, \vec{r}_2, \ldots, \vec{r}_N\rangle = \vec{r}_i|\vec{r}_1, \vec{r}_2, \ldots, \vec{r}_N\rangle \quad \text{für alle} \quad i = 1, 2, \ldots, N$$

bilden ein vollständiges System von Basisvektoren. Entsprechendes gilt für die Eigenvektoren $|\vec{p}_1, \vec{p}_2, \ldots, \vec{p}_N\rangle$.

3.10 Orts- und Impulsdarstellung

In diesem Abschnitt setzen wir allein die kanonischen Vertauschungsrelationen voraus und entwickeln einen für die nichtrelativistische Quantenmechanik grundlegenden Formalismus. Dieser soll gestatten, die abstrakten Hilbertraumvektoren $|\psi\rangle$ durch letzten Endes auch numerisch behandelbare Größen zu beschreiben. Zu einer solchen Darstellung der Vektoren[30] kann man mit Hilfe der Eigenvektoren $|a_1, a_2, \ldots, a_n\rangle$ jedes v.S.v.O.:[31] $A_1, A_2, \ldots, A_n$ gelangen. Durch die Komponenten von $|\psi\rangle$ in bezug auf dieses nach Voraussetzung vollständige Basisvektorensystem, nämlich durch

$$\langle a_1, a_2, \ldots, a_n|\psi\rangle \tag{3.10.1}$$

wird jedes $|\psi\rangle$ eindeutig gegeben. Hier können die Eigenwerte a_i sowohl diskret als auch kontinuierlich liegende Werte durchlaufen. Nach den kanonischen Vertauschungsrelationen bilden die Ortsoperatoren $Q_1, \ldots, Q_{3N}$ eines N-Teilchen-Systems ohne Spin ebenso wie die Impulsoperatoren $P_1, \ldots, P_{3N}$ ein v.S.v.O. Durch ihre Verwendung wird man entweder zur **Orts-** oder zur **Impulsdarstellung** der Hilbertraumvektoren geführt.

Es empfiehlt sich wieder, zunächst *Systeme mit einem Freiheitsgrad*, also mit einem Ortsoperator Q und einem Impulsoperator P, – also ein Teilchen mit einer eindimensionalen Bewegungsmöglichkeit – zu behandeln und später den Formalismus durch „Anhängen von Indizes" zu verallgemeinern.

3.10.1 Ortsdarstellung für einen Freiheitsgrad

Wir setzen voraus, daß der Operator $Q = Q(t)$ selbst ein v.S.v.O. darstellt, so daß die normierten Eigenvektoren von Q durch Angabe des Eigenwertes x bis auf einen Phasenfaktor eindeutig gekennzeichnet sind

$$|x\rangle \quad \text{mit} \quad Q|x\rangle = x|x\rangle \quad \text{und} \quad x \in \mathbb{R} \tag{3.10.2}$$

und der Normierung

$$\langle x'|x\rangle = \delta(x - x') . \tag{3.10.3}$$

---

[30] Dieser Darstellungsbegriff muß klar von dem Begriff „Darstellung einer Gruppe" unterschieden werden.
[31] Wir erinnern an die Abkürzung: v.S.v.O. $\equiv$ vollständiges System vollständiger Observabler.

Hier haben wir schon die im vorangehenden Abschnitt begründete Tatsache benutzt, daß Q ein kontinuierliches Spektrum besitzt. Ein Zustandsvektor $|\psi\rangle \in \mathcal{H}$ wird durch die Funktion $\psi : \mathbb{R} \rightarrow \mathbb{C}$ mit

$$\boxed{\psi(x) \;\stackrel{\text{def}}{=}\; \langle x|\psi\rangle} \qquad\qquad (3.10.4)$$

dargestellt, die man auch als *Darsteller von* $|\psi\rangle$ bezeichnet. $\psi(x)$ ist mit der Wellenfunktion der Wellenmechanik identisch. Insbesondere wird der Ortsoperator Q als Multiplikation mit x und der Impulsoperator P als Ableitungsoperator dargestellt, wie es bereits in Kapitel 2 benutzt wurde. Diese Behauptungen wollen wir nun im einzelnen beweisen.

Als erstes wollen wir zeigen, wie ein beliebiger Operator A dargestellt wird. Mit Hilfe von $\psi(x)$ läßt sich aufgrund der Vollständigkeitsrelation zunächst jeder Vektor $|\psi\rangle \in \mathcal{H}$ als Integral

$$|\psi\rangle = \int\limits_{-\infty}^{+\infty} |x\rangle \mathrm{d}x \langle x|\psi\rangle = \int\limits_{-\infty}^{+\infty} |x\rangle \psi(x)\mathrm{d}x \qquad\qquad (3.10.5)$$

schreiben. Für einen Operator A folgt daraus

$$A|\psi\rangle = \int\limits_{-\infty}^{+\infty} A|x'\rangle \psi(x')\mathrm{d}x' \;. \qquad\qquad (3.10.6)$$

Damit erhält man für den Darsteller des Bildvektors $A|\psi\rangle$

$$\langle x|A|\psi\rangle = \int\limits_{-\infty}^{+\infty} \langle x|A|x'\rangle \psi(x')\mathrm{d}x' \;.$$

Führt man folgende Schreibweise ein

$$\boxed{A\langle x|\psi\rangle \;\;\equiv\;\; A\psi(x) \;\stackrel{\text{def}}{=}\; \langle x|A|\psi\rangle \;,} \qquad\qquad (3.10.7)$$

so gilt

$$\boxed{A\psi(x) \;=\; \int\limits_{-\infty}^{+\infty} \langle x|A|x'\rangle \psi(x')\mathrm{d}x' \;.} \qquad\qquad (3.10.8)$$

Dies bedeutet: Ein allgemeiner Operator A wird durch eine Matrix $\langle x|A|x'\rangle$ mit kontinuierlichen Indizes x und x' charakterisiert. Man nennt

$$A(x,x') \;\stackrel{\text{def}}{=}\; \langle x|A|x'\rangle$$

auch Integralkern des Ausdrucks (3.10.8).

Ergebnis:

> Die Ortsdarstellung wird durch die Zuordnungen:
>
> $$\begin{aligned} |\psi\rangle &\mapsto & \psi(x) &\overset{\text{def}}{=} \langle x|\psi\rangle \\ A &\mapsto & A(x,x') &\overset{\text{def}}{=} \langle x|A|x'\rangle \end{aligned}$$
>
> gekennzeichnet.

$$(3.10.9)$$

Wir wollen nun die Darstellungsmatrizen für die Operatoren Q und P berechnen. Für Q folgt aus (3.10.7) und (3.10.8)

$$Q\psi(x) = \langle x|Q|\psi\rangle = \int\limits_{-\infty}^{+\infty} \langle x|Q|x'\rangle\psi(x')\mathrm{d}x'$$

$$= \int\limits_{-\infty}^{+\infty} x'\langle x|x'\rangle\psi(x')\mathrm{d}x' = \int\limits_{-\infty}^{+\infty} x'\delta(x-x')\psi(x')\mathrm{d}x'$$

$$= x\psi(x) \,,$$

da nach (3.10.2) und (3.10.3) gilt

$$\langle x|Q|x'\rangle = x'\langle x|x'\rangle = x'\delta(x-x') = x\delta(x-x') \,. \tag{3.10.10}$$

Das Ergebnis

$$\boxed{Q\psi(x) = x\psi(x)} \tag{3.10.11}$$

stimmt mit dem aus der Wellenmechanik bekannten überein.

Zur Berechnung von P steht uns die kanonische Vertauschungsrelation

$$[P,Q] = \frac{\hbar}{i}\mathbf{1} \tag{3.10.12}$$

zur Verfügung. Dieser Kommutator bestimmt P nicht eindeutig, denn mit P erfüllt auch

$$\hat{P} = UPU^{-1} \tag{3.10.13}$$

den Kommutator (3.10.12), falls U ein unitärer, mit Q vertauschbarer, aber sonst beliebiger Operator ist

$$[U,Q] = 0 \qquad \text{und} \qquad U^\dagger U = \mathbf{1} \,. \tag{3.10.14}$$

Denn aus (3.10.12) und (3.10.14) folgt

$$[\hat{P},Q] = [UPU^{-1},Q] = U[P,Q]U^{-1} = \frac{\hbar}{i}U\mathbf{1}U^{-1} = \frac{\hbar}{i}\mathbf{1} \,.$$

Allgemein heißen zwei Operatoren A und $\hat{A}$ **unitär äquivalent**, wenn sie durch einen unitären Operator U gemäß

$$\hat{A} = U A U^{-1}$$

verbunden sind. Diese Beziehung wird auch als **Ähnlichkeitstransformation** bezeichnet.
Für unitär äquivalente Operatoren gilt

$$A = A^{\dagger} \quad \Leftrightarrow \quad \hat{A} = \hat{A}^{\dagger} \ .$$

In dem hier betrachteten Fall des Impulsoperators P kann U aufgrund von (3.10.14) nur
von Q abhängen und wir können schreiben

$$U = \mathrm{e}^{iF(Q)} \ , \tag{3.10.15}$$

wobei $F(Q)$ ein hermitescher, nur von Q abhängiger Operator ist. Daher gilt

$$U|x\rangle = \mathrm{e}^{iF(Q)}|x\rangle = \mathrm{e}^{iF(x)}|x\rangle \ . \tag{3.10.16}$$

U beschreibt also eine Phasentransformation der Basisvektoren, die ihre physikalische
Bedeutung dabei nicht ändern. In Abschnitt 2.13 haben wir solche Transformationen als
lokale Eichtransformationen bezeichnet.

Nach dieser Vorbemerkung wollen wir die Darstellungsmatrix $\langle x|P|x'\rangle$ berechnen. Für
die Matrix des Kommutators (3.10.12) erhält man zunächst

$$\langle x|[P,Q]|x'\rangle = \frac{\hbar}{i}\langle x|x'\rangle = \frac{\hbar}{i}\delta(x - x') \ .$$

Die linke Seite kann man wie folgt schreiben

$$\langle x|[P,Q]|x'\rangle = \langle x|PQ - QP|x'\rangle = \langle x|Px'|x'\rangle - \langle x|xP|x'\rangle$$
$$= (x' - x)\langle x|P|x'\rangle \ .$$

Also ergibt sich

$$(x - x')\langle x|P|x'\rangle = \frac{\hbar}{i}\delta(x' - x) \ . \tag{3.10.17}$$

Diese Gleichung zeigt, daß $\langle x|P|x'\rangle$ eine Distribution ist. Zu ihrer Berechnung benutzen
wir das folgende Ergebnis aus der Distributionstheorie: Die allgemeine Lösung $g(\zeta)$ der
Gleichung

$$\zeta g(\zeta) = a\delta(\zeta) \tag{3.10.18}$$

lautet

$$g(\zeta) = -a\delta'(\zeta) + f\delta(\zeta) \ , \tag{3.10.19}$$

wobei f nicht von ζ abhängt, aber eine Funktion anderer Parameter sein kann.
Man prüft leicht nach, daß wegen

$$\zeta\delta(\zeta) = 0 \quad \text{und} \quad \zeta\delta'(\zeta) = -\delta(\zeta)$$

der Ausdruck (3.10.19) tatsächlich eine Lösung von (3.10.18) ist. Als allgemeine Lösung
von (3.10.17), die wir mit $\langle x|\hat{P}|x'\rangle$ bezeichnen wollen, erhalten wir also für beliebiges,
aber festes x' ($\langle x|\hat{P}|x'\rangle$ wird als Funktion von x betrachtet!)

$$\langle x|\hat{P}|x'\rangle = \frac{\hbar}{i}\frac{\partial}{\partial x}\delta(x - x') + f(x')\delta(x - x') . \qquad (3.10.20)$$

Man beachte, daß die Größe f in (3.10.19) jetzt von x' abhängen kann. Die Hermititzität von P fordert

$$\langle x|\hat{P}|x'\rangle = \langle x'|\hat{P}|x\rangle^*$$

und daher – wegen $\delta(x - x') = \delta(x' - x)$ –, daß $f(x')$ eine reelle Funktion von x' ist. Zunächst betrachten wir die spezielle Lösung mit $f \equiv 0$, die wir mit $\langle x|P|x'\rangle$ bezeichnen

$$\langle x|P|x'\rangle = \frac{\hbar}{i}\frac{\partial}{\partial x}\delta(x - x') = \frac{\hbar}{i}\delta'(x - x') . \qquad (3.10.21)$$

Nach (3.10.8) gilt dann

$$P\psi(x) = \frac{\hbar}{i}\int\limits_{-\infty}^{+\infty}\delta'(x - x')\psi(x')dx' = -\frac{\hbar}{i}\int\limits_{-\infty}^{+\infty}\delta'(x' - x)\psi(x')dx'$$

$$= \frac{\hbar}{i}\frac{\mathrm{d}}{\mathrm{d}x}\psi(x) .$$

Damit haben wir

$$\boxed{P\psi(x) = \frac{\hbar}{i}\frac{\mathrm{d}}{\mathrm{d}x}\psi(x)} , \qquad (3.10.22)$$

also einen weiteren Ausgangspunkt der Wellenmechanik abgeleitet. Die allgemeine Lösung $\hat{P}$ von (3.10.20) kann man in der Form

$$\hat{P} = P + f(Q) \qquad (3.10.23)$$

schreiben, denn

$$\langle x|\hat{P}|x'\rangle = \langle x|P + f(Q)|x'\rangle = \langle x|P|x'\rangle + \langle x|f(Q)|x'\rangle$$

$$= \frac{\hbar}{i}\frac{\partial}{\partial x}\delta(x - x') + f(x')\langle x|x'\rangle$$

$$= \frac{\hbar}{i}\frac{\partial}{\partial x}\delta(x - x') + f(x')\delta(x - x') .$$

Man kann nachprüfen, daß die in (3.10.20) und (3.10.21) definierten Operatoren $\hat{P}$ und P gemäß (3.10.13) miteinander verknüpft, also unitär äquivalent sind. Benutzt man die in (3.10.15) eingeführte Darstellung von U, so folgt

$$P = UPU^{-1} = e^{iF(Q)}Pe^{-iF(Q)} = P + \frac{1}{1!}i[F(Q), P] - \frac{1}{2!}\hbar[F(Q), \frac{\mathrm{d}F(Q)}{\mathrm{d}Q}] + \cdots$$

$$= P - \hbar\frac{\mathrm{d}F(Q)}{\mathrm{d}Q} = P + f(Q)$$

mit

$$f(Q) = -\frac{1}{\hbar}F'(Q) .$$

Zusammenfassung:

In der Ortsdarstellung wird aufgrund der Beziehungen

$$Q\psi(x) = x\psi(x) \quad \text{und} \quad P\psi(x) = \frac{\hbar}{i}\frac{\mathrm{d}}{\mathrm{d}x}\psi(x)$$

eine beliebige Operatorfunktion $F(P,Q)$ durch

$$\boxed{F(P,Q)\psi(x) = F\left(\frac{\hbar}{i}\frac{\mathrm{d}}{\mathrm{d}x}, x\right)\psi(x)} \qquad (3.10.24)$$

dargestellt.

Es sei noch einmal darauf hingewiesen, daß $F(P,Q)$, P und Q in (3.10.24) Operatoren im Raum der nach (3.10.4) definierten komplexwertigen Funktionen sind und aufgrund ihrer Definition (3.10.7) mit den gleichbezeichneten Hilbertraumoperatoren verknüpft sind.

Mit der Beziehung (3.10.24) haben wir die Wellenmechanik aus den allgemeinen Prinzipien abgeleitet und gezeigt, daß sie die Ortsdarstellung der Quantenmechanik ist. Ferner haben wir gezeigt, daß die kanonische Vertauschungsrelation (3.10.12) den Operator P bis auf unitäre Äquivalenz eindeutig festlegt.

Es ist nützlich einige Bemerkungen über die Darstellung des Translationsoperators in der Ortsdarstellung anzufügen.

Aufgrund von (3.9.29) gilt

$$U(a)|\psi\rangle = |x + a\rangle\ .$$

Andererseits haben wir wie in (3.7.20) die Wirkung von $U(a)$ auf die Wellenfunktion durch

$$U(a)\psi(x) = \psi(x - a)$$

definiert. Trotz der unterschiedlichen Vorzeichen sagen beide Gleichungen dasselbe aus. Denn nach Definition (3.10.7) gilt

$$U(a)\psi(x) = \langle x|U(a)|\psi\rangle = \langle U^\dagger(a)x|\psi\rangle = \langle U(-a)x|\psi\rangle = \langle x - a|\psi\rangle$$
$$= \psi(x)\ .$$

Die aktive Translation durch $U(a)$, die $|x\rangle$ in $|x + a\rangle$ überführt, bildet also $\psi(x)$ auf $\psi(x-a)$ ab, wie dies im Bild 3.7 auf Seite 249 illustriert ist.

3.10.2 Impulsdarstellung für einen Freiheitsgrad

Benutzt man die Eigenvektoren des Impulsoperators

$$|p\rangle \quad \text{mit} \quad P|p\rangle = p|p\rangle \qquad p \in \mathbb{R} \qquad (3.10.25)$$

mit der Normierung

$$\langle p'|p\rangle = \delta(p - p') \tag{3.10.26}$$

als Basis des Hilbertraumes, so können wir jeden Vektor $|\psi\rangle \in \mathcal{H}$ als Integral

$$|\psi\rangle = \int |p\rangle \widetilde{\psi}(p)\mathrm{d}p \tag{3.10.27}$$

schreiben, wobei

$$\boxed{\widetilde{\psi}(p) \overset{\mathrm{def}}{=} \langle p|\psi\rangle} \tag{3.10.28}$$

der Darsteller von $|\psi\rangle$ in der Impulsdarstellung ist. Die vorstehenden Überlegungen bezüglich der Ortsdarstellung können wir fast vollständig übernehmen

$$A\langle p|\psi\rangle \equiv A\widetilde{\psi}(p) \overset{\mathrm{def}}{=} \langle p|A|\psi\rangle \tag{3.10.29}$$

$$A\psi(x) = \int\limits_{-\infty}^{+\infty} \langle p|A|p'\rangle \widetilde{\psi}(p')\mathrm{d}p' \tag{3.10.30}$$

> Die Impulsdarstellung wird durch die Zuordnungen
>
> $$|\psi\rangle \mapsto \widetilde{\psi}(p) := \langle p|\psi\rangle$$
> $$A \mapsto A(p,p') := \langle p|A|p'\rangle$$
>
> gekennzeichnet.
$$\tag{3.10.31}$$

Analog findet man

$$\langle p|P|p'\rangle = p'\delta(p - p') \quad \Rightarrow \quad \boxed{P\widetilde{\psi}(p) = p\widetilde{\psi}(p)}. \tag{3.10.32}$$

Wegen

$$[Q,P] = -[P,Q] = -\frac{\hbar}{i}\mathbf{1}$$

tritt bei der Berechnung des Impulsdarstellers des Operators Q gegenüber der analogen Ableitung (3.10.17) bis (3.10.22) an einigen Stellen ein Vorzeichenwechsel auf. Das Ergebnis lautet

$$\langle p|Q|p'\rangle = -\frac{\hbar}{i}\frac{\partial}{\partial p}\delta(p - p') \quad \Rightarrow \quad \boxed{Q\widetilde{\psi}(p) = -\frac{\hbar}{i}\frac{\mathrm{d}}{\mathrm{d}p}\widetilde{\psi}(p)}. \tag{3.10.33}$$

Für einen allgemeinen Operator erhält man daher die Impulsdarstellung

$$\boxed{F(P,Q)\widetilde{\psi}(p) = F\left(p, -\frac{\hbar}{i}\frac{\mathrm{d}}{\mathrm{d}p}\right)\widetilde{\psi}(p)}. \tag{3.10.34}$$

3.10.3 Zusammenhang zwischen der Orts- und Impulsdarstellung, „Transformationstheorie"

Orts- und Impulsdarstellung unterscheiden sich nur dadurch, daß zwei verschiedene Koordinatensysteme im Hilbertraum verwendet werden. Daher muß es eine eindeutige Vorschrift geben, $\psi(x)$ in $\widetilde{\psi}(p)$ umzurechnen und umgekehrt.

1. In der Tat folgt aus (3.10.27) durch Bilden des Skalarproduktes mit $|x\rangle$

$$\langle x|\psi\rangle = \int\limits_{-\infty}^{+\infty} \langle x|p\rangle \mathrm{d}p\langle p|\psi\rangle$$

oder

$$\psi(x) = \int\limits_{-\infty}^{+\infty} \langle x|p\rangle\widetilde{\psi}(p)\mathrm{d}p \ . \tag{3.10.35}$$

Die hier auftretende „Transformationsfunktion" $\langle x|p\rangle$ kann auf zweifache Weise interpretiert werden:

(a) als Ortsdarsteller des Eigenvektors des Impulsoperators: $\langle x|p\rangle$

(b) als Impulsdarsteller des Eigenvektors des Ortsoperators: $\langle p|x\rangle = \langle x|p\rangle^*$

Benutzen wir die erste Deutung, so muß gemäß (3.10.7) und (3.10.22) $\langle x|p\rangle$ Lösung der Differentialgleichung

$$P\langle x|p\rangle = \frac{\hbar}{i}\frac{\mathrm{d}}{\mathrm{d}x}\langle x|p\rangle = \langle x|P|p\rangle = p\langle x|p\rangle$$

sein. Faßt man $\langle x|p\rangle$ als Funktion von x bei festem p auf, so lautet die allgemeine Lösung

$$\langle x|p\rangle = A\mathrm{e}^{\frac{i}{\hbar}p\cdot x} \ ,$$

wobei A eine zunächst beliebige Konstante bezeichnet. Durch die Normierungsbedingung

$$\langle p'|p\rangle = \int \langle p'|x\rangle \mathrm{d}x\langle x|p\rangle \ \overset{!}{=} \ \delta(p'-p)$$

wird der Wert von A jedoch festgelegt. Denn es muß gelten[32]

$$\int A^*\mathrm{e}^{-\frac{i}{\hbar}p'x}A\mathrm{e}^{+\frac{i}{\hbar}px}\mathrm{d}x = |A|^2\int \mathrm{e}^{\frac{i}{\hbar}(p-p')x}\mathrm{d}x$$

$$= |A|^2 2\pi\hbar\left[\frac{1}{2\pi}\int \mathrm{e}^{i(p-p')\frac{x}{\hbar}}\mathrm{d}\left(\frac{x}{\hbar}\right)\right] = |A|^2 2\pi\hbar\delta(p'-p)$$

$$\overset{!}{=} \delta(p'-p) \ ,$$

---

[32] vgl. Kapitel 1, Gleichung (1.5.25)

also

$$|A| = \frac{1}{\sqrt{2\pi\hbar}} = h^{-\frac{1}{2}} \, .$$

Allgemeiner Konvention folgend wählen wir A positiv reell

$$A = \frac{1}{\sqrt{2\pi\hbar}} \, .$$

Damit folgt für die „Transformationsfunktion" $\langle x|p \rangle$

$$\langle x|p \rangle = \frac{1}{\sqrt{2\pi\hbar}} e^{\frac{i}{\hbar}p\cdot x} \tag{3.10.36}$$

und aus (3.10.35)

$$\psi(x) = \frac{1}{\sqrt{2\pi\hbar}} \int e^{\frac{i}{\hbar}p\cdot x} \widetilde{\psi}(p) \, dp \, . \tag{3.10.37}$$

2. In analoger Weise folgt für die umgekehrte Transformation

$$\langle p|\psi \rangle = \int \langle p|x \rangle dx \langle x|\psi \rangle = \int \langle p|x \rangle dx \psi(x) \tag{3.10.38}$$

oder

$$\widetilde{\psi}(p) = \frac{1}{\sqrt{2\pi\hbar}} \int e^{-\frac{i}{\hbar}p\cdot x} \psi(x) dx \, , \tag{3.10.39}$$

wobei $\langle p|x \rangle = \langle x|p \rangle^*$ und (3.10.36) benutzt worden ist.

Ergebnis: Orts- und Impulsdarstellung sind durch eine Fouriertransformation miteinander verknüpft.

Historische Anmerkung

Bei der Entwicklung der Quantentheorie hat die Beantwortung der Frage, wie die verschiedenen Darstellungen der Quantenmechanik zusammenhängen, eine wichtige Rolle gespielt. Es wurde dafür der Terminus „Transformationstheorie" geprägt, die in dem 1932 erschienen Buch von Johann von Neumann 'Mathematische Grundlagen der Quantenmechanik' einen Höhepunkt fand.

Damit haben wir sämtliche grundlegenden Regeln der Wellenmechanik im Rahmen des allgemeinen Formalismus wiedergefunden.

3.10.4 Verallgemeinerungen

1. *Ein Teilchen im dreidimensionalen Raum*

   (a) *Ortsdarstellung*

   Basissystem der Eigenvektoren $|\vec{r}\rangle$ mit $\begin{cases} \vec{Q}|\vec{r}\rangle &= \vec{r}|\vec{r}\rangle \\ \langle\vec{r}'|\vec{r}\rangle &= \delta^3(\vec{r}' - \vec{r}) \end{cases}$

   Wellenfunktion: $\qquad \psi(\vec{r}) := \langle\vec{r}|\psi\rangle$

   Operatoren: $\quad \vec{Q}\psi(\vec{r}) = \vec{r}\psi(\vec{r})$

   $\qquad\qquad \vec{P}\psi(\vec{r}) = \dfrac{\hbar}{i}\vec{\nabla}_{\vec{r}}\psi(\vec{r})$

   $\qquad\qquad A\psi(\vec{r}) := \langle\vec{r}|A|\psi\rangle = \displaystyle\int \langle\vec{r}|A|\vec{r}'\rangle\psi(\vec{r}')\,\mathrm{d}^3r'$

   (b) *Impulsdarstellung*

   Basissystem der Eigenvektoren $\vec{p}$ mit $\begin{cases} \vec{P}|\vec{p}\rangle &= \vec{p}|\vec{p}\rangle \\ \langle\vec{p}'|\vec{p}\rangle &= \delta^3(\vec{p}' - \vec{p}) \end{cases}$

   Wellenfunktion: $\qquad \widetilde{\psi}(\vec{p}) := \langle\vec{p}|\psi\rangle$

   Operatoren: $\qquad \vec{Q}\psi(\vec{p}) = -\dfrac{\hbar}{i}\vec{\nabla}_{\vec{p}}\widetilde{\psi}(\vec{p})$

   $\qquad\qquad \vec{P}\psi(\vec{p}) = \vec{p}\widetilde{\psi}(\vec{p})$

   $\qquad\qquad A\psi(\vec{p}) := \langle\vec{p}|A|\psi\rangle = \displaystyle\int \langle\vec{p}|A|\vec{p}'\rangle\widetilde{\psi}(\vec{p}')\,\mathrm{d}^3p'$

   (c) *Transformation zwischen Orts- und Impulsdarstellung*

   $$\langle\vec{r}|\vec{p}\rangle = \frac{1}{\sqrt{(2\pi\hbar)^3}}e^{\frac{i}{\hbar}\vec{p}\cdot\vec{r}}$$

   $$\psi(\vec{r}) = \frac{1}{\sqrt{(2\pi\hbar)^3}}\int e^{\frac{i}{\hbar}\vec{p}\cdot\vec{r}}\widetilde{\psi}(\vec{p})\,\mathrm{d}^3p$$

   $$\widetilde{\psi}(\vec{p}) = \frac{1}{\sqrt{(2\pi\hbar)^3}}\int e^{-\frac{i}{\hbar}\vec{p}\cdot\vec{r}}\psi(\vec{r})\,\mathrm{d}^3r \;.$$

2. *N Teilchen im dreidimensionalen Raum*

   Für diesen Fall wollen wir nur noch die Ortsdarstellung explizit aufschreiben:
   Basissystem der Eigenvektoren $|\vec{r}_1, \ldots, \vec{r}_N\rangle$

   $$\vec{Q}_i|\vec{r}_1, \ldots, \vec{r}_N\rangle = \vec{r}_i|\vec{r}_1, \ldots, \vec{r}_N\rangle, \qquad i = 1, 2, \ldots, N \;.$$

   Normierung:

   $$\langle\vec{r}_1', \ldots, \vec{r}_N'|\vec{r}_1, \ldots, \vec{r}_N\rangle = \delta^3(\vec{r}_1' - \vec{r}_1)\cdots\delta^3(\vec{r}_N' - \vec{r}_N) \;.$$

   Wellenfunktion: $\qquad \psi(\vec{r}_1, \ldots, \vec{r}_N) := \langle\vec{r}_1, \ldots, \vec{r}_N|\psi\rangle$

Operatoren:

$$\hat{Q}_i \psi(\vec{r}_1, \ldots, \vec{r}_N) = \vec{r}_i \psi(\vec{r}_1, \ldots, \vec{r}_N)$$

$$\hat{P}_i \psi(\vec{r}_1, \ldots, \vec{r}_N) = \frac{\hbar}{i} \vec{\nabla}_{\vec{r}_1} \psi(\vec{r}_1, \ldots, \vec{r}_N)$$

$$A\psi(\vec{r}_1, \ldots, \vec{r}_N) := \langle \vec{r}_1, \ldots, \vec{r}_N | A | \psi \rangle$$

$$= \int \langle \vec{r}_1, \ldots, \vec{r}_N | A | \vec{r}_1', \ldots, \vec{r}_N' \rangle$$

$$\cdot \psi(\vec{r}_1', \ldots, \vec{r}_N') \mathrm{d}^3 r_1' \ldots \mathrm{d}^3 r_N'$$

Übergang zwischen Orts- und Impulsdarstellung durch die Transformationsfunktion:

$$\langle \vec{r}_1, \ldots, \vec{r}_N | \vec{p}_1, \ldots, \vec{p}_N \rangle = \frac{1}{\sqrt{(2\pi\hbar)^{3N}}} e^{\frac{i}{\hbar} \sum_{j=1}^{N} \vec{p}_j \cdot \vec{r}_j}$$

$$\psi(\vec{r}_1, \ldots, \vec{r}_N) = \int e^{\frac{i}{\hbar} \sum_{j=1}^{N} \vec{p}_j \cdot \vec{r}_j} \tilde{\psi}(\vec{p}_1, \ldots, \vec{p}_N) \mathrm{d}^3 p_1 \ldots \mathrm{d}^3 p_N$$

3.10.5 Beispiele von physikalisch wichtigen Operatoren in der Orts- und Impulsdarstellung

Erläuterungen und Ergänzungen zu Tabelle 3.1

1. *Potentiale ortsabhängiger Kräfte:*
   Für das Potential $V(Q)$ eines Teilchen erhält man für den 1-dim. Fall
   in der *Ortsdarstellung*

$$\langle x' | V(Q) | x \rangle = V(x)\delta(x - x')$$

also

$$V\psi(x) = V(x)\psi(x) ,$$

wobei V ein Operator, $V(x)$ eine reellwertige Funktion bezeichnet.
In der *Impulsdarstellung*

$$\langle p' | V(Q) | p \rangle = \int \langle p' | V(Q) | x \rangle \langle x | p \rangle \mathrm{d}x = \int V(x) \langle p' | x \rangle \langle x | p \rangle \mathrm{d}x$$

$$= \frac{1}{2\pi\hbar} \int V(x) e^{\frac{i}{\hbar}(p - p')x} \mathrm{d}x$$

$$:= \tilde{V}(p - p') .$$

Beispiel: Kastenpotential $V = V_0 \theta(a - |x|)$

$$\Rightarrow \quad \tilde{V}(p - p') = \frac{V_0}{2\pi\hbar} \int_{-a}^{+a} e^{\frac{i}{\hbar}(p - p')x} \mathrm{d}x = \frac{V_0}{\pi(p - p')} \sin\left((p - p')\frac{a}{\hbar}\right) .$$

Für den dreidimensionalen Fall erhält man analoge Beziehungen

Tabelle 3.1 Wichtige physikalische Operatoren

klassisch	Quantenmechanik	Ortsdarstellung	Impulsdarstellung

kinetische Energie

$$\frac{1}{2m}\vec{p}^2 \qquad \frac{1}{2m}\vec{P}^2 \qquad -\frac{\hbar^2}{2m}\Delta_{\vec{r}} \qquad \frac{1}{2m}\vec{p}^2$$

$$\sum_i \frac{1}{2m_i}\vec{p}_i^2 \qquad \sum_i \frac{1}{2m_i}\vec{P}_i^2 \qquad \sum_i -\frac{\hbar^2}{2m_i}\Delta_{\vec{r}_i} \qquad \sum_i \frac{1}{2m_i}\vec{p}_i^2$$

Potentiale für ortsabhängige Kräfte

$$V(\vec{r}) \qquad V(\vec{Q}) \qquad V(\vec{r}) \qquad \langle\vec{p}'|V|\vec{p}\rangle = \tilde{V}(\vec{p}-\vec{p})$$

$$V(\vec{r}_1,\ldots,\vec{r}_N) \quad V(\vec{Q}_1,\ldots,\vec{Q}_N) \quad V(\vec{r}_1,\ldots,\vec{r}_N) \quad \langle\vec{p}'_1,\ldots,\vec{p}'_N|V|\vec{p}_1,\ldots,\vec{p}_N\rangle$$

Coulombpotential

$$-\frac{Ze^2}{|\vec{r}|} \qquad -\frac{Ze^2}{|\vec{Q}|} \qquad -\frac{Ze^2}{|\vec{r}|} \qquad -\frac{Ze^2}{(2\pi\hbar)^2}\frac{4\pi\hbar^2}{|\vec{p}-\vec{p}|^2}$$

Energie des harmon. Oszillators (1-dim.)

$$\frac{p^2}{2m}+\frac{m\omega^2}{2}x^2 \quad \frac{P^2}{2m}+\frac{m\omega^2}{2}Q^2 \quad -\frac{\hbar^2}{2m}\frac{\mathrm{d}^2}{\mathrm{d}x^2}+\frac{m\omega^2}{2}x^2 \quad +\frac{p^2}{2m}-\frac{m\omega^2}{2}\hbar^2\frac{\mathrm{d}^2}{\mathrm{d}p^2}$$

Ortsdarstellung

1 Teilchen: $V\psi(\vec{r}) = V(\vec{r})\psi(\vec{r})$

N Teilchen: $V\psi(\vec{r}_1,\ldots,\vec{r}_N) = V(\vec{r}_1,\ldots,\vec{r}_N)\psi(\vec{r}_1,\ldots,\vec{r}_N)$

Impulsdarstellung

1 Teilchen: $\tilde{V}(\vec{p} - \vec{p}\,') = \langle\vec{p}\,'|V|\vec{p}\rangle = \dfrac{1}{(2\pi\hbar)^3}\int e^{\frac{i}{\hbar}(\vec{p}-\vec{p}\,')\cdot\vec{r}}V(\vec{r})\mathrm{d}^3r$

N Teilchen:

$$\tilde{V}(\vec{p}_i - \vec{p}_i\,') = \langle\vec{p}_1\,',\ldots,\vec{p}_N\,'|V|\vec{p}_1,\ldots,\vec{p}_N\rangle$$
$$= \frac{1}{(2\pi\hbar)^{3N}}\int e^{\frac{i}{\hbar}\sum_i(\vec{p}_i-\vec{p}_i\,')\cdot\vec{r}_i}V(\vec{r}_1,\ldots,\vec{r}_N)\mathrm{d}^3r_1\ldots\mathrm{d}^3r_N$$

2. *Coulombpotential*

Bei der Berechnung der Impulsdarstellung wurde die folgende Fouriertransformation aus Abschnitt 2.12.8 benutzt

$$\int e^{-i\vec{q}\cdot\vec{r}}\frac{1}{|\vec{r}|}\mathrm{d}^3r = \frac{4\pi}{|\vec{q}|^2} \qquad \text{mit} \quad \vec{q} = \frac{1}{\hbar}(\vec{p}\,' - \vec{p}) \,.$$

3.11 Die Zeitabhängigkeit quantenmechanischer Systeme

In diesem Abschnitt wollen wir uns genauer mit dem zeitlichen Verhalten von quantenmechanischen Systemen beschäftigen, das durch die Symmetrieoperatoren für die zeitliche Translation

$$U(t) = e^{-\frac{i}{\hbar}Ht}$$

gegeben wird. Für ein im Zustand ψ präpariertes physikalisches System interessiert uns seine zeitliche Entwicklung, wenn es von außen ungestört bleibt, an ihm insbesondere keine Messung vorgenommen wird. Von physikalischer Bedeutung ist dabei nur die Zeitabhängigkeit der Erwartungswerte von Observablen, denn nur diese kann beobachtet werden:

$$\mathrm{Erw}(A)(t) = \langle\psi|A|\psi\rangle(t) \,.$$

Grundsätzlich können sich sowohl die Zustandsvektoren als auch die Operatoren zeitlich ändern, was wir durch die Notation

$$|\psi(t)\rangle \quad \text{und} \quad A(t)$$

kennzeichnen wollen. Für die Erwartungswerte schreiben wir entsprechend

$$\mathrm{Erw}(A)(t) = \langle\psi(t)|A(t)\psi(t)\rangle \,. \tag{3.11.1}$$

Wir werden zunächst zwei Extremfälle behandeln, bei denen die Zeitabhängigkeit des Erwartungswertes vollständig von den Zuständen oder vollständig von den Operatoren getragen wird. Die erste Möglichkeit wurde von Schrödinger in der Wellenmechanik entwickelt, die zweite von Heisenberg in der Matrizenmechanik. Daher spricht man vom Schrödinger-Bild bzw. Heisenberg-Bild.

Für viele Anwendungen empfiehlt es sich jedoch, die zeitliche Entwicklung sowohl auf die Zustände als auch auf die Operatoren zu verteilen. Dies gilt insbesondere dann, wenn man – wenigstens – einen Teil der auftretenden Wechselwirkung mit Hilfe einer Störungsrechnung behandeln kann. Den entsprechenden Formalismus werden wir in Abschnitt 3.13.1 unter der Überschrift Wechselwirkungsbild beschreiben.

3.11.1 Heisenberg- und Schrödingerbild

Im **Schrödingerbild** werden die den Observablen zugeordneten Operatoren als zeitlich konstant angenommen und die Zeitabhängigkeit mit Hilfe der Zustandsvektoren beschrieben.

$$\text{Erw}(A)(t) = \langle\psi_S(t)|A_S|\psi_S(t)\rangle \qquad (3.11.2)$$
$$A_S : \text{zeitunabhängig} .$$

Die ket-Vektoren ändern sich gemäß [33]

$$\boxed{|\psi_S(t)\rangle \overset{\text{def}}{=} U(t)|\psi_S(0)\rangle .} \qquad (3.11.3)$$

Für die weiteren Entwicklungen empfiehlt es sich, aus dieser Gleichung Differentialgleichungen für Operatoren und Zustände abzuleiten. Offenbar gilt für die Operatoren im Schrödingerbild

$$\frac{\mathrm{d}}{\mathrm{d}t}A_S = 0 .$$

Für die Zustände gelangen wir mit Hilfe der im Abschnitt 3.8 abgeleiteten Operatorschrödingergleichung für $U(t)$ zu einer Differentialgleichung

$$i\hbar\frac{\mathrm{d}}{\mathrm{d}t}U(t) = HU(t) .$$

Durch Anwendung auf den Vektor $|\psi_S(0)\rangle$ folgt für die Zustandsvektoren $|\psi_S(t)\rangle$ die folgende **Schrödingergleichung**

$$\boxed{i\hbar\frac{\mathrm{d}}{\mathrm{d}t}|\psi_S(t)\rangle = H|\psi_S(t)\rangle .} \qquad (3.11.4)$$

Diese Gleichung hat große Ähnlichkeit mit den Differentialgleichungen (2.4.5) bzw. (2.4.9) der Wellenmechanik. Sie ist jedoch in zweifacher Hinsicht allgemeiner

---

[33] Für andere Begründungen von (3.11.3) vergleiche P.A.M. Dirac, The Principles of Quantum Mechanics, Abschnitt 27; und Messiah I S. 310.

- Der Hamiltonoperator H ist noch nicht spezifiziert.

- Sie gilt für allgemeine Hilbertraumzustände und nicht nur für die Ortsdarstellung

Zum **Heisenbergbild** gelangt man, wenn man (3.11.2) etwas umformt

$$\mathrm{Erw}(A)(t) = \langle \psi_S(t)|A_S|\psi_S(t)\rangle$$
$$= \langle \psi_S(0)|U^{-1}(t)A_S U(t)|\psi_S(0)\rangle \ .$$

Diese Schreibweise legt die Definition eines neuen Operators A_H nahe, der sich zeitlich wie folgt ändert

$$A_H(t) := U^{-1}(t)A_S U(t) \ .$$

Mit

$$|\psi_H\rangle := |\psi_S(0)\rangle$$

gilt dann für den Erwartungswert

$$\mathrm{Erw}(A)(t) = \langle \psi_H|A_H(t)|\psi_H\rangle \ .$$

Diese Formel beschreibt die Zeitabhängigkeit des Erwartungswertes mit Hilfe konstanter Zustandsvektoren und zeitabhängiger Operatoren und definiert das **Heisenbergbild**.

Genauer geht man im Heisenbergbild von den Zuständen und Operatoren zu der Zeit $t = 0$ aus, die mit den Größen $|\psi_S(0)\rangle$ und A_S im Schrödingerbild übereinstimmen mögen und definiert für eine beliebige Zeit t

$$\boxed{\begin{aligned} |\psi_H\rangle &= |\psi_S(0)\rangle \\ A_H(t) &= U^{-1}(t)A_S U(t) \ . \end{aligned}} \qquad (3.11.5)$$

Hierbei sehen wir zunächst von einer sog. „expliziten" Zeitabhängigkeit der Operatoren ab, die in Abschnitt 3.13 behandelt wird. Wegen $U(t = 0) = 1$ stimmen zur Zeit $t = 0$ die Operatoren und Zustände in beiden Bildern überein.[34]. Wieder suchen wir nach Differentialgleichungen.

Zunächst gilt natürlich

$$\frac{\mathrm{d}}{\mathrm{d}t}|\psi_H\rangle = 0 \ .$$

Für die Operatoren folgern wir aus

$$A_H(t) = U^{-1}(t)A_S U(t) = U^\dagger(t)A_H U(t)$$

$$i\hbar\frac{\mathrm{d}}{\mathrm{d}t}U(t) = HU(t)$$

und der dazu hermitesch konjugierten Gleichung

$$-i\hbar\frac{\mathrm{d}}{\mathrm{d}t}U^\dagger(t) = U^\dagger(t)H$$

---

[34] Die Koinzidenz beider Bilder kann man auch zu einem beliebigen Zeitpunkt t festsetzen, wenn man jeweils t durch $t - t_0$ ersetzt

die folgende zeitliche Änderung

$$i\hbar\frac{\mathrm{d}}{\mathrm{d}t}A_\mathrm{H}(t) = i\hbar\left(\frac{\mathrm{d}}{\mathrm{d}t}U^\dagger\right)A_\mathrm{S}U + i\hbar U^\dagger A_\mathrm{S}\frac{\mathrm{d}}{\mathrm{d}t}U$$

$$= -U^\dagger H^\dagger A_\mathrm{S}U + U^\dagger A_\mathrm{S}HU = -HU^\dagger A_\mathrm{S}U + U^\dagger A_\mathrm{S}UH$$

$$= -HA_\mathrm{H}(t) + A_\mathrm{H}(t)H\,,$$

wobei im vorletzten Schritt $HU = UH$ benutzt wurde. – Für die Operatoren im Heisenbergbild gilt daher die sog. **Heisenbergsche Bewegungsgleichung**

$$\boxed{\frac{\mathrm{d}}{\mathrm{d}t}A_\mathrm{H}(t) = \frac{i}{\hbar}\,[H, A_\mathrm{H}(t)]\,,}$$ (3.11.6)

die an die Stelle der Schrödingergleichung (3.11.4) des Schrödingerbildes tritt.

Wenn man sich an die Korrespondenz der quantenmechanischen Kommutatoren mit den klassischen Poissonklammern erinnert, vgl. (3.9.17), ist diese Bewegungsgleichung die genaue Übersetzung der Bewegungsgleichungen der klassischen Mechanik

$$\frac{\mathrm{d}}{\mathrm{d}t}F = \{H, F\}\,.$$

Diese Tatsache werden wir im folgenden an Beispielen illustrieren.

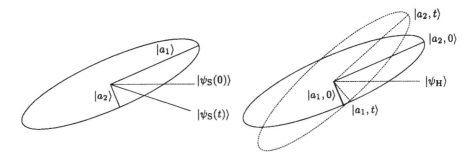

Bild 3.12 Zur Illustration des Zusammenhanges zwischen Schrödinger- und Heisenbergbild

Der Zusammenhang der beiden Bilder ist im Bild 3.12 geometrisch verdeutlicht. Dazu sei A ein Operator mit zwei Eigenvektoren $|a_1\rangle$ und $|a_2\rangle$. Die Spektraldarstellung

$$A = |a_1\rangle a_1\langle a_1| + |a_2\rangle a_2\langle a_2|$$

veranschaulichen wir graphisch als Ellipse, deren Halbachsen die Richtungen der Eigenvektoren und die Längen der Eigenwerte haben. Die Bildvektoren $A|\psi_\mathrm{S}(t)\rangle$ liegen auf dem Rand der Ellipse. Im Schrödingerbild liegt die Ellipse fest, und der Zustandsvektor $|\psi_\mathrm{S}(t)\rangle$ bewegt sich. Im Heisenbergbild muß man schreiben

$$A_\mathrm{H}(t) = U^{-1}(t)\{|a_1\rangle a_1\langle a_1| + |a_2\rangle a_2\langle a_2|\}U(t)$$

$$= |a_1, t\rangle a_1\langle a_1, t| + |a_2, t\rangle a_2\langle a_2, t|$$

mit $|a_i, t\rangle := U^{-1}(t)|a_i\rangle\,.$

Die Eigenwerte sind zwar konstant, aber die Eigenvektoren ändern sich zeitlich; die Ellipse bewegt sich in entgegengesetzter Richtung wie $|\psi_S(t)\rangle$ im Schrödingerbild; während die Zustandsvektoren in Ruhe bleiben.

3.11.2 Die zeitliche Entwicklung von Einteilchen-Systemen

Wir illustrieren die beiden Bilder am Beispiel eines Einteilchensystems und legen einen Hamiltonoperator der Form

$$H(\vec{P}, \vec{Q}) = \frac{1}{2m}\vec{P}^2 + V(\vec{Q})$$

zugrunde. Im Schrödingerbild sind die Operatoren

$$\vec{P}_S \quad \text{und} \quad \vec{Q}_S$$

per definitionem konstant, so daß auch beide Terme in H sich zeitlich nicht ändern. Der Operatorcharakter von $\vec{P}_S$ und $\vec{Q}_S$ wird durch den kanonischen Kommutator

$$[\vec{P}_S, \vec{Q}_S] = \frac{\hbar}{i}\mathbf{1}$$

festgelegt. Die gesamte Zeitabhängigkeit tragen die Zustände gemäß

$$|\psi_S(t)\rangle = e^{-\frac{\hbar}{i}H(\vec{P}_S, \vec{Q}_S)t}|\psi_S(0)\rangle \,.$$

Die Auswertung dieser Operator-Exponentialfunktion ist ein hochgradig nichttriviales Problem. Selbst für verschwindende Potentiale ist der Ausdruck

$$|\psi_S(t)\rangle = e^{-\frac{\hbar}{i}\frac{\vec{P}_S^2}{2m}t}|\psi_S(0)\rangle \tag{3.11.7}$$

nicht ohne Zwischenüberlegungen auszuwerten.

Im **Heisenbergbild** stellt die Zeitabhängigkeit der Zustände kein Problem dar, da nach Definition die Zustände

$$|\psi_H\rangle$$

zeitunabhängig sind. Die gesamte Zeitabhängigkeit wird von den Operatoren

$$\vec{P}_H(t) \qquad \text{und} \qquad \vec{Q}_H(t)$$

getragen. In diesem Falle sind auch die in H auftretenden Operatoren zeitabhängig

$$H = \frac{1}{2m}\vec{P}_H(t)^2 + V(\vec{Q}_H(t))$$

und die beiden Anteile – die kinetische und die potentielle Energie – ändern sich i. a. mit der Zeit. H selbst muß aber wegen der zeitlichen Translationsinvarianz konstant sein, was mit Hilfe der Heisenbergschen Bewegungsgleichung (3.11.6) nachgeprüft werden kann

$$\frac{\mathrm{d}}{\mathrm{d}t}H = \frac{\hbar}{i}[H, H] = 0 \ .$$

Obwohl die Operatoren für Impuls und Ort nicht trivial von der Zeit abhängen, muß für alle Zeiten die kanonische Vertauschungsrelation

$$[\vec{P}_{\mathrm{H}}(t), \vec{Q}_{\mathrm{H}}(t)] = \frac{\hbar}{i}\mathbb{1} \quad \text{für alle} \quad t$$

gelten. Mit Hilfe dieser Kommutatoren lassen sich die zunächst ungewohnten Heisenbergschen Bewegungsgleichungen in bekannte Gleichungen überführen. Aus

$$\frac{\mathrm{d}}{\mathrm{d}t}\vec{P}_{\mathrm{H}}(t) = \frac{\hbar}{i}[H(\vec{P}_{\mathrm{H}}(t), \vec{Q}_{\mathrm{H}}(t)), \vec{P}_{\mathrm{H}}(t)]$$

und

$$\frac{\mathrm{d}}{\mathrm{d}t}\vec{Q}_{\mathrm{H}}(t) = \frac{i}{\hbar}[H, \vec{Q}_{\mathrm{H}}(t)]$$

folgen mit Hilfe der Kommutator-Algebra-Regeln (3.9.25)

$$\boxed{\begin{aligned} \frac{\mathrm{d}}{\mathrm{d}t}\vec{Q}_{\mathrm{H}}(t) &= \frac{\partial H}{\partial \vec{P}_{\mathrm{H}}} \\ \frac{\mathrm{d}}{\mathrm{d}t}\vec{P}_{\mathrm{H}}(t) &= -\frac{\partial H}{\partial \vec{Q}_{\mathrm{H}}} \ . \end{aligned}} \tag{3.11.8}$$

Sie sind formal identisch mit den kanonischen Hamiltonschen Differentialgleichungen der klassischen Mechanik. Der Unterschied zwischen klassischer und Quantenmechanik liegt jetzt allein im Operatorcharakter der auftretenden Größen.

Zu Aussagen über c-Zahlen kann man aus diesen Operator-Differentialgleichungen gelangen, wenn man Erwartungswerte mit den zeitunabhängigen Heisenbergvektoren bildet

$$\boxed{\begin{aligned} \frac{\mathrm{d}}{\mathrm{d}t}\langle\psi_{\mathrm{H}}|\vec{Q}_{\mathrm{H}}(t)|\psi_{\mathrm{H}}\rangle &= \langle\psi_{\mathrm{H}}|\frac{\partial H}{\partial \vec{P}_{\mathrm{H}}}|\psi_{\mathrm{H}}\rangle \\ \frac{\mathrm{d}}{\mathrm{d}t}\langle\psi_{\mathrm{H}}|\vec{P}_{\mathrm{H}}(t)|\psi_{\mathrm{H}}\rangle &= -\langle\psi_{\mathrm{H}}|\frac{\partial H}{\partial \vec{Q}_{\mathrm{H}}}|\psi_{\mathrm{H}}\rangle \ . \end{aligned}} \tag{3.11.9}$$

Diese Gleichungen sind der Inhalt des sog. **Ehrenfestschen Satzes**, der kurz gefaßt sagt:

Die Erwartungswerte von Ort und Impuls erfüllen die kanonischen Differentialgleichungen der klassischen Mechanik.

Dabei muß aber beachtet werden, daß auf der rechten Seite die Erwartungswerte der partiellen Ableitungen des Hamiltonoperators stehen und nicht die Ableitungen des Erwartungswertes von H nach Ort und Impuls und i. a.

$$\langle\frac{\partial}{\partial \vec{P}_{\mathrm{H}}}H\rangle \neq \frac{\partial}{\partial\langle \vec{P}_{\mathrm{H}}\rangle}\langle H\rangle \ .$$

Um mit diesem Formalismus weiter vertraut zu werden, wenden wir ihn auf den einfachst möglichen Fall an, auf die freie eindimensionale Bewegung eines Teilchens.

3.11.3 Die eindimensionale Bewegung eines Teilchens

Der Hamiltonoperator für eine wechselwirkungsfreie Bewegung wird durch die kinetische Energie gegeben

$$H_0 = \frac{P^2}{2m} \, .$$

Im **Schrödingerbild** vereinfachen sich die Formeln für die Zeitabhängigkeit der Zustände nicht, worauf bereits hingewiesen wurde. Anders ist es im **Heisenbergbild**, wo man die kanonischen Differentialgleichungen leicht auswerten kann. Man erhält für den Impuls

$$\frac{\mathrm{d}}{\mathrm{d}t} P_H(t) = \frac{i}{\hbar} [H_0, P_H(t)] = 0 \, ,$$

also $\quad P_H(t) = P_H(0) = P \, .$ $\qquad$ (3.11.10)

Wie in der klassischen Mechanik gilt das Galileische Trägheitsgesetz: der Impuls ist konstant. Auch die zeitliche Änderung des Ortsoperators hat die bekannte Form

$$\frac{\mathrm{d}}{\mathrm{d}t} Q_H(t) = \frac{i}{\hbar} [H_0, Q_H(t)] = \frac{\partial H_0}{\partial P_H} = \frac{P}{m} \, .$$

Die Lösung dieser Operator-Differentialgleichung lautet in formaler Analogie zur klassischen Mechanik

$$Q_H(t) = Q_H(0) + \frac{P}{m} t \, . \qquad (3.11.11)$$

Der Ortsoperator führt eine gleichförmige Bewegung durch. Die quantenmechanischen Züge des Problems werden in den Kommutatoren deutlich

$$
\begin{aligned}
[P, Q_H(t)] &= [P, Q_H(0)] &= \frac{\hbar}{i} \mathbf{1} \\
[Q_H(t), Q_H(0)] &= \left[\frac{P}{m} t, Q_H(0) \right] &= \frac{\hbar}{mi} t \mathbf{1} \, .
\end{aligned}
$$

(3.11.12)

Die Ortsoperatoren für verschiedene Zeiten kommutieren demnach nicht! Mit wachsendem t wird der Kommutator größer.

Berechnung der freien Bewegung im Heisenbergbild

Aufgrund der zeitlichen Änderung der Heisenberg-Operatoren $\vec{Q}_H(t)$ hängen auch ihre Eigenvektoren von t ab. Die Eigenvektoren von $Q_H(t)$ wollen wir mit

$$|x, t\rangle$$

bezeichnen, so daß

$$Q_H(t)|x, t\rangle = x|x, t\rangle$$

gilt. Dabei ist zu beachten: Entgegen dem allgemeinen Gebrauch bezeichnet die Eintragung t im ket-Symbol keinen Eigenwert, sondern weist auf den Parameter im Operator $Q_H(t)$ hin. Aus der expliziten Lösung für $Q_H(t)$ folgt

$$\left(Q_H(0) + \frac{P}{m}t\right)|x,t\rangle = x|x,t\rangle \ . \qquad (3.11.13)$$

Dies ist eine Gleichung für den (abstrakten) Hilbertraumvektor $|x,t\rangle$, wobei die konkreten Operatoreigenschaften von P_H noch nicht verwendet wurden. Wir erwarten, daß P als Differentialoperator wirkt. Um dies explizit zu sehen, ist es am einfachsten eine Ortsdarstellung zu verwenden. Im Heisenbergbild gibt es aber für jede Zeit t eine eigene Ortsdarstellung. Man muß eine von ihnen auswählen. Es liegt natürlich nahe, die Ortsdarstellung für $t = 0$ zu verwenden, die auf den Eigenvektoren

$$|x'\rangle := |x, t = 0\rangle$$

beruht, für die

$$Q_H(0)|x'\rangle = x'|x'\rangle$$

gilt. In bezug auf diese Basis folgt aus (3.11.13)

$$\left(x' + \frac{t}{m}\frac{\hbar}{i}\frac{\mathrm{d}}{\mathrm{d}x'}\right)\langle x'|x,t\rangle = x\langle x'|x,t\rangle \ . \qquad (3.11.14)$$

Hier tritt die Wellenfunktion

$$\psi_{x,t}(x') := \langle x'|x,t\rangle$$

auf, für die x und t als feste Parameter zu betrachten sind und x' die laufende Variable ist. Nach den Regeln über die Ortsdarstellung gilt[35]

$$P\psi_{x,t}(x') = \frac{\hbar}{i}\frac{\mathrm{d}}{\mathrm{d}x'}\psi_{x,t}(x')$$

und damit ergibt sich aus (3.11.14) die gewöhliche Differentialgleichung 1. Ordnung

$$\frac{\mathrm{d}}{\mathrm{d}x'}\psi_{x,t}(x') = i\frac{m(x - x')}{\hbar t}\psi_{x,t}(x') \ ,$$

deren Lösung man nach Standarverfahren findet[36]

$$\psi_{x,t}(x') = A \cdot \mathrm{e}^{-i\frac{m}{2\hbar t}(x - x')^2} \ , \qquad (3.11.15)$$

wobei die Konstante A durch die Anfangsbedingung für $t = 0$ festgelegt wird, die nach der Definition von $|x'\rangle$ lautet

---

[35] Weil P zeitunabhängig ist, gilt dies für alle Ortsdarstellungen.

[36] Durch „Trennung der Variablen" erhält man

$$\frac{1}{\psi}\mathrm{d}\psi = i\frac{m}{\hbar t}(x - x')\mathrm{d}x' \ ,$$

woraus sich durch unbestimmte Integration die Formel des Textes ergibt.

$$\psi_{x,t=0}(x') = \langle x'|x, t = 0\rangle = \langle x'|x\rangle = \delta(x - x') .$$

In der Tat wird (3.11.15) für $t = 0$ singulär. Statt den Limes direkt zu bestimmen, kann man auf (3.11.14) zurückgreifen, welche Gleichung sich für $t = 0$ reduziert zu sich (3.11.14) zu

$$(x' - x)\psi_{x,t=0}(x') = 0$$

mit der allgemeinen Lösung

$$\psi_{x,t=0}(x') = a\delta(x - x') .$$

Die zunächst offene Konstante a muß wegen Normierung der kets zu $a = 1$ festgelegt werden. Aus dieser Bedingung folgt[37]

$$A = \sqrt{\frac{mi}{2\pi\hbar t}} . \qquad (3.11.16)$$

Man wählt A positiv reell, so daß man schließlich erhält

$$\boxed{\psi_{x,t}(x') \equiv \langle x', 0|x, t\rangle = \sqrt{\frac{mi}{2\pi\hbar t}} e^{-i\frac{m}{2\hbar t}(x-x')^2} .} \qquad (3.11.17)$$

Es empfiehlt sich, den speziellen Anfangs-Zeitpunkt $t = 0$ auf t' zu verallgemeinern, dann erhält man

$$\boxed{\langle x', t'|x, t\rangle = \sqrt{\frac{m}{2\pi i\hbar(t - t')}} e^{-i\frac{m}{2\hbar(t-t')}(x-x')^2} .} \qquad (3.11.18)$$

Freie Bewegung im Schrödingerbild

Im Schrödingerbild muß man die eben berechnete Funktion in anderer Weise interpretieren. $|x, t\rangle_S$ stellt den Zustand dar, der im Schrödingerbild durch die zeitliche Entwicklung

$$|x, t\rangle_S = e^{-\frac{i}{\hbar}H_0 t}|x, t = 0\rangle = e^{-\frac{i}{\hbar}H_0 t}|x\rangle \qquad (3.11.19)$$

aus den Eigenzuständen $|x\rangle$ des Operators

$$Q_S = Q_H(0)$$

entsteht. Es gilt die Schrödingergleichung

---

[37] Um dies zu beweisen, werten wir den Limes $\lim\limits_{t\to 0} A \int e^{-i\frac{m}{2\hbar t}(x-x')^2} \, dx = 1$ aus. Mit der Substitution

$y = \sqrt{\frac{m}{2\hbar t}}(x - x')$ folgt $\int\limits_{-\infty}^{+\infty} e^{-i\frac{m}{2\hbar t}(x-x')^2} \, dx = 2\frac{2\hbar t}{m} \int\limits_{0}^{\infty} e^{-iy^2} \, dy$. Das auftretende Fresnel-Integral

konvergiert und hat den Wert $\int\limits_{0}^{\infty} e^{-iy^2} \, dy = \frac{1}{2}\sqrt{\frac{\pi}{i}}$, woraus (3.11.16) folgt.

$$i\hbar \frac{d}{dt}|x,t\rangle_S = H_0|x,t\rangle_S \ ,$$

die man entweder als Spezialfall von (3.11.4) betrachten kann oder schnell direkt durch Differentiation noch einmal ableitet. Geht man in die Ortsdarstellung über, so folgt

$$i\hbar \frac{\partial}{\partial t}\langle x'|x,t\rangle_S = -\frac{\hbar^2}{2m}\frac{\partial^2}{\partial x'^2}\langle x'|x,t\rangle_S \ ,$$

wobei man beachte, daß jetzt x' und t die laufenden Variablen sind, während x einen festen Parameter darstellt. Daher führen eine wir eine Wellenfunktion durch

$$\psi_x(x',t) := \langle x'|x,t\rangle_S$$

ein, für die die freie Schrödingergleichung

$$i\hbar \frac{\partial \psi_x(x',t)}{\partial t} = -\frac{\hbar^2}{2m}\frac{\partial^2}{\partial x'^2}\psi_x(x',t)$$

und die Anfangsbedingung

$$\psi_x(x',t=0) = \langle x'|x\rangle = \delta(x-x')$$

gelten müssen. Damit sind wir auf ein Problem der Wellenmechanik geführt worden. Die Lösung der vorstehenden Gleichungen hängt eng mit der **Greenschen Funktion** des Schrödinger-Operators

$$i\hbar \frac{\partial}{\partial t} + \frac{\hbar^2}{2m}\frac{\partial^2}{\partial x'^2}$$

zusammen, der durch die Differentialgleichung

$$\left(i\hbar \frac{\partial}{\partial t} + \frac{\hbar^2}{2m}\frac{\partial^2}{\partial x^2}\right)D(x-x',t-t') = \delta(x-x')\delta(t-t')$$

und die Retardierungsbedingung

$$D(x-x',t-t') = 0 \quad \text{für} \quad t < t'$$

definiert wird. Sie ist eine zeitabhängige Verallgemeinerung der im Kapitel 2 im Zusammenhang mit der Feyman-Graphen-Formulierung der Streutheorie eingeführten Funktion.

Man kann durch Differenzieren bestätigen, daß die Funktion (3.11.18) tatsächlich für $t > 0$ die freie Schrödingergleichung erfüllt. Es ist auch möglich $\psi_x(x',t)$ direkt durch Lösung der partiellen Differentialgleichung – etwa mit Hilfe einer Fouriertransformation – zu konstruieren. Eine weitere Möglichkeit findet man, wenn man von (3.11.19) ausgeht und $\psi_x(x',t)$ als Matrix

$$\psi_x(x',t) = \langle x'|e^{-\frac{i}{\hbar}\frac{p^2}{2m}t}|x\rangle \tag{3.11.20}$$

betrachtet. Es lohnt sich die rechts stehende Matrix mit den kontinuierlichen Indizes x und x' direkt auszuwerten, da man dabei eine für die Quantenmechanik typische Technik lernen kann.

Wir gehen dafür von der Tatsache aus, daß der auftretende Operator in der Impulsdarstellung leicht zu berechnen ist

$$e^{-\frac{i}{\hbar}\frac{P^2}{2m}t}|p\rangle = e^{-\frac{i}{\hbar}\frac{p^2}{2m}t}|p\rangle \,.$$

Nun treten in Gl. (3.11.20) keine Impulseigenzustände auf. Man kann solche aber mit Hilfe der Vollständigkeitsrelation (3.5.78) erzeugen, die wir für die Impulseigenzustände in der Form

$$\int |p\rangle \mathrm{d}p\langle p| = 1 \tag{3.11.21}$$

schreiben. Setzt man die „Eins" vor dem Zustand $|x\rangle$ in Gl. (3.11.20) ein, so findet man

$$\psi_x(x',t) = \int \langle x'|e^{-\frac{i}{\hbar}\frac{P^2}{2m}t}|p\rangle \mathrm{d}p\langle p|x\rangle = \int e^{-\frac{i}{\hbar}\frac{p^2}{2m}t}\langle x'|p\rangle \mathrm{d}p\langle p|x\rangle$$

$$= \int e^{-\frac{i}{\hbar}\frac{p^2}{2m}t}\frac{1}{2\pi\hbar}e^{i\frac{p}{\hbar}(x'-x)}\mathrm{d}p \,. \tag{3.11.22}$$

Im letzten Schritt wurde die explizite Form der Darstellung $\langle p|x\rangle$ aus Gl. (3.10.36) verwendet. Das Ergebnis ist ein Fourierintegral einer Gauß-artigen Funktion

$$\int\limits_{-\infty}^{+\infty} e^{-i\alpha p^2}e^{ip\xi}\mathrm{d}p \,, \tag{3.11.23}$$

das sich wie im Kapitel 1 auswerten läßt. Explizit kann man (3.11.23) wie im Kapitel 1 mit Hilfe einer quadratischen Ergänzung auswerten. Durch die folgende Umformung des Exponenten

$$-i\alpha p^2 + ip\xi = -i\alpha\left(p - \frac{1}{2\alpha}\xi\right)^2 + \frac{i}{4\alpha}\xi^2$$

und die Substitution $p' = \sqrt{a}(p - \frac{1}{2\alpha}\xi)$ findet man für (3.11.23)

$$\frac{1}{\sqrt{\alpha}}e^{-i\frac{1}{4\alpha}\xi^2}\int\limits_{-\infty}^{-\infty} e^{-ip'^2}\mathrm{d}p' = \sqrt{\frac{\pi}{i\alpha}}e^{i\frac{\alpha}{2}\xi^2} \,,$$

wobei wir den in Fußnote 37 auf Seite 293 angegebenen Wert des Fresnel-Integrals verwendet haben. Setzt man in dieses Ergebnis

$$\alpha = \frac{t}{2m\hbar} \quad \text{und} \quad \xi = \frac{x'-x}{\hbar}$$

ein, so folgt

$$\psi_x(x',t) = \sqrt{\frac{m}{2\pi i\hbar t}}e^{i\frac{m}{2\hbar t}(x-x')^2} \,,$$

was mit (3.11.18) bis auf das Vorzeichen der Zeit t übereinstimmt. In der Tat gilt

$$\psi_{x,t}(x') = \psi_x(x', -t) \ .$$

Der auftretende Vorzeichenwechsel von t beruht auf dem Unterschiede des in (3.11.19) definierten Zustandes $|x, t\rangle_S$ und dem Eigenzustand $|x, t\rangle$ von $Q_H|t|$. Für letzteren folgt aus

$$\begin{aligned} Q_H(t) &= e^{+\frac{i}{\hbar}H_0 t} Q_S e^{-\frac{i}{\hbar}H_0 t} \\ Q_S e^{-\frac{i}{\hbar}H_0 t}|x, t\rangle &= x\, e^{-\frac{i}{\hbar}H_0 t}|x, t\rangle \end{aligned} \ ,$$

so daß

$$e^{-\frac{i}{\hbar}H_0 t}|x, t\rangle = |x\rangle$$

den Eigenzustand von Q_S zum Eigenwert x hat. Daher gilt $|x, t\rangle = e^{\frac{i}{\hbar}H_0 t}|x\rangle$, woraus ein Vergleich mit (3.11.19) zu $|x, t\rangle = |x, -t\rangle_S$ führt. Dieser Vorzeichenwechsel ist eine Illustration für den Unterschied von aktiver und passiver Transformation.

Auseinanderlaufen von Wellenpaketen

Nach diesen mathematischen Betrachtungen wollen wir uns im folgenden mit der physikalischen Aussage von (3.11.18) beschäftigen. $D(x, t; 0, 0)$ beschreibt die Ausbreitung eines Teilchens der Masse m, das zur Zeit $t' = 0$ im Punkt $x' = 0$ gemessen wurde. Für $t > 0$ gilt

$$|D(x, t; 0, 0)| = \sqrt{\frac{m}{2\pi\hbar t}} \ .$$

Das Teilchen befindet sich also für jedes noch so kleine t mit gleicher Wahrscheinlichkeit an jedem beliebigen Punkt im Raum. Dies scheint zunächst physikalisch paradox zu sein, erklärt sich aber dadurch, daß im Anfangszustand die Wellenfunktion δ-funktionsartig räumlich konzentriert ist und deshalb alle Impulse (auch unendlich große) auftreten.

Zur Diskussion realistischer Verhältnisse müssen wir die zeitliche Entwicklung eines normierbaren Zustands $|\psi\rangle$ berechnen, dessen Wellenfunktion keinen δ-Funktionscharakter aufweist. Für eine feste Zeit t' ist die Basis $|x', t'\rangle$ vollständig, so daß gilt

$$|\psi\rangle = \int |x', t'\rangle \psi(x', t')\, dx' \ .$$

Daraus folgt für die Wellenfunktion zur Zeit t

$$\psi(x, t) = \int \langle x, t|x', t'\rangle \psi(x', t')\, dx' \ . \tag{3.11.24}$$

Man kann sich leicht davon überzeugen, daß die Schrödingergleichung für $\psi(x, t)$ erfüllt ist. Wir werten (3.11.24) speziell für ein Gaußsches Wellenpaket aus. Der Darsteller zur Zeit $t' = 0$ sei also durch

$$\psi(x') = \frac{1}{\sqrt{a\sqrt{\pi}}} e^{-\frac{x'^2}{2a^2}} \tag{3.11.25}$$

mit

$$\int |\psi(x')|^2 \mathrm{d}x' = 1$$

gegeben. Er beschreibt ein Teilchen, das zur Zeit t' im wesentlichen innerhalb des Bereiches $|x'| < a$ lokalisiert ist, und dessen Impuls den Erwartungswert Null hat. Das Integral (3.11.24) ist vom Gauß-Typ und kann wie Gleichung (3.11.23) ausgewertet werden. Als Resultat erhält man

$$|\psi(x,t)| = C \cdot \frac{1}{\sqrt{b(t)\sqrt{\pi}}} e^{-\frac{1}{2}\frac{x^2}{b^2(t)}} . \tag{3.11.26}$$

Dies ist wieder eine Gaußfunktion, aber mit der zeitabhängigen Breite

$$b(t) = \sqrt{a^2 + \left(\frac{\hbar t}{ma}\right)^2} . \tag{3.11.27}$$

Das Ergebnis kann so interpretiert werden, daß durch die anfängliche Impulsunschärfe

$$\Delta p = \frac{\hbar}{a} .$$

der Ort des Teilchens im Laufe der Zeit verschmiert, d. h. die Information, die durch die Ortsmessung zur Zeit t' gewonnen wurde, verliert an Gehalt. Mit $v := \Delta p/m$ kann man für die Breite der Gaußfunktion schreiben:

$$b(t) = \sqrt{a^2 + (vt)^2} .$$

Wir fassen das Ergebnis wie folgt zusammen:

> Das lineare Anwachsen des Ortsoperators $Q_{\mathrm{H}}(t)$ nach (3.11.11) führt zu einer ständigen Verbreiterung der ursprünglichen Ortsverteilung, zum *Auseinanderlaufen des Wellenpaketes*.

Die „charakteristische Zeit τ" für dieses Phänomen definieren wir durch

$$b(t' + \tau) = \sqrt{2}a$$

und finden damit aus (3.11.27)

$$\tau = \frac{ma^2}{\hbar} .$$

Je größer τ ist, um so länger bleibt der Teilchenzustand „hart". Je genauer die anfängliche Ortsmessung (a klein) und je geringer die Masse des Teilchens ist, um so schneller „fließt es auseinander". In der beistehenden Tabelle sind einige Beispiele für die charakteristische Zeit τ zusammengestellt.

Die zeitliche Veränderung der Breite $b(t)$ kann man auch direkt aus der zeitlichen Änderung des Ortsoperators im Heisenbergbild ableiten, denn $b(t)$ ist mit der Streuung von $Q_{\mathrm{H}}(t)$ identisch

$$b(t)^2 = (\Delta Q_{\mathrm{H}}(t))^2 = \langle\psi|Q_{\mathrm{H}}^2(t)|\psi\rangle \tag{3.11.28}$$

(wobei $\langle\psi|Q_{\mathrm{H}}(t)|\psi\rangle = 0$ verwendet wurde). Diesen Wege zur Berechnung von $b(t)$ werden wir im folgenden am Beispiel des harmonischen Oszillators genauer darstellen.

Tabelle 3.2 Charakteristische Zeiten für Elektronen und Protonen

	Elektron	Proton
mc^2	$\frac{1}{2}$ MeV	1 GeV
τ für $\begin{aligned} a &= 1\,\text{cm} \\ a &= 10^{-8}\,\text{cm} \end{aligned}$	1 Sekunde $10^{-16}\,\text{s}$	$\frac{1}{2}$ Stunde $10^{-13}\,\text{s}$

Wellenpakete im harmonischen Oszillator

Als zweites instruktives Beispiel für den Umgang mit dem Heisenbergbild betrachten wir das Verhalten von Wellenpaketen unter dem Einfluß einer **elastischen Kraft**, die durch das Potential des harmonischen Oszillators

$$V(Q) = \frac{1}{2} m\omega^2 Q^2 \tag{3.11.29}$$

beschrieben wird. Im Heisenbergbild erhält man damit aus der harmonischen Bewegungsgleichung

$$\begin{aligned}
\frac{\mathrm{d}P_{\mathrm{H}}(t)}{\mathrm{d}t} &= -\frac{\partial H}{\partial Q_{\mathrm{H}}} = -m\omega^2 Q_{\mathrm{H}}(t) \\
\frac{\mathrm{d}Q_{\mathrm{H}}(t)}{\mathrm{d}t} &= \frac{\partial H}{\partial P_{\mathrm{H}}} = \frac{1}{m} P_{\mathrm{H}}(t) \,,
\end{aligned}$$

woraus wie in der klassischen Mechanik die Differentialgleichung für einen harmonischen Oszillator folgt

$$\left(\frac{\mathrm{d}^2}{\mathrm{d}t^2} + \omega^2 \right) Q_{\mathrm{H}}(t) = 0 \,.$$

Auch die Lösung hat die klassische Gestalt

$$Q_{\mathrm{H}}(t) = Q_0 \cos(\omega t) + \frac{1}{m\omega} P_0 \sin(\omega t) \,, \tag{3.11.30}$$

wobei Q_0 und P_0 die Anfangsgrößen

$$Q_0 := Q_{\mathrm{H}}(0) \quad P_0 := P_{\mathrm{H}}(0)$$

sind. Aus dem Ergebnis entnimmt den Erwartungswert in einem beliebigen Zustand

$$\langle Q(t) \rangle := \langle \psi | Q_{\mathrm{H}}(t) | \psi \rangle$$

das klassische Verhalten

$$\langle Q(t) \rangle = \langle Q_0 \rangle \cos \omega t + \frac{1}{m\omega} \langle P_0 \rangle \cos \omega t \,.$$

Diese Formel illustriert direkt das Ehrenfestsche Theorem: Die Erwartungswerte verhalten sich zeitlich wie die klassischen Größen. Die Koordinate des Oszillators schwingt mit der Frequenz ω. Insbesondere folgt aus

$$\langle Q_0 \rangle = 0 \text{ und } \langle P_0 \rangle = 0 \qquad (3.11.31)$$

für alle Zeiten

$$\langle Q(t) \rangle = 0 \,.$$

Wenn der Erwartungswert eines Zustandes $|\psi\rangle$ für eine Zeit $t = 0$ ein im Ursprung ruhendes Teilchen beschreibt, bleibt das Teilchen bezüglich des Erwartungswertes von $Q(t)$ immer in Ruhe. Damit ist kein Widerspruch zur Unschärferelation aufgetreten, denn diese betrifft die Streuungen. Mit der Bezeichnung aus (3.11.28) folgt aus (3.11.30)

$$b^2(t) = \langle Q_0^2 \rangle \cos^2(\omega t) + \left\langle \left(\frac{P_0}{m\omega} \right)^2 \right\rangle \sin^2(\omega t) + \frac{1}{m\omega} \langle Q_0 P_0 + P_0 Q_0 \rangle \sin \omega t \cos \omega t \,.$$

$$(3.11.32)$$

wobei in allen Termen $\langle \dots \rangle$ den Erwartungswert bezüglich eines zunächst allgemeinen Zustandes $|\psi\rangle$ bezeichnet. Nach der Unschärferelation gilt – wegen (3.11.31)

$$\langle Q_0^2 \rangle \langle P_0^2 \rangle \geq \left(\frac{\hbar}{2} \right)^2 \,.$$

Schon aus diesem Grund kann $b(t)$ nicht für alle Zeiten verschwinden. Für eine große Klasse von Zuständen kann (3.11.32) vereinfacht werden. Wenn $|\psi\rangle$ durch eine reelle Wellenfunktion

$$\psi(x) := \langle x|\psi\rangle$$

beschrieben werden kann, verschwindet der gemischte Term in (3.11.32)

$$\langle Q_0 P_0 + P_0 Q_0 \rangle = 0 \,.$$

Denn in der Ortsdarstellung erhält man für diesen Erwartungswert

$$\frac{\hbar}{i} \int \left(\psi^*(x) x \frac{\mathrm{d}}{\mathrm{d}x} \psi(x) - \frac{\mathrm{d}\psi^*}{\mathrm{d}x} x \psi(x) \right) \mathrm{d}x \,.$$

Wegen des Realität von $\psi(x)$ ist das eine rein imaginäre Zahl, während diese Zahl andererseits der Erwartungswert des hermiteschen Operators $Q_0 P_0 + P_0 Q_0$ ist, also reell sein müßte.

Für solche Zustände gilt also

$$b^2(t) = \langle Q_0^2 \rangle \cos^2 \omega t + \langle \left(\frac{P_0}{m\omega} \right)^2 \rangle \sin^2 \omega t \,. \qquad (3.11.33)$$

Die Breite eines Wellenpaketes in einem Oszillatorpotential schwingt periodisch und wird nicht beliebig groß. In einem für die Laserphysik wichtigen Spezialfall, nämlich für

$$\langle Q_0^2 \rangle = \left(\frac{1}{m\omega} \right)^2 \langle P_0^2 \rangle \tag{3.11.34}$$

wird $b(t)$ sogar konstant

$$b(t) = \sqrt{\langle Q_0^2 \rangle} = const\,.$$

Zustände $|\psi\rangle$ mit dieser Eigenschaft nennt man **kohärente Zustände**. Man kann die gewonnenen Ergebnisse verallgemeinern, z. B. auf den Fall

$$\langle Q_0 \rangle = x_0 \neq 0\,;\ \langle P_0 \rangle = 0\,.$$

Dann führt das Wellenpaket eine schwingende Bewegung mit sich periodisch ändernder Breite durch.[38]

3.12 Symmetrien und Erhaltungssätze

Nachdem wir wissen wie die zeitliche Entwicklung in der Quantenmechanik beschrieben wird, können wir die Frage behandeln, wie sich Symmetrien eines physikalischen Systems auf sein Verhalten in der Zeit auswirken. In der Einleitung zum Abschnitt 3.7 hatten wir bereits das Noethersche Theorem erwähnt, nach dem in der klassischen Mechanik Symmetrien mit der Existenz von Erhaltungssätzen verbunden sind. Wir erinnern daran, daß man zur Begründung des Theorems eine symmetrische Lagrangefunktion L voraussetzen muß. Die Symmetrie der (Newtonschen) Bewegungsgleichungen allein unter den betrachteten Transformationen reicht für das Auftreten von Erhaltungsgrößen nicht aus.[39]

In der Quantenmechanik braucht man sich um diese Feinheiten keine Gedanken zu machen, da sie die Zeitabhängigkeit auf dem Translationsoperator $e^{-\frac{i}{\hbar}Ht}$ begründet hat und der Hamiltonoperator H eng mit der Lagrangefunktion L verbunden ist: Wir setzen die Symmetrie des Hamiltonoperators voraus und werden die zugehörigen Erhaltungssätze direkt aus den quantenmechanischen Bewegungsgleichungen ableiten.

Dazu müssen wir zunächst genau formulieren, was mit der „Symmetrie des Hamiltonoperators" gemeint ist. Wir betrachten Symmetrietransformationen $\mathcal{T}$, denen nach dem Wignerschen Theorem unitäre Operatoren $U(\mathcal{T})$ zugeordnet sind.[40]

Unter diesen Transformationen wird der Hamiltonoperator nach der allgemeinen Regel (3.7.26) gemäß

$$H' = U^{-1}(\mathcal{T}) H U(\mathcal{T})$$

transformiert. Symmetrie oder Invarianz von H unter der Transformation $\mathcal{T}$ bedeutet

---

[38] Diese Bewegungsformen werden eindrucksvoll in den Grafiken von S. Brandt und H.D. Dahmen, Quantenmechanik auf dem Personalcomputer, illustriert.

[39] Das bekannteste Beispiel ist die Bewegungsgleichung eines Teilchens unter dem Einfluß einer Reibungskraft $\ddot{x} + \beta \dot{x} = 0$, die sich unter einen zeitlichen Translation $t \mapsto t' = t + a$ nicht ändert. Dennoch gilt der mit dieser Transformation verbundene Energiesatz wegen des Reibungsterms $\beta \dot{x}$ nicht. Der formale Grund dafür liegt darin, daß die zugehörige Lagrangefunktion $L = \frac{1}{2}\dot{x}^2 \, e^{+\beta t}$ explizit von t abhängt und nicht zeitlich translationsinvariant ist.

[40] Den etwas unterschiedlichen Fall von anti-unitären Transformationen werden wir in Abschnitt 3.14 behandeln.

$$H' = H \quad \text{oder} \quad H = U^{-1}(T)HU(T) \,,$$

aus welcher Gleichung durch Multiplikation mit $U(T)$ auf

$$U(T)H = HU(T) \tag{3.12.1}$$

geschlossen werden kann.

Ein quantenmechanisches System ist genau dann unter einer Transformation T symmetrisch oder invariant, wenn sein Hamiltonoperator mit $U(T)$ kommutiert:

$$[U(T), H] = 0 \tag{3.12.2}$$

Die Transformationen T werden sich i. a. auf einen bestimmten Zeitpunkt t beziehen. Es kann sich z. B. um die räumlichen Translationen oder Drehungen zur Zeit t handeln. Daher schreiben wir für die zugeordneten unitären Transformationen

$$U(T,t) \,.$$

Zur Bestimmung der hier auftretenden Zeitabhängigkeiten wenden wir die Heisenbergsche Bewegungsgleichung (3.11.6) an und erhalten

$$\frac{\mathrm{d}}{\mathrm{d}t}U(T,t) = \frac{i}{\hbar}[H, U(T,t)] = 0 \,,$$

wobei die Symmetriebedingungen 3.12.2 benutzt wurde. Daher sind die Operatoren $U(T,t)$ tatsächlich zeitlich konstant.

$$U(T,t) = \quad \text{unabhängig von } t \,.$$

Formal sind die $U(T,t)$ damit „Erhaltungsgrößen", aber als unitäre Operatoren sind ihnen noch keine Observablen zugeordnet. Dazu gelangt man jedoch, wenn man voraussetzt, daß die Transformationen T zu einer Lieschen Gruppe gehören. Dann können wir nach (3.7.36) auf

$$U(T,t) = \mathrm{e}^{i\sum_j \lambda_j X_j(t)}$$

schließen, wobei die Generatoren $X_j(t)$ hermitesche Operatoren sind und ihnen daher Observable entsprechen. Aus der Symmetrie (3.12.2) von H unter allen $U(T,t)$ können wir – durch Variation der Parameter λ_j – auf

$$[H, X_j(t)] = 0 \tag{3.12.3}$$

schließen, so daß die Heisenbergsche Bewegungsgleichung zu

$$\frac{\mathrm{d}}{\mathrm{d}t}X_j(t) = 0 \tag{3.12.4}$$

führt. Damit haben wir endgültig die Erhaltungsgrößen gefunden, die mit einer Lieschen Symmetriegruppe des Hamiltonoperators verbunden sind.

> Die Generatoren einer Lie-Gruppe, unter der der Hamiltonoperator eines physikalischen Systems invariant ist, sind Erhaltungsgrößen.

Diese Feststellung stellt die quantenmechanische Variante des Noetherschen Theorems dar. Wir werden sie oft verwenden.

Die wichtigsten Symmetriegruppen sind natürlich die Translationsgruppen und die Drehgruppe. Aus der Invarianz von H unter diesen Gruppen folgt, daß – wie schon in der klassischen Mechanik – die folgenden Größen Erhaltungsgrößen sind

- der Hamiltonoperator H, der die Gesamtenergie beschreibt,

- der Operator $\vec{P}$ des Gesamtimpulses,

- der Operator $\vec{L}$ des Gesamtdrehimpulses.

Dabei ist jedoch zu beachten, daß man ein „Gesamtsystem" betrachten muß, das keinem Einfluß von „außen" unterworfen ist. Nur dann kann aus der Symmetrie des euklidischen Raumes auf die Symmetrie von H geschlossen werden.

Oft ist es jedoch praktisch, mit dem Hamiltonoperator H nur Teilsysteme zu behandeln. Wenn man z. B. den Einfluß von elektromagnetischen Feldern auf die Struktur von Mikrosystemen behandeln will, betrachtet man $\vec{E}(\vec{r}, t)$ und $\vec{B}(\vec{r}, t)$ als externe Größe. Ihre Abhängigkeiten von Raum und Zeit bestimmen, ob und welche der Größen $H, \vec{P}$ oder $\vec{L}$ zeitlich erhalten sind. Für räumlich und zeitlich konstante elektrische Felder $\vec{E}_0$ sind etwa H und $\vec{P}$ nach wie vor Erhaltungsgrößen; aber nur eine Komponente des Drehimpulses $\vec{L}$ hat diese Eigenschaft, nämlich die Komponente parallel zu $\vec{E}_0$. Denn $\vec{L} \cdot \vec{E}_0 / |\vec{E}_0|$ beschreibt Drehungen um $\vec{E}_0$ als Achse, unter denen sich das Feld nicht ändert und damit auch H invariant ist.

Die bisher behandelten Eigenschaften der Symmetriegenerators X_j sind die quantenmechanische Übersetzung der schon aus der klassischen Mechanik bekannten Resultate: Da die Operatoren X_j zeitunabhängig sind, gilt dies auch für ihre Eigenwerte und diese entsprechen den klassischen Werten der Erhaltungsgrößen Energie, Impuls und Drehimpuls.

Andererseits folgen aus den Kommutator-Eigenschaften

$$[H, X_j] = 0$$

der Generatoren typische quantenmechanische Konsequenzen, die für die Beschreibung der Eigenzustände von Hamiltonperatoren sehr wichtig sind. Zu ihnen gelangt man, wenn man die Symmetrieeigenschaften mit dem Theorem über vertauschbare Observable aus Abschnitt 3.5.3, (3.5.61) verbindet.

Betrachten wir zunächst nur einen der Generatoren – z. B. X_1! Da der Kommutator von H und X_1 verschwindet, kann man nach dem zitierten Theorem simultane Eigenzustände beider Operatoren finden. Bezeichnen wir die Eigenwerte von H mit E und die von X_1 mit m_1, so gibt es simultane Eigenvektoren von H und X_1

$$|E, m_1, \mu\rangle \, ,$$

wobei μ einen Entartungsparamter bezeichnet. Nehmen wir einen zweiten Generator X_2 hinzu, so können wir dieses Verfahren nur dann weiter führen, wenn X_2 nicht nur mit H vertauschbar ist – was wegen der vorausgesetzten Symmetrie gilt – sondern auch mit X_1 kommutiert. Ob dies der Fall ist, wird durch die Struktur der Symmetriegruppe, nämlich durch ihre Strukturkoeffizienten c_{jh}^k bestimmt. In diesem Zusammenhang ist die Menge $\{X_1, \ldots, X_r\}$ derjenigen Generatoren wichtig, die mit sämtlichen Generatoren der Gruppe kommutieren

$$[X_j, X_h] = 0 \quad \begin{array}{l} \text{für} \quad j = 1, \ldots, r \\ \text{und} \\ \text{für} \quad k = 1, \ldots, n \, . \end{array}$$

Deren Linearkombinationen bilden das **Zentrum der Lie-Algebra** und sie erzeugen durch Exponentiation eine Untergruppe von der Dimension r, das **Zentrum der Gruppe**. Ihre Dimension r bezeichnet man als den **Rang der Lie-Gruppe**. Die Generatoren $X_1, \ldots, X_r$ kommutieren mit dem Hamilton-Operator und unter einander. Daher existieren simultane Eigenvektoren, für die man schreiben kann

$$|E, m_1, \ldots, m_r, \mu\rangle \, .$$

Dabei hängen die Eigenwerte E_n i. a. auch von den Quantenzahlen m_j ab.

Für jede Lie-Gruppe gibt es darüber hinaus nichtlineare Funktionen $C(X_1, \ldots, X_n)$ der Generatoren, die mit allen Generatoren und damit allen Gruppenelementen kommutieren

$$[C(X_1, \ldots, X_n), X_j] = 0 \quad \text{für alle } j \, .$$

Solche Funktionen nennt man **Casimir-Operatoren**. Ein Casimir-Operator ist im einfachsten Fall ein quadratischer Ausdruck in den X_j

$$C = \sum_{j,k=1}^{n} d_{jk} X_j X_k \, .$$

Für größere Dimensionszahlen n treten auch Polynome höherer Ordnung auf. Man kann zeigen, daß man sämtliche Casimir-Operatoren durch endlich viele „fundamentale" Casimir-Operatoren $C_1, \ldots, C_M$ ausdrücken kann. Damit stellen die Operatoren

$$H; X_1, \ldots, X_r; C_1, \ldots, C_M$$

kommutierende Operatoren dar, die gleichzeitig meßbar sind und simultane Eigenvektoren

$$|E; m_1, \ldots, m_r; c_1, \ldots, c_M\rangle$$

besitzen, wobei wir mit $c_1, \ldots, c_M$ die Eigenwerte der Casimir-Operatoren bezeichnet haben.

Die wichtigste Illustrationen für diese Begriffsbildungen gibt die Drehgruppe. Wegen der Vertauschungsrelationen

$$[L_J, L_k] = iL_l \, ,$$

wobei (j, k, l) eine zyklische Permutation von $(1, 2, 3)$ ist, besteht das Zentrum aus nur einem Generator – z.B. L_3. Die Drehgruppe hat daher den Rang 1. Sie besitzt einen Casimir-Operator, nämlich

$$\vec{L}^2 = L_1^2 + L_2^1 + L_3^2 \,.$$

Daher kann jeder Energiezustand durch simultane Eigenwerte von H, L^2 und L_3 gekennzeichnet werden:

$$|E, l, m\rangle$$

mit

$$H|E, l, m\rangle = E|E, l, m\rangle$$
$$\vec{L}^2|E, l, m\rangle = l(l + 1)|E, l, m\rangle$$
$$L_3|E, l, m\rangle = m|E, l, m\rangle \,.$$

Die detaillierte Konstruktion dieser Eigenvektoren wird im Kapitel 5 (im 2. Band) durchgeführt.

Als zweites oft auftretendes Beispiel betrachten wir ein wechselwirkungsfreies Teilchen, für das also

$$H_0 = \frac{1}{2m}\vec{P}^2$$

gilt und dessen Symmetriegruppe G aus den räumlichen Translationen und Drehungen besteht

$$G = \left\{ e^{i\vec{P}\cdot\vec{a}} \cdot e^{i\vec{L}\cdot\vec{\theta}} \,\middle|\, \vec{a} \in \mathbb{R}^3 \,, \vec{\theta} \in \mathbb{R}^3 \right\} \,.$$

Drehungen und Translationen sind i. a. nicht vertauschbar, denn durch einen Translationsvektor $\vec{a}$ wird eine Raumrichtung ausgezeichnet. Nur Drehungen um den Vektor $\vec{a}$ als Drehachse sind mit der Translation $T(\vec{a})$ verträglich. Daraus folgt: Man kann einerseits simultane Eigenvektoren von H_0 und $\vec{P}$ finden

$$|E, \vec{P}; \mu\rangle \,,$$

wobei die Energie

$$E = \frac{1}{2m}\vec{p}^2$$

durch die Impulswerte festgelegt wird.

Alternativ dazu kann man die Operatoren

$$H_0, P_3 \text{ und } L_3$$

als System kommutativer Observablen wählen und wird auf die Eigenzustände

$$|E, P_3, m; \mu\rangle$$

geführt, wobei $m = 0, \pm 1, \pm 2, \ldots$ die Eigenwerte von L_3 sind.

Neben den bisher betrachteten kontinuierlichen Lie-Gruppen spielen – wie schon erwähnt – in der Physik **diskrete Symmetriegruppen** eine Rolle, deren Elemente durch einen „diskreten Index" bezeichnet werden können

$$G = \{g_1, g_2, g_3, \ldots, \} \, .$$

Die physikalisch wichtigsten Beispiele für diskrete Symmetrieoperatoren sind die

- **räumliche Spiegelung** $\mathcal{P} : \vec{r} \mapsto -\vec{r}$ und

- die **Permutation** von Teilchen in einem Mehrteilchensystem; z. B.:

$$\mathcal{P}_{12}(\vec{r}_1, \vec{r}_2) \mapsto (\vec{r}_2, \vec{r}_1) \, . \tag{3.12.5}$$

Die Spiegelungsgruppe besteht demnach aus zwei Elementen $\{1, \mathcal{P}\}$. Wenn man $\vec{r}$ als Relativkoordinate $\vec{r} = \vec{r}_1 - \vec{r}_2$ auffaßt, ist der Zusammenhang von $\mathcal{P}$ und $\mathcal{P}_{12}$ offensichtlich.

Die zu Beginn dieses Unterabschnittes begründeten Resultate gelten auch für diskrete Symmetrietransformationen, insbesondere sind die zugehörigen unitären Operatoren $U(\mathcal{P})$ zeitunabhängig und kommutieren mit H

$$[H, U(\mathcal{P})] = 0 \, .$$

Es bleibt, die physikalische Bedeutung dieser unitären Operatoren $U(\mathcal{P})$ zu klären, da für sie zunächst kein hermitescher Generator definiert ist. Für die beiden behandelten Beipiele, die typisch für die Anwendungen sind, kann man jedoch die Operatoren $U(\mathcal{P})$ selbst hermitesch wählen. Denn für beide Transformationen erhält man durch zweimalige Anwendung die Identität

$$\mathcal{P}^2 = 1 \, . \tag{3.12.6}$$

Daraus kann man schließen, daß auch für die Hilbertraumoperatoren

$$U^2(\mathcal{P}) = 1$$

gilt.[41] Da die U-s unitär sind, müssen die Operatoren $U(\mathcal{P})$ hermitesch sein und damit Observablen entsprechen. In der Regel schreibt man

$$P \equiv U(\mathcal{P}) \, ,$$

so daß

$$P^\dagger = P \quad \text{und} \quad P^2 = 1$$

gilt. Die Eigenwerte η von P müssen auch $\eta^2 = 1$ erfüllen, so daß gilt

- Eigenwerte einer Spiegelung: $P = +1$ oder -1.

---

[41] Gegebenenfalls muß man eine Umnormierung vornehmen. Vgl. dazu Anschnitt 3.14, insbesondere Anmerkung 52.

Der erste Wert wird als „positive oder gerade Parität", der zweite als „negative oder ungerade Parität" bezeichnet. Die Bezeichnung stammt von der Formel

$$P = (-1)^l$$

die für die Drehimpuls-Eigenfunktionen gilt, so daß für gerade Zahlen l die Parität positiv ist und für ungerade l negativ ist.

Bemerkenswert an der Parität ist, daß diese Größe kein Analogon in der klassischen Mechanik hat, sie ist eine genuin quantenmechanische Größe. Denn die Wahrscheinlichkeitsdichte hängt nicht von der Parität ab. Um dies explizit zu begründen, formulieren wir die Paritäts-Operatoren in der Ortsdarstellung. Nach ihrer geometrischen Bedeutung gilt

$$P\vec{Q}P = -\vec{Q} \,,$$

so daß für die Eigenzustände $|\vec{r}\rangle$ von $\vec{Q}$

$$P|\vec{r}\rangle = |-\vec{r}\rangle$$

gesetzt wird. Für die Ortsdarstellung eines Zustandes $|\psi\rangle$

$$\psi(\vec{r}) := \langle\vec{r}|\psi\rangle$$

folgt damit $P\psi(\vec{r}) := \langle\vec{r}|P\psi\rangle = \langle P\vec{r}|\psi\rangle = \psi(-\vec{r})$. Wenn $|\psi\rangle$ Eigenzustand von P zur Parität η ist, folgt aus $P|\psi\rangle = \eta|\psi\rangle$

$$P\psi(\vec{r}) = \psi(-\vec{r}) = \eta\psi(\vec{r}) \,,$$

und die Wahrscheinlichkeitsdichte hängt nicht von η ab

$$|\psi(-\vec{r})|^2 = |\eta|^2|\psi(\vec{r})|^2 = |\psi(\vec{r})|^2 \,.$$

Die Konsequenzen der Parität zeigen sich erst, wenn man Matrixelemente

$$\langle\varphi|A|\psi\rangle$$

mit verschiedenen Zuständen betrachtet. Insbesondere wird man so auf wichtige Auswahlregeln geführt.[42]

Die Paritäten unterscheiden sich von den Erhaltungsgrößen, die aus kontinuierlichen Symmetrien folgen, noch in einer weiteren wichtigen Eigenschaft, der man begegnet, wenn man mehrere physikalische Systeme zusammensetzt. Dies muß man z. B. bei der genauen Behandlung von Mehrteilchensystemen tun, wie wir im Abschnitt 8 im 2. Band im einzelnen durchführen werden.

Hier wollen wir vorwegnehmen, daß man bei der Zusammensetzung etwa von zwei Systemen, die wir mit (1) und (2) bezeichnen, die Produkte von deren Hilbertraum-Zuständen bilden muß

---

[42] In der klassischen Feldtheorie, z. B. der Elektrodynamik, treten im Gegensatz zur klassischen Mechanik Paritäten auch auf. So unterscheiden sich elektrische und magnetische Felder durch ihre Parität. Dies ist ein weiterer Hinweis darauf, daß die Quantenmechanik Eigenschaften der Punktmechanik und der Feldphysik in sich vereint.

$$|\psi^{(1)}\rangle \otimes |\psi^{(2)}\rangle .$$

Einen Symmetrieoperator muß man darauf gemäß

$$U\left(|\psi^{(1)}\rangle \otimes |\psi^{(2)}\rangle\right) = \left(U|\psi^{(1)}\rangle \otimes U|\psi^{(2)}\rangle\right) \tag{3.12.7}$$

anwenden, da beide Zustände dergleichen Transformation unterworfen werden sollen. Aus dieser allgemeinen Vorschrift ergeben sich für die beiden Typen von Symmetriegruppen verschiedene Regeln.

Für Spiegelungen P kann man (3.12.7) direkt anwenden: wenn die Zustände $|\psi^{(1)}\rangle$ bzw. $|\psi^{(2)}\rangle$ die Paritäten $\eta^{(1)}$ bzw, $\eta^{(2)}$ besitzen, folgt für den Gesamtzustand die Parität

$$\eta = \eta^{(1)} \cdot \eta^{(2)} . \tag{3.12.8}$$

Damit gilt die Regel

- Die Parität eines zusammengesetzen Zustands wird durch durch Multiplikation der Einzel-Paritäten gegeben

Betrachtet man dagegen kontinuierliche Transformationen, so kommt es auf die Wirkungsweise ihrer Generatoren an. Sie erhält man durch folgende Rechnung: Nach (3.12.7) gilt zunächst

$$\mathrm{e}^{\,i\sum_j \lambda_j X_j}\,|\psi^{(1)}\rangle \otimes \mathrm{e}^{\,i\sum_j \lambda_j X_j}\,|\psi^{(2)}\rangle .$$

Entwickelt man die Exponentialfunktionen, so folgt in einer konsequenten linearen Näherung

$$\approx \; (1 + \sum_j \lambda_j X_j)|\psi^{(1)}\rangle \otimes (1 + \sum_j \lambda_j X_j)|\psi^{(2)}\rangle$$
$$\approx \; |\psi^{(1)}\rangle \otimes |\psi^{(2)}\rangle + i\sum_j \lambda_j (X_j|\psi^{(1)}\rangle \otimes |\psi^{(2)}\rangle + |\psi^{(1)}\rangle \otimes X_j|\psi^{(2)}\rangle)) \quad \cdot$$

Bezeichnet man die Darstellungen der Generatoren X_j für das System 1 mit $X_j^{(1)}$ und für das System 2 mit $X_j^{(2)}$, so bedeutet diese Gleichung für die Wirkung der X_j auf den Produktzustand

$$X_j\left(|\psi^{(1)}\rangle \otimes |\psi^{(2)}\rangle\right) = \left(X_j^{(1)}(|\psi^{(1)}\rangle)\right) \otimes |\psi^{(2)}\rangle + |\psi^{(1)}\rangle \otimes \left(X_j^{(2)}|\psi^{(2)}\rangle\right) ,$$

was in Operatorform geschrieben lautet

$$X_j = X_j^{(1)} \otimes \mathbf{1} + \mathbf{1} \otimes X_j^{(2)} .$$

Für diese Formel benutzt man meist die Kurzform

$$X_j = X_j^{(1)} + X_j^{(2)} .$$

Wendet man diese Formeln auf Eigenzustände der Generatoren an, so folgt für die Eigenwerte m_j , $m_j^{(1)}$ und $m_j^{(2)}$ die Regel

$$m_j = m_j^{(1)} + m_j^{(2)} . \tag{3.12.9}$$

Für die Observablen, die durch die Generatoren einer Lie-Gruppe gegeben werden, gilt daher eine Additionsregel:

- Der Wert einer Observablen für einen zusammengesetzten Zustand wird durch die Summe der Werte für seine Teile gegeben

Diese Regel gilt für die wichtigsten physikalischen Größen, wie Energie, Impuls, Drehimpuls etc. und wir haben sie schon mehrfach intuitiv verwendet.

Bisher hatten wir Symmetrietransformationen behandelt, die durch unitäre und damit linearen Hilbertraumoperatoren dargestellt werden. Die Möglichkeit und Notwendigkeit, gewisse Symmetrietransformationen durch anti-unitäre Operatoren zu beschreiben, werden wir im Abschnitt 3.14 behandeln. Dort werden wir auch zeigen, daß die bisher betrachteten Symmetrietransformationen (Translationen, Drehungen und Spiegelungen) durch unitäre Operatoren beschrieben werden müssen. Als antilineare Operatoren würden sie zu einem Energiespektrum führen, das unbeschränkt negative Werte hat.

3.13   Nicht abgeschlossene Systeme

Bei vielen Anwendungen kann man das zu untersuchende physikalische System nicht als abgeschlossen betrachten. Vielmehr unterliegt es Einwirkungen von außen, die man nur pauschal als aufgeprägte Kräfte berücksichtigen kann, ohne deren Ursprung im einzelnen zu erfassen. Ein wichtiges Beispiel dafür stellt ein Atom dar – oder ein anderes mikrophysikalisches System –, das von elektromagnetischen Wechselfeldern beeinflußt wird. Dadurch wirkt auf die Bestandteile des Atoms, die Elektronen und den Atomkern, eine i.a. zeitlich variable Lorentzkraft, durch die die zeitliche Translationsinvarianz durchbrochen wird; z. B. ist der Zeitpunkt des Einschaltens des Feldes ausgezeichnet. Daher kann in diesen Fällen nicht mehr auf den unitären Operator

$$U(t) = e^{-\frac{i}{\hbar}Ht}$$

zur Beschreibung der zeitlichen Entwicklung geschlossen werden. In der klassischen Mechanik ist die Hamiltonfunktion bei nicht-abgeschlossenen Systemen zeitlich variabel. Nach dem Korrespondenzprinzip erwartet man daher auch einen zeitabhängigen Hamiltonoperator $H(t)$. Es liegt nahe, die vorstehend entwickelten Resultate in folgender Weise zu verallgemeinern: Alle Gleichungen werden auch für den jetzt betrachteten Fall als gültig angenommen, wenn sie sich nur auf sehr kleine, im Grenzfall infinitesimale Zeitspannen dt beziehen. Dies gilt speziell für die Differentialgleichungen (3.11.4) und (3.11.6). Wir *postulieren* die allgemeine Gültigkeit der Schrödingergleichung

$$i\hbar\frac{\mathrm{d}}{\mathrm{d}t}|\psi_S(t)\rangle = H(t)|\psi_S(t)\rangle \qquad (3.13.1)$$

für alle Zustandsvektoren im Schrödingerbild. Definiert man jetzt einen Operator $U(t, t_0)$, der die Abbildung von $|\psi_S(t_0)\rangle$ auf $|\psi_S(t)\rangle$ beschreibt,

$$|\psi_S(t)\rangle = U(t, t_0)|\psi_S(t_0)\rangle \,, \qquad (3.13.2)$$

so kann man umgekehrt von (3.13.1) auf

$$i\hbar\frac{\mathrm{d}}{\mathrm{d}t}U(t,t_0) = H(t)U(t,t_0) \qquad (3.13.3)$$

schließen, mit der Nebenbedingung

$$U(t_0,t_0) = 1 \ . \qquad (3.13.4)$$

Die Zeitabhängigkeit von $H(t)$ zerstört die zeitliche Translationsinvarianz. Gewisse Zeiten werden durch $H(t)$ vor anderen ausgezeichnet. Explizit findet dies dadurch seinen Ausdruck, daß $U(t,t_0)$ nicht mehr nur von der Differenz $(t - t_0)$ abhängt. Im übrigen folgt aber aus (3.13.3), daß $U(t,t_0)$ auch jetzt unitär ist, falls nur $H(t)$ hermitesch ist. Zum Beweis dieser Behauptung differenzieren wir $U^\dagger(t,t_0)U(t,t_0)$ nach der Zeit und erhalten mit (3.13.3)

$$\begin{aligned}
\frac{\mathrm{d}}{\mathrm{d}t}(U^\dagger(t,t_0)U(t,t_0)) &= U^\dagger(t,t_0)\frac{\mathrm{d}}{\mathrm{d}t}U(t,t_0) + \frac{\mathrm{d}}{\mathrm{d}t}(U^\dagger(t,t_0))U(t,t_0) \\
&= U^\dagger(t,t_0)\frac{1}{i\hbar}H(t)U(t,t_0) - \frac{1}{i\hbar}U^\dagger(t,t_0)H^\dagger(t)U(t,t_0) \\
&= 0 \ .
\end{aligned}$$

Der letzte Ausdruck verschwindet wegen $H^\dagger(t) = H(t)$. Der Operator $U^\dagger(t,t_0)U(t,t_0)$ hängt also nicht mehr von t ab; nach (3.13.4) muß er daher den Wert 1 haben.

$$\boxed{U^\dagger(t,t_0)U(t,t_0) = 1 \ .} \qquad (3.13.5)$$

Deshalb können wir die Ergebnisse des Abschnittes (3.11.1) weitgehend übernehmen; zusammengefaßt gilt also

Schrödingerbild:

$$i\hbar\frac{\mathrm{d}}{\mathrm{d}t}|\psi_S(t)\rangle = H(t)|\psi_S(t)\rangle$$
$$|\psi_S(t)\rangle = U(t,t_0)|\psi_S(t_0)\rangle \ .$$

Heisenbergbild:

$$|\psi_H\rangle := |\psi_S(t_0)\rangle$$
$$A_H(t) := U^{-1}(t,t_0)A_S U(t,t_0)$$
$$\frac{\mathrm{d}}{\mathrm{d}t}A_H(t) = \frac{i}{\hbar}[H(t), A_H(t)] \ .$$

Hier ist vorausgesetzt, daß die zeitliche Veränderung von $A_H(t)$ allein durch den Operator $U(t,t_0)$ bewirkt wird. Konkret heißt dies: Der Operator A_H ist eine Funktion allein der fundamentalen Observablen, also für ein spinloses Teilchen eine Funktion der Orts- und Impulsoperatoren, $Q_H(t)$ und $P_H(t)$

$$A_H(t) = F(Q_H(t), P_H(t)) \ .$$

Falls $A_H(t)$ zusätzlich eine explizite Zeitabhängigkeit trägt, also

$$A_{\mathrm{S}} = A_{\mathrm{S}}(t)$$
$$A_{\mathrm{H}}(t) = F(Q_{\mathrm{H}}(t), P_{\mathrm{H}}(t); t)$$

gilt, muß (3.11.6) verallgemeinert werden zu

$$\boxed{\frac{\mathrm{d}}{\mathrm{d}t} A_{\mathrm{H}}(t) = \frac{i}{\hbar}[H(t), A_{\mathrm{H}}(t)] + \frac{\partial A_{\mathrm{H}}(t)}{\partial t}}. \qquad (3.13.6)$$

Diese Gleichung kann analog zu (3.11.6) bewiesen werden. Man muß nur statt von (3.11.5) von

$$A_{\mathrm{H}}(t) = U^{-1}(t, t_0) F(Q_{\mathrm{H}}(0), P_{\mathrm{H}}(0); t) U(t, t_0)$$

ausgehen und nach der Zeitdifferentiation Gleichung (3.13.3) benutzen. Speziell gilt (3.13.6) für den Hamiltonoperator selbst

$$\frac{\mathrm{d}H(t)}{\mathrm{d}t} = \frac{i}{\hbar}[H(t), H(t)] + \frac{\partial H(t)}{\partial t} = \frac{\partial H(t)}{\partial t}. \qquad (3.13.7)$$

Da Gl. (3.13.1) formal eine gewöhnliche Differentialgleichung 1. Ordnung ist, für die man bei vorgegebener Funktion $H(t)$ leicht eine explizite Lösung angeben kann, ist man geneigt, auch die quantenmechanische Gleichung so zu lösen. Wenn man ohne weiteres Nachdenken z. B. die Methode der Trennung der Variablen auf (3.13.1) anwendet, wird man heuristisch auf folgende Lösung geführt:[43]

$$|\psi_{\mathrm{S}}(t)\rangle = e^{-\frac{i}{\hbar}\int\limits_0^t H(t')\,\mathrm{d}t'} |\psi_{\mathrm{S}}(0)\rangle. \qquad (3.13.8)$$

In der Tat scheint dieser Ausdruck auch nach formalem Differenzieren die Differentialgleichung (3.13.1) zu erfüllen. Dabei hat man jedoch außer acht gelassen, daß $H(t)$ für verschiedenen Zeiten i. a. nicht vertauscht

$$[H(t), H(t')] \neq 0 \quad \text{für} \quad t \neq t'.$$

In der Exponentialfunktion von (3.13.8) treten aber beliebige Potenzen von

$$\int\limits_0^t H(t')\,\mathrm{d}t'$$

auf, so daß die Nichtvertauschbarkeit grundsätzliche Probleme schafft. Wir werden sehen, daß man auch in der Quantenmechanik eine Lösung aufschreiben kann, die zwar sehr an Gl. (3.13.8) erinnert, aber sich mathematisch von ihr deutlich unterscheidet. Dazu müssen wir aber ausführliche vorbereitende Arbeiten durchführen.

---

[43] Durch Trennung der Variablen wird man heuristisch auf $i\hbar\,\mathrm{d}|\psi_{\mathrm{S}}\rangle/|\psi_{\mathrm{S}}\rangle = H(t)\mathrm{d}t$ geführt, woraus nach Integration $\ln\left(|\psi_{\mathrm{S}}\rangle\right) = \frac{1}{i\hbar}\int\limits_0^t H(t)\mathrm{d}t'$ folgt. Nach Exponentiation ergibt sich:

$$|\psi_{\mathrm{S}}(t)\rangle = e^{-\frac{i}{\hbar}\int\limits_0^t H(t')\,\mathrm{d}t'} |\psi_{\mathrm{S}}(0)\rangle$$

3.13.1 Das Wechselwirkungsbild

Viele Probleme der Quantenmechanik können mathematisch nicht exakt gelöst werden. Hier empfiehlt es sich, eine Störungsrechnung anzuwenden. Dazu spaltet man den Hamiltonoperator in zwei Teile

$$H = H_0 + H' \ ,$$

wobei H_0 als Hamiltonoperator eines vereinfachten, ungestörten Systems aufgefaßt wird, dessen Lösungen exakt berechnet werden können; H' wird als „Störung" betrachtet, deren Einfluß man schrittweise immer genauer berechnet.

Ein wichtiges Beispiel ist die Wechselwirkung eines Atoms mit äußeren elektromagnetischen Feldern, die zu Absorption und induzierter Emission führt. Der Hamiltonoperator für ein einzelnes Elektron lautet (vgl. 2.2)

$$
\begin{aligned}
H &= \frac{1}{2m} \left(\vec{P} - \frac{e}{c}\vec{A} \right)^2 + e\Phi \\
&= \frac{1}{2m}\vec{P}^2 + \frac{e^2}{2mc^2}\vec{A}^2 - \frac{1}{2m}\frac{e}{c}\vec{P}\vec{A} - \frac{1}{2m}\frac{e}{c}\vec{A}\vec{P} + e\Phi \ .
\end{aligned}
$$

Hier identifizieren wir

Φ mit dem Potential zur Bindung des Atoms,
$\vec{A}$ mit dem Vektorpotential des Strahlungsfeldes in Coulombeichung
(div $\vec{A} = 0$)

Sowohl Φ als auch $\vec{A}$ sind i. a. Funktionen von Raum und Zeit. Explizit muß man daher schreiben:

$$\Phi(\vec{Q},t); \quad \vec{A}(\vec{Q},t) \ .$$

Durch die hier auftretenden Zeitabhängigkeiten wird der Hamiltonoperator zeitlich variabel, und wir haben die vorstehend beschriebene allgemeine Situation. Im Heisenbergbild hängen Φ und $\vec{A}$ in doppelter Weise von der Zeit ab

$$\Phi_H(\vec{Q}_H(t),t); \quad \vec{A}_H(\vec{Q}_H(t),t) \ .$$

Im Schrödingerbild kommt dagegen nur die explizite Zeitabhängigkeit zur Wirkung

$$\Phi_S(\vec{Q}_S,t); \quad \vec{A}_S(\vec{Q}_S,t) \ .$$

Wir definieren

$$H_0 := \frac{1}{2m}\vec{P}^2 + e\Phi$$

und erhalten bei Vernachlässigung des Terms proportional zu e^2

$$H' = -\frac{e}{mc}\vec{P}\vec{A} \ . \tag{3.13.9}$$

Dabei wurde benutzt, daß wegen div $\vec{A} = 0$

$$\vec{P}\vec{A} = \vec{A}\vec{P}$$

gilt. Denn nach den kanonischen Vertauschungsrelationen folgt zunächst

$$[P_j, A_k] = \frac{\hbar}{i} \frac{\partial}{\partial Q_j} A_k \,,$$

und darauf

$$\sum_j [P_j, A_j] = \frac{\hbar}{i} \operatorname{div} \vec{A} = 0 \,.$$

Im Fall der Aufspaltung des Hamiltonoperators in

$$H = H_0 + H'$$

ist es zweckmäßig, sowohl die Zustandsvektoren als auch die Operatoren als zeitlich variabel anzusetzen. Dazu führen wir neben $U(t)$ die unitären Operatoren[44]

$$U_0(t) = e^{-\frac{i}{\hbar} H_0 t} \tag{3.13.10}$$

ein und definieren das **Wechselwirkungsbild** – auch **intermediäres** oder **Schwingerbild** genannt – durch die folgenden Gleichungen

$$A_W(t) := U_0^{-1}(t) A_S U_0(t) \tag{3.13.11}$$

$$|\psi_W(t)\rangle := U_0^{-1}(t) U(t) |\psi_S(0)\rangle \,. \tag{3.13.12}$$

Für $t = 0$ gilt der Zusammenhang

$$A_W(0){=}A_S = A_H(0){=}A$$
$$|\psi_W(0)\rangle{=} \quad |\psi_S(0)\rangle \quad {=}|\psi_H\rangle$$

mit den beiden anderen Bildern. Ähnlich dem Heisenbergbild (vgl. 3.11.5) entsteht also das Wechselwirkungsbild durch unitäre Transformation – hier mit $U_0^{-1}(t)$ – aus dem Schrödingerbild. Der Unterschied liegt darin, daß die durch H' bewirkte Zeitabhängigkeit jetzt auf die im Heisenbergbild konstanten Zustände übertragen ist. Sie wird nach (3.13.12) durch die unitären Operatoren

$$\boxed{W(t) = U_0^{-1}(t) U(t)} \tag{3.13.13}$$

bestimmt. Wenn H zeitunabhängig ist, kann man auch explizit

$$W(t) = U_0^{-1}(t) U(t) = e^{\frac{i}{\hbar} H_0 t} e^{-\frac{i}{\hbar} H t}$$

schreiben. Beim Umformen dieser Gleichung ist Vorsicht angebracht, denn

$$e^{\frac{i}{\hbar} H_0 t} e^{-\frac{i}{\hbar} H t} \quad \neq \quad e^{-\frac{i}{\hbar}(H - H_0)t} = e^{-\frac{i}{\hbar} H' t}$$

weil i. a.

---

[44] Im folgenden setzen wir $t_0 = 0$ und bezeichnen $U(t, t_0 = 0)$ kurz mit $U(t)$.

$$[H, H_0] \neq 0 .$$

Die einfache Schreibweise für $W(t)$ darf nicht darüber hinwegtäuschen, daß es sich i. a. um einen sehr komplizierten Operator handelt, der nur schwer zu handhaben ist. Wir leiten deshalb zunächst eine Differentialgleichung für $W(t)$ ab. Aus (3.13.13) folgt mit (3.11.1) bzw. (3.13.3) und der Unitarität von U_0

$$i\hbar \frac{d}{dt} W(t) = i\hbar \left(\frac{d}{dt} U_0^\dagger \right) U + i\hbar U_0^\dagger \frac{d}{dt} U = -U_0^\dagger H_0^\dagger U + U_0^\dagger H U$$

$$= U_0^{-1}(H - H_0)U .$$

Dabei ist sorgfältig auf die Reihenfolge der Operatoren geachtet worden. Gemäß (3.13.11) führen wir den neuen Operator

$$H_W(t) := U_0^{-1}(t) H' U_0(t) \tag{3.13.14}$$

ein. Damit gilt

$$i\hbar \frac{d}{dt} W(t) = H_W(t) W(t) \tag{3.13.15}$$

$$W(0) = 1$$

$$|\psi_W(t)\rangle = W(t) |\psi_S(0)\rangle . \tag{3.13.16}$$

$H_W(t)$ heißt **Wechselwirkungsoperator** und ist wesentlich zeitabhängig.

Bei den Anwendungen hängt der Störterm H' in der Regel explizit von der Zeit ab. In diesem Falle wird auch

$$H(t) = H_0 + H'(t)$$

zeitabhängig. Die vorstehenden Rechnungen und Ergebnisse sind aber gültig, da wir nur die Differentialgleichung (3.13.3) für $U(t) = U(t, 0)$ verwendet haben.

Für die künftigen Rechnungen spielt eine entscheidende Rolle, daß $H_W(t)$ für verschiedene Zeiten nicht kommutiert

$$[H_W(t), H_W(t')] \neq 0 \qquad \text{für} \quad t \neq t' . \tag{3.13.17}$$

Dies kann am Beispiel der eindimensionalen Bewegung eines Teilchens illustriert werden. Nach den Rechnungen im Abschnitt 3.11.3 gilt

$$Q_W(t) = e^{\frac{i}{\hbar} H_0 t} Q(0) e^{-\frac{i}{\hbar} H_0 t} = Q(0) + \frac{P}{m} t$$

$$H_W(t) = H'(Q_W(t)) = H'\left(Q(0) + \frac{P}{m} t \right)$$

und $[Q_W(t), Q_W(t')] = \frac{\hbar}{im}(t - t')$. Für nicht-triviale H' gilt daher die Nichtvertauschbarkeit (3.13.17).

3.13.2   Die Dirac-Dysonsche zeitabhängige Störungsrechnung

[45] Die Differentialgleichung für den Operator $W(t)$

$$i\hbar \frac{\mathrm{d}}{\mathrm{d}t} W(t) = H_W(t) W(t) \tag{3.13.18}$$

kann in allgemeiner Form durch eine Reihenentwicklung gelöst werden. Wir erinnern an die Rechnung über die Bornsche Reihe im Abschnitt 2.10, wo wir eine Integralgleichung zugrunde gelegt hatten. Auch hier formen wir die Differentialgleichung zunächst in eine Integralgleichung um

$$W(t) = 1 - \frac{i}{\hbar} \int_0^t H_W(\tau) W(\tau) \mathrm{d}\tau \, . \tag{3.13.19}$$

Die Anfangsbedingung $W(0) = 1$ wurde dabei schon berücksichtigt. Der Vorteil dieser Umformung liegt darin, daß auf die Integralform leicht ein **Iterationsverfahren** angewendet werden kann:

Anfangsschritt: Auf der rechten Seite von (3.13.19) wird $W(\tau) = 0$ gesetzt. Dann ergibt sich

$$W(t) \quad \approx \quad W_0(t) = 1$$

1. Näherung: Wir setzen $W(\tau_1) = 1$ ein und erhalten

$$W(t) \approx 1 - \frac{i}{\hbar} \int_0^t H_W(\tau_1) 1 \mathrm{d}\tau_1$$

$$=: W_0 + W_1(t)$$

Dieses Resultat setzen wir wiederum im Integranden der Ausgangsgleichung (3.13.19) für $W(\tau)$ ein und erhalten dann als

2. Näherung:

$$W(t) \approx 1 - \frac{i}{\hbar} \int_0^t H_W(\tau_1) \left\{ 1 - \frac{i}{\hbar} \int_0^{\tau_1} H_W(\tau_2) \mathrm{d}\tau_2 \right\} \mathrm{d}\tau_1$$

$$= 1 - \frac{i}{\hbar} \int_0^t H_W(\tau_1) + \left(\frac{-i}{\hbar} \right)^2 \int_0^t \mathrm{d}\tau_1 \int_0^{\tau_1} H_W(\tau_1) H_W(\tau_2) \, \mathrm{d}\tau_2 \mathrm{d}\tau_1$$

$$=: W_0 + W_1(t) + W_2(t)$$

Dieses Verfahren kann Schritt für Schritt fortgesetzt werden. Für $W(t)$ ergibt sich dabei eine unendliche Reihe

---

[45] Beim ersten Lesen dieses Buches empfiehlt es sich, nach der ersten Näherung für $W(t)$ zum Abschnitt 3.13.3 überzugehen und später zu der Behandlung der höheren Näherungen zurückzukehren.

$$W(t) = \sum_{n=0}^{\infty} W_n(t) \tag{3.13.20}$$

mit den Summanden

$$W_0 = 1 \tag{3.13.21}$$

$$W_1(t) = -\frac{i}{\hbar} \int_0^t H_{\mathrm{W}}(\tau_1)\mathrm{d}\tau_1 \tag{3.13.22}$$

$$W_2(t) = \left(-\frac{i}{\hbar}\right)^2 \int_0^t \int_0^{\tau_1} H_{\mathrm{W}}(\tau_1)H_{\mathrm{W}}(\tau_2)\,\mathrm{d}\tau_2\mathrm{d}\tau_1 \tag{3.13.23}$$

und analog nach der n-ten Iteration

$$W_n(t) = \left(-\frac{i}{\hbar}\right)^n \int_0^t \int_0^{\tau_1} \cdots \int_0^{\tau_{n-1}} H_{\mathrm{W}}(\tau_1)\cdots H_{\mathrm{W}}(\tau_n)\,\mathrm{d}\tau_n\cdots\mathrm{d}\tau_2\mathrm{d}\tau_1 \ . \tag{3.13.24}$$

Unter der Voraussetzung, daß diese Reihe konvergiert und gliedweises Differenzieren erlaubt ist, haben wir damit eine Lösung der Differentialgleichung (3.13.18) konstruiert; denn

$$i\hbar\frac{\mathrm{d}}{\mathrm{d}t}W_n(t) = \left(-\frac{i}{\hbar}\right)^{n-1} H_{\mathrm{W}}(t) \int_0^t \cdots \int_0^{\tau_{n-1}} H_{\mathrm{W}}(\tau_2)\cdots H_{\mathrm{W}}(\tau_n)\,\mathrm{d}\tau_n\mathrm{d}\tau_2$$

$$= H_{\mathrm{W}}(t)W_{n-1}(t)$$

also

$$i\hbar\frac{\mathrm{d}}{\mathrm{d}t}W(t) = \sum_{n=1}^{\infty} H_{\mathrm{W}}(t)W_{n-1}(t) = H_{\mathrm{W}}(t) \sum_{m=0}^{\infty} W_m(t)$$

$$= H_{\mathrm{W}}(t)W(t) \ .$$

Die Anfangsbedingung ist erfüllt, weil

$$W_n(0) = 0 \qquad \text{für} \quad n = 1, 2, \ldots$$

Dyson hat diese bereits von Dirac angegebene Reihe in eleganter Weise umgeformt und damit in wichtiger Weise zur Entwicklung der Quantenelektrodynamik beigetragen[46]. Wir zeigen diese Umformung zunächst für $W_2(t)$. Dabei spielt der Begriff des **zeitgeordneten Produktes** (vgl.3.11.12) eine zentrale Rolle, das durch

$$T(H_{\mathrm{W}}(\tau_1)H_{\mathrm{W}}(\tau_2)) = \begin{cases} H_{\mathrm{W}}(\tau_1)H_{\mathrm{W}}(\tau_2) & \text{für} \quad \tau_1 \geq \tau_2 \\ H_{\mathrm{W}}(\tau_2)H_{\mathrm{W}}(\tau_1) & \text{für} \quad \tau_2 \geq \tau_1 \end{cases}$$

---

[46] P.A.M. Dirac, Principles of Quantum Mechanics § 44 ; F.J. Dyson, Physical Review 75, 468 (1949)

definiert wird. Hierbei steht jeweils der Operator mit der größeren Zeitkoordinate links. Die zeiten wachsen also von rechts nach links. Aus dieser Definition folgt – man beachte, daß über τ_1 und τ_2 unabhängig voneinander von 0 bis t integriert wird

$$\int_0^t \int_0^t T(H_W(\tau_1)H_W(\tau_2))\,d\tau_2 d\tau_1 =$$

$$\int_0^t \int_0^{\tau_1} T(H_W(\tau_1)H_W(\tau_2))\,d\tau_2 d\tau_1 + \int_0^t \int_{\tau_1}^t T(H_W(\tau_1)H_W(\tau_2))\,d\tau_2 d\tau_1$$

$$= \int_0^t \int_0^{\tau_1} H_W(\tau_1)H_W(\tau_2)\,d\tau_2 d\tau_1 + \int_0^t \int_{\tau_1}^t H_W(\tau_2)H_W(\tau_1)\,d\tau_2 d\tau_1 \ . \qquad (3.13.25)$$

Die hier vorgenommene Aufspaltung des Integrationsbereiches in der $\tau_1 - \tau_2$–Ebene ist in der Grafik a) von Bild 3.13 illustriert. Den zweiten Term wollen wir weiter umformen; dazu verwenden wir die für beliebige Funktionen gültige Beziehung

$$\int_0^t \int_{\tau_1}^t F(\tau_1, \tau_2)\,d\tau_2 d\tau_1 = \int_0^t \int_0^{\tau_2} F(\tau_1, \tau_2)\,d\tau_1 d\tau_2 \qquad (3.13.26)$$

Auf beiden Seiten der Gleichung wird über dasselbe Dreieck der $\tau_1 - \tau_2$–Ebene integriert, lediglich die Parametrisierung ist unterschiedlich. Die Grafiken b) und c) von Bild 3.13 dienen zur Verdeutlichung.

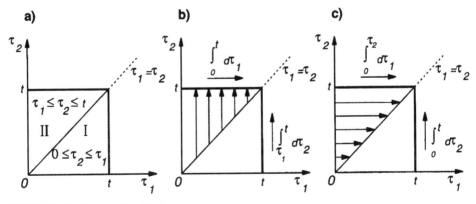

Bild 3.13 Zur Dysonschen Umformung

Angewandt auf den vorliegenden Fall ergibt sich

$$\int_0^t \int_{\tau_1}^t H_W(\tau_2)H_W(\tau_1)\,d\tau_2 d\tau_1 = \int_0^t \int_0^{\tau_2} H_W(\tau_2)H_W(\tau_1)\,d\tau_1 d\tau_2 \ .$$

Vertauscht man jetzt noch die Bezeichnung der Integrationsvariablen,

$$\int\limits_0^t \int\limits_0^{\tau_1} H_W(\tau_1) H_W(\tau_2) \, d\tau_2 d\tau_1 \; ,$$

dann sieht man, daß die Integrale über die beiden Terme von (3.13.25) gleich sind. Es gilt also

$$\int\limits_0^t \int\limits_0^t T(H_W(\tau_1) H_W(\tau_2)) \, d\tau_2 d\tau_1 = 2 \int\limits_0^t \int\limits_0^{\tau_1} H_W(\tau_1) H_W(\tau_2) \, d\tau_2 d\tau_1 \; .$$

Dieses Ergebnis erhält man auch unmittelbar, wenn man beachtet, daß

$$T(H_W(\tau_1) H_W(\tau_2)) = T(H_W(\tau_2) H_W(\tau_1))$$

gilt, d. h. der Integrand in (3.13.25) eine bezüglich der Diagonalen $\tau_1 = \tau_2$ symmetrische Funktion ist.

Für (3.13.23) haben wir damit gefunden

$$W_2(t) = \frac{1}{2!} \left(\frac{-i}{\hbar} \right)^2 \int\limits_0^t \int\limits_0^t T(H_W(\tau_1) H_W(\tau_2)) \, d\tau_2 d\tau_1 \; . \tag{3.13.27}$$

Für $W_n(t)$ ergibt sich eine entsprechend verallgemeinerte Formel

$$W_n(t) = \frac{1}{n!} \left(\frac{-i}{\hbar} \right)^n \int\limits_0^t \cdots \int\limits_0^t T(H_W(\tau_1) \ldots H_W(\tau_n)) \, d\tau_n \cdots d\tau_1 \; . \tag{3.13.28}$$

Beweis:
Das n-fache T-Produkt ist definiert durch:

$$T(H_W(\tau_1) \ldots H_W(\tau_n)) := H_W(\tau_{\nu_1}) \ldots H_W(\tau_{\nu_n}) \tag{3.13.29}$$

$$\text{mit} \quad \tau_{\nu_1} \geq \tau_{\nu_2} \geq \cdots \geq \tau_{\nu_n} \geq 0 \; .$$

Dafür kann man auch schreiben

$$T(H_W(\tau_1) \cdots H_W(\tau_n)) =$$
$$\sum_{\Pi(n)} \theta(\tau_{\nu_1} - \tau_{\nu_2}) \cdot \theta(\tau_{\nu_2} - \tau_{\nu_3}) \cdots \theta(\tau_{\nu_{n-1}} - \tau_{\nu_n}) \cdot H_W(\tau_{\nu_1}) \cdots H_W(\tau_{\nu_n}) \; ,$$

$$\tag{3.13.30}$$

wobei über alle Permutationen

$$(\nu_1, \nu_2, \ldots, \nu_n) = P(1, 2, \ldots, n) \in \Pi(n)$$

summiert wird. Integriert man über den n-dimensionalen Würfel $[0, t] \times \ldots \times [0, t]$, dann erhält man für einen Term der Summe (3.13.30)

$$\int\limits_0^t \cdots \int\limits_0^t \theta(\tau_{\nu_1} - \tau_{\nu_2}) \cdots \theta(\tau_{\nu_{n-1}} - \tau_{\nu_n}) \cdot H_W(\tau_{\nu_1}) \cdots H_W(\tau_{\nu_n}) \, d\tau_n \cdots d\tau_1 =$$

$$\int\limits_0^t \cdots \int\limits_0^t \theta(\tau_1 - \tau_2) \cdots \theta(\tau_{n-1} - \tau_n) \cdot H_W(\tau_1) \cdots H_W(\tau_n) \, d\tau_{\nu_n} \cdots d\tau_{\nu_1} \, ,$$

$$(3.13.31)$$

wobei im zweiten Schritt lediglich die Integrationsvariablen umbenannt wurden. Wegen

$$d\tau_{\nu_1} \cdots d\tau_{\nu_n} = d\tau_1 \cdots d\tau_n$$

folgt schließlich für das Integral (3.13.31)

$$\int\limits_0^t \int\limits_0^{\tau_1} \cdots \int\limits_0^{\tau_{n-1}} H_W(\tau_1) \cdots H_W(\tau_n) \, d\tau_n d\tau_2 \cdots d\tau_1 \, .$$

Jeder der $n!$ Summanden der Summe (3.13.30) liefert den gleichen Beitrag; daraus folgt

$$\int\limits_0^t \cdots \int\limits_0^t T(H_W(\tau_1) \cdots H_W(\tau_n)) \, d\tau_n \cdots d\tau_1 =$$

$$n! \int\limits_0^t \int\limits_0^{\tau_1} \cdots \int\limits_0^{\tau_{n-1}} H_W(\tau_1) \cdots H_W(\tau_n) \, d\tau_n \cdots d\tau_1 \, .$$

In Verbindung mit (3.13.24) ist damit (3.13.28) bewiesen.
Für die Reihe

$$W(t) = \sum_{n=0}^{\infty} W_n(t)$$

schreibt man aufgrund dieses Ergebnisses auch

Dysonsche Formel

$$W(t) \quad = \quad T\left(e^{-\frac{i}{\hbar} \int\limits_0^t H_W(\tau) \, d\tau_1} \right)$$

$$:= \quad \sum_{n=0}^{\infty} \frac{1}{n!} \left(\frac{-i}{\hbar} \right)^n \int\limits_0^t \cdots \int\limits_0^t T(H_W(\tau_1) \cdots H_W(\tau_n)) \, d\tau_2 \cdots d\tau_1 \, .$$

$$(3.13.32)$$

Diese Formel werden wir als „Dysonsche Formel" bezeichnen.

Durch diese Gleichung wird das T-Produkt der Exponentialfunktion definiert. Sie besagt: Zur Berechnung von $W(t)$ muß man

$$
\mathrm{e}^{-\frac{i}{\hbar}\int\limits_0^t H_{\mathrm{W}}(\tau)\mathrm{d}\tau_1}
$$

als Reihe schreiben und in jedem Glied die Zeitordnung einführen. Damit haben wir das im Zusammenhang mit Gl. (3.13.8) genannte Ziel erreicht.

3.13.3 Fermis Goldene Regel

Wir wollen jetzt die 1. Näherung des Wechselwirkungsoperators

$$
W(t) = 1 - \frac{i}{\hbar}\int\limits_0^t H_{\mathrm{W}}(\tau)\mathrm{d}\tau \tag{3.13.33}
$$

anwenden, um zeitabhängige physikalische Systeme zu untersuchen. Wir wählen eine periodische Zeitabhängigkeit des Störoperators. Dann lautet der Hamiltonoperator des Systems

$$
H = H_0 + H'(t)
$$

mit

$$
H'(t) = H'\mathrm{e}^{-i\omega t} \quad \text{(Schrödingerbild!)}\,, \tag{3.13.34}
$$

wobei H' zeitunabhängig, aber sonst ein beliebiger hermitescher Operator ist. Für den Wechselwirkungsoperator erhalten wir gemäß (3.13.11) im intermediären Bild

$$
H_{\mathrm{W}}(t) = \mathrm{e}^{\frac{i}{\hbar}H_0 t}H'\mathrm{e}^{-i\omega t}\mathrm{e}^{-\frac{i}{\hbar}H_0 t}\,. \tag{3.13.35}
$$

Beispiel:
Eine Zeitabhängigkeit der Form (3.13.34) tritt auf, wenn man in (3.13.9) für das Vektorpotential eine ebene Welle mit Wellenzahl $\vec{k}$, Frequenz ω und Polarisationsvektor $\vec{\epsilon}$ wählt

$$
\begin{aligned}
\vec{A}(\vec{Q},t) &= \vec{\epsilon}\cos(\vec{k}\vec{Q} - \omega t)\\
&= \tfrac{1}{2}\vec{\epsilon}\left(\mathrm{e}^{i(\vec{k}-\omega t)} + \mathrm{e}^{-i(\vec{k}\vec{Q}-\omega t)}\right)\,.
\end{aligned}
$$

Der erste Term wird dabei, wie wir zeigen werden, zur Absorption des einfallenden Photons, der zweite zur Emission führen. Die Zeitabhängigkeit von (3.13.34) beschreibt daher die Absorption; für die Emission muß ω durch $-\omega$ ersetzt werden.

Die Störung (3.13.34) verursacht Übergänge zwischen den Eigenzuständen von H_0. Mit Hilfe von (3.13.33) wollen wir die Übergangswahrscheinlichkeiten berechnen. Dazu nehmen wir an, daß zur Zeit $t = 0$ der Eigenzustand $|a\rangle$ von H_0 vorliegt

$$
H_0|a\rangle = E_a|a\rangle\,. \tag{3.13.36}
$$

Nach (3.13.16) verändert sich dieser Zustand in der Zeit t zu $W(t)|a\rangle$. Die Wahrscheinlichkeit, dann den Eigenzustand $|b\rangle$ von H_0 zu messen, ist durch $w_{a\to b}(t) = |\langle b|W(t)|a\rangle|^2$ gegeben. Dabei ist anzumerken, daß wegen $[H_0, U_0(t)] = 0$ der Hamiltonoperator des ungestörten Systems und damit dessen Eigenvektoren zeitlich konstant sind

$$H_{0\mathrm{w}}(t) = U_0^{-1}(t)H_0 U_0(t) = H_0 \,.$$

Wir berechnen das auftretende Matrixelement in der Näherung (3.13.33)

$$\langle b|W(t)|a\rangle = \langle b|a\rangle - \frac{i}{\hbar}\int\limits_0^t \langle b|H_{\mathrm{W}}(\tau)|a\rangle \mathrm{d}\tau \,. \tag{3.13.37}$$

Unser Interesse gilt Übergängen, deshalb betrachten wir nur den Fall $|b\rangle \neq |a\rangle$. Dann verschwindet der erste Term und aus (3.13.35) folgt mit (3.13.36)

$$\begin{aligned}
\langle b|H_{\mathrm{W}}(\tau)|a\rangle &= \langle b|e^{\frac{i}{\hbar}H_0\tau} H' e^{-\frac{i}{\hbar}H_0\tau}|a\rangle e^{-i\omega\tau} \\
&= \langle b|H'|a\rangle e^{\frac{i}{\hbar}(E_b - E_a - \hbar\omega)\tau} \,.
\end{aligned}$$

Eingesetzt in das Integral (3.13.37) ergibt sich

$$\langle b|W(t)|a\rangle = -\frac{i}{\hbar}\langle b|H'|a\rangle \frac{e^{\frac{i}{\hbar}(E_b - E_a - \hbar\omega)t} - 1}{\frac{i}{\hbar}(E_b - E_a - \hbar\omega)} \,.$$

Die Übergangswahrscheinlichkeit wird danach gegeben durch

$$w_{a\to b}(t) = \frac{1}{\hbar^2}|\langle b|H'|a\rangle|^2 f(t, E_b - E_a - \hbar\omega) \tag{3.13.38}$$

mit

$$\begin{aligned}
f(t, E) &= \left(\frac{E}{\hbar}\right)^{-2}\left|e^{\frac{i}{\hbar}Et} - 1\right|^2 \\
&= t^2\left(\frac{1}{2}\frac{E}{\hbar}t\right)^{-2}\sin^2\left(\frac{1}{2}\frac{E}{\hbar}t\right) \,. \tag{3.13.39}
\end{aligned}$$

Diese Form für die Funktion $f(t, E)$ erhält man aus

$$\begin{aligned}
|e^{\frac{i}{\hbar}Et} - 1|^2 &= \left|e^{\frac{i}{2\hbar}Et}\left(e^{\frac{i}{2\hbar}Et} - e^{-\frac{i}{2\hbar}Et}\right)\right|^2 \\
&= 4^2\sin^2\left(\frac{E}{2\hbar}t\right) \,.
\end{aligned}$$

Für feste Zeiten t beschreibt $f(t, E)$ eine energieabhängige Wichtungsfunktion, die sich im wesentlichen auf einen Bereich der Größenordnung

$$\Delta E \approx \frac{2\pi\hbar}{t} \tag{3.13.40}$$

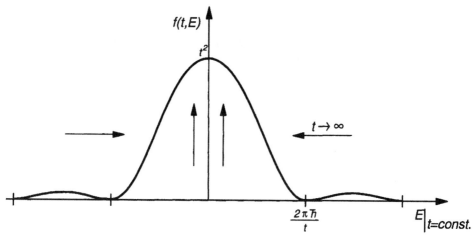

Bild 3.14 Die Funktion $f(t, E)$

um den Nullpunkt konzentriert. Die Entwicklung der Funktion $f(t, E)$ für den Grenzfall $t \to \infty$ ist in Abb. 3.14 angedeutet. Mit wachsendem t wird ΔE kleiner; tatsächlich erhält man im Limes großer Zeiten

$$f(t, E) \overset{t \to \infty}{\longrightarrow} 2\pi \hbar t \delta(E) , \qquad (3.13.41)$$

wobei sich der Vorfaktor aus dem Wert des Integrals

$$\int\limits_{-\infty}^{+\infty} f(t, E) \mathrm{d}E$$

ergibt. Mit der Substitution $\dfrac{1}{2} \dfrac{E}{\hbar} t = x$ finden wir aus (3.13.39)

$$\int\limits_{-\infty}^{+\infty} f(t, E) \mathrm{d}E = t^2 \int\limits_{-\infty}^{+\infty} \frac{\sin^2 x}{x^2} \frac{2\hbar}{t} \mathrm{d}x = 2\pi \hbar t .$$

Für genügend große Zeiten haben wir damit das Ergebnis

$$w_{a \to b}(t) = \frac{2\pi}{\hbar} t |\langle b|H'|a\rangle|^2 \delta(E_b - E_a - \hbar\omega) . \qquad (3.13.42)$$

Die Wahrscheinlichkeit, das System in einem Zustand $|b\rangle$ zu finden, wächst somit proportional mit der Zeit. Daraus ergibt sich eine zeitlich konstante **Übergangswahrscheinlichkeit pro Zeiteinheit**

$$\dot{w}_{a \to b} = \frac{2\pi}{\hbar} |\langle b|H'|a\rangle|^2 \delta(E_b - E_a - \hbar\omega) . \qquad (3.13.43)$$

Die δ-Funktion in (3.13.43) beschreibt die Energieerhaltung. Im zugrundegelegten Beispiel ist $\hbar\omega$ die Energie des absorbierten Photons, die somit gleich der Differenz der Energien von End- und Anfangszustand ist:

$$\hbar\omega = E_b - E_a \; .$$

Bezeichnet man mit $\rho(\epsilon)$ die Zustandsdichte der Photonen, dann ist die Zahl der Photonen mit Energien zwischen ϵ_1 und ϵ_2 durch

$$\int\limits_{\epsilon_1}^{\epsilon_2} \rho(\epsilon)\mathrm{d}\epsilon$$

gegeben. Wenn wir $\dot{w}_{a\to b}(\hbar\omega)$ als Funktion der Photonenenergie auffassen und über alle möglichen Photonenzustände summieren, erhalten wir damit für die **Absorptionswahrscheinlichkeit pro Zeiteinheit** $P_{a\to b}$ für den Übergang $|a\rangle \to |b\rangle$ den Ausdruck

$$P_{a\to b} = \frac{2\pi}{\hbar}|\langle b|H'|a\rangle|^2 \rho(E_a - E_b) \; . \qquad (3.13.44)$$

Dieses Ergebnis wird als **Fermis Goldene Regel** bezeichnet.

Die bisherige Beschränkung auf Absorption von Photonen hat einen tieferen Grund. Schon die sogenannte „induzierte Emission" ist ein recht komplexer Prozeß: Auf ein Atom werden elektromagnetische Wellen eingestrahlt, die ein großes Frequenzspektrum enthalten können. Durch die Wechselwirkung mit einem Elektron des Atoms wird zusätzlich ein Photon der Frequenz $\omega = (E_a - E_b)/\hbar$ erzeugt. Ein solcher Prozeß kann durch den vorstehend entwickelten Formalismus nicht voll beschrieben werden. Die dahinterstehende generelle Problematik wird noch deutlicher, wenn wir versuchen die – im Grunde quantentheoretisch interessantere **spontane Emission** – zu beschreiben. Bei diesem Prozeß existiert im Anfangszustand nur das Atom in einem angeregten Zustand, aber keinerlei elektromagnetisches Feld, so daß die Wechselwirkung

$$H' = -\frac{e}{mc}\vec{P}\cdot\vec{A}$$

wegen $\vec{A} = 0$ verschwindet. Daher wäre die Emissionswahrscheinlichkeit Null und es gäbe keine spontane Emission von Photonen. Der Grund für diesen Fehlschlag der Quantenmechanik liegt darin, daß sie das elektromagnetische Feld nicht konsequent quantenmechanisch behandelt. Die Felder $\vec{E}$ und $\vec{B}$ werden ebenso wie das Vektorpotential als c-Zahl und damit nicht als quantenmechanische Observable angesehen. Eine vollständige quantenmechanischen Behandlung des elektromagnetischen Feldes geschieht erst in der Quantenelektrodynamik, deren Grundlagen in Kapitel 5 im 2. Band dargestellt werden. Hier bemerken wir nur, daß die spontane Emission durch das folgende Matrixelement beschrieben werden muß

$$\langle E_a; \text{Photon mit } \omega, \vec{k}| -\frac{e}{mc}\vec{P}\cdot\vec{A}_{\mathrm{op}}|E_a\rangle \; .$$

Dabei ist $\vec{A}_{\mathrm{op}}$ jetzt ein Operator, der das im bra enthaltene Photon erzeugen kann. Man kann dieses Matrixelement zerlegen in das Produkt

$$\langle E_a| -\frac{e}{mc}\vec{P}|E_a\rangle\langle \text{Photon }|\vec{A}_{\mathrm{op}}|\text{Vakuum}\rangle$$

und zeigt – vergleiche Kapitel 4 im 2. Band –, daß der zweite Faktor den Wert

$$\langle \text{Photon mit} \omega, \vec{k} | \vec{A}_{\text{op}}(\vec{Q}, t) | \text{Vakuum} \rangle = \vec{\epsilon} \, e^{-i(\vec{k} \cdot \vec{Q} - \omega t)}$$

hat, so daß man schließlich zu der gleichen Formel wie für die **Emissionswahrscheinlichkeit** geführt wird.

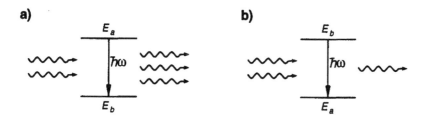

Bild 3.15 Induzierte Emission (a) und Absorption (b) eines Photons

Unschärferelation zwischen Energie und Zeit

Zum Abschluß wollen wir auf den Ausdruck (3.13.40)

$$\Delta E = \frac{2\pi\hbar}{t} \, ,$$

den wir für die Breite der Funktion $f(t, E)$ erhalten haben, noch etwas genauer eingehen. Man erkennt eine formale Analogie zur Heisenbergschen Unschärferelation

$$\Delta x \cdot \Delta p \geq \frac{\hbar}{2} \, ,$$

die sich aus (3.5.58)

$$(\Delta_\psi A) \cdot (\Delta_\psi B) \geq \frac{1}{2} |\langle \psi | [A, B] | \psi \rangle|$$

und der kanonischen Vertauschungsrelation

$$[P, Q] = \frac{\hbar}{i} \mathbf{1}$$

ergeben hat. Da es aber keinen der Zeit entsprechenden Operator gibt, muß (3.13.40) einen anderen Ursprung haben.

Mit Hilfe der Heisenbergschen Bewegungsgleichung (3.11.6)

$$\frac{\mathrm{d}}{\mathrm{d}t} A_{\text{H}} = \frac{\hbar}{i} [H, A_{\text{H}}]$$

kann eine *neue Art Unschärferelation* eingeführt werden. Messen wir an einem physikalischen System im Zustand ψ die beliebige Observable $A = A(P, Q)$ mit der Streuung

$$(\Delta_\psi A)^2 = \langle\psi|(A - \text{Erw}(A))^2|\psi\rangle$$

und vergleichen diese mit der Streuung der Energie des Zustandes

$$(\Delta_\psi E)^2 = \langle\psi|(H - \text{Erw}(H))^2|\psi\rangle \,,$$

dann ergibt sich aus dem allgemeinen Unschärfetheorem (3.5.58)

$$(\Delta_\psi A) \cdot (\Delta_\psi E) \geq \frac{1}{2}|\langle\psi|[H, A]|\psi\rangle| \,.$$

Mit (3.11.6) kann man dies umformen zu

$$(\Delta_\psi A) \cdot (\Delta_\psi E) \geq \frac{\hbar}{2}|\langle\psi_\text{H}|\frac{\text{d}}{\text{d}t} A_\text{H}|\psi_\text{H}\rangle|$$
$$= \frac{\hbar}{2}|\frac{\text{d}}{\text{d}t}\text{Erw}(A)| \,.$$

Definiert man jetzt

$$\Delta\tau_A \stackrel{\text{def}}{=} \frac{\Delta_\psi A}{|\langle\psi_\text{H}|\frac{\text{d}}{\text{d}t} A_\text{H}|\psi_\text{H}\rangle|} \tag{3.13.45}$$

dann gilt:

$$\boxed{\Delta E \cdot \Delta\tau_A \geq \frac{\hbar}{2}} \,. \tag{3.13.46}$$

Diese Unschärferelation zwischen „Energie und Zeit" gilt allgemein; $\Delta\tau_A$ bedeutet nach (3.13.45) die Zeitspanne, in der sich der Erwartungswert der Observablen A aufgrund der dynamischen Entwicklung des Systems um den Betrag der Streuung ändert.

3.14 Die Bewegungs-Umkehr

Die im vorangegangenen Abschnitt begründeten Gesetze für die Zeitabhägigkeit quantenmechanischer Größen bestimmt – bei bekanntem Hamilton-Operator – die Dynamik aller mikrophysikalischen Syteme und damit – möglicherweise – die der gesamten Natur. Daher muß auf ihrer Grundlage ein prinzipielles Problem der Zeit behandelt werden, nämlich das der „Zeitrichtung".Die persönliche Erfahrung, aber auch die Praxis des experimentierenden Physikers zeigt, daß der Zeitablauf einen Richtungssinn besitzt. Wir erfahren die Vergangenheit als etwas Abgeschlossenes, das nicht mehr verändert werden kann, während die Zukunft offen zu sein scheint, wenigstens in dem Sinne, daß wir durch Entscheidungen und Handlungen den zukünftigen Ablauf beeinflussen können. Dies gilt auch im Bereich der Physik, wo Experimentatoren etwa durch die Konzeption und Konstruktion von Meßapparaturen künftige physikalische Prozesse mit bestimmen können. Es existiert also eine ausgezeichnete Zeitrichtung, ein „Zeitpfeil", der von der Vergangenheit in die Zukunft zeigt.

In der theoretischen Physik tritt ein solche Auszeichnung nicht auf, jedenfalls nicht in der klassischen Mechanik und der klassischen Elektrodynamik – einschließlich der Relativitätstheorie. Zunächst wird die Zeit durch die Menge der reellen Zahlen dargestellt, die keine innere Orientierung besitzt. Erst durch die dynamischen Gleichungen könnte eine solche eingeführt werden. Die Newtonschen Bewegungsgleichungen der Mechanik sind jedoch Differentialgleichungen von 2.Ordnung in der Zeit

$$m\frac{d^2\vec{r}(t)}{dt^2} = -\operatorname{grad} V(\vec{r}(t)) \,,$$

die sich bei einer **Zeitspiegelung**

$$t \mapsto -t \tag{3.14.1}$$

nicht ändern. Genauer folgt aus dieser Tatsache: Wenn $\vec{r}(t)$ eine Lösung der Bewegungsgleichung ist und damit eine in der Natur realisierte Teilchenbewegung beschreibt, ist dies auch für

$$\vec{r}_T(t) = \vec{r}(-t) \tag{3.14.2}$$

der Fall. $\vec{r}_T(t)$[47] beschreibt dabei eine Teilchenbewegung, die die gleiche räumliche Kurve, aber in entgesetzter Richtung und mit umgekehrter Zeitabfolge durchläuft. Es handelt sich dabei nicht eigentlich um eine „Zeitspiegelung", sondern vielmehr um die Umkehr des Bewegungsablaufs. Dies kommt explizit darin zum Ausdruck, daß sich nach (3.14.2) die Geschwindigkeiten

$$\vec{v}_T(t) = \frac{d\vec{r}_T(t)}{dt} = -\vec{v}(-t) \tag{3.14.3}$$

umkehren. Wir bezeichen daher die Transformation (3.14.2) genauer als **Bewegungsumkehr**. Den Inhalt der bisherigen Feststellungen kann man daher kurz wie folgt formulieren

- Die Gesetze der klassischen Mechanik sind gegenüber Bewegungumkehr invariant.

Deutlich zeigt sich diese Invarianz, wenn man die Bewegung eines Planeten filmt und den Film später aus Versehen umgekehrt ablaufen läßt. Man wird nicht mehr feststellen können, daß der Bewegungsablauf eigentlich entgegengesetzt war. Das gleiche gilt für die reibungsfreie Bewegung eines Pendels, wobei das Adjektiv „reibungsfrei" allerdings schon darauf hinweist, wo wir physikalisch einen Zeitpfeil zu suchen haben. Für die Grundgleichungen der Newtonschen Mechanik gilt die Bewegungsumkehr-Invarianz uneingeschränkt, auch wenn man beliebig viele Teilchen mit ihren Wechselwirkungen behandelt.[48]

In der Quantenmechanik scheint diese Invarianz jedoch auf dem ersten Blick nicht zu gelten, denn ihre Bewegungsgleichungen enthalten erste Zeitableitungen, wie etwa die Schrödingergleichung in der Ortsdarstellung

$$i\hbar\frac{\partial\psi(\vec{r},t)}{\partial t} = H\psi(\vec{r},t) \,. \tag{3.14.4}$$

---

[47] Der Index T ist dabei von „time reversal" abgleitet.

[48] Wir verzichten darauf, die entsprechenden Bewegunsgleichungen explizit aufzuschreiben. Entscheidend ist: Sie enthalten wie (3.14.2) nur zweite Zeitableitungen.

Diese Gleichung ändert sich offenbar unter der Zeitspiegelung (3.14.1). Dennoch wäre es voreilig, auf eine Verletzung der Bewegungsumkehr-Invarianz zu schließen. Denn das Auftreten der Zahl i in der Schrödingergleichung erlaubt eine Transformation, die (3.14.1) berücksichtigt und auch die Schrödingergleichung invariant läßt:

$$\psi_T(\vec{r}, t) := \psi^*(\vec{r}, -t) \qquad (3.14.5)$$

Dies Möglichkeit wurde 1932 von E.P.Wigner entdeckt, als er ein „Entartungstheorem" allgemein verstehen wollte, das von dem holländischen theoretischen Physiker H.A.Kramers mit speziellen dynamischen Annahmen bewiesen worden war. Wigner bemerkte zu der Transformation (3.14.5) jedoch :

> „Diese Transformation ist nicht ganz trivial, wegen ihres nichtlinearen Charakters."

In der Tat hatte Wigner dadurch die **antilinearen** Symmetrie-Transformationen entdeckt. Die **Bewegungsumkehr-Transformation der Wellenfunktion** ist das wichtigste Beispiel für eine antiunitäre Transformation, die wir im Abschnitt 3.7.1 im Zusammenhang mit dem Wignerschen Theorem einführen mußten.

3.14.1 Bewegungsumkehr in der klassischen Physik

Bevor wir die quantenmechanische Theorie weiter entwickeln, wollen wir Differentialgleichungen der klassischen Physik diskutieren, in denen die Zeitableitung auch in erster Ordnung auftritt. das prominenteste Beispiel dafür stellen die Maxwellschen Gleichungen dar. In der Tat gab es einen wissenschaftlichen Streit zwischen Ludwig Boltzmann und Max Planck über die **Bewegungsumkehr-Invarianz der Maxwellschen Gleichungen,** wobei Boltzmann schließlich recht behielt:[49] Die Maxwellschen Gleichungen (1.1) sind nämlich invariant unter der Transformation

$$\vec{E}_T(\vec{r}, t) := +\vec{E}(\vec{r}, -t) \quad ; \quad \vec{B}_T(\vec{r}, t) := -\vec{B}(\vec{r}, -t) \,,$$

wie ein Blick auf diese Gleichungen sofort zeigt. Das Magnetfeld muß entgegesetzt zum elektrischen Feld transformiert werden, was physikalisch sofort einleuchtet, da die elektrische Feldstärke durch Ladungsdichten, die magnetische Feldstärke dagegen durch Stomdichten bestimmt wird. Eine gewisse Analogie besteht zwischen dem Transformationsgesetz des elektromagnetischen Feldes und dem der Schrödingerschen Wellenfunktion: Wenn man in (3.14.5) ψ in Real- und Imaginärteil zerlegt, ergeben sich auch verschiedene Vorzeichen bei der Bewegungsumkehr. Die Existenz von zwei unabhängigen Feldern erlaubt also bei Differentialgleichungen 1.Ordung in der Zeit eine Bewegungsumkehr-Invarianz.

In diesem Zusammenhang ist ein typisches Beispiel interessant, wo dies nicht mehr möglich ist, nämlich bei der Wärmeleitung. Bezeichnen wir mit $T(\vec{r}, t)$ das „Temperaturfeld" in einem Körper, so gilt die folgende Wärmeleitungsgleichung

$$\frac{\partial T(\vec{r}, t)}{\partial t} = \kappa \Delta T(\vec{r}, t) \,, \qquad (3.14.6)$$

---

[49] Vergl. A.Pais, Inward Bound, (Oxford University Press, 1986) p.526.

wobei κ einen (positiven) Wärmeleitungs-Koeffizienten bezeichnet. Da hier nur eine Feld-
funktion auftritt, verletzt diese Gleichung tatsächlich die Bewegungsumkehr-Invarianz.
Dies entspricht der Erfahrung: Temperatur-Differenzen gleichen sich mit wachsender Zeit
aus. Dagegen tritt das Umgekehrte nicht auf. Es entstehen keine Temperaturunterschiede
spontan.

Theoretisch kann man dies aus der Wärmeleitungsgleichung wie folgt ableiten: Wir bestimmen die Greensche Funktion von (3.14.6). Dazu ist keine neue Rechnung erforderlich,
da (3.14.6) in die Schrödingergleichung übergeht, wenn man

$$-\frac{\hbar}{2mi} \longrightarrow \kappa$$

substituiert. Damit können wir das Ergebnis aus (3.11.18) verwenden und erhalten für die
Greensche Funktion der Wärmeleitung

$$D_{\text{Wärmeleitung}}(x, t) = \sqrt{\frac{1}{4\pi\kappa t}} e^{-\frac{1}{4\kappa}\frac{x^2}{t}} \quad \text{für} \quad t > 0 \,. \tag{3.14.7}$$

Diese Lösung gilt – wie angemerkt – nur für positive Zeiten, denn da t unter der Wurzel
auftritt, wird sie für negative t-Werte sinnlos. Für negative Zeiten verschwindet $D_{\text{Wärmeleitung}}$
vielmehr identisch.[50]

Im Gegensatz dazu kann man in der Greenschen Funktion der Schrödingergleichung,
nämlich in (3.11.18), auch negative Zeiten einsetzen; schließlich ist ψ eine komplexe
Größe. Außerdem erkennt man an Gleichung (3.11.18) direkt die Gültigkeit der Formel
(3.14.5) für die Bewegungsumkehr.

3.14.2 Theorie des Bewegungsumkehr-Operators

Wir wenden uns jetzt der allgemeinen quantenmechanischen Behandlung der Bewegungsumkehr-Invarianz zu. In der Einleitung zu diesem Abschnitt haben wir ja nur „erraten“, wie
man die Bewegungsumkehr für die Wellenfunktionen formulieren kann. Für eine systematische Theorie gehen wir vom Wignerschen Theorem aus und beschreiben die Operation
der Bewegungsumkehr durch einen Hilbertraum-Operator T

$$|\psi\rangle \mapsto |\psi_T\rangle = T|\psi\rangle \tag{3.14.8}$$

der zunächst unitär oder antiunitär sein kann. Zur Beschreibung der Zeitabhängigkeit wählen
wir das Schrödingerbild, so daß

$$|\psi(t)\rangle = e^{-\frac{i}{\hbar}Ht}|\psi\rangle \tag{3.14.9}$$

gilt. Für den T-transformierten Zustand $|\psi_T\rangle$ muß man dann fordern

---

[50] Einen genauen Beweis für diese Feststellung kann man durch Lösung von

$$\left(\frac{\partial}{\partial t} - \kappa\frac{\partial^2}{\partial x^2}\right) D(\vec{r}, t) = \delta(x)\delta(t)$$

etwa mit Hilfe einer 2-dimensionalen Fouriertransformation führen.

$$|\psi_T(t)\rangle = T|\psi(t)\rangle = \mathrm{e}^{+\frac{i}{\hbar}Ht}|\psi_T\rangle \; . \tag{3.14.10}$$

Durch Anwenden von T^{-1} folgt $|\psi(t)\rangle = T^{-1}\mathrm{e}^{\frac{i}{\hbar}Ht}T|\psi\rangle$, und ein Vergleich mit (3.14.9) ergibt

$$T^{-1}\mathrm{e}^{\frac{i}{\hbar}Ht}T = \mathrm{e}^{-\frac{i}{\hbar}Ht} \; . \tag{3.14.11}$$

Entwickelt man die Exponentialfunktionen auf beiden Seiten, so erhält man folgende Bedingung für den Hamiltonoperator

$$T^{-1}iHT = -iH \; . \tag{3.14.12}$$

Für die weiteren Schlüsse müssen wir unterscheiden, ob T linear oder antilinear ist.

Wenn T ein linearer Operator ist, folgt aus der letzten Gleichung

$$T^{-1}HT = -H$$

oder

$$HT = -TH \; .$$

Diese Antikommutatorbedingung hätte zu Folge, daß der Hamilton-Operator zu jedem Eigenwert E auch den entgegengesetzten Eigenwert $-E$ besitzen muß: Aus der Eigenwertgleichung

$$H|E,\lambda\rangle = E|E,\lambda\rangle$$

ergibt sich nämlich

$$TH|E,\lambda\rangle = -H\left(T|E,\lambda\rangle\right) = E\left(T|E,\lambda\rangle\right) \; ,$$

so daß $T|E,\lambda\rangle$ ein Eigenvektor zu $-E$ wäre. Das Energie-Spektrum müßte also beliebig tief liegende negative Werte enthalten. Dies widerspricht nicht nur allen bisher behandelten Beispielen sondern würde auch wieder zur Instabilität der Materie führen. Wir müssen daher die Möglichkeit eines linearen T-Operators ausschließen.

Setzen wir andererseits T als antilinear voraus, so folgt wegen $T^{-1}iT = -i$ aus (3.14.12)

$$-T^{-1}HT = -H \quad \text{oder} \quad HT = TH \; . \tag{3.14.13}$$

Der Bewegungsumkehr-Operator muß mit H kommutieren und damit die übliche Bedingung für einen Symmetrie-Operator aus Abschnitt 3.12 erfüllen.

Mit dergleichen Argumentation kann man begründen, daß ein Symmetrie-Operator U, der die Zeitrichtung nicht umkehrt, für den also aus (3.14.9)

$$U|\psi(t)\rangle = \mathrm{e}^{-\frac{i}{\hbar}Ht}U\psi\rangle$$

folgt, eine lineare Transformation sein muß.

Durch die bisherigen Betrachtungen ist der T-Operator noch nicht eindeutig festgelegt. Um T speziell als die Zeitspiegelung (3.14.1) um den Zeitpunkt $t = 0$ zu definieren, fordern wir für den Ortsoperator $\vec{Q}(0) \equiv \vec{Q}(t = 0)$

$$T^{-1}\vec{Q}(0)T = \vec{Q}(0) \; . \tag{3.14.14}$$

Die Wirkung des Bewegungsumkehr-Operators auf eine beliebige Observable A wird nach Abschnitt 3.7.4 durch

$$A_T = T^{-1}AT \qquad (3.14.15)$$

gegeben. Daher folgt aus (3.14.14)

$$\vec{Q}_T(0) = \vec{Q}(0)$$

$$\text{und} \quad \vec{Q}_T(t) = T^{-1}e^{\frac{i}{\hbar}Ht}\vec{Q}(0)e^{-\frac{i}{\hbar}Ht}T = e^{\frac{i}{\hbar}H(-t)}T^{-1}\vec{Q}(0)Te^{-\frac{i}{\hbar}H(-t)}$$

$$= \vec{Q}(-t) \,,$$

was genau der klassischen Formel (3.14.2) entspricht. Für den Operator der Geschwindigkeit folgt daraus

$$\dot{\vec{Q}}_T(t) = -\dot{\vec{Q}}_T(-t) \,.$$

Auf diese Weise kann man sämtliche Eigenschaften ableiten, die auch in der klassischen Mechanik für die Bewegungsumkehr gelten. So wechseln die Impuls- und Drehimpulsoperatoren ihr Vorzeichen

$$\vec{P}_T(t) = -\vec{P}(-t) \quad ; \quad \vec{L}_T(t) = -\vec{L}(-t) \,. \qquad (3.14.16)$$

Für typisch quantenmechanische Relationen ist wichtig, daß die Definition (3.14.14) für Basisvektoren der Ortsdarstellung

$$T|\vec{r}\rangle = |\vec{r}\rangle$$

zur Folge hat, so daß man auf

$$\langle\vec{r}|\psi_T(t)\rangle = \langle\vec{r}|T\psi(-t)\rangle$$

$$\langle\psi(-t)|T\vec{r}\rangle = \langle\psi(-t)|\vec{r}\rangle$$

$$\text{oder} \quad \psi_T(\vec{r},t) = \psi^*(\vec{r},-t)$$

schließen kann. Diese Formel hatten wir in (3.14.5) schon vorweg genommen. Daraus folgt für die Wahrscheinlichkeitdichte und den Wahrscheinlichkeitsstrom

$$\rho_T(\vec{r},t) = \rho(\vec{r},-t)$$

$$\vec{j}_T(\vec{r},t) = -\vec{j}(\vec{r},-t) \,,$$

was man nach der physikalischen Bedeutung der T-Operation auch erwartet.

3.14.3 Die Mikro-Reversibilität

Um aus der Bewegungsumkehr-Invarianz physikalische Folgerungen zu ziehen, vergleichen wir Prozesse, die durch die T-Transformation auseinaner entstehen. Für sie schreiben wir generisch

$$
\begin{array}{rcll}
a & \to & b & \text{Hin-Reaktion} \\
b_T & \to & a_T & \text{Rück-Reaktion} \,.
\end{array}
$$

Der Index T in der Rückreaktion bedeutet dabei, daß sämtliche Geschwindigkeits-artigen Größen – wie Impulse, Drehimpulse etc – entgegengesetzte Werte haben. Klassisch entsprechen den beiden Reaktionen die Bewegung auf der gleichen Bahnkurve, aber mit entgegengesetztem Durchlaufsinn. Quantenmechanisch können wir nur Aussagen über die Reaktionswahrscheinlichkeiten machen, die durch den zeitlichen Entwicklungs-Operator bestimmt werden. Die Wahrscheinlichkeiten dafür, daß in einer Zeitspanne t die beiden Reaktionen stattfinden, werden durch

$$w_{a \to b}(t) = |\langle b|e^{-\frac{i}{\hbar}Ht}|a\rangle^2$$

$$\text{und} \qquad w_{b_T \to a_T}(t) = |\langle Ta|e^{-\frac{i}{\hbar}Ht}|Tb\rangle^2$$

gegeben. Aufgrund der T-Invarianz gilt

$$e^{-\frac{i}{\hbar}Ht} = T^\dagger e^{\frac{i}{\hbar}Ht}T \ ,$$

wobei die Antilinearität von T und seine Vertauschbarkeit mit H verwendet wurde. Für die Matrixelemente folgt

$$\langle b|e^{-\frac{i}{\hbar}Ht}|a\rangle = \langle Tb|e^{\frac{i}{\hbar}Ht}|Ta\rangle^* = \langle Ta|e^{-\frac{i}{\hbar}Ht}|Tb\rangle \ . \qquad (3.14.17)$$

Damit hat sich aus der Bewegungsumkehr-Invarianz ergeben, daß die Wahrscheinlichkeiten für Hin- und Rückreaktion übereinstimmen

$$w_{a \to b}(t) = w_{b_T \to a_T}(t) \ . \qquad (3.14.18)$$

Nach (3.14.17) sind sogar die entsprechenden Wahrscheinlichkeits- Amplituden gleich.

Dieses Ergebnis bezeichnet man als **Prinzip der Mikro-Reversilität**. Wie wir gesehen haben, beruht die Gültigkeit dieses Prinzips allein auf der Bewegungsumkehr-Invarianz. Bei der konkreten Anwendung muß man allerdings noch die Anzahl der Quantenzustände im Anfangs- bzw. End-Zustand berücksichtigen, so daß aus der Gleichheit der elementaren Wahrscheinlichkeiten z.B. nicht auf die Gleichheiten von Wirkungsquerschnitten für die Hin- und Rückreaktion geschlossen werden kann. Man muß vielmehr „statistische Faktoren" berücksichtigen, die für das betrachtete Experiment spezifisch sind.

Eine stärkere Form der Mikro-Reversibilität gilt, wenn man die Störungsrechnung 1.Ordnung und damit Fermis Goldene Regel anwenden kann. Aus der Formel (3.13.44) für die Übergangswahrscheinlichkeit pro Zeiteinheit

$$P_{a \to b} \sim |\langle b|H_W|a\rangle|^2$$

folgt direkt

$$P_{b \to a} = P_{a \to b} \qquad (3.14.19)$$

wenn H_W hermitesch ist, weil dann

$$\langle a|H_W|b\rangle = \langle b|H_W|a\rangle^*$$

gilt. Die Gleichung (3.14.19) geht in zweierlei Hinsicht über (3.14.18) hinaus

- Für die Rück-Reaktion braucht man nicht zu Bewegungs- umgekehren Zuständen überzugehen.

- Die Bewegungsumkehr-Invarianz von H_W wird nicht vorausgesetzt sondern nur die Anwendbarkeit der Störungs-Rechnung 1.Ordnung und die Hermitizität des Hamilton-Operators.

3.14.4 Die Phasen der T-Transformation

Nach heutiger Kenntnis sind sämtliche fundamentalen Wechselwirkungen unter Bewegungsumkehr invariant bis auf einen „kleinen" Teil der schwachen Wechselwirkungen, der sich nur in den Zerfällen von recht exotischen Teilchen, den K-Mesonen und vielleicht auch den B- Mesonen zeigt. Dennoch könnte ihm eine grundsätzliche Bedeutung zukommen. Andererseits gibt es nämlich in der makroskopischen Physik eine ausgezeichnete Zeitrichtung. Wir haben bereits auf die „Reibung" hingewiesen, die die Bewegungsumkehr-Invarianz stört. Allgemein wird dies in der Thermodynamik im 2.Hauptsatz formuliert, nach dem die Entropie mit fortschreitender Zeit zunimmt. Wie diese Auszeichnung der Zeitrichtung mit der Reversibilität der mikroskopischen Gesetze zusammengehen kann oder ob dabei die T-verletzende schwache Wechselwirkung eine Rolle spielt, ist ein ungelöstes Problem der Physik.[51]

Die Mikro-Reversibilität ist eine Übertragung eines auch in der klassischen Mechanik geltenden Prinzips. Gibt es eine typisch quantentheoretische Konsequenz der Bewegungsumkehr-Invarianz ? Da T eine diskrete Transformation ist, wird man an die räumliche Spiegelung denken, wo sich die Erhaltung der Parität als ein quantentheoretisches Resultat erwiesen hatte, vgl. Abschnitt 3.12. Leider erlaubt die Antilinearität des T-Operators nicht, eine entsprechende Quantenzahl zu definieren. Denn ein möglicher Eigenwert ξ von T, für den also

$$T|\xi\rangle = \xi|\xi\rangle$$

gilt, verändert sich bei der Multiplikation des Eigenvektors mit einer komplexen Zahl

$$|\xi'\rangle = c|\xi\rangle$$
$$T|\xi'\rangle = c^*T|\xi\rangle = c^*\xi|\xi\rangle$$
$$= \frac{c^*}{c}\xi|\xi'\rangle . \tag{3.14.20}$$

Durch eine Umnormierung des Eigenvektors kann also der Eigenwert eines antlinearen Operators verändert werden. Sein numerischer Wert kann daher keine physikalische Bedeutung besitzen. Darüber hinaus kann man die Normierung des Eigenvektors immer so wählen, daß $\xi' = 1$ ist.

---

[51] Eine „untechnische" Darstellung dieser Problematik wird von Roger Penrose in dem Buch „The Emperor's New Mind" (Oxford University Press 1991) gegeben, wo allerdings eigenwillige Ideen vertreten werden.

Es lohnt sich, diese Behauptung im Einzelnen zu begründen, da man dabei neue Einsichten in die Eigenschaften von T gewinnt. Dazu untersuchen wir die Wirkung einer zweimaligen Anwendung von T, durch die der ursprüngliche Zustand wieder hergestellt wird. Aber T^2 muß nicht mit der Identität identisch sein, sondern nur ein Vielfaches davon sein

$$T^2 = a\mathbf{1} , \qquad\qquad (3.14.21)$$

wobei a eine zunächst offene Zahl ist. Denn nach der allgemeinen Regel (3.14.20) für die Transformation von Observablen

$$(A_T)_T = (T^2)^{-1}AT^2 = A$$

bleiben sämtliche Observablen ungeändert. Aufgrund der Antilinearität von T muß a jedoch eine reelle Zahl sein, denn aus (3.14.21) folgt einerseits

$$T^\dagger(T^2)T = T^\dagger a\mathbf{1}T = a^* T^\dagger T = a^*\mathbf{1} ,$$

wobei die Antilinearität und $T^\dagger T = \mathbf{1}$ benutzt wurde. Andererseits ergibt sich für die linke Seite dieser Gleichung

$$T^\dagger T^2 T = T^\dagger T T^2 = T^2 ,$$

so daß

$$T^2 = a^*\mathbf{1}$$

sein muß, woraus sich mit (3.14.21) die Realität von A ergibt. T^2 ist aber auch ein unitärer Operator, dessen Eigenwerte den Absolutbetrag 1 haben müssen. Insgesamt kann a daher nur die Werte

$$a = +1 \quad \text{oder} \quad -1 \qquad\qquad (3.14.22)$$

annehmen. Nach diesem Ergebnis kann ein Eigenwert von T nur die Werte

$$\xi = +1, -1, +i, -i$$

besitzen. Mit Hilfe von (3.14.20) kann daher $\xi' = 1$ durch geeignete Wahl von c erreicht werden.

Als wichtiges Nebenergebnis haben wir

$$T^2 = 1 \quad \text{oder} \quad -1$$

gefunden, wobei man durch keinerlei Umdefinition den Werte -1 in $+1$ verwandeln kann.[52] Daher haben wir doch noch eine Art Parität für den Bewegungsumkehr-Operator gefunden: der Eigenwert von T^2 hat eine nicht-triviale Bedeutung. Für $T^2 = -1$ müssen nämlich die Eigenzustände eines T-invarianten Hamilton-Operators mindestens zweifach entartet sein: **Kramerssche Entartung.** Denn mit $|E\rangle$ ist wegen $[T, H] = 0$ auch $T|E\rangle$ ein Energie-Eigenzustand. Falls E nicht entartet ist, muß $T|E\rangle = c|E\rangle$ und damit $T|E\rangle = |E\rangle$ gelten. Dies hat aber $T^2|E\rangle = |E\rangle$ zur Folge im Gegensatz zur Voraussetzung.

---

[52] Im Gegensatz dazu kann man für einen unitären und damit linearen Operator U aus $U^2 = a\mathbf{1}$ durch die Umdefinition $U' = \mathrm{e}^{i\beta}$ immer $U'^2 = \mathbf{1}$ erreichen.

Erst aufgrund der Quantenmechanik des Drehimpulses, die wir im Kapitel 5 im 2. Band darstellen werden, können wir den konkreten Wert von a feststellen. Es gilt

$$T^2|\psi\rangle = \pm|\psi\rangle$$

je nachdem, ob der Zustand ψ einen ganzzahligen oder einen halbzahligen Spin trägt.

Insgesamt hat sich die Bewegungsumkehr in der Quantenmechanik sowohl mathematisch als auch physikalisch als eine interessante Symmetrie-Transformation erwiesen, deren Konsequenzen noch weiter untersucht werden.

3.15 Statistische Gemische und der statistische Operator

Bisher hatten wir vorausgesetzt, daß sich die betrachteten physikalischen Systeme in einem definierten Zustand befinden. Um dies zu erreichen, muß vorher eine vollständige Messung eines vollständigen Systems gleichzeitig meßbarer Observablen durchgeführt worden sein. In der Praxis ist dies oft nicht der Fall. Vielmehr erlauben es die Umstände häufig nur, eine Gesamtheit von Systemen so zu präparieren, daß in ihr gewisse Zustände

$$|\phi_1\rangle, |\phi_2\rangle, \ldots |\phi_n\rangle, \ldots \tag{3.15.1}$$

mit den Wahrscheinlichkeiten

$$w_1, w_2, \ldots, w_n, \ldots \tag{3.15.2}$$

vorhanden sind. Nach der im Abschnitt 3.4 durchgeführten Diskussion bedeutet dies: Wenn man N Systeme gemessen hat, befinden sich

$$N_n = w_n N \tag{3.15.3}$$

dieser Systeme im Zustand $|\phi_n\rangle$. Durch die in (3.15.1) angegebenen Zustände mit den zugehörigen Wahrscheinlichkeiten (3.15.2) wird ein **statistisches Gemisch** gekennzeichnet. Physikalisch kann ein solches Gemisch auf die verschiedensten Weisen erzeugt werden. Wir betrachten zwei wichtige Beispiele:

(i) Messung eines entarteten Meßwertes

Wir messen die Energie eines Systems und stellen speziell eine Gesamtheit dieser Systeme mit dem Energiewert E her, der g-fach entartet sei. Zu E gehören also g linear unabhängige Eigenzustände

$$|E, k\rangle, k = 1, \ldots, g \tag{3.15.4}$$

des Hamiltonoperators, die wir orthonormal wählen können. Außer der Kenntnis von E sollen keine weiteren Informationen über die Gesamtheit vorliegen. Daher müssen wir davon ausgehen, daß die g-Zustände (3.15.4) in der betrachteten Gesamtheit mit der gleichen Häufigkeit auftreten, so daß

$$w_1 = w_2 = \ldots = w_g$$

gilt. Wir sagen: die a-priori-Wahrscheinlichkeit für das Vorliegen der verschiedenen Zustände (3.15.4) ist gleich. Wegen

$$\sum_{n=1}^{g} w_n = 1$$

folgt

$$w_1 = w_2 = \cdots = w_g = \frac{1}{g} \, .$$

Die a-priori-Wahrscheinlichkeit eines der Zustände (3.15.4) ist umgekehrt proportional zum Entartungsgrad g.

(ii) Unvollständige Messung einer Observablen

Wir betrachten eine Gesamtheit von Systemen, die sich zunächst in einem Zustand $|\psi\rangle$ befinden, und messen an allen Systemen die Observable A, ohne nach den erhaltenen Meßwerten a_n auszusortieren. Durch diese Messung wird ein statistisches Gemisch erzeugt, in dem die Eigenzustände $|a_n\rangle$ von A mit den Wahrscheinlichkeiten $w_n = |\langle a_n|\psi\rangle|^2$ vorliegen. Durch die Messung von A – ohne Aussortierung! – ist der Zustand $|\psi\rangle$ in ein Gemisch verwandelt worden.

Wir gehen jetzt vom Gemisch (3.15.1) aus und messen eine beliebige Observable B. Den Erwartungswert von B erhalten wir durch Mittelung der Erwartungswerte

$$\langle \phi_n|B|\phi_n \rangle$$

für die einzelnen Zustände $|\phi_n\rangle$ mit den Wahrscheinlichkeiten w_n :

$$\mathrm{Erw}(B) = \sum_n w_n \langle \phi_n|B|\phi_n \rangle$$

Diese Formel kann man in einer wichtigen Weise umformen. Dazu wählen wir ein beliebiges Orthonormalsystem $|\chi_m\rangle$ und schreiben aufgrund der Vollständigkeitsrelation

$$\langle \phi_n|B|\phi_n \rangle = \sum_m \langle \phi_n|B|\chi_m \rangle \langle \chi_m|\phi_n \rangle = \sum_m \langle \chi_m|\phi_n \rangle \langle \phi_n|B|\chi_m \rangle \, ,$$

so daß wir für den Erwartungswert erhalten

$$\mathrm{Erw}(B) = \sum_m \sum_n \langle \chi_m|\phi_n \rangle w_n \langle \phi_n|B|\chi_m \rangle = \sum_m \langle \chi_m| \left(\sum_n |\phi_n \rangle w_n \langle \phi_n| \right) B|\chi_m \rangle \, .$$

Bezeichnen wir den eingeklammerten Operator mit

$$\rho \overset{\mathrm{def}}{=} \sum_n |\phi_n \rangle w_n \langle \phi_n| \, , \qquad\qquad (3.15.5)$$

so ergibt sich der folgende Ausdruck für den Erwartungswert

$$\text{Erw}(B) = \sum_m \langle \chi_m | \rho B | \chi_m \rangle \, . \tag{3.15.6}$$

Auf der rechten Seite tritt die Summe der Diagonalelemente des Operators ρB auf, ein Ausdruck, der auch für Hilbertraum-Matrixelemente als **Spur** bezeichnet wird. Für einen beliebigen Operator C wird die Spur $\text{Sp}(C)$ durch

$$\text{Sp}(C) := \sum_m \langle \chi_m | C | \chi_m \rangle \tag{3.15.7}$$

definiert. Daher können wir (3.15.6) auch auf die kurze Form

$$\text{Erw}(B) = \text{Sp}(\rho B) \tag{3.15.8}$$

bringen.

Nach diesem Ergebnis kann der Erwartungswert jeder Observablen im betrachteten Gemisch berechnet werden, wenn man den Operator ρ kennt. Daher wird ρ **statistischer Operator** oder auch **Dichteoperator** genannt, seine Matrixelemente $\langle \chi_m | \rho | \chi_n \rangle$ bilden die **Dichtematrix**.

Zur weiteren Auswertung von (3.15.8) und (3.15.5) erinnern wir an folgende Eigenschaften der Spur:

1. Der Wert von $\text{Sp}(C)$ ist vom gewählten Basissystem $|\chi_n\rangle$ unabhängig .

2. Innerhalb einer Spur kann man zyklisch vertauschen:

$$\text{Sp}(AB) = \text{Sp}(BA) \tag{3.15.9}$$
$$\text{Sp}(ABC) = \text{Sp}(CAB) = \text{Sp}(BCA) \, . \tag{3.15.10}$$

Zur Illustration beweisen wir Gleichung (3.15.9). Nach der Definition der Spur gilt

$$\text{Sp}(AB) = \sum_m \langle \chi_m | AB | \chi_m \rangle = \sum_m \sum_n \langle \chi_m | A | \chi_n \rangle \langle \chi_n | B | \chi_m \rangle$$
$$= \sum_n \sum_m \langle \chi_n | B | \chi_m \rangle \langle \chi_m | A | \chi_n \rangle = \sum_n \langle \chi_n | BA | \chi_n \rangle$$
$$= \text{Sp}(BA) \, .$$

Aus der Definition von ρ und den Eigenschaften für die Wahrscheinlichkeiten

$$0 \leq w_n \leq 1 \tag{3.15.11a}$$
$$\sum_n w_n = 1 \tag{3.15.11b}$$

ergeben sich die folgenden Eigenschaften des statistischen Operators:

$$\rho \quad \text{ist hermitesch} \qquad\qquad (3.15.12a)$$

$$\rho \quad \text{ist positiv} \qquad\qquad (3.15.12b)$$

$$\mathrm{Sp}(\rho) = 1\,. \qquad\qquad (3.15.12c)$$

Die erste Eigenschaft ergibt sich sofort aus der Realität der w_n. Die **Positivität eines Operators** ρ wird dadurch definiert, daß für jedes $|\psi\rangle$

$$\langle\psi|\rho|\psi\rangle \geq 0 \qquad\qquad (3.15.13)$$

gilt. Damit folgt in der Tat aus der Definition von ρ

$$\langle\psi|\rho|\psi\rangle = \sum_n w_n |\langle\phi_n|\psi\rangle|^2\,,$$

woraus man die Gültigkeit von (3.15.13) ablesen kann.

Zum Beweis von (3.15.12c) schließlich berechnen wir

$$\mathrm{Sp}(\rho) = \sum_m \langle\chi_m|\rho|\chi_m\rangle = \sum_{m,n} \langle\chi_m|\phi_n\rangle w_n \langle\phi_n|\chi_m\rangle$$

$$= \sum_n w_n \sum_m \langle\phi_n|\chi_m\rangle\langle\chi_m|\phi_n\rangle = \sum_n w_n \langle\phi_n|\phi_n\rangle$$

$$= \sum_n w_n\,,$$

wobei im vorletzten Schritt die Vollständigkeitsrelation und im letzten Schritt die Normierung der $|\phi_n\rangle$ benutzt wurde.

Umgekehrt kann man aus (3.15.12a) bis (3.15.12c) folgern, daß es für ρ eine Darstellung der Form (3.15.5) gibt, wobei die Koeffizienten w_n der Bedingung (3.15.11a) genügen.

Natürlich muß mit dem entwickelten Formalismus auch der Spezialfall eines einzelnen Zustands beschrieben werden können. Setzt man ρ gleich dem Projektionsoperator P_ψ,

$$\rho = P_\psi = |\psi\rangle\langle\psi|\,, \qquad\qquad (3.15.14)$$

so sind die Bedingungen (3.15.12a) bis (3.15.12c) in der Tat erfüllt. Dieser Ausdruck ist natürlich auch ein Spezialfall von (3.15.5), und man findet auch

$$\mathrm{Sp}(P_\psi B) = \langle\psi|B|\psi\rangle\,. \qquad\qquad (3.15.15)$$

Das Zustandsaxiom von Abschnitt 3.5.1 kann mit den erhaltenen Ergebnissen wie folgt verallgemeinert werden:

Jedem statistischen Gemisch wird ein hermitescher Operator mit den Eigenschaften (3.15.12a) bis (3.15.12c) zugeordnet.

Entsprechend lautet die Verallgemeinerung des **Observablenaxioms**:

Der Erwartungswert der Observablen B im Gemisch ρ wird durch

$$\mathrm{Erw}(B) = \mathrm{Sp}(\rho B)$$

gegeben.

Beispiele für statistische Operatoren

Zunächst geben wir die ρ-Operatoren für die oben genannten Beispiele (i) und (ii) an. Im Falle (i), also für die Messung eines g-fach entarteten Energie-Wertes E lautet er

$$\rho = \frac{1}{g} \sum_{k=1}^{g} |E, k\rangle\langle E, k| \, . \tag{3.15.16}$$

Im Falle (ii) nämlich der Messung der Observablen A im Zustand ψ ohne Sortierung liegt der folgende statistische Operator vor

$$\rho = \sum_{n} P_{a_n} P_{\psi} P_{a_n} \, . \tag{3.15.17}$$

Hier bezeichnet $P_{a_n} = |a_n\rangle\langle a_n|$ den zum Eigenvektor $|a_n\rangle$ gehörigen Projektionsoperator.

Ein sehr wichtiger statistischer Operator beherrscht die **Quantenstatistik**: Ein Teilchensystem, das durch den Hamiltonoperator H beschrieben sei, möge sich in einem Wärmebad befinden, das die absolute Temperatur T aufrechterhält. Durch die dadurch bedingte „thermische Bewegung" befindet sich das System in einem statistischen Gemisch, das durch den Operator

$$\rho(T) = \frac{1}{Z} e^{-\frac{H}{kT}} \tag{3.15.18}$$

beschrieben wird. Hierbei bezeichnet k die Boltzmannkonstante mit dem Wert

$$k = 8,6 \cdot 10^{-5} \frac{eV}{K} \, . \tag{3.15.19}$$

Der Operator (3.15.18) erfüllt offenbar die Bedingungen (3.15.12a) und (3.15.12b). Die Normierungskonstante Z wird so gewählt, daß auch (3.15.12c) gilt. Daraus folgt

$$Z = \mathrm{Sp}\left(e^{-\frac{H}{kT}}\right) \, . \tag{3.15.20}$$

Der so gewonnene Ausdruck heißt auch Zustandssumme, da er in der Form

$$Z = \sum_{n} e^{-\frac{E_n}{kT}} \tag{3.15.21}$$

geschrieben werden kann, wenn man in der Definition der Spur die Eigenvektoren von H als Basis benutzt. Die Zustandssumme hängt außer von den in H enthaltenen Systemgrößen von der absoluten Temperatur T ab. Qualitativ drückt der e-Faktor in (3.15.18), der auch als **Boltzmann-Faktor** bezeichnet wird, aus, daß Zustände mit höherer Energie unwahrscheinlicher sind, und dies ist umso ausgeprägter je kleiner T ist. Die exponentielle Abhängigkeit vom Hamiltonoperator beruht auf dem Produktgesetz für die Kombination von unabhängigen Wahrscheinlichkeiten. Setzt man zwei Systeme zusammen, die keine Wechselwirkungen miteinander haben, dann addieren sich ihre Hamiltonoperatoren, aber die statistischen Operatoren werden multipliziert. Dies genau gewährleistet die exponentielle Form des Boltzmann-Faktors.[53]

Obwohl Z zunächst als bloße Normierungsgröße eingeführt wurde, kommt Z in der statistischen Mechanik eine zentrale Bedeutung zu. Aus der T-Abhängigkeit von $Z(T)$ lassen sich nämlich sämtliche thermodynamischen Eigenschaften eines Systems ableiten. So ergibt sich beispielsweise für die innere Energie U eines Systems, die als Erwartungswert von H definiert ist, der Ausdruck

$$U = \mathrm{Sp}(\rho H) = kT^2 \frac{\mathrm{d}}{\mathrm{d}T} \log Z(T) \,. \tag{3.15.22}$$

Ihn erhält man am einfachsten, wenn man

$$\beta := \frac{1}{kT}$$

setzt und $Z(\beta)$ nach β differenziert

$$-\frac{\mathrm{d}}{\mathrm{d}\beta} \mathrm{Sp}(e^{-\beta H}) = \mathrm{Sp}(e^{-\beta H} H) = Z \,\mathrm{Sp}(\rho H) = ZU \,.$$

Zum Abschluß sei skizziert, wie der zweite fundamentale Begriff der Thermodynamik, die **Entropie**, mit dem statistischen Operator ρ und der Zustandssumme zusammenhängt.

Der hermitesche Operator ρ stellt eine Observable dar, die die „**Information**" über den Zustand eines physikalischen Systems enthält. Nach der Idee von Rudolf Clausius betrachtet man nicht ρ selbst, sondern den Logarithmus $\log \rho$. Denn beim Zusammensetzen zweier sonst unabhängiger Systeme mit dem statistischen Operator ρ_1 bzw. ρ_2 gilt – wie erwähnt – ein Multiplikationsgesetz

$$\rho = \rho_1 \otimes \rho_2$$

so daß $\log \rho$ eine additive Observable wird. Direkt meßbar ist ihr Erwartungswert

$$\mathrm{Erw}(\log \rho) = \mathrm{Sp}(\rho \log \rho)$$

der ausgeschrieben lautet

$$\sum_n w_n \log w_n \,.$$

---

[53] Die quantenmechanische Zusammensetzung von physikalischen Systemen wird im einzelnen im Kapitel 6 im (2. Band) behandelt.

Wegen $0 \geq w_n \geq 1$ ist dieser Ausdruck negativ, so daß man $- \text{Sp}(\rho \log \rho)$ als *Maß für die Informationen* definiert. Diese Größe spricht in der gesamten Informationstheorie eine wichtige Rolle. In der statistischen Thermodynamik nennt man

$$S = -k\text{Erw}(\rho) = -k\,\text{Sp}(\rho \log \rho) \qquad (3.15.23)$$

die **Entropie** des betrachteten Systemzustandes. Die Entropie ist umso größer je weniger über das System bekannt ist. Falls man das System genau kennt und daher ρ durch einen Projektionsoperator, etwa durch

$$\rho = |\varphi_1\rangle \langle \varphi_1|$$

gegeben ist, gilt $S = 0$. Wenn für ein System mit N Zuständen $|\varphi_1\rangle, \ldots, |\varphi_N\rangle$, also vollständiges Unwissen vorliegt, gilt

$$S = +k \log N$$

welcher Wert für $N \to \infty$ unendlich wird.

Betrachten wir speziell den statistischen Operator (3.15.18) der Thermodynamik, so findet man zunächst

$$\log \rho = -\frac{1}{kT} H - \log Z$$

und daher

$$S = \frac{1}{T} \text{Sp}\left[\rho(H + kT \log Z)\right]$$
$$= \frac{1}{T}(U + kT \log Z) . \qquad (3.15.24)$$

Hier tritt die Größe

$$F := -kT \log Z \qquad (3.15.25)$$

auf, die in der Thermodynamik **Freie Energie** genannt wird. Sie hängt mit der inneren Energie U gemäß

$$F = U - TS \qquad (3.15.26)$$

zusammen, wie man durch Auflösen von (3.15.24) nach F erkennt. Andererseits kann man analog zu (3.15.22) auch die Entropie durch Differentiation der Zustandssumme nach der Temperatur erhalten, denn Gleichung (3.15.24) läßt sich auch in der Form

$$S = \frac{\mathrm{d}}{\mathrm{d}T}(kT \ln Z) = -\frac{\mathrm{d}}{\mathrm{d}T} F$$

schreiben. Dies gilt allgemein: Sämtliche thermodynamischen Größen können durch Differentiation aus der Zustandssumme Z bzw. der Freien Energie F berechnet werden. Darin kommt die zentrale Bedeutung dieser Größen zum Ausdruck.

3.16   Beschreibt die Quantenmechanik die atomare Welt vollständig?

Die Quantentheorie hat sich bei der Beschreibung der Eigenschaften atomarer und suba-
tomarer Objekte während der nun siebzig Jahre ihres Bestehens immer wieder bewährt.
Trotz immer kleinerer räumlicher Ausdehnungen der untersuchten physikalischen Systeme
ist bisher kein Hinweis auf eine Gültigkeitsgrenze ihrer allgemeinen Prinzipien gefunden
worden. Dennoch wird seit den dreißiger Jahren, wo die Quantenmechanik ihre endgültige
Form fand, unter Physikern immer wieder die Frage diskutiert, ob mit der Quantentheorie
bereits die endgültige Beschreibung mikroskopischer Phänomene gefunden worden ist. Wir
wollen dieser Frage etwas nachgehen, gestützt auf die folgende

Literatur zur Grundlagendiskussion in der Quantenmechanik

Einen ersten Höhepunkt fand diese Diskussion in der Mitte der 30er Jahre in den folgenden
Publikationen

[1] A. Einstein, B. Podolsky, N. Rosen, Can Quantum-Mechanical Description of
Physical Reality Be Considered Complete? Phys. Rev. **47**, 777 (1935).

[2] N. Bohr, Reply to [1], Phys.Rev. **48**, 696 (1935).

[3] E. Schrödinger, Die gegenwärtige Situation der Quantenmechanik (1935); Naturw.
23, 807, 823, 844 (1935).

Sie sind durch die Schlagworte

„Einstein-Podolsky-Rosen-Paradoxon"

und

„Schrödingersche Katze"

zu einem Grundbestandteil der Untersuchungen über die Interpretation der Quantenmechanik geworden. Vielleicht bedingt durch die sehr erfolgreiche Anwendung der Quantenmechanik in der Atom-, Kern- und Elementarteilchenphysik wurden Diskussionen in den 50er
Jahren, die durch die Arbeiten

[4] D. Bohm, A suggested interpretation of the quantum theory in terms of „hidden"
variables. I. Physical Review **85**(1952) 166-179

[5] Hugh Everett, III „Relative State" Formulation of Quantum Mechanics, Reviews of
Modern Physics **29**(1957) 454-462

in zum Teil sehr unkonventionelle Richtungen gelenkt wurden, nur in kleinen Zirkeln
von theoretischen Physikern geführt. Erst 1964 wurde ein Beitrag publiziert, der in das
allgemeine Bewußtsein der Physiker aufgenommen wurde und heute unter dem Stichwort

„Bellsche Ungleichung"

klassisch geworden ist:

[6] J.S. Bell, On the Einstein-Podolsky-Rosen Paradoxon; Physics *1*, 195 (1964).

[7] J.S. Bell, On the Problem of Hidden-Variables in Qantum Mechanics, Review of Modern Physics **38**(1966)447.

Mit dieser Ungleichung wurde ein neuer direkter Weg gewiesen, Grundbehauptungen der Quantenmechanik experimentell zu prüfen. Entsprechende Experimente wurden sehr bald durchgeführt

[8] J.F. Clauser et al., Phys. Rev. Letters **23**, 880 (1969).
S.J. Freedman, J.F. Clauser, Phys. Rev. Letters **28**, 938 (1972).

[9] F.J. Belinfante, A Survey of Hidden-Variables Theories; Pergamon Press 1973.

Die Entwicklung der Lasertechnik erlaubte es, immer feinere Tests der Bellschen Unglei-chung durchzuführen, die im Experiment von Alain Aspect und Mitarbeitern zu einem vorläufigen Höhepunkt geführt hat:

[10] A. Aspect, J. Dalibard und G. Roger, Phys. Rev. Letter **49**, 1804 (1982).

Parallel dazu ging die theoretische Aufarbeitung von möglichen Interpretationen der Quan-tenmechanik weiter. Die Fachliteratur darüber ist inzwischen fast unübersehbar angewach-sen. Hingewiesen sei auf den Artikel

[11]L.E. Ballantine, The Statistical Interpretation of Quantum Mechanics, Review of Modern Physics **42**, 358-381 (1970)

mit dem sich der Herausgeber der Review-Zeitschrift schwer tat, da „the subject of the paper lies in the border area between physics, semantics and other humanities". Dem entspricht es, daß in den letzten Jahren auch das überfachliche Interesse sehr wach geworden ist und eine Reihe von Büchern hervorgebracht hat, die geeignet sind, auch motivierten Laien die Problematik der Interpretation der Quantentheorie nahezubringen:

[12] K. Baumann und R. U. Sexl, Die Deutungen der Quantentheorie, 3. Auflage, Vieweg Verlag 1987.

[13] R. Penrose, The Emperors New Mind – Concerning Computers, Mind and The Laws of Physics, Oxford University Press 1989; insbesondere Kapitel 6 bis 8.

[14] F. Selleri, Die Debatte um die Quantentheorie, 3. Auflage, Vieweg 1990.

[15] Der Geist im Atom. Eine Radiodiskussion der Geheimnisse der Quantenphysik. Herausgegeben von P.C.W. Davies und H. R. Brown, Insel Taschenbuch 1993.

[16] R. Gilmore, Alice im Quantumland, Vieweg 1995.

Im folgenden Abschnitt können nur die grundsätzliche Fragestellung und die wichtigsten Aspekte zu ihrer Beantwortung dargestellt werden. Für Einzelheiten muß der Leser auf die genannte Literatur zurückgreifen.

3.16.1 Der Indeterminismus der Quantentheorie

Im bisherigen Teil dieses Buches wurden die physikalischen Grundgesetze der Quantenmechanik und ihre mathematische Formulierung und Durchführung in einer möglichst
folgerichtigen und linearen Weise dargestellt. Dabei wurde die Wahrscheinlichkeitsinterpretation beschrieben. Die damit verbundenen Probleme sollen jetzt in größerem Detail
diskutiert werden.

Die Quantenmechanik macht nach der statistischen Deutung der ψ-Funktion Wahrscheinlichkeitsaussagen über mögliche Meßresultate. In speziellen Fällen können sich in diesem
Rahmen auch exakte Aussagen ergeben, die man als Voraussagen über die Eigenschaften
des einzelnen mikroskopischen Objektes auffassen kann; z. B. ist die Angabe der Energiewerte eines Atoms von dieser Art. In der Mehrzahl der Fälle aber sind die Ergebnisse, die
aus der Quantenmechanik gewonnen werden, statistischer Natur. Dies hat besonders bei
der Diskussion der zeitlichen Entwicklung zu Schwierigkeiten der Interpretation geführt.

Betrachten wir noch einmal die (der Einfachheit halber eindimensionale) Bewegung eines
freien Teilchens. In der klassischen Mechanik ist die Bahn des Teilchens, seine Weltlinie,
genau festgelegt, wenn die Ortskoordinate x_0 und der Impuls p_0 zu einem Zeitpunkt ($t = 0$)
bestimmt sind (vgl. Bild 3.16). In der Quantenmechanik können die Voraussetzungen dazu
nicht erfüllt werden, weil Ort und Impuls nicht gleichzeitig meßbar sind; die kanonischen
Vertauschungsrelationen und die Unschärferelation verbieten dies. Allerdings wird in der
Quantenmechanik die zeitliche Veränderung des Zustandsvektors[54] $|\psi(t)\rangle$ eindeutig fest-
gelegt. Wenn $|\psi(0)\rangle$ und H bekannt sind, etwa durch

$$|\psi(0)\rangle = |x_0\rangle \qquad ; \qquad H = \frac{P^2}{2m} \qquad (3.16.1)$$

ist $|\psi(t)\rangle$ durch

$$|\psi(t)\rangle = e^{-\frac{i}{\hbar}Ht}|\psi(0)\rangle \qquad (3.16.2)$$

ebenso determiniert wie die Bahn des Teilchens in der klassischen Mechanik. In Abschnitt
3.11.2 haben wir gesehen, daß die Position des Teilchens für $t \neq 0$ völlig unbestimmt ist.
Das Teilchen kann überall angetroffen werden. Die gleiche Situation liegt aber auch in der
(nichtrelativistischen) klassischen Mechanik vor, wenn man die Anfangsgeschwindigkeit
$v_0 = p_0/m$ nicht kennt. Dann sind als Weltlinien alle Geraden durch den Punkt ($x_0, 0$),
im Bild 3.16 gestrichelt angedeutet, gleich möglich, und wie in der Quantenmechanik kann
sich das Teilchen nach der Zeit t an jedem beliebigen Ort befinden.

Der Indeterminismus der Quantenmechanik – gemeint ist die Tatsache, daß keine eindeutige Aussage über den Ort des Teilchens zur Zeit t gemacht werden kann – beruht auf
der Annahme der Theorie, daß der Anfangszustand des Teilchens allein durch die genaue
Angabe der Ortskoordinate schon eindeutig festgelegt ist; wir schreiben: $|x_0\rangle$. Daher ist
häufig die Frage nach möglichen zusätzlichen Variablen gestellt worden, deren Kenntnis für
das Teilchen den Determinismus der klassischen Mechanik wiederherstellen sollte. Diese
Variable könnten natürlich nicht der Impuls oder die Geschwindigkeit sein, da ihre Werte
gleichzeitig mit dem des Ortes festzulegen wären, was die Unschärferelation verbietet. Es

---

[54] Wir benutzen im folgenden das Schrödingerbild

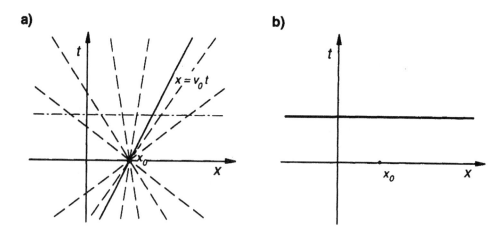

Bild 3.16 Zur Diskussion des Determinismus in der klassischen Mechanik (a) und der Quantenmechanik (b)

müßten neue, bisher verborgene Variable sein. Die Frage dieses Abschnittes lautet deshalb: Kann die Quantenmechanik durch die Einführung von „verborgenen Variablen" so erweitert werden, daß ihre gesicherten Ergebnisse erhalten bleiben, aber der Indeterminismus vermieden wird?

Zunächst wollen wir an einem weiteren Beispiel die Bedeutung des Indeterminismus illustrieren. Betrachten wir den radioaktiven Zerfall eines Atomkerns, z. B.

$$^{238}_{92}U \rightarrow {}^{234}_{90}Th + \alpha \, .$$

Der Übergang vom Uranisotop (238) zum Thorium (234) unter Aussendung eines α-Teilchens soll durch eine Wechselwirkung H' beschrieben werden. Vereinfacht nehmen wir an, der zur Darstellung des Zerfalls benötigte Hilbertraum werde durch die beiden Zustandsvektoren

$$|U\rangle \text{ und } |Th; \alpha\rangle$$

des Systems aufgespannt. Sie werden als orthonormale Eigenvektoren von H_0 betrachtet, zwischen denen die Wechselwirkung H' Übergänge verursacht, d. h. es gilt

$$\langle Th; \alpha | H' | U \rangle \neq 0 \, .$$

Weiß man zur Zeit $t = 0$ mit Sicherheit, daß ein Urankern $^{238}_{92}U$ vorliegt, dann wird das System für $t > 0$ durch

$$W(t)|U\rangle$$

mit

$$W(t) = T e^{-\frac{i}{\hbar} \int\limits_0^t H'(\tau)\, d\tau}$$

beschrieben. Die Entwicklung dieses Zustandsvektors bezüglich der Basis $\{|U\rangle, |Th; \alpha\rangle\}$ des Hilbertraumes lautet:

$$W(t)|U\rangle = a(t)|U\rangle + b(t)|Th;\alpha\rangle \tag{3.16.3}$$

$$\text{mit} \quad a(t) = \langle U|W(t)|U\rangle$$

$$b(t) = \langle Th;\alpha|W(t)|U\rangle$$

$$|a(t)|^2 + |b(t)|^2 = 1 \;.$$

Bei der experimentellen Untersuchung einer sehr großen Anzahl solcher Systeme findet man das **radioaktive Zerfallsgesetz**:

Liegen zur Zeit $t = 0$ N_0 Uran-Kerne vor, dann nimmt ihre Zahl N_t bei jedem Zerfall zwar unstetig um eine Einheit ab, für ein längeres Zeitintervall wird N_t aber in guter Näherung durch die stetige Funktion

$$N_t \approx N(t) = N_0 e^{-\lambda t} \tag{3.16.4}$$

$$\lambda = \frac{\ln 2}{T}$$

gegeben; T ist die als Halbwertszeit bekannte Größe.

Mit Hinblick auf (3.16.3) kann dieses Gesetz durch

$$|a(t)|^2 = e^{-\lambda t} \tag{3.16.5}$$

ausgedrückt werden. Für große Teilchenzahlen N ergeben sich aus (3.16.4) keine praktischen Schwierigkeiten; für kleine N_0, insbesondere $N_0 = 1$, ist die Näherung des sprunghaften Abnehmens der Anzahl N_t durch eine stetige Funktion $N(t)$ nicht mehr sinnvoll. Irgendwann zerfällt der Urankern; über den Zeitpunkt macht die Quantenmechanik und das statistische Gesetz (3.16.4) keine Aussage. Die in Gleichung (3.16.3) mit (3.16.5) festgelegte Zeitabhängigkeit besagt nur, daß der Zustand „ein Urankern" im Laufe der Zeit stetig differenzierbar in „Zwitter"-Zustände $W(t)|U\rangle$ übergeht, die aus einer Überlagerung des Anfangszustandes „ein Urankern" und des Endzustandes „ein Thoriumkern plus ein α-Teilchen" bestehen.

Der eigentliche Zerfallsprozeß erfolgt sprungartig durch einen unstetigen Übergang des Zustandes (3.16.3)

$$a(t)|U\rangle + b(t)|Th;\alpha\rangle \Rightarrow |Th;\alpha\rangle \;. \tag{3.16.6}$$

Hier liegt die eigentliche Wurzel des Indeterminismus. Die Quantenmechanik sagt nichts darüber aus, wann dieser Prozeß geschieht. Es handelt sich um einen Akt, der nicht von dem – in der Zeit stetigen – Operator $W(t)$ bestimmt wird. Daher hat man eine eigene Bezeichnung eingeführt. Man sagt: Gleichung (3.16.6) beschreibt die **Reduktion eines quantenmechanischen Zustandes**.[55]

Erwin Schrödinger hat zur Verdeutlichung dieser Situation ein „burleskes" Experiment ersonnen (Zitat aus [3], S. 812):

---

[55] In der Literatur spricht man meist von der „Reduktion eines Wellenpaketes", da man eine ausgedehnte Ortwellenfunktion im Sinn hat, die bei einer Ortsmessung auf eine δ-Funktionsartige Verteilung reduziert wird.

*Eine Katze wird in eine Stahlkammer gesperrt, zusammen mit folgender Höllen-
maschine (die man gegen den direkten Zugriff der Katze sichern muß): in einem
Geigerschen Zählrohr befindet sich eine winzige Menge radioaktiver Substanz,
so wenig, daß im Laufe einer Stunde vielleicht eines von den Atomen zerfällt,
ebenso wahrscheinlich aber auch keines; geschieht es, so spricht das Zählrohr an und betätigt über ein Relais ein Hämmerchen, das ein Kölbchen mit
Blausäure zertrümmert. Hat man dieses ganze System eine Stunde lang sich
selbst überlassen, so wird man sich sagen, daß die Katze noch lebt, wenn
inzwischen kein Atom zerfallen ist. Der erste Atomzerfall würde sie vergiftet
haben.*

Formal können wir dieses Experiment beschreiben, indem wir (3.16.3) ergänzen zu:

$$W(t)|U; \text{lebende Katze}\rangle = a(t)|U; \text{lebende Katze}\rangle + b(t)|\text{Th}; \; \alpha; \text{tote Katze}\rangle \;.$$

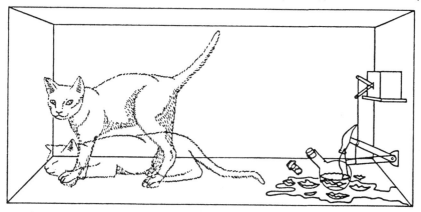

Bild 3.17 Die Schrödinger-Katze

Nach einer Stunde hat die Wellenfunktion des Systems eine Form erreicht, in der an-
scheinend die tote und die lebende Katze eine Komponente gleicher Größe haben. Wann
die Katze wirklich stirbt, geht aus Formel (3.16.7) nicht hervor. Dazu ist die Reduktion des
Zustandes analog zu (3.16.6) notwendig.

Betrachten wir noch einmal den Zerfall *eines einzelnen* Atomkerns. Dazu nehmen wir
hypothetisch an, die radioaktive Substanz in Schrödingers Experiment bestehe aus nur
einem Atom. Für die Katze stellt sich der Zerfall nicht als ein stetiger Prozeß dar, wie
es der Zustand (3.16.7) mit Gleichung (3.16.5) beschreibt. Vor dem Zerfall ist sie stets
gleichbleibend lebendig und danach ebenso vollständig tot; Zwitterzustände wird sie nicht
erkennen. Der Zerfallsakt ist für sie ein sprunghafter Übergang, bei dem der Zustand
$W(t)|U\rangle$ in den Zwei-Teilchenzustand $|\text{Th}; \alpha\rangle$ überführt, „reduziert" wird

$$|U\rangle \; \Rightarrow \; |\text{Th}; \alpha\rangle \;, \tag{3.16.7}$$

denn in jedem Moment ist die Katze über den Zustand des Kernes informiert. Anders dagegen der Besitzer der Katze: Er hat den Stahlkasten zu einer bestimmten Zeit im Zustand
$|U; \text{Katze lebendig}\rangle$ präpariert und dann geschlossen. Nun kann er das System nur noch

durch die Wahrscheinlichkeitsaussage (3.16.5) beschreiben. Will er sich Gewißheit ver-
schaffen, so muß er eine „Messung" vornehmen, er muß den Kasten öffnen und nachsehen,
ob die Katze noch lebt oder bereits vergiftet ist. Im Bild (3.18) ist der „Informationsstand"
der Katze und des Besitzers bei einem möglichen Experiment in Abhängigkeit von der Zeit
dargestellt.

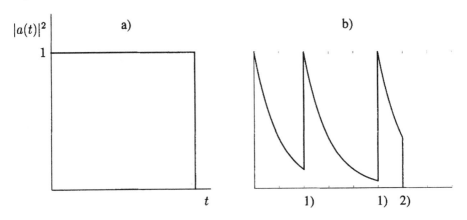

Bild 3.18   Der Informationsstand a) der Katze, b) des Besitzers. 1) Messungen mit dem Ergebnis:
Katze lebt; 2) Messung mit dem Ergebnis: Katze ist tot

An diesem Beispiel erkennt man, daß allgemein für den Meßprozeß eine Mehrdeutigkeit
besteht. Sie ergibt sich aus der Frage: Wo liegt die Grenze zwischen zu messendem Objekt
und dem Meßinstrument? – Konkret kann beim Schrödinger-Experiment die Katze entweder
als Meßinstrument aufgefaßt werden, durch deren Tod der Zerfall des Urankerns angezeigt
wird, oder aber als Teil des gesamten, von außen beobachteten Systems. Im zweiten Fall
wird die Messung wie beschrieben durch den Besitzer der Katze vorgenommen, der durch
Hinschauen feststellt, ob die Katze tot ist. Das zuletzt Gesagte deutet auf die Möglichkeit
hin, den eigentlichen Meßakt erst in der Aufnahme einer potentiell vorhandenen Information
durch einen menschlichen Beobachter zu sehen, vgl. Abschnitt 3.16.4.

3.16.2   Das Einstein-Podolsky-Rosen-Paradoxon

In dem in der Einleitung zu diesem Absatz unter [1] genannten Aufsatz kommen Einstein, Podolsky und Rosen zu dem Schluß, daß die Quantenmechanik keine vollständige
Beschreibung der physikalischen Realität liefert. Ihre Überlegungen sollen hier gekürzt
wiedergegeben werden, um eine weitere Problematik des quantenmechanischen Meßprozesses zu zeigen. Zunächst ist einiges zu den verwendeten Begriffen zu sagen: Was man
auch unter einer „vollständigen Theorie" verstehen mag, so erscheint den Autoren doch
folgende Forderung unerläßlich:

> *„Jedem Element der physikalischen Realität muß ein Gegenstück in der Theorie*
> *entsprechen."*

Dabei ist noch nicht festgelegt, was „Elemente der physikalischen Realität" sind. In jedem Fall können diese nicht aufgrund philosophischer Überlegungen a priori postuliert werden, sondern müssen sich aus Experimenten und Messungen zwingend ergeben. Eine umfassende Definition ist in diesem Zusammenhang nicht erforderlich, und man kann sich mit dem folgenden, vernünftig erscheinenden Kriterium begnügen:

> „*Wenn man den Wert einer physikalischen Größe mit Sicherheit voraussagen kann, ohne das betrachtete System zu stören, dann existiert ein Element der physikalischen Realität, das dieser Größe entspricht.*"

Zur Verdeutlichung ihres Gedankenganges diskutieren Einstein und seine Mitarbeiter folgendes Experiment: Betrachtet werden zwei Teilchen, die sich nur eindimensional bewegen können. Zwischen der Zeit $t = 0$ und $t = T$ mögen sie miteinander in Wechselwirkung stehen, danach sollen keine Kräfte mehr zwischen ihnen wirken. In der Quantentheorie wird davon ausgegangen, daß jedes System durch einen Zustandsvektor eines geeigneten Hilbertraumes vollständig beschrieben werden kann. Für $t > T$ befinde sich das Zweiteilchensystem in dem durch

$$|\psi\rangle = \int e^{\frac{i}{\hbar}px_0}|p, -p\rangle \, dp \qquad (3.16.8)$$

beschriebenen Zustand. $|p_1, p_2\rangle$ seien die Eigenwerte der Impulsoperatoren P_1 und P_2 für die beiden Teilchen. Sie bilden eine Basis des Hilbertraumes; d. h. es gilt

$$P_1|p_1, p_2\rangle = p_1|p_1, p_2\rangle$$
$$P_2|p_1, p_2\rangle = p_2|p_1, p_2\rangle$$
$$\int |p_1, p_2\rangle \, dp_1 dp_2 \langle p_1, p_2| = 1$$

und ebenso
$$\int |x_1, x_2\rangle \, dx_1 dx_2 \langle x_1, x_2| = 1$$

Der Zustand (3.16.8) ist so gewählt, daß der Gesamtimpuls Null ist

$$(P_1 + P_2)|\psi\rangle = \int (p - p)|p, -p\rangle e^{\frac{i}{\hbar}px_0} \, dp = 0 \, .$$

Mißt man also den Impuls des 1. Teilchens mit dem Wert p_1^0, dann hat das andere Teilchen mit Sicherheit einen gleich großen Impuls in entgegengesetzter Richtung. Quantenmechanisch wird dies dadurch beschrieben, daß die Impulsmessung an Teilchen *1* den Zustand (3.16.8) reduziert zu

$$|\psi\rangle \xrightarrow{\text{Impulsmessung}} e^{\frac{i}{\hbar}p_1^0 x_0}|p_1^0, -p_1^0\rangle \, . \qquad (3.16.9)$$

Wir wollen dies formal nachrechnen: Die Messung wird beschrieben durch die Projektion in einen Unterraum mittels des Operators

$$\int |p_1^0, p_2\rangle \, dp_2 \langle p_1^0, p_2| \, .$$

Der Zustandsvektor $|\psi\rangle$ aus Gleichung (3.16.8) geht also über in

$$\int |p_1^0, p_2\rangle \mathrm{d}p_2 \langle p_1^0, p_2|\psi\rangle = \int \mathrm{e}^{\frac{\mathrm{i}}{\hbar} p x_0} |p_1^0, p_2\rangle \langle p_1^0, p_2|p, -p\rangle \,\mathrm{d}p\mathrm{d}p_2$$

$$= \int \mathrm{e}^{\frac{\mathrm{i}}{\hbar} p x_0} \delta(p_1^0 - p) \delta(p_2 + p)|p_1^0, p_2\rangle \,\mathrm{d}p\mathrm{d}p_2$$

$$= \int \mathrm{e}^{\frac{\mathrm{i}}{\hbar} p x_0} \delta(p_1^0 - p)|p_1^0, -p\rangle \,\mathrm{d}p$$

$$= \mathrm{e}^{\frac{\mathrm{i}}{\hbar} p_1^0 x_0}|p_1^0, -p_1^0\rangle \;.$$

Andererseits ist $|\psi\rangle$ auch Eigenvektor des Operators $Q_2 - Q_1$, der Differenz der Ortsoperatoren der beiden Teilchen. Wir zeigen dies mit Hilfe der Ortsdarstellung von $|\psi\rangle$. Aus (3.16.9) folgt

$$|p_1, p\rangle = \int |x_1, x_2\rangle \mathrm{d}x_1 \,\mathrm{d}x_2 \langle x_1, x_2|p_1, p\rangle$$

$$= \frac{1}{2\pi\hbar} \int |x_1, x_2\rangle \mathrm{e}^{\frac{\mathrm{i}}{\hbar} p(x_1 - x_2)} \,\mathrm{d}x_1 \mathrm{d}x_2$$

und damit $\quad |\psi\rangle = \dfrac{1}{2\pi\hbar} \displaystyle\int |x_1, x_2\rangle \mathrm{e}^{\frac{\mathrm{i}}{\hbar} p(x_0 + x_1 - x_2)} \,\mathrm{d}p\mathrm{d}x_1 \mathrm{d}x_2$

$$= \int |x_1, x_2\rangle \delta(x_0 + x_1 - x_2) \,\mathrm{d}x_1 \mathrm{d}x_2 \;.$$

Daraus folgt weiter

$$|\psi\rangle = \int |x_1, x_0 + x_1\rangle \,\mathrm{d}x_1 \;.$$

Für die Operatoren Q_2 und Q_1 ergibt sich deshalb

$$Q_2|\psi\rangle = \int (x_0 + x_1)|x_1, x_0 + x_1\rangle \,\mathrm{d}x_1$$

$$Q_1|\psi\rangle = \int x_1|x_1, x_0 + x_1\rangle \,\mathrm{d}x_1$$

und damit $\quad (Q_2 - Q_1)|\psi\rangle = x_0 \displaystyle\int |x_1, x_0 + x_1\rangle \,\mathrm{d}x_1$

$$= x_0|\psi\rangle \;.$$

Die Differenz der Ortskoordinaten der beiden Teilchen hat im Zustand $|\psi\rangle$ also mit Sicherheit einen Wert x_0. Mißt man daher den Wert x_1^0 für die Ortskoordinate des Teilchens 1, dann ist auch für das Teilchen 2 der Ort genau festgelegt: $x_2 = x_1^0 + x_0$. Bei der Ortsmessung findet also die folgende Reduktion von $|\psi\rangle$ statt:

$$|\psi\rangle \overset{\text{Ortsmessung}}{\longrightarrow} |x_1^0, x_1^0 + x_0\rangle \;. \tag{3.16.10}$$

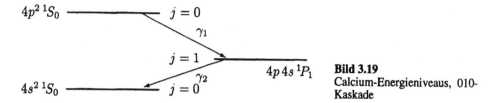

Bild 3.19
Calcium-Energieniveaus, 010-Kaskade

Einstein und seine Mitarbeiter knüpfen an die Ergebnisse (3.16.9) und (3.16.10) folgende Überlegung: Lange nachdem die beiden Teilchen nicht mehr in Wechselwirkung miteinander stehen, kann ein Beobachter wählen, ob er den Impuls oder den Ort des Teilchens *1* messen will. Im ersten Fall hat er gleichzeitig den Impuls des Teilchens *2* genau festgelegt. Wählt er die andere Möglichkeit, dann kann er den Wert der Ortskoordinate x_2 mit Sicherheit angeben. – Weil zwischen Beobachter und Teilchen *2* ebenso wie zwischen den beiden Teilchen keine Wechselwirkung besteht, wird das Teilchen *2* durch die Messung in keiner Weise gestört. In Übereinstimmung mit Definition sind also Ort *und* Impuls des Teilchens *2* „Elemente physikalischer Realität". Eine vollständige Theorie müßte dies wiedergeben; in der Quantenmechanik dagegen ist wegen $[P_2, Q_2] = \frac{\hbar}{i}$ nur der Impuls oder nur der Ort „real". Einstein kommt deshalb zu dem Schluß, daß die Quantenmechanik keine vollständige Theorie ist.

Niels Bohr hat dazu folgende Antwort geschrieben; siehe [2]:

1. Auch in der Quantenmechanik können die betrachteten Observablen, nämlich

$$(P_1 + P_2) \text{ und } (Q_2 - Q_1)$$

gleichzeitig gemessen werden, wie

$$[P_1 + P_2, Q_2 - Q_1] = 0$$

zeigt.

2. Die nicht zu vernachlässigende Wechselwirkung zwischen Meßobjekt und Meßinstrument bringt die Notwendigkeit mit sich, endgültig auf das klassische Kausalitätsideal zu verzichten und unsere Haltung gegenüber der physikalischen Realität von Grund auf zu revidieren.

3.16.3 Die Bellsche Ungleichung und die Unmöglichkeit von lokalen verborgenen Variablen

Ein zweiter Aspekt des EPR-Paradoxes liegt in der „Nichtlokalität" quantenmechanischer Aussagen. Damit ist gemeint, daß die Wellenfunktion beide Teilchen gemeinsam beschreibt und die Messung an einem der beiden auch Information über das andere, räumlich entfernte Teilchen liefert. Es stellt sich die Frage: Woher „weiß" das ungestörte 2. Teilchen, in welchen Zustand es übergehen soll? – Zur Erklärung kann man die Existenz irgendwelcher verborgener Informationen postulieren, die nicht in der Wellenfunktion enthalten sind und die „Entscheidung" des 2. Teilchens bestimmen. 1964 konnte J.S. Bell beweisen, daß jede Theorie, die annimmt, dem Teilchen sei eine „Liste mit Instruktionen" für sein zukünftiges Verhalten mitgegeben, bei gewissen Experimenten andere Voraussagen macht als die Quantenmechanik. Daraus ergibt sich die Möglichkeit, empirisch zu entscheiden, welche der Theorien richtig ist.

Am Beispiel eines Experimentes, das J.F. Clauser und Mitarbeitern im Jahre 1969 vorgeschlagen haben (vgl. [9] der Literaturliste), lassen sich die Argumente Bells und die von ihnen bewiesene Ungleichung in einer einfachen Weise beschreiben:

Calcium-Atome werden in einen angeregten Zustand gebracht, der den Gesamtdrehimpuls $j = 0$ trägt. Innerhalb sehr kurzer Zeit fallen sie in einer Kaskade über einen $(j = 1)$-Zwischenzustand in den Grundzustand $(j = 0)$ zurück; dabei werden zwei kohärente Photonen emittiert, wie im Bild 3.19 angedeutet ist.

Wenn diese Photonen in entgegengesetzter Richtung auseinanderlaufen, können sie in einem geeigneten Koinzidenzzähler registriert werden, vgl. Bild 3.20. Stellt man in ihren Weg je ein Polarisationsfilter, dann verändert sich die Zählrate. Experimentell findet man eine Abhängigkeit vom relativen Winkel ϕ, den die optischen Achsen der beiden Filter miteinander bilden; für die betrachtete 010-Kaskade tritt bei $\phi_{max} = 0°$ ein Maximum und bei $\phi_{min} = 90°$ ein Minimum an Koinzidenz auf.

Wenn jedes Photon eine festgelegte Polarisationsrichtung hätte – gekennzeichnet durch den Winkel α in Bezug auf eine raumfeste Achse senkrecht zur Ausbreitungsrichtung – könnte man dieses Versuchsergebnis verstehen, indem man annimmt, aufgrund des gemeinsamen Ursprungs der Photonen sei ihre Polarisation korreliert.

In der Quantenmechanik aber ist die Polarisationsrichtung eines Photons so lange unbestimmt, bis es auf einen Polarisator trifft; erst dann muß es sich „entscheiden", welchen der beiden möglichen Eigenzustände es annehmen will. Für den Fall von gekreuzten Polarisationsfilter ($\phi_{min} = 90°$) gilt quantenmechanisch folgende Aussage: Von jedem Photonenpaar – in einer Kaskade von einem Atom emittiert – wird immer ein Photon durchgelassen und das andere im Filter absorbiert. Daraus ergibt sich, ähnlich dem EPR-Paradox, die Frage, woher das 2. Photon weiß, ob es den Filter passieren soll oder nicht.

Wenn γ_1 den Polarisator 1 durchquert hat, ist γ_2 in der Richtung ϕ_1 polarisiert. Entsprechend dem Malusschen Gesetz – vgl. Bild 3.21 – ist dann $\cos^2 \phi$ die Wahrscheinlichkeit, γ_2 im Zähler nachzuweisen.

Die Quantenmechanik liefert also dafür, daß beide Photonen eines Paares die Filter passieren, die vom Winkel ϕ abhängige Wahrscheinlichkeit

$$W_{QM}(\phi) = \frac{1}{2} \cos^2 \phi \, . \qquad (3.16.11)$$

Der Faktor $\frac{1}{2}$ ist erforderlich, weil die zweite, linear unabhängige Polarisationsrichtung durch den Filter 1 unterdrückt wurde.

Nehmen wir jedoch an, die Quantenmechanik wäre nicht vollständig und jedes Photon würde bei der Emission einen verborgenen aber festgelegten Polarisationswinkel α erhalten, dann müßte das Experiment anders ausfallen. Wählen wir die Bezeichnung wie in Bild 3.20.Bei einem Photonenpaar mit den Polarisationsrichtungen α_1 bzw. α_2 ergibt sich aus dem Malusschen Gesetz für die Wahrscheinlichkeit des Nachweises in den Zählern

$$P(\gamma_1) = \cos^2(\phi_1 - \alpha_1)$$

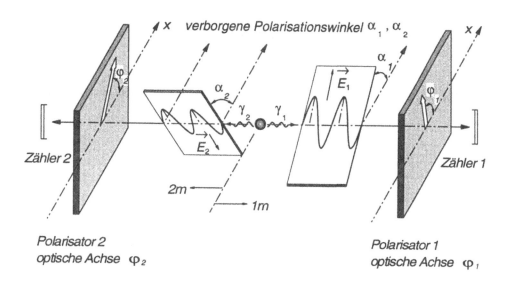

Bild 3.20 Zur Messung der Korrelation zwischen den beiden Photonen einer Kaskade

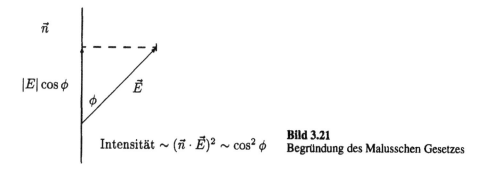

$$\text{Intensität} \sim (\vec{n} \cdot \vec{E})^2 \sim \cos^2 \phi$$

Bild 3.21
Begründung des Malusschen Gesetzes

$$P(\gamma_2) = \cos^2(\phi_2 - \alpha_2) .$$

Die Wahrscheinlichkeit, daß beide Photonen die Filter passieren, wird dann durch das Produkt von $P(\gamma_1)$ und $P(\gamma_2)$

$$P(\gamma_1, \gamma_2) = \cos^2(\phi_1 - \alpha_1) \cos^2(\phi_2 - \alpha_2)$$

gegeben. Weil im Experiment alle Polarisationsrichtungen auftreten, muß über α_1 und α_2 integriert werden, um die Koinzidenzwahrscheinlichkeit zu erhalten. Im allgemeinen nimmt man an, das eine Beziehung zwischen den Polarisationsrichtungen der Photonen eines Paares besteht. Die Häufigkeitsverteilung der Winkeldifferenz $(\alpha_1 - \alpha_2)$ wird durch Wichtung mit einer Funktion $\rho(\alpha_1 - \alpha_2)$ berücksichtigt; man erhält also

$$W_{\text{verb.Var.}}(\phi) = C \cdot \int\limits_{0}^{2\pi} \int\limits_{0}^{2\pi} \rho(\alpha_1 - \alpha_2) \cos^2(\phi_1 - \alpha_1) \cos^2(\phi_2 - \alpha_2) \mathrm{d}\alpha_1 \mathrm{d}\alpha_2 \quad (3.16.12)$$

mit $\rho(\alpha_1 - \alpha_2) \geq 0$ und C als Normierungsfaktor.

Mit der speziellen Hypothese: $\alpha_1 = \alpha_2$ für die verborgenen Polarisationsrichtungen gilt:

$$\rho(\alpha_1 - \alpha_2) = \delta(\alpha_1 - \alpha_2)$$

$$W_{\text{verb.Var.}}(\phi) = C \cdot \int\limits_{0}^{2\pi} \cos^2(\phi_1 - \alpha_1) \cos^2(\phi_2 - \alpha_2) \mathrm{d}\alpha \ .$$

Dieses Integral läßt sich auswerten, und man erhält bei richtiger Normierung:

$$W_{\text{verb.Var.}}(\phi) = \frac{1}{4} \left(\frac{1}{2} + \cos^2 \phi \right) \quad (3.16.13)$$

im Widerspruch zum Ergebnis, das die Quantenmechanik voraussagt. Im Bild 3.22 sind beide Funktionen zum Vergleich dargestellt.

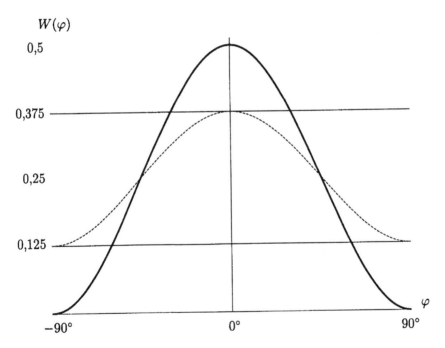

Bild 3.22 Vergleich der theoretischen Voraussagen: ——: Quantenmechanik;
- - -: Theorie mit verborgenene Variablen

Allein die Hypothese, daß dem Photon bei der Emission eine feste Polarisa-
tionsrichtung zugeschrieben werden kann – sie braucht nicht bekannt oder
überhaupt in irgendeiner Weise beobachtbar zu sein – führt zu einer anderen
Voraussage über das Versuchsergebnis als die Quantenmechanik.

Wir haben dies anhand eines speziellen Beispiels für die Funktion $\rho(\alpha_1 - \alpha_2)$ gesehen. Allgemein läßt sich das Integral (3.16.12) natürlich nicht auswerten, weil jede Theorie verborgener Variablen unterschiedliche Winkelverteilungen $\rho(\alpha_1 - \alpha_2)$ fordern kann. Aber wegen der Positivität dieser Funktion konnte J.S. Bell jedoch eine Ungleichung beweisen, die für jede Theorie verborgener Variablen erfüllt sein muß. Spezialisiert auf dieses Experiment lautet die **Bellsche Ungleichung**

$$-1 \le \underbrace{3W(\phi) - W(3\phi) - 1}_{:= \frac{\Delta}{R_0}} \le 0 \,. \qquad (3.16.14)$$

Die quantenmechanische Funktion (3.16.11) verletzt diese Ungleichung in gewissen Winkelbereichen, am stärksten bei $\phi = 22,5°$ und $\phi = 67,5°$; siehe Bild 3.23 Das Experiment

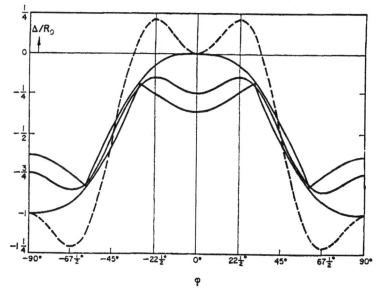

Bild 3.23 Δ/R_0 als Funktion von ϕ für parallele Korrelation (010-Kaskade).
- - - : Quantenmechanik; — : Verschiedene Theorien mit verborgenen Variablen

wurde erstmalig 1972 in Berkeley durchgeführt, und seine Ergebnisse – vgl. Bild 3.24 – bestätigten die Quantenmechanik. Für die beiden kritischen Winkel ergab sich

$$\frac{\Delta}{R_0}(22,5°) = 0,104 \pm 0,026$$

$$\frac{\Delta}{R_0}(67,5°) = -1,097 \pm 0,018 \,.$$

Diese Werte widersprechen der Ungleichung (3.16.14), auch wenn man die Fehlergrenzen berücksichtigt. Inzwischen wurde das Experiment in Orsay von Alain Aspect und Mitarbeitern in beträchtlich verbesserter Form und mit interessanten Variationen mehrfach wiederholt. Immer widersprachen die Resultate der Bellschen Ungleichung und bestätigten

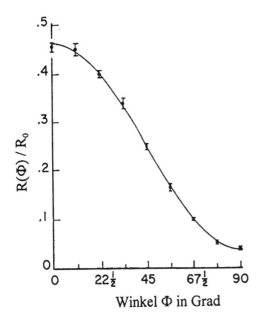

Bild 3.24
Experimentelle Ergebnisse über die Koinzidenz-
rate in Abhängigkeit vom Winkel zwischen den
Polarisatoren. Die eingezeichnete Kurve gibt
das Resultat der quantenmechanischen Formel
(3.16.11).

die Quantentheorie. Insbesondere stellte man die beiden Polarisationsfilter soweit entfernt
auf, daß man Überlichtgeschwindigkeiten benötigen würde, um ihren Abstand in der kurz-
en Zeit zwischen dem Ansprechen der beiden Zähler zu überwinden. Die Existenz lokaler
verborgener Variablen scheint damit widerlegt.

3.16.4 Deutungen der Quantenmechanik

Normalerweise ist für ein Lehrbuch der theoretischen Physik die Frage nach der Bedeutung
des entwickelten theoretisch-physikalischen Gebäudes für unser Verständnis der Natur kein
Thema. Die Antwort versteht sich von selbst, nämlich von den behandelten konkreten Problemen her. Die in den drei vorangegangenen Unterabschnitten dargestellten Diskussionen
und Ergebnisse legen solch eine automatische Schlußfolgerung für die Quantenmechanik
nicht nahe. Daher ist der jetzt folgende Unterabschnitt der physikalischen Deutung der
Quantentheorie gewidmet.[56]
    Der Autor muß jedoch gleich bekennen: Er sieht sich nicht in der Lage, dem Leser eine
wirklich befriedigende Antwort auf die Frage zu geben:

Wie versteht die Quantenmechanik die mikroskopische Welt?

Davon zu trennen ist jedoch die Frage:

Wie interpretiert die Quantenmechanik konkrete Experimente?

---

[56] Bei seiner Formulierung hat der Verfasser großen Gebrauch von Referenz [12] gemacht, auf welches sehr
nützliche Buch für Einzelheiten verwiesen sei.

auf die sich sehr wohl eine von allen Physikern akzeptierte Antwort geben läßt. Aber die Schwierigkeit des Problems wird gerade dadurch illustriert, daß die Antworten auf beide Fragen nicht zusammenfallen. Der Ausblick am Ende wird nur auf neue Fragen hinweisen, deren Beantwortung vielleicht auch zu einer eindeutigen Deutung der Quantenmechanik führen kann.

Der pragmatisch-asketische Ansatz: die statistische Deutung

Der Leser mag jetzt verunsichert sein und fragen: An vielen Stellen dieser Vorlesung wurde doch schon die physikalische Interpretation der aufgetretenen mathematischen Größen gegeben und sogar durch besonderen Druck hervorgehoben – insbesondere im Grundaxiom (3.5.1) der Quantenmechanik und im Obervablen-Axiom im Abschnitt 3.5.3. Es ist wichtig festzustellen, daß damit aber nur die zweite der gerade gestellten Fragen beantwortet wurde und zwar in einer Weise, die eine nochmalige präzise Beschreibung verdient.

Nach dieser Deutung ist $\langle\varphi|\psi\rangle$ eine Wahrscheinlichkeitamplitude, deren Absolutquadrat

$$|\langle\varphi|\psi\rangle|^2$$

eine Wahrscheinlichkeit angibt. Wahrscheinlichkeiten haben wir aber im Abschnitt 1.8 auf Häufigkeitsverteilungen zurückgeführt. Um $|\langle\varphi|\psi\rangle|^2$ zu messen, muß man daher zunächst eine große Anzahl von Systemen im Zustand ψ präparieren: „ man muß eine **statistische Gesamtheit** herstellen" und an jedem Mitglied der Gesamtheit eine Observable messen, die das Vorhandensein des Zustandes φ kennzeichnet, z. B. einen entsprechenden Eigenwert.

In praktisch allen Experimenten der mikroskopischen Physik werden solche statistischen Meßdaten erhoben. Dies bedeutet aber, daß im keinem Falle Eigenschaften von einem einzelnen System, etwa von *einem* Elektron oder *einem* Atom festgestellt werden. Es wird immer die Wirkung einer Gesamtheit auf vorgegebene Meßapparaturen erfaßt. Ist man damit zufrieden, dann kommt man mit den eingeführten Interpretations-Axiomen der Quantenmechanik tatsächlich aus.

Auch Kritiker der Quantenmechanik – wie Albert Einstein – konnten der Formulierung der Quantenmechanik so weit folgen. Aber dies ist eine sehr spartanische Haltung! Denn auch als Physiker intendieren wir mehr, als nur Statistiken von Messungen systematisch zu beschreiben. Daher stellt sich die Frage, die diesem Abschnitt als Überschrift gegeben wurde: Gibt die Quantenmechanik eine vollständige Beschreibung der miskroskopischen und damit schließlich der ganzen physikalischen Welt?

Die Spaltung der Welt: die Kopenhagener Deutung

Bohr und Heisenberg haben die Frage nachdrücklich bejaht. Sie waren überzeugt, daß man aus sehr grundsätzlichen erkenntnistheoretischen Gründen nicht mehr erreichen kann. Man muß immer zwischen zu messendem Objekt und der Meßapparatur unterscheiden. Letztere und die erhaltenen Ergebnisse kann man nur in der Alltagssprache beschreiben und analysieren. Die Existenz des Wirkungsquantums und die Heisenbergsche Unschärferelation verbietet aber die Anwendbarkeit der Alltagsphysik (= klassischen Physik!) auf die mikroskopischen Phänomene.

Der Mathematiker John von Neumann hat 1932 diesen Gedankengang begrifflich und mathematisch zu Ende geführt.[57] Auch die Meßapparatur muß man ja physikalisch untersuchen. Diese muß man dann einer „Super-Meßapparatur" unterwerfen, die ihrerseits wieder eine „Super-Super-Meßapparatur" erfordert. Auf diese Weise wird man in eine lange Folge von Meßprozessen, in einen Regreß, geführt, der aber irgendwo abbrechen muß, wenn man überhaupt zu Ergebnissen gelangen will. Schon von Neumann deutete an, wo dieser letzte Schnitt liegen muß, und Eugen Wigner hat dies 1961 explizit ausgesprochen: Der Regreß endet beim menschlichen Bewußtsein.[58] Gegen einen solchen Schluß wehrt sich das „Gefühl", aber auch die physikalische Praxis. Inbesondere wurde darauf hingewiesen, daß ein typisches Experiment an einem mikroskopischen System auch ohne Anwesenheit eines Menschen in Afrika stattfand, nämlich in einer sich „von allein" gebildeten Blasenkammer in einer geologischen, mit überhitztem Wasserdampf gefüllten Höhle.

Neuer Determinismus: Das Bohmsche Quantenpotential

Ohne die Quantenmechanik zu ändern, hat David Bohm 1952[59] alle bisher gezogenen Schlüsse infrage gestellt. Dazu hat er die Schrödingergleichung

$$i\hbar \frac{\partial \psi}{\mathrm{d}t} = -\frac{\hbar^2}{2m}\Delta\psi + V\psi$$

in einfacher Weise umgeschrieben. Mit dem Ansatz

$$\psi(\vec{r},t) = R(\vec{r},t)\mathrm{e}^{\frac{i}{\hbar}S(\vec{r},t)}$$

für die Wellenfunktion, wo R und S reelle Funktionen von $\vec{r}$ und t sind, folgen nach Trennung von Real- und Imaginärteil zwei etwas komplizierte Gleichungen, die man mit Hilfe von

$$\rho = |\psi|^2 = R^2 \tag{3.16.15}$$

in folgende Form bringen kann

$$\frac{\partial \rho}{\partial t} + \vec{\nabla} \cdot \left(\rho \frac{\vec{\nabla}S}{m}\right) = 0 \tag{3.16.16}$$

$$\frac{\partial S}{\partial t} - \frac{1}{2m}(\vec{\nabla}S)^2 + V - \frac{\hbar^2}{4m}\left[\frac{\Delta\rho}{\rho} - \frac{1}{2}\frac{(\vec{\nabla}\rho)^2}{\rho^2}\right] = 0 \,. \tag{3.16.17}$$

Diese Gleichungen, die im Grunde nicht Neues enthalten, interpretiert Bohm in einer deterministischen Weise:

Sie beschreiben die Bewegung eines Teilchenensembles, wobei jedes einzelne Teilchen den Ort $\vec{r}$ und die Geschwindigkeit

---

[57] in seinem Lehrbuch: J. von Neumann, Mathematischen Grundlagen der Quantenmechanik, Springer-Verlag 1932
[58] E.P. Wigner, Remarks on the Mind-Body Question in I.J. Goog (Hrsg.) The Scientist Speculates, Basic Books, New York 1962
[59] Vgl. Zitat [4] der oben gegebenen Liste

$$\vec{v}(t) := \vec{\nabla} S(\vec{r}, t)/m$$

hat. $\rho(\vec{r}, t)$ bezeichnet – wie in der üblichen Interpretation – die Wahrscheinlichkeitsdichte und Gleichung (3.16.16) drückt in Form einer Kontinuitätsgleichung den Erhaltungssatz der Wahrscheinlichkeit aus. In der zweiten Gleichung (3.16.17) tritt neben dem normalen Potential $V(\vec{r})$ eine neues „quantenmechanisches Potential"

$$U_{\text{Quanten}}(\vec{r}, t) := -\frac{\hbar^2}{4m} \left[\frac{\Delta \rho}{\rho} - \frac{1}{2} \frac{(\vec{\nabla}\rho)^2}{\rho^2} \right] \tag{3.16.18}$$

auf. Unter dem Einfluß beider Potentiale bewegt sich das Teilchen gemäß der klassischen Newtonschen Bewegungsgleichung

$$m\frac{\mathrm{d}^2\vec{r}}{\mathrm{d}t^2} = -\vec{\nabla}[V(\vec{r}) + U_{\text{Quanten}}(\vec{r}, t)] . \tag{3.16.19}$$

Man kann daher die Bewegung eines Teilchens – wie in der klassischen Mechanik – in seinem zeitlichen Ablauf verfolgen, allerdings sorgt das neue Potential U_{Quanten} dafür, daß alle quantenmechanischen Effekte richtig beschrieben werden. Zum Beispiel enthält es die Wirkung der Spalte im Zwei-Spalt-Versuch. U_{Quanten} ist verschieden, je nachdem, ob ein Spalt oder beide geöffnet sind. Daraus ergibt sich eine über große, auch makroskopische Distanzen reichende Wirkung des Quantenpotential. Es ist „nicht-lokal", was besonders Bell betont hat. Auch dies bringt grundsätzlich nichts Neues: Die quantenmechanische Nichtlokalität wird in neuer Sprache wiederholt.

Neu ist aber, daß der von Neumannsche Regreß vermieden wird. Man bleibt ganz innerhalb der Physik. Bohm hoffte ursprünglich auch, daß seine Gleichungen, insbesondere für U_{Quanten}, nur vorläufig sind, und nach neuen Erkenntnissen über die Physik bei Abständen, die kleiner als 10^{-13} cm sind, modifiziert werden würden. Diese Hoffnung wurde nicht realisiert. Heute wissen wir, daß die Quantenmechanik mindestens bis herunter von 10^{-16} cm richtig ist. Dennoch bleibt die Bohmsche Deutung logisch unanfechtbar.

Die Wellenfunktion des Universums: Die „Viele-Welten"-Interpretation

Die statistische Deutung der Quantenmechanik stößt offensichtlich auf ihre Grenzen, wenn man sie auf das Universum als Ganzem anwenden will. Man kann – jedenfalls als Mensch – mit dem Kosmos keine Statistik treiben. Heisenberg hat dieses Problem mit der Bemerkung abzutun versucht: „... wenn man das ganze Universum in das System einbezöge, ... dann ist die Physik verschwunden und nur ein mathematisches Schema geblieben".

Damit kann man sich heute nicht zufrieden geben: Einerseits ist von der theoretischen Physik her, die „Quantisierung der Gravitation" zu einem intensiv behandelten Forschungsgebiet geworden. Andererseits diskutieren die Astrophysiker den konkreten Einfluß von Quanteneffekten auf die Entwicklung des Kosmos kurz nach dem Urknall. Bei den verschiedenen Versionen der Theorie des „inflationären Universums" spielt die Interpretation der Quantenmechanik nicht unerheblich hinein.[60] In diesem Zusammenhang hat – gerade

---

[60] Vgl. z. B. Andrei Linde, Elementarteilchen und inflationärer Kosmos, Spektrum Akademischer Verlag 1993

unter Kosmologen – eine Deutung des quantenmechanischen Meßprozesses große Aufmerksamkeit gefunden, die 1957 von Hugh Everett III vorgeschlagen wurde.[61] Um seine Idee darzustellen, müssen wir noch einmal den Meßprozeß beschreiben. Um in einem Zustand $|\psi\rangle$ die Messung einer Observablen A mathematisch zu kennzeichnen, entwickelt man $|\psi\rangle$ nach den Eigenzuständen $|a_n\rangle$ von A

$$|\psi\rangle = \sum_n c_n |a_n\rangle \,.$$

Bei einer Messung der Observablen A wird nach der statistischen Interpretation dieser Zustand sprunghaft reduziert, etwa zu

$$|a_m\rangle \,,$$

wenn man den Wert a_m gefunden hat. Nach Everett findet eine solche Reduktion nicht statt. Vielmehr sind alle Terme diese Summe realisiert, jeder in einer eigenen Welt. Aber der Beobachter spürt nicht, daß er nur eine Kopie von sich selbst ist, die sich in eine der vielen in der Summe auftretenden Welten befindet.

Auch Bryce DeWitt, der nachdrücklich für diese Deutung eintritt, erinnert sich „an den Schock, den ich bei meiner ersten Begegnung mit diesem Vielweltenkonzept erlitt. Die Idee von 10^{100} leicht unvollkommenen Kopien meiner Person ... ist mit dem Alltagsverstand nicht leicht verträglich... Aber die Aufspaltung des Universums in Zweige bleibt unbeobachtbar".[62]

Es bleiben also auch bei dieser Interpretation eine Fülle von Problemen, die hier nicht weiter verfolgt werden können.[63]

Ausblick

Die Interpretation der Quantenmechanik in bezug auf konkrete Anwendungen in der Mikrophysik ist gut verstanden; insbesondere gilt dies für die dynamische Entwicklung eines quantenmechanischen Systems mit Hilfe des zeitlichen Entwicklungs-Operators $U = \exp(-i/\hbar Ht)$. Der Meßprozeß jedoch ist mit einer unstetigen Reduktion von Zuständen verbunden, deren Bedeutung kontrovers diskutiert wird. Es ist möglich, daß die Quantentheorie an dieser Stelle – trotz aller ihrer bisherigen durchgängigen Erfolge – modifiziert werden muß. Physikalisch bleibt wohl nur ein einziger Bereich, wo es dafür Aussichten gibt: die **Quantentheorie der Gravitation**.

---

[61] Vgl. neben Referenz [5] auch The Many-Worlds Interpretation of Quantum Mechanics, edited by Bryce S. DeWitt and Neill Graham, Princeton University Press 1973

[62] B.S. DeWitt, Quantum Mechanics and Reality, Physics Today Sept. 1970, 30-33. Zitiert nach der deutschen Übersetzung in Referenz [12], Seite 215-216

[63] Einige sind von Roger Penrose in Referenz [13], Seite 295-296, aufgezählt. Auch „Alice im Quantenland", vgl. Referenz [16] macht hier ungewöhnliche Erfahrungen.

A Anhang

A.1 Eigenschaften der Fouriertransformation

Fouriertransformationen stellen ein wichtiges Hilfsmittel für die theoretische Physik dar. Sie helfen sowohl bei grundsätzlichen Fragestellungen als auch bei der Lösung konkreter Probleme. Die Begründung der Unschärferelation ist ein Beispiel für den ersten Anwendungstyp, die Lösung von Differentialgleichungen für den zweiten. Daher sollte jeder Physiker einen Grundbestand von Wissen und konkreter Erfahrung über den Umgang mit Fouriertransformationen bereit haben.

Im folgenden kurzen Anhang sollen die wichtigsten Eigenschaften der Fouriertransformation zusammengestellt werden. Dabei werden die wesentlichen Definitionen und Rechenregeln angegeben und einige für das Verständnis hilfreiche Begründungen gegeben werden. Dabei beschränken wir uns zunächst auf Funktionen einer Variablen.

Für jede stückweise glatte Funktion $F(x)$ aus $L_2(R)$, die also über der reellen Zahlengeraden quadratisch integrierbar ist, existiert die Fouriertransformierte

$$f(k) = \frac{1}{\sqrt{2\pi}} \int\limits_{-\infty}^{\infty} F(x) \, \mathrm{e}^{-ikx} \, \mathrm{d}x \; . \tag{A.1.1}$$

Nach dem Fourierschen Umkehrtheorem ist eine Rücktransformation stets durchführbar und es gilt

$$F(x) := \frac{1}{\sqrt{2\pi}} \int\limits_{-\infty}^{\infty} f(k) \, \mathrm{e}^{ikx} \, \mathrm{d}k \; . \tag{A.1.2}$$

Die für die Diskussion von Differentialgleichungen wichtigste Eigenschaft der Fouriertransformation besteht darin, daß eine Differentation bezüglich x einer Multiplikation mit $-i\,k$ in der Variablen k entspricht:

$$F(x) = \frac{\mathrm{d}}{\mathrm{d}x} \, G(x) \leftrightarrow f(k) = i\,k \cdot g(k) \; . \tag{A.1.3}$$

Diese Gleichung beruht auf der wohlbekannten Differentationsregel für die Exponentialfunktion. Sie gilt auch in umgekehrter Richtung

$$F(x) = x \cdot G(x) \leftrightarrow f(k) = i\,\frac{\mathrm{d}}{\mathrm{d}k} \, g(k) \; . \tag{A.1.4}$$

Ferner erleichtert die Anwendung des Faltungstheorems oft längere Rechnungen, nach dem gilt

$$F(x) = \int\limits_{-\infty}^{\infty} G(y)\, H(x-y)\mathrm{d}y \leftrightarrow f(k) = \sqrt{2\pi}\, g(k)\, h(k)\ . \qquad (A.1.5)$$

Die Ausführung eines Faltungsintegrals ist also nach der Fouriertransformation eine einfache Multiplikation.

Das wichtigste konkrete Beispiel einer Fouriertransformation haben wir bereits kennengelernt, nämlich die Fouriertransformation einer Gaußfunktion, die wiederum eine Gaußfunktion ist

$$f(k) = \mathrm{e}^{-\frac{k^2}{2}} \leftrightarrow F(x) = \mathrm{e}^{-\frac{x^2}{2}}\ . \qquad (A.1.6)$$

Schließlich begegnet der Physiker immer wieder der Regel, daß die Fouriertransformation der Eins durch die **Delta-Funktion** gegeben wird:

$$\frac{1}{2\pi} \int\limits_{-\infty}^{\infty} \mathrm{e}^{-ikx}\mathrm{d}k = \delta(x)\ . \qquad (A.1.7)$$

Mit dieser Beziehung können sowohl das Umkehrtheorem als auch das Faltungstheorem bewiesen werden, was wir im folgenden illustrieren werden. Vorher sei noch auf die Vollständigkeitsrelation hingewiesen, nach der gilt

$$\int\limits_{-\infty}^{\infty} f^{\star}(k)\, f(k)\mathrm{d}k = \int\limits_{-\infty}^{\infty} F^{\star}(x)\, F(x)\mathrm{d}x\ . \qquad (A.1.8)$$

Alle Ergebnisse lassen sich auf Funktionen mehrerer Variablen übertragen; dabei ist lediglich zu ersetzen:

$$k\,x \to \vec{k}\cdot\vec{x} = \sum_{i=1}^{n} k_i\, x_i$$

$$\frac{\mathrm{d}}{\mathrm{d}x} \to \frac{\partial}{\partial x_i}$$

$$\frac{1}{\sqrt{2\pi}} \int \cdots \mathrm{d}x \to \frac{1}{(2\pi)^{n/2}} \int \cdots \mathrm{d}x_1 \ldots \mathrm{d}x_n\ .$$

Literaturhinweis:

Leicht verständliche mathematische Beweise der angegebenen Eigenschaften sind bei S. Lang, Analysis I (Addison-Wesley, Reading 1971), Kap. XIV zu finden.

A.2 Eigenschaften der Delta-Funktion

In seinem 1930 erschienenen Buch „The Principles of Quantum Mechanics" hat Dirac „a quantity $\delta(x)$ involving a certain kind of infinity" in die Literatur eingeführt, die inzwischen zu einem der wichtigsten Hilfsmittel der Physiker geworden ist. Mit Hilfe der δ-Funktion werden nicht nur wichtige physikalische Begriffe mathematisch beschrieben, sondern die Delta-Funktion ist ein selbstverständlicher Teil der Physikersprache geworden, wenn es darum geht, Objekte zu beschreiben, die eine „unendlich kleine" Ausdehnung haben, aber dennoch physikalisch und mathematisch wirksam sind.

Das wichtigste „Objekt", das man mit der Delta-Funktion beschreibt, ist ein Punktteilchen, genauer: die Massendichte oder die Ladungsdichte eines als punktförmig betrachteten Teilchens. Schon mit Hinblick auf die im Abschnitt 1.7 besprochenen Quantisierungs-Eigenschaften von Licht und Materie spielt die Deltafunktion in der Quantenmechanik eine wichtige Rolle. Hinzu kommt, daß man zur übersichtlichen Beschreibung von physikalischen Größen, die ein kontinuierliches Eigenwertspektrum haben, um die Verwendung der Deltafunktion nicht herumkommt, vgl. dazu Abschnitt 3.5. Im folgenden Anhang erläutern wir die Definition und die wichtigsten Eigenschaften der δ-Funktion und geben Hinweise auf die „Distributions-Theorie", die von Laurent Schwarz in den Jahren 1945 bis 1950 entwickelt wurde, um $\delta(x)$ als Delta-Distribution einen gesicherten Platz in der Mathematik zu geben.

Wir gehen von der Definition der δ-Funktion aus, wie sie Dirac gegeben hat. Dazu betrachten wir $\delta(x)$ als eine Größe, die über der ganzen reellen Zahlengeraden definiert ist und folgende Eigenschaften hat

$$\delta(x) = 0 \text{ für } x \neq 0 \tag{A.2.1}$$

$$\int_{-\infty}^{\infty} \delta(x)\, \mathrm{d}x = 1 \ . \tag{A.2.2}$$

Nach dieser Definition beschreibt $\delta(x)$ ein Objekt, das nur für $x = 0$ von Null verschieden ist, dort aber so groß ist, daß das Integral über $\delta(x)$ den Wert 1 hat. Solche Eigenschaften erwartet man offenbar von der Ladungsverteilung, die eine Punktladung mit der Gesamtladung 1 hat. Für eine geometrische Veranschaulichung vgl. Bild A.1 weiter unten.

Mit den üblichen Integrationsbegriffen enthält die gegebene Definition innere Widersprüche, da eine Funktion, die nur auf einer Menge von Maße Null von Null verschieden ist, ein verschwindendes Integral hat. Dirac gelang es dennoch daraus Rechenregeln abzuleiten, die „richtig" sind und in der Distributions-Theorie exakt begründet wurden. Vor allem schloß er auf folgende allgemeine Eigenschaft der δ-Funktion

$$\int_{-\infty}^{\infty} f(x)\delta(x)\mathrm{d}x = f(0) \ , \tag{A.2.3}$$

die für jede stetige Funktion $f(x)$ gilt. Denn da $\delta(x)$ für $x \neq 0$ verschwindet, kann das Integral nur von $f(0)$ abhängen, welchen Wert man vor das Integral ziehen und Gleichung (A.2.2) verwenden kann. Ersetzt man jetzt x durch $x - a$ im Argument der $\delta(x)$, so wird man auf

$$\int_{-\infty}^{\infty} f(x)\delta(x-a)\mathrm{d}x = f(a) \tag{A.2.4}$$

geführt. Letzten Endes hat man bei dieser Begründung die üblichen Regeln über die Substitutionen in Integralen angewendet. Führt man dies weiter, so findet man z. B.

$$\delta(-x) = \delta(x)$$
$$\delta(ax) = \frac{1}{|a|}\delta(x)$$
$$\delta(x^2 - a^2) = \frac{1}{2a}[\delta(x - a) + \delta(x + a)] \text{ für } a > 0 \, .$$

(Für die Begründung der letzten dieser Regeln muß man ein wenig rechnen.) Ferner folgt aus (A.2.3)

$$x\delta(x) = 0 \, . \tag{A.2.5}$$

Diese Regel spielt bei der Auflösung von Gleichungen ein wichtige Rolle, denn die Gleichung

$$xf(x) = 1$$

hat jetzt die Lösung

$$f(x) = \frac{1}{x} + a\,\delta(x) \, ,$$

wobei a eine beliebige Zahl ist: das Dividieren ist nicht mehr eindeutig.

Dafür kann man mit Hilfe der δ-Funktion auch unstetige Funktionen differenzieren. Insbesondere hat die Sprungfunktion

$$\theta(x) = \begin{cases} 1 & \text{für } x > 0 \\ 0 & \text{für } x < 0 \end{cases}$$

die Ableitung

$$\frac{\mathrm{d}}{\mathrm{d}x}\theta(x) = \delta(x) \, . \tag{A.2.6}$$

Zur Begründung betrachtet man das Integral

$$\int\limits_{-\infty}^{\infty} f(x)\frac{\mathrm{d}}{\mathrm{d}x}\theta(x)\mathrm{d}x$$

und integriert partiell

$$f(x)\theta(x)\bigg|_{-\infty}^{\infty} - \int\limits_{-\infty}^{\infty} \frac{\mathrm{d}}{\mathrm{d}x}f(x)\,\theta(x)\,\mathrm{d}x = -\int\limits_{0}^{\infty} \frac{\mathrm{d}}{\mathrm{d}x}f(x)\,\mathrm{d}x = f(0+) \, ,$$

wobei in den beiden letzten Schritten benutzt wurde, daß $f(x)$ für $x = -\infty$ und $x = +\infty$ verschwindet.

Die vorstehenden Gleichungen sind schon die wichtigsten Regeln, die für die physikalischen Anwendungen meist ausreichen. Hinzukommt noch eine wichtige Formel über die Fouriertransformation, die wir in Gleichung (1.5.25) bereits angegeben haben und die im folgenden Anhang (A.3) genauer begründet wird.

Als Vorbereitung dafür zeigen wir, daß Gleichung (A.2.3) zwar nicht durch gewöhnliche Funktion realisiert werden kann, wohl aber als ein Grenzwert über eine Folge von Funktionen $\phi_n(x)$

$$\lim_{n \to \infty} \int\limits_{-\infty}^{\infty} \phi_n(x) f(x) \mathrm{d}x = f(0) \, . \tag{A.2.7}$$

Ein wichtiges Beispiel dafür kann man mit einer Schar von Breit-Wigner-Funktionen konstruieren, deren Breite mit wachsendem n immer kleiner wird

$$\phi_n(x) := \frac{1}{\pi} \frac{n}{1 + n^2 x^2} \, .$$

Offenbar gilt

$$\lim_{n \to \infty} \phi_n(x) = \left\{ \begin{array}{ll} 0 & \text{für} \quad x \neq 0 \\ \infty & \text{für} \quad x = 0 \end{array} \right. \, .$$

Außerdem kann man nachrechnen, daß das Integral über die $\phi_n(x)$ unabhängig von n gleich 1 ist. Die ϕ_n stellen eine sog. Dirac-Folge dar, deren Elemente mit $n \to \infty$ einer „Zackenfunktion" zustreben, wie dies im Bild A.1 illustriert ist.

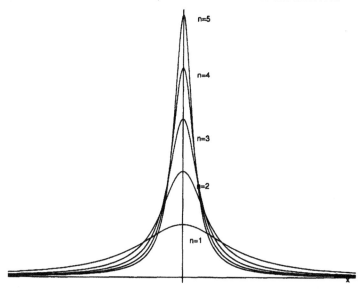

Bild A.1 Die Diracfolge $\phi_n(x) := \dfrac{1}{\pi} \dfrac{n}{1 + n^2 x^2}$

Andere Beispiele von Dirac-Folgen sind

$$n \, \mathrm{e}^{-\pi n^2 x^2} \quad \text{und} \quad \frac{1}{\pi} \frac{\sin nx}{x} \, ,$$

von denen wir die letztere bei der Begründung des Fouriersche Umkehrtheorems verwenden werden.

Zum Abschluß dieses Anhangs geben wir einige Hinweise darauf, wie in der Distributionstheorie die Begriffe und die Regeln über $\delta(x)$ präzise gefaßt werden.

Dazu verwendet man den Begriff des „Funktionals". Damit bezeichnet man jede Zuordnung
von Zahlen zu Funktionen. Ein für die Distributionstheorie wichtiges Beispiel wird durch
das Integral

$$\int\limits_{-\infty}^{\infty} F(x)\phi(x) =: F[\phi] \tag{A.2.8}$$

gegeben. Wir betrachten eine feste Funktion $F(x)$ und setzen für $\phi(x)$ alle möglichen
„Testfunktionen" ein. Da in (A.2.8) über die ganze reelle Zahlengerade integriert wird,
existiert (A.2.8) nicht für alle Funktionen $\phi(x)$. Die Menge der Funktionen, für die (A.2.8)
existiert, definiert den Definitionsbereich des Funktionals. Falls ϕ im Definitionsbereich
liegt, ergibt (A.2.8) eine Zahl, die mit $F[\phi]$ bezeichnet sei. Speziell wird der folgende
Funktionenraum als Definitionsbereich für die physikalischen Anwendungen wichtig

$$S' = \left\{ \begin{array}{l} \text{Menge aller beliebig oft differenzierbaren Funktionen,} \\ \text{die nur innerhalb eines endlichen } x\text{-Intervalls} \\ \text{von Null verschieden sind} \end{array} \right.$$

Durch das Integral (A.2.8) wird eine Abbildung F des Funktionenraumes S' in die reellen
Zahlen definiert, mit folgenden Eigenschaften

1. F ist linear, d. h. $F[c_1\phi_1 + c_2\phi_2] = c_1\,F[\phi_1] + c_2\,F[\phi_2]$

2. F ist stetig, d. h. Für $\phi_n \to \phi$ gilt $F[\phi_n] \to F[\phi]$

Dabei sollen alle Funktionen ϕ und ϕ_n aus dem Raum S' sein. Zur genaueren Definition
der Stetigkeit muß im Raum S' eine geeignete Norm eingeführt werden, worauf wir hier
nicht eingehen können.

Mit Hilfe der eingeführten Begriffe können wir jetzt die entscheidende Definition geben

• Stetige lineare Funktionale über dem Raum S' heißen *Distributionen*[1]

Jetzt können wir die δ-*Distribution* durch die Definition(!)

$$\delta[\phi] := \phi(0) \quad \text{für alle} \quad \phi \in S' \tag{A.2.9}$$

einführen. Es ist leicht zu verifizieren, daß dadurch tatsächlich ein lineares und stetiges
Funktional definiert wird, welches in der Tat die nach Gleichung (A.2.3) gewünschte Eigenschaft hat. Die weiteren Eigenschaften von δ und von Distributionen überhaupt können
jetzt ebenfalls begründet werden. Dabei wird eine ganze Reihe von wichtigen Regeln einfach
definiert, und zwar dadurch, daß sie vom Beispiel (A.2.8) abgelesen und verallgemeinert
werden. Auf diese Weise wird die Multiplikation einer Distribution F mit einer Funktion
χ durch

$$(\chi F)[\phi] := F[\chi\,\phi]$$

---

[1] Genauer: „temperierte" Distributionen, die in der Regel in der Physik auftreten; vgl. die unten genannte
Literatur.

eingeführt. Diese Multiplikation setzt demnach voraus, daß χ recht spezielle Eigenschaften hat, so daß $\chi\phi$ im Raum $\mathcal{S}'$ liegt. Mit einer beliebigen Funktion kann man Distributionen also nicht multiplizieren. Vor allem ist das Produkt zweier Distributionen i. a. nicht definiert. Insbesondere machen Ausdrücke wie

$$\delta(x)\delta(x) \text{ oder } \delta(x)\theta(x)$$

keinen Sinn. Leider wird der Physiker durch seine vorgegebenenen Fragestellungen gelegentlich auf solche Produkte geführt. So entstehen die „Divergenzen" der Quantenfeldtheorie durch Produkte von Distributionen.

Andererseits haben Distributionen auch sehr „angenehme" mathematische Eigenschaften: Sie lassen sich beliebig oft differenzieren und immer Fourier-transformieren. Die *Differentiation einer Distribution* wird allgemein definiert durch

$$F'[\phi] := -F[\phi'] . \tag{A.2.10}$$

Da die Testfunktionen ϕ beliebig oft differenzierbar sind, gilt dies somit auch für Distributionen. Bei dieser Definition hat das Rechnen mit partiellem Integrieren Pate gestanden, wie wir es bei der Differentiation der θ-Funktion verwendet hatten.

Wir können hier das Rechnen mit Distributionen nicht weiter entwickeln und müssen auf die Literatur verweisen. Es sei nur noch darauf hingewiesen, daß es hilfreich ist, jede Distribution formal(!) als Integral zu schreiben

$$F[\phi] = \int F(x)\phi(x)\mathrm{d}x .$$

Dann kann man die meisten Rechnenregeln „intuitiv" nach den Erfahrungen mit Integralen ablesen.

Literaturhinweise

Am ausführlichsten lernt man den Umgang mit Distributionen in dem groß angelegten Werk

- I.M.Gelfand und G.E.Schilow, Verallgemeinerte Funktionen (Deutscher Verlag der Wissenschaften, Berlin 1960), das 5 Bände umfaßt. Für die physikalischen Anwendungen sind insbesondere Band 1 und 2 wichtig. Dort findet man Resultate, die sonst in keiner Mathematikmonographie dargestellt werden. Man braucht aber Zeit, um sich „durchzulesen".

Kürzere und neuere Darstellungen der Distributions-Theorie findet man in

- J. Honerkamp und H. Römer, Grundlagen der klassischen Theoretischen Physik (Springer-Verlag, Heidelberg 1986), Anhang E.

- S. Großmann, Funktionalanalysis I, Kapitel 7.

- L. Schwarz, Mathematische Methoden der Physik I (Bibiographisches Institut, Mannheim 1974), Kapitel 2.

- F. Constantinescu, Distributionentheorie und ihre Anwendungen in der Physik (Teubner Verlag, Stuttgart 1974).

A.3   Zum Beweis des Fourierschen Umkehrtheorems

In Abschnitt 1.5 haben wir das Fouriersche Umkehrtheorem bereits verifiziert; dabei wurde die Gültigkeit der Beziehung (1.5.24) vorausgesetzt. Den Beweis für ihre Richtigkeit wollen wir an dieser Stelle nachholen. Wir betrachten dazu die Funktionen

$$
\begin{aligned}
F_n(x) &= \frac{1}{2\pi} \int\limits_{-n}^{n} e^{ikx} \mathrm{d}k = \frac{1}{2\pi} \left. \frac{e^{+ikx}}{ix} \right|_{-n}^{n} = \\
&= \frac{1}{\pi x} \cdot \frac{1}{2i} \left(e^{inx} - e^{-inx} \right) = \frac{1}{\pi} \frac{\sin nx}{x}
\end{aligned}
$$

Wir müssen zeigen, daß die rechte Seite für $n \to \infty$ gegen eine δ-Funktion konvergiert. Dazu wählen wir eine Testfunktion φ und betrachten das folgende Integral

$$
\int\limits_{-\infty}^{\infty} \frac{1}{\pi} \frac{\sin nx}{x} \varphi(x) \mathrm{d}x = \frac{1}{\pi} \varphi(0) \int\limits_{-\infty}^{\infty} \frac{\sin nx}{x} \mathrm{d}x + \frac{1}{\pi} \int\limits_{-\infty}^{\infty} \sin nx \cdot \psi(x) \mathrm{d}x . \quad \text{(A.3.1)}
$$

Auf der rechten Seite wurde noch die Funktion

$$
\psi(x) := \left\{ \begin{array}{lll} \dfrac{\varphi(x) - \varphi(0)}{x} & ; & \text{sonst} \\ \varphi'(0) & ; & x = 0 \end{array} \right\}
$$

eingeführt, die auch für $x = 0$ stetig und differenzierbar ist.

Das Integral im ersten Term der rechten Seite dieser Gleichung hängt nicht mehr von n ab, wie man durch die Substitution $y = nx$ erkennt x, und hat den Wert

$$
\int\limits_{-\infty}^{\infty} \frac{\sin nx}{x} \mathrm{d}x = \pi \qquad \text{mit } n \text{ beliebig} , \quad \text{(A.3.2)}
$$

dessen Bestimmung nicht ganz einfach ist, aber in Integraltafeln gefunden werden kann. Zur Berechnung des 2. Integrals von (A.3.1) nehmen wir an, daß ψ stetig differenzierbar ist. Mit Hilfe einer partiellen Integration folgt

$$
\left| \int\limits_{-\infty}^{\infty} \sin nx \cdot \psi(x) \, \mathrm{d}x \right| = \left| \int\limits_{-\infty}^{\infty} \frac{\cos nx}{n} \psi'(x) \, \mathrm{d}x \right| \quad \text{(A.3.3)}
$$

$$
\leq \frac{1}{n} \int\limits_{-\infty}^{\infty} |\psi'(x)| \, \mathrm{d}x = \frac{1}{n} \cdot const , \quad \text{(A.3.4)}
$$

wobei wir verwendet haben, daß für $\varphi(x) = 0$ gilt

$$\psi(x) = -\frac{\varphi(0)}{x}$$

und daher das Integral über ψ' konvergiert. Damit folgt

$$\Rightarrow \lim_{n \to \infty} \int\limits_{-\infty}^{\infty} \sin nx \, \psi(x) \, dx = 0 .$$

Insgesamt ergibt sich damit für (A.3.1)

$$\lim_{n \to \infty} \int\limits_{-\infty}^{\infty} \frac{1}{\pi} \frac{\sin nx}{x} \varphi(x) \, dx = \frac{1}{\pi} \varphi(0) \int\limits_{-\infty}^{\infty} \frac{\sin nx}{x} \, dx + \lim_{n \to \infty} \frac{1}{\pi} \int\limits_{-\infty}^{\infty} \sin nx \, \psi(x) \, dx = \varphi(0) ,$$

was zu beweisen war.

A.4   Gruppengeschwindigkeit

Als Anwendung einer dreidimensionalen Fouriertransformation wollen wir die Formel (1.5.31) für die Gruppengeschwindigkeit eines Wellenpakets

$$\vec{v}_{\mathrm{gr}} := \frac{d}{dt} \int \psi^\star(\vec{r}, t) \, \vec{r} \, \psi(\vec{r}, t) \, d^3 r \tag{A.4.1}$$

umformen in ein Integral über den Wellenzahlvektor. In dieser Formel haben wir zur Vereinfachung die Wellenfunktion ψ gemäß

$$\int\limits_{-\infty}^{\infty} |\psi(\vec{r}, t)|^2 d^3 r = 1$$

normiert. Für die Funktion $\psi(\vec{r}, t)$ nehmen wir für festes t eine Fouriertransformation vor

$$\psi(\vec{r}, t) = \frac{1}{(2\pi)^{3/2}} \int a(\vec{k}, t) e^{i\vec{k}\vec{r}} \, d^3 k . \tag{A.4.2}$$

Die Zeitabhängigkeit der Fouriertransformierten $a(\vec{k}, t)$ ist periodisch und wird durch die Dispersionsrelation $\omega = \omega(\vec{k})$ bestimmt; explizit gilt

$$a(\vec{k}, t) = a(\vec{k}) e^{-i\omega t} .$$

Daher kann man insgesamt schreiben

$$\psi(\vec{r}, t) = \frac{1}{(2\pi)^{3/2}} \int a(\vec{k}) e^{i(\vec{k}\vec{r} - \omega t)} \, d^3 k . \tag{A.4.3}$$

Physikalisch besagt diese Gleichung, daß ein Wellenpaket als Überlagerung von ebenen Wellen ausgedrückt werden kann. Ferner benötigen wir noch eine Verallgemeinerung von (A.1.8)

$$\int g^\star h \, d^3 k = \int G^\star H \, d^3 x \ .\tag{A.4.4}$$

Nach diesen Vorbemerkungen beginnen wir die Umformung von (A.4.1) mit der Feststellung, daß sich der Schwerpunkt des Wellenpaketes nach der Fouriertransformation wie folgt schreiben läßt

$$\int \psi^\star(\vec{r},t)\vec{r}\psi(\vec{r},t) \, d^3 r = \int a^\star(\vec{k},t) i \vec{\nabla}_k \, a(\vec{k},t) \, d^3 k \ .$$

Dabei wurde (A.1.4) angewendet – übertragen auf drei Dimensionen. Jetzt läßt sich der Beweis durch folgende Rechenschritte führen:

$$\begin{aligned}
\vec{v}_{gr} &= \frac{d}{dt}\int \psi^\star(\vec{r},t)\,\vec{r}\,\psi(\vec{r},t) \, d^3 r = \frac{d}{dt}\int a^\star(\vec{k},t)\, i \vec{\nabla}_k \, a(\vec{k},t) \, d^3 k \\
&= i \int \left[\dot{a}^\star(\vec{k},t)\,\vec{\nabla}_k \, a(\vec{k},t) + a^\star(\vec{k},t)\,\vec{\nabla}_k \dot{a}(\vec{k},t) \right] \, d^3 k \\
&= i \int \left[i\omega a^\star(\vec{k},t)\,\vec{\nabla}_k \, a(\vec{k},t) + a^\star(\vec{k},t)\,\vec{\nabla}_k \left(-i\omega a(\vec{k},t) \right) \right] \, d^3 k \\
&= i \int \left[i\omega a^\star(\vec{k},t)\,\vec{\nabla}_k \, a(\vec{k},t) - i\omega a^\star(\vec{k},t)\,\vec{\nabla}_k a(\vec{k},t) - i a^\star(\vec{k},t)\, a(\vec{k},t)\,\vec{\nabla}_k \omega \right] \, d^3 k \\
&= \int \left| a(\vec{k},t) \right|^2 \vec{\nabla}_k \omega \, d^3 k \ .
\end{aligned}$$

Dies ist die die gewünschte Beziehung

$$\vec{v}_{gr} = \int \vec{\nabla}_k \omega \left| a(\vec{k},t) \right|^2 \, d^3 k \ ,\tag{A.4.5}$$

die bereits im Abschnitt 1.5.2 verwendet wurde.

Sachwortverzeichnis

Korrekturen

Jeder Autor macht insbesondere bei der Verwendung von TEX die Erfahrung, daß Fehler nicht auszurottten sind. In diesem Band 1 der Quantentheorie ging es besonders schlimm zu. Freundlicher Weise haben mich sorgsam lesende Studenten auf eine Plethora von Fehlern aufmerksam gemacht, die ich aus drucktechnischen Gründen nicht direkt korrigieren konnte. Diese Einlage weist jedoch auf wichtige, insbesondere sinnentstellende Fehler in Formeln hin.

Sämtliche Verweise auf die Kapitelnummern des 2. Bandes müssen um 2 Einheiten reduziert werden: Statt „Kapitel n des 2. Bandes" muß man „Kapitel $n - 2$ des 2. Bandes" lesen.

- **Seite 62**: Der Hamiltonoperator (2.4.37) muß richtig heißen

$$H = \frac{1}{2m} \left(\vec{P} - \frac{e}{c} \vec{A}(\vec{r}, t) \right)^2 + e\Phi(\vec{r}, t)$$

- **Seite 116**: Die Formeln in der Letzten Zeile müssen lauten

$$E_1 = E_2 \quad \text{und} \quad \int \psi_1^* \psi_2 \, d^3 r = 0$$

- Vorzeichenfehler auf den **Seiten 118/119**: Die Formel (2.10.35) muß lauten

$$u_l''(r) + \left(-\kappa^2 - \frac{2m}{\hbar^2} V(r) - \frac{l(l+1)}{r^2} \right) u_l(r) = 0$$

- Daraus folgt für die Formeln in der Mitte von **Seite 119**

$$\left(\frac{1}{r^2} [\alpha(\alpha+1) - l(l+1)] - \frac{2m}{\hbar^2} V(r) - \kappa^2 \right) r^\alpha = 0$$

und

$$\alpha(\alpha-1) = l(l+1)$$

- Auf **Seite 121** sind in der Formel vor (2.10.42) die Klammern falsch gesetzt. Es muß heißen:

$$\frac{1}{2} \left(\frac{3}{2} + l \right) - \frac{E}{2\hbar\omega} = -n_0$$

• Auf **Seite 142** sind einige Quadrate verloren gegangen. Die Formeln auf der oberen Hälfte der Seite müssen lauten:

$$\sigma = \frac{4\pi}{k^2} \sin^2 \delta = \frac{4\pi}{k^2 + \left(-\dfrac{1}{a_0} + \dfrac{1}{2\,r_{\text{eff}}}\,k^2\right)^2}$$

$$= \frac{4\pi a_0^2}{\left(1 - \dfrac{a_0}{2\,r_{\text{eff}}}\,k^2\right)^2 + (a_0\,k)^2}$$

$$= \frac{4\pi a_0^2}{1 + a_0(a_0 - r_{\text{eff}})\,k^2 + \dfrac{1}{4\,r_{\text{eff}}^2}\,a_0^2\,k^4}$$

• **Seite 143**: Der Verweis in der 2. Zeile auf die Gleichung (2.11.5) ist falsch und unnötig.

• **Seite 145**: In den Formeln (2.11.64) und (2.11.65) muß Γ durch $\Gamma/2$ ersetzt werden.

• **Seite 201**: Die Formel (3.2.19a) muß lauten

$$\langle \varphi|(c_1\,|\psi_1\rangle + c_2\,|\psi_2\rangle) = c_1\,\langle \varphi|\psi_1\rangle + c_2\,\langle \varphi|\psi_2\rangle$$

• **Seite 202**: Das Skalarprodukt in der Mitte lautet

$$\langle a|z\rangle = \sum_{i=1}^{n} a_i\,z_i$$

und im folgenden System der Basisvektoren hat der letzte Vektor die Form

$$\begin{pmatrix} 0 \\ 0 \\ \vdots \\ 1 \end{pmatrix}$$

• **Seite 205**: In Formel (3.3.11) muß χ den Index n tragen, so daß gilt

$$|\psi\rangle = \lim_{N\to\infty} \sum_{n=1}^{N} a_n\,|\chi_n\rangle$$

und in der folgenden Formel müssen die Indizes n und m vertauscht werden:

$$\langle \chi_m\,|\psi\rangle = \sum_n a_n\,\langle \chi_m\,|\chi_n\rangle = \sum_n a_n\,\delta_{mn}$$

• **Seite 221**: Im Beweis von (3.5.32) sind die Integrationssymbole $d\,x$ nach Physikerart unkonventionell angeordnet und in der letzten Zeile falsch bezeichnet. Der Formelblock nach (3.5.32) muß lauten

$$\langle\varphi|I^\dagger|\psi\rangle = \int \varphi^*(x)\,dx \int K^*(x',x)\psi(x')\,dx'$$

$$= \int \psi(x')\,dx' \int K^*(x',x)\,\varphi^*(x)\,dx$$

$$= \left(\int \psi^*(x')\,dx' \int K(x',x)\,\varphi(x)\,dx\right)^*$$

- **Seite 222**: Bei den Matrixelementen des Projektionsoperators P_φ muß die letzte Zeile lauten

$$= \langle\psi_1|P_\varphi^\dagger|\psi_2\rangle$$

- **Seite 225**: Vorzeichenfehler in der ersten Zeile nach Gleichung (3.5.53).

- **Seite 235**: Der Verweis auf der Mitte der Seite „In (3.5.69)" muß ersetzt werden durch „In (3.5.74)".

- **Seite 238**: In der Formel nach (3.3.83) tritt die δ-Funktion nicht auf; sie lautet richtig

$$A(k) = \sqrt{\frac{m}{2\pi^2 k\hbar^2}}$$

- **Seite 267**: In Gleichung (3.9.6) fehlt als subtraktiver Term $-Q(t)$, mit dessen Hilfe man zu (3.9.7) geführt wird.

- Auf **Seite 268** ist ein **wirklich schlimmer Lapsus** passiert: Die wichtige Formel (3.9.10) muß lauten

$$[P_j(t),\,Q_k(t)] = \frac{\hbar}{i}\,\mathbf{1}\,\delta_{jk}$$

- **Seite 278**: Ein sinnentstellender Fehler tritt in der letzten Formel vor dem Abschnitt 3.10.2 auf. In der letzten Zeile der Formel muß $\psi(x)$ durch $\psi(x-a)$ ersetzt werden.

- **Seite 287**: In der dritten Formel von unten muß ein Index am Operator A korrigiert werden. Die Formel muß lauten

$$A_H(t) = U^{-1}(t)\,A_S U(t) = U^\dagger(t)\,A_S\,U(t)$$

Die Anmerkung 34 muß lauten: „Die Koinzidenz beider Bilder kann man auch zu einem beliebigen Zeitpunkt t_0 festsetzen, wenn man jeweils t durch $t - t_0$ ersetzt."

- Auf der **Seite 290** muß in der ersten und dritten Formel der Faktor $\dfrac{\hbar}{i}$ durch den reziproken Quotienten $\dfrac{i}{\hbar}$ ersetzt werden.

- **Seite 303**: Beim ersten und letzten Kommutator dieser Seite treten falsche Indizes auf.
Der erste Kommutator muß lauten

$$[X_j, X_k] = 0,$$

der letzte Kommutator lautet richtig

$$[L_j, L_k] = i\, L_l$$

- **Seite 304**: Für den Casimir-Operator muß geschrieben werden

$$\vec{L}^2 = L_1^2 + L_2^2 + L_3^2$$

geschrieben werden. Der auftretende Eigenzustand $|E, \vec{P}; \mu\rangle$ hat $\vec{p}$ als Eigenwert von $\vec{P}$ und muß durch $|E, \vec{p}; \mu\rangle$ symbolisiert werden. Analog muß 3 Formeln später der Hilbertraumvektor $|E, p_3; \mu\rangle$ auftreten.

- Auf **Seite 314** sind im letzten Formelblock die Integrations-Symbole zum Teil verrutscht. Die richtige Formel für die 2. Näherung von $W(t)$ lautet:

$$W(t) \approx 1 - \frac{i}{\hbar} \int_0^t H_W(\tau_1)\, d\tau_1$$
$$+ \left(\frac{-i}{\hbar}\right)^2 \int_0^t H_W(\tau_1) \left(\int_0^{\tau_1} H_W(\tau_2)\, d\tau_2\right) d\tau_1$$

- **Seite 320**: Die vorletzte Formel muß heißen

$$= 4 \sin^2\left(\frac{E}{2\hbar}\, t\right)$$

- **Seite 323**: In der letzten Formel der Seite muß der Faktor $\dfrac{\hbar}{i}$ durch $\dfrac{i}{\hbar}$ ersetzt werden.

- In der Mitte der **Seite 328** muß es heißen:
  Für den Operator der Geschwindigkeit folgt daraus

$$\dot{\vec{Q}}_T(t) = -\dot{\vec{Q}}(-t).$$

- **Seite 339**: Die Ungleichungen in der ersten Zeile müssen umgekehrt werden. „Wegen $0 \le w_n \le 1$ ist dieser Ausdruck negativ, ..."

- **Seite 340 ff**: Das Problem der **Interpretation der Quantenmechanik**, das im Abschnitt 3.16 behandelt wird, hat durch experimentelle Fortschritte vor allem im Umgang mit Lasern die Aufmerksamkeit eines großen Kreises von Physikern gefunden und zu einer Fülle von Publikationen, sogar in Tageszeitungen geführt. Dabei spielt der Begriff **Verschränkung von quantenmechanischen Systemen**, heute als „Entanglement" bekannt, eine führende Rolle, den E. Schrödinger schon 1935 eingeführt hat. Zwei Systeme, die durch die Indizes

1 und 2 unterschieden seien, heißen „verschränkt", bzw. „entangled", wenn ihre Zustände in einer Linearkombination

$$a \, |\psi_1 \rangle \, |\varphi_1 \rangle + b|\psi_2 \rangle |\varphi_2 \rangle$$

auftreten. Solche Kombinationen sind uns auf Schritt und Tritt begegnet. Eine besondere Begriffsbildung ist berechtigt, wenn man an die Merkwürdigkeiten beim Schrödingerschen Katzenversuch, vgl. Seite 345, oder an die Formel (3.16.8) auf Seite 347 denkt, die beim Einstein-Rosen-Podolski Paradoxon auftritt.

Erweitert man diese Kombination auf das Produkt von drei Zuständen, so wird man auf die faszinierende Möglichkeit einer „Quanten-Teleportation" geführt. Bei diesem Prozeß wird ein Quantenzustand ohne jede Veränderung über beliebig große Abstände transportiert („ge-beamed"), so daß er anderswo voll zur Verfügung steht. Für eine leicht zugängliche Darstellung dieses ganzen Fragenkomplexes sei der Leser auf den Artikel

- A. Zeilinger, Quantum-Teleportation, Spektrum der Wissenschaft Juli 2000, Seite 30 ff

verwiesen. Das entsprechende Experiment wurde inzwischen durchgeführt. Details findet man in denn Büchern

- Bouwmeester, Dirk Ekert, Artur Zeilinger, Anton, The Physics of Quantum Information (Quantum Cryptography, Quantum Teleportation, Quantum Computation), Springer-Verlag Berlin Heidelberg 2000.

- Macchiavello, C. Palma, G. M. Zeilinger, A., Quantum Computation and Quantum Information Theory (Reprint Volume), World Scientific Publishing Company 2000.

Schon die Titel dieser Bücher machen deutlich, daß eine enge Verbindung der Quantenmechanik mit der Informationstheorie hergestellt worden ist. Die in dieser Symbiose entwickelten Methoden und Erfahrungen geben die Grundlage für die Konzeption eines „Quantencomputer", der exponentiell schneller als die existierenden Rechner arbeiten kann. Seine Realisierung ist ein wichtiges Thema für die Zukunft.

• **Seite 345**: Die erste Formel auf der Seite muß die Formelnummer (3.16.7) erhalten, damit der Verweis auf die Gleichung verständlich wird.

Generationen von Studenten
lernten schon mit Rollnik!

H. Rollnik

Quantentheorie 2

Quantisierung und Symmetrien physikalischer Systeme - Relativistische Quantentheorie

Die Vorlesungen über die Quantentheorie bilden den Kern der theoretisch-physikalischen Ausbildung im Hauptstudium der Physik. In ihnen werden die Grundlagen für das Verständnis praktisch der gesamten modernen Physik gelegt.

Der zweite Band faßt zunächst die Grundlagen der Quantenmechanik kompakt zusammen, wobei die begriffliche Struktur der Quantentheorie und ihre mathematische Formulierung in einfacher, aber präziser Sprache erläutert wird. Hauptanliegen ist es, die innere Logik der Quantenmachanik so deutlich wie möglich darzustellen. Der Zusammenhang mit den Symmetrien der Systeme wird besonders herausgearbeitet.

Inhaltsübersicht: Zusammenfassung der Grundlagen.- Quantisierung des harmonischen Oszillators.- Quantentheorie des Drehimpulses I.- Theorie der gebundenen Zustände.- Quantentheorie des Drehimpulses II.- Quantenmechanik ununterscheidbarer Teilchen.- Einführung in die relativistische Quantentheorie.

2002. X, 400 S. 90 Abb. (Springer-Lehrbuch) Brosch. € **39,95**; sFr 64,- ISBN 3-540-43717-7

„Ein Buch mit Tradition, das sich
über viele Jahre bewährt hat!"

S. Flügge

Rechenmethoden der Quantentheorie

Elementare Quantenmechanik

Dargestellt in Aufgaben und Lösungen

„Schon als Student vor vierzig Jahren war für uns der *Flügge das* Buch in der Quantentheorie. Es war für uns nicht nur ein Nachschlagewerk für die mathematische Seite. Vielmehr setzt sich Flügge auch mit der Physik auseinander; und dies mit viel Gespür für die Didaktik... Die letzten Auflagen bieten ein Spektrum von Übungsaufgaben, teils nahe dem üblichen Kanon der Grundvorlesung, unerlässlich zum tieferen Verständnis und Durchdringen der Grundlagen der Quantenmechanik. Andere Aufgaben erschließen quasi als Kompendium Anwendungen der Quantenmechanik, die im einsemestrigen Kurs meist nur gestreift werden können..."

Optik. Zeitschrift für Licht

Inhaltsübersicht: Einkörperprobleme mit konservativen Kräften.- Allgemeine Begriffe.- Kräftefreie Bewegung.- Eindimensionale Probleme.- Zentralsymmetrische Probleme.- Verschiedene Einkörperprobleme.- Nichtstationäre Probleme.- Mehrkörperprobleme.- Spin.- Systeme aus wenigen Teilchen.- Systeme aus vielen Teilchen.- Literaturhinweise zu einigen Aufgaben.

6. Aufl. 1999. X, 319 S. 34 Abb., 110 Aufgaben. (Springer-Lehrbuch) Brosch. € **32,95**; sFr 53,- ISBN 3-540-65599-9

Springer · Kundenservice
Haberstr. 7 · 69126 Heidelberg
Tel.: (0 62 21) 345 - 217/-218 · Fax: (0 62 21) 345 - 229
e-mail: orders@springer.de

Die €-Preise für Bücher sind gültig in Deutschland und enthalten 7% MwSt.
Preisänderungen und Irrtümer vorbehalten. d&p · BA 43788/4

Springer

Kanonische Vertauschungsrelationen

$$[P_j, Q_k] = \frac{\hbar}{i} \mathbf{1}\, \delta_{jk}$$

$$[Q_j, Q_k] = 0 \quad ; \quad [P_j, P_k] = 0$$

Räumliche und zeitliche Translationen

$$U(\vec{a}) = e^{-\frac{i}{\hbar} \vec{P} \cdot \vec{a}}; U(t) = e^{-\frac{i}{\hbar} H t}$$

Bewegungsgleichungen der Quantenmechanik
Schrödingerbild

$$|\psi_S(t)\rangle = U(t)|\psi_S(0)\rangle; \text{ Operatoren zeitunabhängig: } A_S(t) = A_S(0)$$

Schrödingergleichung für Zustandsvektoren: $\quad i\hbar \dfrac{d}{dt}|\psi_S(t)\rangle = H|\psi_S(t)\rangle$

Bewegungsgleichungen der Quantenmechanik
Heisenbergbild

$$A_H(t) = U^{-1} A_H(0) U(t) : \text{ Zustände zeitunabhängig: } |\psi_H(t)\rangle = |\psi_H(0)\rangle$$

Heisenbergsche Bewegungsgleichung: $\quad \dfrac{d}{dt} A_H(t) = \dfrac{i}{\hbar}[H, A_H(t)]$

Wellenmechanik
Quantenmechanik in der Ortsdarstellung

$$\psi(\vec{r}, t) = \langle \vec{r}|\psi_S(t)\rangle$$

Zeitabhängige Schrödingergleichung: $\quad i\hbar \dfrac{\partial}{\partial t}\psi(\vec{r}, t) = H\left(\vec{r}, \dfrac{\hbar}{i}\vec{\nabla}\right)\psi(\vec{r}, t)$

Speziell für elektromagnetische Wechselwirkungen:

$$i\hbar \frac{\partial}{\partial t}\psi(\vec{r}, t) = \left[-\frac{\hbar^2}{2m}\left(\vec{\nabla} - \frac{ie}{\hbar c}\vec{A}(\vec{r}, t)\right)^2 + V(\vec{r})\right]\psi(\vec{r}, t)$$